MANFRED GRÖSSLER (Hrsg.)

KLAUS FAISSNER (Red.)

Gefahr Gentechnik
Irrweg und Ausweg

Concord Verlag
Mariahof
www.concordverlag.at

Herausgeber
Manfred Grössler, Graz

Concord Verlag
Mariahof
www.concordverlag.at

1. Auflage 2005

Für ihre Beiträge sind ausschließlich die Autoren verantwortlich.

Redaktion/Texte (sofern nicht anders gekennzeichnet): Mag. Klaus Faißner, Wien

Lektorat: Gertraud Prügger

Cover-Layout: Top Design Spurej, Graz

Innenteil-Layout: Mag. Dr. Peter Köck
Institut für Naturschutz und Landschaftsökologie,Stmk

Übersetzungen aus dem Englischen: Ingrid Schrei, Sebersdorf

Copyright Sticker „Genfood nein danke": Bio-Verlag D-64849 Schaafheim

Fotos: Agentur am Kunsthaus (32), Heli Dungler (1), Günther Schön (2)
Umschlagfoto: Agentur am Kunsthaus

Druck: Druckerei Thaler, 8010 Graz, Jauerburggasse 21

GENTECHNIK: WIDER DAS LEBEN!
BIO-LANDBAU: FÜR DAS LEBEN!

Nichts ist schwieriger, als sich
in offenem Gegensatz seiner Zeit zu befinden
*und laut und deutlich **NEIN** zu sagen.*
Kurt Tucholsky

Die wichtigsten Dinge auf der
Welt wurden von Menschen ge-
leistet, die auch dann weiterge-
macht haben,
wenn absolut keine Hoffnung mehr zu bestehen schien.
Dale Carnegie

Österreich ist ein kleines wertvolles Land mit liebenswürdigen Menschen.
Es besitzt einen, bis dato unerkannten Schatz, der es reicher macht als die
meisten Länder der Erde: Eine fast intakte, überdurchschnittlich biologische
Landbewirtschaftung.
Österreichs Erde ist zur Zeit noch frei von Gentechnik!

Dank des Herausgebers

Mit diesen Zeilen sei allen Autoren und Helfern
ein herzliches Dankeschön
ausgesprochen.

Ganz besonders gilt dies für

Prof. DI Dr.techn. **Anton Moser** für seine fachliche und menschliche Begleitung,
ProLeben und seinen Gründern,
Richard Leopold Tomasch,
DI Volker Helldorf,
Karl Raab und
Julius Buchacher
für den kompromisslosen Kampf
um ein gentechnikfreies Österreich.

INHALTSVERZEICHNIS

5. KONSUMENTENSCHUTZ

6. TIERE UND FUTTERMITTEL

7. IM DIENSTE DER SACHE

8. BAUERN III

9. HUNGER UND ENTWICKLUNGSLÄNDER

10. WIRTSCHAFTLICHKEIT

11. RISIKOFORSCHUNG

12. WISSENSCHAFT SPEZIAL

13. HINTERGRÜNDE

14. AUSWEGE

15. ENERGIEPFLANZEN

16. MEDIZIN

17. BAUERN IV

18. ZUKUNFT

EINLEITUNG

Konstant lehnt die Mehrheit der Bevölkerung in Europa die Gentechnik in der Land-wirtschaft und im Essen ab. Dennoch hat sie im Essen schleichend Platz gegriffen – wie von Geisterhand konnte sie das Tierfutter und die technischen Hilfsstoffe bei der Nahrungsmittelherstellung erobern. "Von Geisterhand" deswegen, weil sie uns ins Essen hineingeschwindelt wurde und wir nicht davor gewarnt wurden: Weder die Medien, Politiker oder Kirchen haben in all den Jahren die Gentechnik wirklich ernsthaft zum großen Thema gemacht, noch muss diese Art des Gentechnik-Ein-satzes für den Konsumenten gekennzeichnet werden. Die Gentechnik-Verfechter wissen warum: Es ist kaum vorstellbar, dass sich ein Schnitzel von einem mit Gen-soja gefütterten Schwein oder ein mit gentechnisch veränderten Hilfsmitteln her-gestelltes Brot gut verkaufen würde. *Die Artikel über Konsumentenschutz und Fut-termittel der Kapitel 5 und 6 gehen diesen Versäumnissen auf den Grund.*

Doch gab es einige unbeugsame Bauern – *die in insgesamt vier Kapiteln präsen-tiert werden* - und Lebensmittelverarbeiter, die sich nicht dem "Zug der Lemminge" anschlossen. Sie waren es, die ihr Gefühl und ihr Wissen, dass die Gentechnik keine Zukunft kann, in Taten umsetzten. In erster Linie waren es die zahlreichen Biobauern, die sich allesamt verpflichteten, in jeder Form Abstand von der Gentechnik zu hal-ten. Gleich dahinter sorgten biologische Bäcker, Fleischer und sonstige Lebensmittel-handwerker für eine fachgerechte Verarbeitung dieser Naturgaben und Lebensmit-telläden mit biologischem Sortiment für einen Verkauf dieser Produkte. Wer biologi-sche Lebensmittel kauft, kauft somit auch garantiert gentechnikfrei. *Wie wichtig eine bewusste Ernährung nicht nur für die eigene Gesundheit ist, sondern wie sie auch zum Wohlergehen aller beiträgt, zeigen in Kapitel 4 Manfred Flieser, Karl-Ludwig Schweisfurth, Claus Leitzmann und der Herausgeber Manfred Grössler.*

Absolut gentechnikfrei blieben bis zum heutigen Tag die Äcker in Österreich. Ein kleines Wunder, wenn man bedenkt, dass es bereits Mitte der 90er-Jahre Bestre-bungen gab, genmanipulierte Pflanzen freizusetzen. Doch eine ganz deutliche Willensäußerung der Bevölkerung ließ die Politiker zumindest aufhorchen: 1997 machten mehr als 1,2 Millionen Unterschriften das "Gentechnik-Volksbegehren" zum zweiterfolgreichsten Volksbegehren aller Zeiten in Österreich. Zumindest die Forderung: "Keine Freisetzung gentechnisch veränderter Organismen" blieb seit damals Wirklichkeit, *was der Sprecher des Volksbegehrens Peter Weish in Kapitel 2.4. als Riesenerfolg sieht.* Auch bei den anderen beiden Forderungen "Kein Pa-tent auf Leben" und "Keine Gentechnik in den Nahrungsmitteln" gab es zumindest bisher keinen Dammbruch, wenngleich hier schon vieles im Argen liegt. Nichtsde-stotrotz ist in diesen Bereichen eine Umkehr möglich – auch wenn dafür wahr-scheinlich eine starke Volksbewegung entstehen muss.

Damit sich "etwas rühren kann", müssen die Menschen wissen, worum es geht. Vor zehn Jahren begründete sich die Ablehnung der Gentechnik aus dem Gefühl heraus, dass der Eingriff in die Erbsubstanz, das Hinweggehen über Artgrenzen nichts Gutes sein kann – wie ein Fisch mit einem menschlichen Wachstumsgen, eine Tomate mit Fischgen oder eine Pflanze, die Dank eines eingebauten Bakteriums ein Gift aushält, das sonst jede Pflanze umbringt. Der gesunde Hausverstand, der sich gegen "Frankenstein-Nahrung" sträubte, war stärker als die Beschwichtigungen und Heilsversprechen hochrangiger Wissenschaftler und anderer Experten. Die "Experten aus dem Volk" sollten Recht behalten: Die inzwischen gesammelten konkreten Erfahrungen und das gewonnene Wissen zu diesem Thema sollten die Alarmglocken läuten lassen:

- Blütenpollen genmanipulierter Pflanzen werden durch Wind und Insekten über längere Distanzen vertragen und bestäuben gentechnikfreie Pflanzen – da diese Auskreuzungen kaum zu verhindern sind, ist insbesondere die biologische Landwirtschaft akut gefährdet. *Dass ein Nebeneinander von gentechnikfreier und Gentechnik-Landwirtschaft praktisch unmöglich ist, lässt sich sehr gut am Beispiel der Bienen in Kapitel 7.2. nachvollziehen.*
- In Argentinien hungern seit der massiven Ausweitung des Gensoja-Anbaus so viele Menschen wie noch nie. 150.000 Bauern sahen sich in den vergangenen Jahren zur Aufgabe ihrer Landwirtschaft gezwungen *(Kap. 2.2.).*
- Beim Einsatz von "Genpflanzen" dreht sich alles um Gifte: Entweder produzieren sie ein Insektengift selbst oder überleben als einzige die Spritzung eines Total-Unkrautvernichtungsmittels. *Die Gefahren des am meisten eingesetzten Spritzmittels Glyphosat beschreibt der Innsbrucker Wissenschaftler Roland Pechlaner in Kapitel 12.2.*
- Einer der ersten "Gentechnik-Bauern" Deutschlands hat nach einer mehrjährigen Verfütterung von Genmais seine gesamten Herde verloren. Die Kühe liefen von der Weide in den Stall und verendeten in der Box, Kälber kamen mit Missbildungen zur Welt. Für den betroffenen Landwirt Gottfried Glöckner ist klar, dass das Gift im Genmais schuld daran war *(Kap. 1.2.).*
- In diesem Zusammenhang klingt es wie blanker Hohn: Über die viel zitierten "bestgetesteten Nahrungsmittel der Welt" gibt es weltweit keine einzige veröffentlichte wissenschaftliche Langzeitstudie über gesundheitliche Auswirkungen auf Mensch und Tier. Fütterungsversuche laufen unter teilweise sehr zweifelhaften Bedingungen ab und es gibt auch nur wenige brauchbare Kurzzeitstudien, *wie die unabhängigen Risikoforscher Werner Müller (Kap. 11) und Terje Traavik (Kap. 12.1.) berichten.*
- In diesem Zusammenhang verwundert es nicht, dass die für die Zulassung von gentechnisch veränderten Organismen (GVO) maßgebliche EU-Behörde EFSA gegen EU-Rechtsvorschriften verstößt.
- Gentechnik-Multis lassen sich Pflanzen patentieren wie Erfindungen. Damit können sie nicht nur von den Landwirten Lizenzen abkassieren, sondern gewinnen auch die Kontrolle über die Nahrungsmittel, *warnt Josef Hoppichler in Kapitel 2.7.*
- Eine sogenannte "Terminator-Technologie" macht Pflanzen steril. Sollte sie Platz greifen, wird eine Nachzüchtung der Pflanzen unmöglich, Bauern vom zugekauften Saatgut abhängig – dies wäre eine konkrete Gefahr für die Welternährung.

- Das Argument von höheren Erträgen und geringerem Spritzmittelverbrauch beim Anbau von Genpflanzen gerät mehr und mehr ins Wanken. "Superunkräuter" lassen den Spritzmittelverbrauch steigen *(Kap. 10)*.
- Berichte rund um die Welt kunden von einem Unfrieden, der in die Bauerndörfer getragen wurde: *Der Landwirt Percy Schmeiser aus der Provinz Saskatchewan in Kanada erzählt von seinem jahrelangen Kampf gegen den Gentechnik-Multi Monsanto und rät den europäischen Ländern dringend an, einen anderen Weg zu gehen als sein Heimatland (Kap. 8.1.).*
- Bis dato anerkannte Wissenschaftler, die aufgrund ihrer Forschungsergebnisse von Risiken der Gentechnik auf die Umwelt, Landwirtschaft oder die Gesundheit berichten, werden gekündigt.
- Statt einen Organismus als etwas Lebendiges zu sehen, wo alles mit allem verbunden ist, vertreten Gentechniker ein strikt mechanisches Weltbild, bei dem man Gene wie Legosteine austauschen und verändern kann.
- Der Vorgang der gentechnischen Veränderung selbst, der Gentransfer, ist ungenau und mit vielen Unsicherheiten behaftet, *beschreibt der US-Umweltjurist Andrew Kimbrell in Kapitel 2.1. recht plakativ.*
- Es ist ein Irrglaube zu meinen, dass der Hunger in der Welt mit Laborpflanzen von Großkonzernen bekämpft werden kann. Nur auf die jeweilige Bevölkerung abgestimmte Konzepte können letztlich erfolgreich sein, *wie Craig Holdrege aus den USA und die Inderin Vandana Shiva in Kapitel 9 zeigen.*
- Dass die Gentechnik in der Landwirtschaft mit einer zukunftsfähigen "Ökosozialen Marktwirtschaft" unvereinbar ist, *legt der ehemalige österreichische Vizekanzler Josef Riegler am Beginn des Abschlusskapitels 18 dar.*
- Viele negative Entwicklungen rund um den fehlgeleiteten Einsatz von Technologien waren nur möglich, weil es an einer Ethik für die Natur fehlt und in den westlichen Kulturen von einer "Weisheit der Natur" keine Rede ist. Wenn wir aber umdenken und uns an dieser Weisheit der Natur orientieren, werden wir solche Irrwege nicht mehr gehen wollen, gibt einer einen Ausblick auf die Zukunft, den man aufgrund seiner beruflichen Vergangenheit eher der "anderen Seite" zurechnen würde: *Der Biotechnologe und "Ökosoph" Anton Moser setzt sodann in Kapitel 18.2. den hoffnungsvollen Abschluss des Buches.*

Angesichts dieser vielen ungeklärten Punkte und offenkundiger Bedrohungen, stellt sich die Frage, warum Österreich, Deutschland und die Schweiz als Einzelstaaten oder die EU als Ganzes nicht sofort jeglichen Anbau sowie jeden Einsatz von Gentechnik in Futter- und Nahrungsmitteln verbieten, bis durch ausführliche Langzeittests das Gefährdungspotential geklärt ist. Die Angst vor der Welthandelsorganisation WTO bzw. der USA alleine kann es nicht sein, wenn man sich die Pro-Gentechnik-Aussagen führender EU-Politiker anhört. Sehr dringend müssten endlich die Verbindungen von Politik und Behörden zu Gentechnikkonzernen unter die Lupe genommen werden. Ist es denn wirklich ein Zufall, dass zwei ranghohe deutsche und zugleich EU-Beamte in Gentechnik-Zulassungs- und Lebensmittelsicherheits-Behörden in einem Werbefilm der Gentechnikindustrie mitwirkten? Wie ist es nur möglich, dass die EU es beispielsweise dem Land Oberösterreich untersagt, ein Gentechnik-Verbotsgesetz zu beschließen, obwohl alle vier im oberösterreichischen Landtag vertretenen Parteien dieses Verbot wollen? *Diese politisch brisanten Themen werden im Kapitel 2 sehr ausführlich behandelt.* Ist es nicht weiters traurig, dass eine private Klage von Mitgliedern der Antigentechnikplattform "Pro Leben" gegen die EU-Freisetzungsrichtlinie, die die Bedingungen für den Anbau von Gentechnikpflanzen regelt, nur deshalb vom Europäischen Gerichtshof nicht behandelt wird, weil die Frist zur Einreichung der Klage von zwei Monaten ab Veröffentlichung des Gesetzes versäumt wurde *(Kap. 7.1.)*?

Nirgends wurden die Bürger befragt, ob sie die Gentechnik wirklich wollen. Egal ob in Ländern, wo Laborpflanzen freigesetzt wurden und "Genfood" massiv in den Verkauf gelangte oder in Ländern, wo die Gentechnik hintangehalten wurde: Die Ablehnung dagegen ist weltweit eher größer als kleiner geworden. Es ist zutiefst undemokratisch und ethisch nicht gerechtfertigt, ohne die Zustimmung der Bevölkerung Tatsachen zu schaffen, die unumkehrbar sind und verheerende Folgen haben können. *Sehr deutlich macht dies der Filmemacher Bertram Verhaag in Kapitel 7.4.* Chemieunfälle beispielsweise sind lokal begrenzt, aber bei genmanipulierten Pflanzen ist zu erwarten, dass sie sich unaufhaltsam immer weiter ausbreiten.

Dennoch darf eines nicht übersehen werden: Obwohl der kommerzielle Anbau von Laborpflanzen in einigen Ländern bereits 1996 startete, haben diese weltweit "erst" 17 Länder erobert. Europa war 2004 fast noch zur Gänze sauber. Möglich gemacht hat das nur der anhaltende, zum Teil massive Widerstand der Menschen und verschiedener engagierter Organisationen *(Kap. 2.2.)*. In der EU wurden zwischen 1998 und 2004 keine neuen gentechnisch veränderten Sorten zugelassen und in einigen Ländern wie Österreich blieben die Äcker – auch für Versuchszwecke – ganz "sauber" und somit frei von GVO. Monsanto gab im Mai 2004 bekannt, die Entwicklung eines genmanipulierten Weizens zu stoppen – nordamerikanische Bauernverbände hatten sich zuvor besorgt über den möglichen Verlust der Exportmärkte nach Europa und Asien gezeigt, wo die Menschen gerade für die gentechnische Veränderung des Brotgetreides kein Verständnis gehabt hätten. Zudem stoppten die Agrochemie- und Gentechnikkonzerne Bayer Crop Science und Syngenta ihre Gentechnikforschung in Indien bzw. in Europa – wiederum wurde die ablehnende Haltung der Bevölkerung als Grund genannt. Dies alles zeigt die enorme Macht der Konsumenten.

Die Chance für eine "gentechnikfreie zukunftsfähige Landwirtschaft", wie es der "Independent Science Panel" (ISP), eine Plattform unabhängiger Wissenschaftler, in einem großen Report formuliert, ist noch da – und somit auch die Chance für eine gentechnikfreie zukunftsfähige Welt. Besonders erfreulich ist die Entwicklung, dass konventionelle Bauern und Hersteller konventioneller Lebensmittel ebenfalls immer öfter auf Gentechnikfreiheit in jeder Form Wert legen. Viele ehrliche Geschäftsmodelle, in denen die Gentechnikfreiheit fixer Bestandteil ist, haben sich als erfolgreich herausgestellt – egal, ob es sich um Freilandeier, Speiseöle oder Backwaren vom Feinsten handelt, *wie im Kapitel 14.1. dokumentiert.* Beeindrukkend ist das Beispiel der größten Schweizer Molkerei, die all jene Unternehmen in Österreich und Deutschland Lügen straft, die gebetsmühlenartig wiederholen, dass eine ausnahmslos gentechnikfreie Fütterung von Milchkühen unmöglich wäre. Mehr noch: Sie hat auch alle genmanipulierten Zusatzstoffe und Hilfsstoffe, die bei der Herstellung von Milchprodukten verwendet werden, aus ihren Produkten verbannt – was in Österreich oder Deutschland ebenfalls als kaum machbar angesehen wird.

Das heißt: Wo ein Wille, da ein Weg – vor allem wenn der Wille auch noch so klar ist wie jener der Schweizer Bevölkerung. Während in Österreich und Deutschland der fürs Viehfutter importierte Sojaschrot zu mehr als 90 Prozent genmanipuliert ist, sank in der Schweiz der Gentechnik-Anteil innerhalb von vier Jahren von 50 Prozent auf Null. Warum? Weil alle – Bauern, Futtermittelhändler, Lebensmittelhandel, Lebensmittelverarbeiter und vor allem die Importeure – die Ablehnung der Bevölkerung in punkto Gentechnik ernst nahmen und danach handelten.

Doch jeder muss vor seiner Haustüre zu kehren beginnen – sprich: im eigenen Land, im eigenen Bekanntenkreis aufklären. Denn bei den vielfältigen, umfangreichen Themen wird gerne die wohl wichtigste Frage rund um den Einsatz der Gentechnik in der Landwirtschaft und im Essen vergessen: Wer braucht sie und wem nützt sie? Alfred Haiger, der langjährige Vorstand am Institut für Nutztierwissenschaften der Universität für Bodenkultur in Wien, *hat in Kapitel 6.3. eine klare Antwort darauf:* "Niemand, außer ein paar multinationale Konzerne und die davon abhängigen Wissenschaftler."

Die Kapitel sind so aufgebaut, dass jedes für sich in beliebiger Reihenfolge gelesen werden kann, ohne dass i.d.R. andere Kapitel für das Verständnis vorausgesetzt werden. Ein Kreuz- und Querlesen ist daher gut möglich.

Klaus Faißner

GELEITWORT

Die Anwendung von Genmanipulation bei Nahrungsmitteln und in der Landwirtschaft hat weltweit zu Debatten und Kontroversen geführt. Viele Leute haben ernste Bedenken den tatsächlichen und möglichen Auswirkungen der Gentechnik auf die Biodiversität, die Gesundheit von Mensch und Tier sowie auf die sozioökonomische Situation der Bauern, Gemeinden und Einheimischen geäußert. Außerdem stehen auch noch ethisch-moralische Fragen zur Diskussion.

Die Lücken in unserem wissenschaftlichen Wissensstand beweisen, dass es in Bezug auf Genmanipulation noch immer viele unbeantwortete Fragen und Zweifel gibt. Ungeachtet dessen werden genmanipulierte Nutzpflanzen bereits in großen Mengen zu kommerziellen Zwecken angebaut. Ohne breiteres Wissen der Öffentlichkeit werden genmodifizierte Organismen (GMO) heute auch für den industriellen Gebrauch und die Dekontamination der Natur zugelassen.

Das Inkrafttreten des Cartagena-Protokolles über Biosicherheit am 11. September 2003 war ein Meilenstein für die Festsetzung der der globalen Biosicherheit. Zum ersten Mal wurde im internationalen Gesetzwesen anerkannt, dass GMO von Natur aus unterschiedlich sind, spezielle Risiken und Gefahren in sich tragen und somit international reglementiert werden müssen.
Diese Regulierung basiert auf dem Vorsorgeprinzip, bei dem wissenschaftliche Unsicherheiten in die Entscheidungsfindung miteinbezogen und Vorsichtsmaßnahmen zugesichert werden. Das muss der Grundstein für unseren Umgang mit GMO in Landwirtschaft und Nahrung sein.

Da wir heute in der Landwirtschaft auf dem Scheideweg stehen, ergibt sich die Frage, auf welcher Technologie die Zukunft der weltweiten Landwirtschaft basieren soll.

Eine Bewertung ist für die richtige Auswahl von Technologien, die umweltfreundlich sind, keinen Schaden für Natur und Mensch darstellen und sich außerdem positiv auf die Entwicklung eines Landes auswirken, unbedingt notwendig.

Dieses Buch vermittelt ein eindrucksvolles Aufgebot unabhängiger Wissenschaftler und Experten zum Thema Genmanipulation bei Nahrungsmitteln und in der Landwirtschaft und beweist mit einer klaren Analyse, dass GMO keinesfalls die Lösung für die Zukunft sein können. Es beleuchtet zugleich auch alle, mit dieser Technologie zusammenhängenden tatsächlichen und möglichen Gefahren.
Weiters sucht das Buch nach Lösungen als Alternative zu den GMO und zeigt mit Hilfe der Erfahrung von Fachleuten den Weg zu einer umweltfreundlichen Vorgangsweise in der Landwirtschaft- ja in der Wirtschaft im allgemeinen- die für Gesundheit von Natur und Mensch für die Zukunft Gutes verheißt.

Lim Li Ching,
Third World Network, Kuala Lumpur, Malaysien

Lim Li Ching

zählt zu den weltweit bedeutendsten Wissenschafte-
rinnen in den Bereichen Ökologie, Biosicherheit sowie
Umweltverträglichkeit. Von 2001-2004 arbeitete Li
Ching auch für die Partner-Organisation des TWN in
Großbritannien, dem Institute of Science in Society
(ISIS), einer Non-Profit-Organisation zur Förderung sozial verantwortbarer und ökologisch tragbarer (oder:
umweltverträglicher) Methoden (oder Vorgangsweisen) in der Wissenschaft. Dort war sie auch Mitredak-
teurin des vierteljährlich erscheinenden Magazins,
Science in Society.

Sie ist Mitarbeiterin für Biosicherheit, Biodiversität und ein umweltfreundliches Land-
wirtschaftsprogramm beim Third World Network (TWN), einer internationalen Organisation mit Sitz in Malaysia. Das Ziel des TWN ist es, Bewusstsein und Aktivitäten für
eine gleichberechtigtere, gerechtere und umweltfreundliche Welt, besonders im
Süden, zu fördern.

Li Ching ist Mitautorin des Buches, *The Case for a GM-Free Sustainable World*,
der Dokumentation des Independent Science Panel (ISP), dessen Mitglied sie
ebenfalls ist.

Sie kommt aus Malaysia und beendete ihr Studium der Ökologie im Jahr 1994.
2001 graduierte sie am Institute of Development Studies der Sussex University mit
dem M.Phil. (= Mag.phil.) in Development Studies. Derzeit ist sie auch leitende
Wissenschafterin am Oakland Institute, USA.

1. BAUERN I

1.1. Lebenswerk in Gefahr

Volker Helldorff, Besitzer des Biogutes Thalenstein

Das Biogut Thalenstein und dessen Besitzer Volker Helldorff sind weit über die Grenzen des Kärntner Bezirkes Völkermarkt hinaus bekannt. Das Biogut wegen der hochwertigen Produkte, die unter diesem Namen verkauft werden und Volker Helldorff, weil er auf der einen Seite für seine Anliegen einsteht, sich kein Blatt vor den Mund nimmt und auf der anderen Seite auch für gute Stimmung sorgen kann.

Sein Hauptanliegen ist die Erhaltung der traditionellen Landwirtschaft, für das er als Mitglied der Antigentechnikplattform "Pro Leben" landauf, landab Vorträge hält, um die Menschen vor den Gefahren der Gentechnik zu warnen - hat er sich doch mit Leib und Seele der biologischen Landwirtschaft verschrieben, die er auch seinen Nachfahren erhalten will. Vor 15 Jahren begann er, die gesamte Fläche seines Gutes im Ausmaß von 200 Hektar rein biologisch zu bewirtschaften. Eine Maßnahme, die sich für Helldorff als grundrichtig erwies:

"Seit ich meinen konventionellen Betrieb umgestellt habe, habe ich wieder Freude an der Landwirtschaft. Mit der Kraft der Sonne, ohne jegliche Spritzmittel und Kunstdünger haben wir inzwischen eine gute Ernte. Die Ernte ist gegenüber der konventionellen vielleicht um 20 Prozent geringer. Aber sie bringt uns, durch die besseren Preise und weil wir das Geld für Kunstdünger und Spritzmittel nicht aufwenden müssen, auch ein höheres Einkommen. Die Mehrarbeit auf dem Acker ist natürlich da, aber wir können die Arbeiten besser über die Zeit verteilen, sodass wir nicht mehr Leute brauchen.

Die Fruchtbarkeit des Bodens erhalten wir uns durch Flächenkompostierung. Das Stroh wird gleich bei der Ernte gehäckselt und verbleibt auf dem Acker. Kombiniert mit den jeweiligen Kleesaaten, zur Einbringung des notwendigen Stickstoffes, konnten wir die gesamte Zeit die Ernteerträge halten oder sogar steigern. Die Unkrautbekämpfung erfolgt durch die Fruchtfolge, kombiniert mit mechanischen Geräten wie Striegel, Tiefengrubber und Pflug. Der Humusgehalt des Bodens ist stetig im Steigen. Die Regulierung der Beikräuter gelingt uns inzwischen fast perfekt. Die anfänglichen Schwierigkeiten waren enorm, weil mir keiner richtig sagen konnte, ob und wie diese Art der Bewirtschaftung auf einem Großbetrieb ohne Vieh und Mist überhaupt funktioniert."

Nicht nur Helldorff, auch die Natur lebt seither auf:

"Die Freude steigerte sich nicht nur mit der zunehmenden Ernte, sondern auch durch die Wiederbesiedlung der Natur mit Kornblumen in allen Farben und dem wunderschönen Klatschmohn. Das Summen der Insekten, das Zwitschern der Feldlerche und das Schlagen der Wachtel - ach, ich hatte es schon fast vergessen,

dass es so etwas einmal gegeben hat, als ich noch ein Kind war. Dass es wieder da ist, freut mich und baut mich auf. Leben ohne Freude ist eh für die Fisch.

Eine Biolandwirtschaft ist gleichsam ein kostenloses Sanatorium für Mensch und Tier. Wenn Sie im Winter meine Felder betrachten, dann ist der Schnee voller Spuren, durch die konventionellen führt nur ein schmaler Steig. Inzwischen habe ich einen Vorzeigebetrieb und auch gute Maisernten. Es ist meine Freude und mein Lebenswerk geworden.

Für die Umwelt bedeutet dies auch sehr viel, denn wir sparen sehr viel Energie. Für eine Tonne Kunstdünger, Erzeugung und Ausbringung, ist die Energie von zwei Tonnen Erdöläquivalent notwendig. Würden wir Deutschland biologisch anbauen, würden wir mehr Energie einsparen als alle deutschen Atomkraftwerke zusammen derzeit erzeugen. Welch ein Gewinn an Kosten und Risikoeinsparung. Und dann würden auch die idiotischen Überschussproduktionsvernichtungskosten wegfallen. Unsere ernährungsbedingten Krankheiten würden rapide zurückgehen und unser Gesundheitssystem entlastet."

Aufgrund der vielen positiven Erfahrungen mit der biologischen Landwirtschaft kann Helldorff umso weniger verstehen, warum mit der Gentechnik eine lebens- und naturfeindliche Wirtschaftsweise auch in Europa oder Österreich Einzug halten soll:

"Und nun wollen die Amerikaner mit Hilfe der Gentechnik das Ernährungsmonopol in Europa errichten. Mit der Gentechnik zerstören sie unsere nachwachsenden Nutzpflanzen, machen viele Pflanzen zu einem hochwirksamen Insektengift und zerstören mit dem zwingend mitgelieferten "Roundup®" - ein Totalgift für alle Pflanzen - das Leben über, in, und unter den Nutzpflanzen. Insekten, Nützlinge wie Schädlinge, Schmetterlinge, Bienen, Regenwürmer und selbst die unentbehrlichen Stickstoffbakterien werden schließlich durch diese jährliche doppelte Giftgabe getötet.
Niemals könnte man mit der Gentechnik eine biologische Landwirtschaft betreiben. "Der Samen kommt ja eh' aus Amerika, macht euch keine Sorgen" sagen uns die Genexperten. Bravo! Das wäre ja gleichbedeutend, wie wenn jemand vorschlagen würde, wir sollten alle unsere zeugungsfähigen Männer sterilisieren lassen und dann verkünden: "Macht euch keine Sorgen um die Nachkommen. Der Samen kommt eh' aus Amerika."

Hier spricht Helldorff aus, was viele denken: Es wird befürchtet, dass wenige US-Konzerne mit ihren patentierten gentechnisch veränderten Pflanzen alle anderen Saatgutunternehmen vom Markt drängen. Außerdem werden die Maispflanzen selbst zu einem "hochwirksamen Insektengift", indem sich in jeder Zelle das Toxin des Bacillus thuringisis findet.
Und mit dem Totalherbizid "Roundup®" von Monsanto werden alle Pflanzen vernichtet, außer die gentechnisch Veränderten, die gegen dieses Mittel resistent gemacht wurden. Als nächstes rechnet der Bio-Pionier mit einem besonders häufig verwendeten Argument der Gentechnik-Befürworter ab:

"Es ist doch eine ganz normale Weiterentwicklung der Saatgutzüchtung, wie wir sie schon seit Jahrhunderten betreiben. Sie finden es normal, wenn sie eine Tomate mit einem Fisch kreuzen, damit sie kälteresistenter wird.
Dies ist so normal, als würde ich einen Zuchtbullen ins Erdbeerland schicken, um die Erdbeeren zu befruchten. Wenn uns die Gentechnik die Bienen vernichtet hat, wird uns eh nichts anderes mehr übrig bleiben. Normal finde ich das nicht. Ich finde es mehr als pervers.

Mit der Gentechnik machen uns die Genfirmen zu Sklaven. Sie können uns vollkommen beherrschen. Sie können uns gesund machen, mit Heilnahrung wie sie sagen, aber sie können uns auch jederzeit krank werden und hungern lassen.
Die Gewinne der Genkonzerne werden jedenfalls umso größer, je mehr Leute früher krank werden. Viele Genkonzerne verkaufen und produzieren Tabletten. Und ich möchte den Konzern sehen, der nicht der Versuchung erliegt, seinen Gewinn zu vervielfachen, indem er die Menschen krank macht."

Helldorff weist auf die Bedrohung der biologischen Landwirtschaft hin und macht darauf aufmerksam, dass es auf der Weltbühne nach wie vor große Märkte gibt, auf denen Gentechnik-Produkte kaum Chancen haben:

"Alles in allem ist die Gentechnik in unserer Landwirtschaft ungeheuer teuer. Sie bringt uns zusätzlich ein hohes Risiko und einen ungeheuren Wettbewerbsnachteil. Die Vorstellung, dass wir alle zu ungewollten Versuchskaninchen der Genkonzerne werden, finde ich unverantwortlich.
Deshalb sollten wir in uns allen die letzten Reserven mobilisieren, um diese Gefahr abzuwenden. Die Genkonzerne haften nie und die Versicherungen übernehmen auch weltweit keine Haftung, weil sie genau wissen, dass durch die Gentechnik weltweit riesige Schäden angerichtet wurden."

Wir müssten nur kreativ in der Wahl der Mittel sein, meint Helldorff:

"Wenn die EU uns diesen Genfraß aufzwingt, soll doch die EU auch dafür haften. Behalten wir doch den Mitgliedsbeitrag ein, als Fonds für die mit der ersten Saat auftretenden Schäden und Mehraufwendungen. Sie werden sehen wie schnell die EU-Kommissare reagieren werden. Solange wir zahlen und uns alles gefallen lassen reagieren sie überhaupt nicht. Wir haben die EU geklagt (Anm.: Helldorff ist einer der drei Biobauern, die gegen die EU-Freisetzungsrichtlinie vorgingen), aber die Klage wurde nicht einmal angenommen. Schließlich handelt es sich "nur" um die Beimischung eines Giftes und eines Antibiotikums in unsere Lebensmittel.
Unsere ganze Sicherheit beruht auf einem vierwöchigen Verdauungsversuch an 22 trockenstehenden Rindern (Anm.: Rinder, die gerade keine Milch geben). Sie sind nicht gestorben, also wurde der Bt-Mais für die EU freigegeben.

Die Rinder des ersten Versuchbauern Gottfried Glöckner wurden ja erst nach zweieinhalb Jahren krank und starben danach. Da waren die Wissenschaftler ja schon längst weg und sie gehen auch nicht wieder dort hin. Sonst würden sie die Wei-

den sehen, die bis zum Schluss so vergiftet waren, dass die Rinder schon nach einem Tag krank wurden.

Hier bedarf es des zivilen Ungehorsams, denn einmal verseucht, heißt immer verseucht. Es gibt keinen Weg mehr zurück, denn die Genpflanzen verbreiten sich wie eine ansteckende Krankheit, sie wachsen weiter und weiter und weiter.
Und wenn wir sie nicht verhindern werden, werden sie unsere Lebensmittel vernichten – eintauschen gegen Gentechnahrung aus dem Labor. Das wäre das Ende der Wahlfreiheit für den Konsumenten und den Nicht-Gentechnikbauern."

Was ziviler Ungehorsam sein kann, führt Helldorff schon seit geraumer Zeit den Autofahrern auf der Packer Bundesstraße vor Augen, die er von seinem direkt angrenzenden Grundstück in riesigen Aufschriften warnt: "Gensaaten = Tod auf Raten" steht auf der einen, "Keine Sau will Genfraß" auf der anderen. Zusätzlich zum Spruch ist jeweils ein riesiger Totenkopf abgebildet.

Für Helldorff ist dies keine Übertreibung: "Es gibt bereits gentechnisch veränderte Pflanzen, die nicht nachgezüchtet werden können. Mit diesen ´Terminatorpflanzen´ können die Gen-Konzerne die alten nachwachsenden Nutzpflanzen durch Auskreuzen vernichten."

Bei der Terminator-Technologie wird kurz nach der Samenreife die Fähigkeit des Samens zerstört, noch einmal auszukeimen. Die Samen werden also steril und somit für den Bauern unbrauchbar. Dadurch werden die Landwirte gezwungen, jedes Jahr neues Saatgut beim Gentechnikkonzern zu kaufen. Das Auskreuzen dieser Eigenschaft der Terminatorpflanzen ist besonders gefährlich: Diese könnte dann verwandte Zuchtsorten und Wildpflanzen ebenfalls steril machen und sie in weiterer Folge ausrotten – innerhalb kurzer Zeit wäre unsere Ernährungsgrundlage in Gefahr.

Behördenposse

Die von Helldorff angebrachten Spruchbänder zeigten schon nach kurzer Zeit Wirkung – zumindest bei den Behörden: Bereits wenige Wochen nach deren Montage langte Ende August 2004 bei Helldorff ein Schreiben der Bezirkshauptmannschaft Völkermarkt ein. Darin hieß es, dass der Gendarmerieposten Griffen eine Anzeige gegen das Transparent "Keine Sau will Genfraß" und das Förderband "Gensaaten = Tod auf Raten" erhoben hat. Begründung: Werbungen oder Ankündigungen an Straßen innerhalb einer Entfernung von 100 Metern zum Fahrbahnrand sind verboten, außer "wenn das Vorhaben einem vordringlichen Bedürfnis der Straßenbenützer dient oder für diese immerhin von erheblichem Interesse ist" – in einem solchen Falle wären die Plakate jedoch bewilligungspflichtig.

Helldorff antwortete prompt: "Es handelt sich bei diesen beiden Objekten nicht um eine Werbung oder Ankündigung, sondern um **Pollenbarrieren** wie sie in der EU seit der Zulassung der Gensaaten ab 19. April 04 zum Schutze der Nichtgenbauern vorgeschrieben sind. Sie sollen die Nichtgenbauern vor dem Auskreuzen von Genpflanzen der Nachbarn schützen.

Da ich von Brüssel keine Antwort bekomme, wie solche Barrieren ausschauen sollen und niemand haftet, wenn sie nicht wirken, habe ich mich für diese Version entschieden." Zusätzlich begründete er ausführlich seine strikte Ablehnung gegen Gentechnikpflanzen, insbesondere gegen genmanipulierten Bt-Mais: "Im übrigen ist es für die Straßenbenützer Europas von erheblichem Interesse, wenn ihre Lebensmittel künftig mit einem Insektengift (Bt-Toxin), an dem sogar schon Rinder gestorben sind, einem Antibiotikum (Markergen), einem artfremden Eiweiß (Roundup-Gen) und von einem Totalpflanzengift (Glyphosat), dessen Schädlichkeit für den Menschen bereits bekannt ist, ganz legal angereichert sein dürfen."

Kurz darauf ging die Posse weiter: Die Behörde sandte einen landwirtschaftlichen Sachverständigen an die Orte des Geschehens, der die Transparente genau untersuchte und zur Auffassung kam, dass diese Art der Pollenbarrieren nicht wirken könne. Aufmunitioniert mit dieser Erkenntnis trat die Bezirkshauptmannschaft wieder an Helldorff heran, erneut mit der Aufforderung diese "Werbung oder Ankündigung" endlich zu entfernen.

Für Helldorff ein Auftrag, noch einen Gang zuzulegen. Schriftlich entgegnete er: "Sie schreiben mir, die von mir aufgestellten Pollenbarrieren seien nicht wirksam gegen Pollenflug. Das mag ja stimmen, ich bin kein landwirtschaftlicher Sachverständiger, nicht so gescheit wie die Kommissare in Brüssel. Ich fordere Sie hiermit auf, mir mitzuteilen, wie solche Pollenbarrieren ausschauen sollen, damit sie besser funktionieren. Wie lange, wie breit, wie hoch und aus welchem Material sind diese Barrieren anzufertigen?" In diesem Zusammenhang verwies Helldorf darauf, dass diese Pollenbarrieren im Kärntner Gentechnik-Vorsorgegesetz ausdrücklich genannt sind. Und er entgegnet ganz entschieden der im Gutachten vertretenen Meinung, dass die von ihm geschaffene Art der Barrieren nicht wirken würde: "Ich bin ganz überzeugt, wenn es uns gelänge ganz Europa mit Barrieren zu verzieren, auf denen drauf steht ´Stoppt den Genterror, stoppt die amerikanische Generpressung´, dass das wirken würde."

Gleichzeitig forderte er die österreichische Gesundheitsministerin Maria Rauch-Kallat auf, dass alle "Genpflanzen" zumindest drei Jahre geprüft werden müssen, wie bei Medikamenten üblich, bevor sie zugelassen werden.
Die bei diesen GVO enthaltenen Toxine, Antibiotika-Resistenzgene oder artfremden Aminosäuren würden dieses Vorgehen nicht nur rechtfertigen, sondern sogar zwingend erforderlich machen. Diese Forderung wird auch von der Ärztekammer Kärnten unterstützt.

Der Totenkopf auf den Helldorff´schen Pollenbarrieren hat übrigens eine besondere Bedeutung: "Auch Legastheniker unter den Bienen und Wildschweinen sollen sie verstehen", meint der unermüdliche Kämpfer augenzwinkernd.

Volker Helldorff DI

geb. 1939, Studium Forstwirtschaft an Boku Wien, Biolandwirt in Kärnten mit 200 ha (biologisches Saatgut), engagierter Umweltschützer der ersten Stunde, Mitglied der Anti-Gentechnik Plattform "proLeben" (www.proLeben.at), EU-Kläger gegen Agro-Gentechnik, Erfinder der "Pollenbarrieren" und Exekutor des ersten europäischen Gentechnik-Kabaretts. Sein Vorzeigebetrieb, der nach rein ökologischen und biologischen Richtlinien arbeitet, erbringt den Beweis, dass nachhaltiges Landwirtschaften im Einklang mit der Natur auch ertragreich sein kann. Mit der, dem Betrieb angeschlossenen Bäckerei, in der ausschließlich biologische, gentechnikfreie Backwaren produziert werden, versorgt Volker Helldorff und sein Sohn rund 10.000 Menschen mit gesunden, natürlich hergestellten Backwaren.

1.2. Der Genmais und das große Rindersterben

GOTTFRIED GLÖCKNER, Landwirt aus Hessen

"Heute ist ein historischer Tag", sagt Gottfried Glöckner mit tieftrauriger Stimme. "Heute" ist der 13. Dezember 2004, es ist kalt und unfreundlich in Wölfersheim im deutschen Bundesland Hessen, wo Glöckner seine Landwirtschaft betreibt. "Heute" setzt er bedrückt fort, "lasse ich meine letzten Milchkühe abholen. Dann steht der Stall leer." Derselbe Stall, der vor vier Jahren mit 70 Rindern noch prall gefüllt war, von demselben Bauern, der immer akribisch genau darauf geachtet hatte, dass alles wie am Schnürchen klappt, soll auf einmal keine Nutztiere mehr beherbergen? Was ist passiert? "Was sich hier abgespielt hat, kann sich keiner vorstellen - ich konnte das auch nicht. Das ist eine Bombe, die hier eingeschlagen hat", erzählt er, als hätte er gerade einen Krimi mit einem unheimlichen Ausgang gesehen. Hat er auch, nur dass sich dieser Krimi über vier Jahre hinweg auf seinem Hof abspielte und von einem Drehbuchautor kaum hätte dramatischer inszeniert werden können.

Den Grundstein für die Geschehnisse hatte Glöckner bereits im Jahre 1994 gelegt: Der technikbegeisterte Diplom-Landwirt, der beständig nach neuen Wegen Ausschau hielt, seinen Hof noch wirtschaftlicher zu führen, wandte sich der Gentechnik zu. Damit zählte er zu den ersten "Gentechnik-Bauern" Deutschlands und des gesamten deutschsprachigen Raums. Bis 1996 stellte er Anträge für die Aussaat von herbizidresistentem Genraps und Genmais und legte – zusammen mit dem Pflanzenschutz- und Gensaatunternehmen AgrEvo – kleine Versuchsparzellen mit einigen hundert Quadratmetern an. Aus den insgesamt drei Aussaaten konnten jedoch keine brauchbaren Ergebnisse erzielt werden, weil Versuchsgegner einmal das Aufkommen von Genraps durch ein Spritzmittel verhindert und die anderen Male den Genmais entweder abgeschnitten oder ausgerupft hatten.

1997 erteilte die EU-Kommission die Genehmigung für das Inverkehrbringen des Bt-176 Genmaises, wodurch dieser angebaut und an die Tiere verfüttert werden durfte. Glöckner las alle ihm zugänglichen wissenschaftlichen Untersuchungen und erfuhr, dass die gentechnisch veränderten Pflanzen von den Zulassungsbehörden als "substanziell äquivalent" – also von den Inhaltsstoffen her gleichwertig zu den jeweils gleichen konventionellen Sorten – eingestuft wurden. Also könne er unbesorgt sein, dachte sich Glöckner.
Der Startschuss für den "richtigen" Anbau genmanipulierter Pflanzen war gefallen: "Die Neugierde dieser Technologie gegenüber war da, ich war aufgeschlossen dafür und wollte wissen, was passiert."
Ab nun sollte er den Bt-176 Genmais von Novartis – nach der Fusion deren Agrosparte mit der Agrosparte von Zeneca hieß das Unternehmen ab dem Jahr 2000 Syngenta – freisetzen. Die Maispflanze produziert das Toxin des Bacillus thuringiensis, das zur Bekämpfung des Maiszünslers, eines Schädlings, dienen soll.

Zufriedenheit zu Beginn

Gleichzeitig mit dem ersten Anbau kündigte Glöckner damals auch öffentlich an,

etwaige neue Erkenntnisse – in welche Richtung sie auch gehen würden - be-
kanntzugeben. "Interessanterweise haben sich die Gegner für den großflächigen
Anbau ab 1997 überhaupt nicht interessiert und ließen mich in Ruhe arbeiten",
wundert sich der Bauer über das damals plötzliche verschwundene Interesse der
Gentechnikgegner für seine Felder noch immer.

0,5 Hektar Genmais baute Glöckner in diesem Jahr an, steigerte 1998 bereits auf
fünf Hektar und brachte im Jahr 2000 bereits auf seiner gesamten Maisanbaufläche
von rund zehn Hektar genmanipulierte Saat aus – denn er war mit den äußerlich
sichtbaren Eigenschaften des Genmaises zufrieden: "Die Pflanzen sind so gleichmäßig gestanden wie die Soldaten, sahen aus wie hingestellt, sind einheitlich
abgereift und es gab keine Ernteausfälle durch den Maiszünsler.
Ich als Praktiker war fasziniert, einen hohen Ertrag und vom Anblick her gesunde
Pflanzen zu haben." Unterschiedlicher Wuchs, abknickende Pflanzen, Schädlingsbefall durch den Maiszünsler und zu unterschiedlichen Zeitpunkten reif werdende
Maiskolben schienen der Vergangenheit anzugehören.

"Die Versprechen sind eingetreten, die Pflanzen in Ordnung", dachte sich Glöckner und schloss daraus, dass die (Gen-)Technik funktioniert. Doch damit nicht genug: Als die Analyseergebnisse der Futtermitteluntersuchungen 15 bis 20 Prozent
höhere Proteingehalte im Genmais aufwiesen als in der ansonsten gleichen konventionellen Maissorte Pactol, freute sich der Hesse zusätzlich über "einen, vom
Gensaat-Hersteller gar nicht angekündigten positiven Nebeneffekt für die gesamte Futtermittelqualität von Silomais". Der höhere Eiweißgehalt im Genmais sollte
die Milchleistung der Kühe steigern bzw. es möglich machen, den Zukauf von
eiweißhaltigem Sojaschrot zu reduzieren. Glöckner rechnete den hohen Eiweißgehalt des Genmaises in die Futtermittelration hinein, stellte aber fest, dass dieser
nicht plangemäß in Milchleistung umgesetzt wurde: "Das war das erste Mal, dass
etwas anders passiert ist, als ich dachte", schildert er die ersten Unregelmäßigkei-
ten. Als Reaktion darauf kaufte er mehr Sojaschrot zu, woraufhin die Kühe wieder
mehr Milch gaben.

Im Herbst 2000 konnte sich der Landwirt über sehr gute Ernteerträge auf seinen
Feldern freuen. Die Lager waren mit Silomais – hier wird die gesamte Maispflanze
inklusive Blätter und Stängel verfüttert – von acht Hektar Anbaufläche voll, sodass
Glöckner den auf den restlichen zwei Hektar stehenden Genmais ausreifen ließ
und einen guten Monat später als Körnermais erntete. Am 18.12. desselben Jahres führte er mit seinem Futtermittelberater eine neue Rationsberechnung unter
Berücksichtigung des Körnermaises durch und begann, mit dem Jahreswechsel
diese neue Ration zu verfüttern.

Das Jahr 2001 war nur wenige Tage alt, als die Ereignisse begannen, ihren unglaublichen Lauf zu nehmen: Seit knapp zweieinhalb Jahren hatte Glöckner bis zu
diesem Zeitpunkt seinen Kühen genmanipulierten Mais "in entsprechenden Mengen" verfüttert – mit Ausnahme der mangelhaften Eiweißumsetzung ohne nennenswerte Probleme. Plötzlich bekamen seine Kühe einen klebrig-grau-weißen
Durchfall. Glöckner dachte an eine zu hohe Eiweißmenge im Futter, reduzierte

den Sojaanteil und fügte Heu hinzu. Doch der Zustand der Kühe besserte sich nicht. Im Gegenteil, wie der Landwirt schildert:

"Es kam zu Wasseransammlungen in den Gelenken, zu Ödemen in den Eutern, Blutgefäße erweiterten sich und bei einzelnen Tieren platzten Adern. So kam gehäuft Blut in die Milch, was mitten in der Laktation sonst nicht passiert. Tiere hatten Nierenbeckenentzündungen und Blut im Harn.
Es gesellten sich unerklärliche, seltene Krankheitserscheinungen hinzu, wie in einem Fall Schwanzwurzellähmungen, wobei der Schwanz auch nicht zum Urinieren oder Koten gehoben werden konnte. Bei anderen Tieren war die Euterhaut spröde und rissig, sie konnten ihre Haut selbst nicht mehr fetten und sie schälte sich. Manche Kühe riegelten ihre Milchleistung bei 20 Litern plötzlich ab und gaben keinen Tropfen mehr. Jedes Tier hat anders reagiert, mit der Botschaft: Etwas stimmt nicht, hilf mir."

Doch er konnte nicht helfen, denn er war ebenso ratlos wie sein Tierarzt, die beide "so etwas noch nie erlebt hatten". Im März 2001 entschloss sich Glöckner, das Soja ganz abzusetzen – mit überraschender Wirkung: "Die Kühe gaben auf einmal Milch wie verrückt und wir wussten nicht warum."

Missgeburten und tote Kühe

Das Ganze steigerte sich weiter. Es kam zu den ersten Missbildungen bei Kälbern – eines kam beispielsweise mit einem blutgefüllten Ansatz im Schulterbereich zur Welt – und zu Missbildungen am Euter der Färsen, das sind die Jungrinder, die noch keine Milch geben. Alle Tiere wurden im Allgemeinen noch anfälliger gegen Krankheiten. "Wir haben den Stall in einen Klinikbetrieb umgewandelt und die Kühe an Infusionen angehängt, um den Betrieb aufrecht zu erhalten." Schließlich starben die ersten Tiere. Zwischen Mai und August 2001 waren es insgesamt fünf Stück: "Die Kühe liefen von der Weide in den Stall und verendeten in der Box. Sie haben nicht gekämpft oder sich aufgelehnt, sondern sind einfach eingeschlafen. Was mich am meisten stutzig gemacht hat, war der Umstand, dass sie zu dieser Zeit Bedingungen vorfanden, die ihnen normalerweise am meisten behagen: Sie konnten sich auf der Weide frei bewegen, fraßen frisches Gras und waren an der frischen Luft und an der Sonne", schildert Glöckner.

Die Erklärung für deren Tod sollte er erst später finden. Eine schnelle – wenn auch unbefriedigende – Antwort sei hingegen von den Beratern des Gentechnikunternehmens Syngenta gekommen: "Sie sagten, dass ich die Tiere falsch gefüttert habe", erzählt der Bauer und gesteht mit seinem heutigen Wissen auch ein, dass sie damit nicht Unrecht hatten: "Ich konnte mit den zur Verfügung stehenden, zum Teil toxischen Futtermitteln mit einem veränderten Aminosäuregehalt gar nicht so füttern, wie ich es in der Ausbildung gelernt hatte."

Ebenfalls im Spätsommer ging die durchschnittliche Milchleistung pro Kuh merklich zurück und es trat ein neues, unerklärliches Phänomen zutage, wie Glöckner anhand seiner akribisch genauen Aufzeichnungen zeigt: Der Eiweißgehalt in der Milch wurde auf einmal höher als der Fettgehalt, "was normalerweise – auch wenn man will – so gut wie unmöglich zu schaffen ist." Glöckner sieht darin ein weiteres, klares Indiz für eine Stoffwechselstörung.

Doch mit den Kühen ging es weiter bergab: "Im Spätherbst 2001 sah die Herde ´zum Kotzen´ aus. Das Fell der Tiere war struppig und sie waren so entstellt, dass die herbeigerufenen Leute vom Zuchtverband entsetzt waren", erinnert sich Glöckner. Es sei ein nie zuvor gesehener Film abgelaufen: "Die Tiere waren nicht zu füttern, denn sie konnten die Zellulose vom Stroh nicht aufschließen - sie hatten immer wieder massive Durchfallerscheinungen, das Stroh wurde nicht wiedergekäut, sondern kam hinten im gleichen Zustand heraus wie sie es gefressen hatten. Es war ein Wahnsinn. Wenn im Reaktor Kuh einmal kein Stoffwechsel mehr stattfindet, dann heißt das viel."

Im Februar 2002 erhielt Glöckner von einem herbeigerufenen Umweltrechtler den Rat, den Silomais nicht mehr zu verfüttern – den Körnermais hatte er schon im Juni 2001 abgesetzt. "Ich wäre nie auf diese Idee gekommen", gibt der geschädigte Bauer zu und verdeutlicht damit, wie wenig er bis dahin den Genmais als Auslöser der Probleme vermutet hatte. "Nach dem Absetzen der Maissilage ging es den Tieren etwas besser. Sie sahen besser aus, auch die Milchleistung stieg wieder an", spricht Glöckner von einem weiteren deutlichen Zeichen seiner Tiere im Zusammenhang mit der Fütterung.

Im April desselben Jahres ließ er amtliche Proben vom noch vorhandenen Silomais der Ernte 2000 sowie vom Silomais, Körnermais und der Grassilage des Jahres 2001 ziehen und die Maisproben auf Gehalt an Bt-Toxinen untersuchen. Danach informierte er das Robert-Koch-Institut, das für die Zulassungen von gentechnisch veränderten Organismen in Deutschland zuständig ist, dass es sich um eine Schadensvermutung nach § 34 Gentechnikgesetz handle. "Zum damaligen Zeitpunkt konnte ich aufgrund zahlreicher Recherchen und routinemäßiger Futtermittelproben alle anderen Gründe wie Schäden durch Futtermittel oder Futtermittelzusammensetzung ausschließen", sagt Glöckner.

Futtermitteluntersuchungen

Am 16. April 2002 erfolgte die wohl wichtigste Probenahme von Futtermitteln, um anschließend im Labor die Ursache der Geschehnisse zu ergründen. Ernst Dieter Eberhard, öffentlich bestellter und vereidigter Sachverständiger vom Hessischen Landesamt für Regionalentwicklung und Landwirtschaft, zog im Beisein des Syngenta-Mitarbeiters Thoralf Küchler sowie im Beisein von Gottfried Glöckner Proben von der Maissilage 2000 und 2001, vom Körnermais 2000 und von der Grassilage 2001. Diese Proben wurden – zum Teil auch zu späteren Zeitpunkten - an mehrere Labors in Deutschland und den USA verschickt. Zahlreiche interessante Erkenntnisse wurden daraus gewonnen:

- Das Clostridien Center der Universität Göttingen stellte am 3.5.2002 fest: "In keiner Probe konnte Clostridium botulinum festgestellt werden. Auch eine zusätzliche längerfristige Bebrütung brachte kein positives Ergebnis." Clostridium botulinum, ein anaerober Keim im Silagefutter, ist der Erreger der Botulismus-Krankheit, die Tiere innerhalb kurzer Zeit töten kann. Immer wieder, auch in den darauffolgenden Jahren, wurde Glöckner beschuldigt, schlampig oder falsch gehandelt zu haben - und so etwa durch Vorhandensein von Clostridium botulinum selbst schuld an der Misere gewesen zu sein. Der offizielle Laborbefund der Uni Göttingen spricht jedoch eine andere Sprache.

- Das Institut für Lebensmitteltechnologie an der Uni Hohenheim fand keine Laktat-abbauenden Clostridien in der Maissilage und folgerte daraus, dass "es bei den Maissilagen zu keiner Vermehrung von Listeria monocytogenes gekommen ist". Für die Grassilage lautete der Befund ähnlich. Die Krankheit Listerose wird durch dieses Listeria-monocytogenes-Bakterium ausgelöst, das in einer minderwertigen, nicht vollständig vergorenen Silage vorkommen kann. Durch diesen Befund war auch Listeriose als Grund für das Rindersterben auszuschließen.

- An der Landwirtschaftlichen Untersuchungs- und Forschungsanstalt in Kiel (LUFA) wurden die Futtermittel auf ihre Zusammensetzung der Inhaltsstoffe – von Wasser über Protein und Stärke bis hin zu Mineralstoffen und Mykotoxinen – untersucht. Mit den im Prüfbericht vom 2. Mai enthaltenen Daten hatte Glöckner die Gewissheit, "dass das Mischleistungsfutter in Ordnung war".

- Ein ganz wichtiges Ergebnis erhielt der Landwirtschaftsmeister im August 2002 von der staatlichen Lehr- und Versuchsanstalt in Neustadt an der Weinstraße: Im Bt-176-Silomais des Jahres 2000 wurden 8,3 Mikrogramm Toxin pro Kilogramm Frischmasse gefunden. Zuvor hatte Glöckner schon die Ergebnisse zur selben Untersuchung vom Syngenta-Forschungszentrum in North Carolina/USA zugeschickt bekommen: Per E-Mail, ohne Unterschrift hatte die Mitteilung auf "kein gefundenes Bt-Toxin in den Futterproben" gelautet. Glöckner wurde stutzig: "Hier merkten wir erstmals, dass es in der Analytik zu unterschiedlichen Ergebnissen kommt."

Falsche Versprechungen

Überhaupt habe Syngenta mit der Zeit immer weniger wie ein ehrlicher, gerader Geschäftspartner gehandelt, sondern "gemauert, dass es unglaublich war", erklärt Glöckner: "Zuerst hat es geheißen, dass das Toxin im Siliervorgang abgebaut wird. Als die von mir in Auftrag gegebenen Untersuchungen das Gegenteil bewiesen, hieß es, das Toxin wird in Sekundenschnelle im Verdauungstrakt abgebaut und taucht daher weder im Fleisch noch anderswo im Tier auf. Letztendlich wurde es überall nachgewiesen: Im Kot, im Blutkreislauf und in den Lymphknoten. Danach übte sich Syngenta in Schweigen."

Der Landwirt gab weitere Proben zur Analyse in Auftrag:
- So ließ er von der Firma Supramol in Rodheim verschiedene Futterproben auf ihre Aminosäurenmuster untersuchen. Das Ergebnis vom 26. August 2002 machte ihn nachdenklich: Im Bt-Körnermais des Jahres 2001 wurde um 19,5 Prozent weniger Aminosäure - bei gleichem bzw. höherem Proteingehalt - festgestellt als beim konventionellen Körnermais.

Glöckner sieht schon allein aufgrund dieses Ergebnisses dringenden Handlungsbedarf: "Wenn die gentechnisch veränderten Pflanzen neue Proteine wie das Protein des Bacillus thuringiensis haben, die nicht homolog, also gleichwertig, zu den Aminosäuren sind, muss die Pflanze neu bewertet werden – denn wir wissen nichts über die neuen Eigenschaften der Pflanzen und deren Auswirkungen auf die Tiere." Als Konsequenz der neuen Erkenntnisse müsse dann auch eine neue Futtermitteltabelle erstellt werden, in der die neuartigen Pflanzen und die daraus gewonnenen Futtermittel bewertet werden.

Kein Wohlgefallen hätten diese Untersuchungen bei Syngenta gefunden, erzählt Glöckner. Der für Deutschland verantwortliche Geschäftsführer Hans-Theo Jachmann habe ihn nämlich mit folgenden Worten von der Beschäftigung mit dem Thema abhalten wollen: "Kümmere Dich um Deinen Betrieb und nicht um Dinge, die Du nicht verstehst."
Stutzig machte Glöckner auch ein mit 2.7.2002 datiertes Schreiben von Jachmann, in dem dieser auf mehrere von Glöckner gestellte Fragen zur Entsorgung der Bt-176-Maissilage antwortete. Dabei wies Jachmann Glöckner auch darauf hin, "dass die Bt-176-Maissilage nicht auf Grünland ausgebracht werden sollte". Und weiter: "Etwaige Wechselwirkungen mit Stalldung trockenstehender Tiere können von uns nicht vorausgesehen werden." - "Warum soll diese Silage nicht aufs Grünland gebracht werden? Weiß Syngenta vielleicht mehr als ich?", berichtet Glöckner über seine damaligen fragenden Gedanken.

Im Sommer 2002 erhielt der Landwirt jedoch nicht nur eine Reihe wichtiger Analysenergebnisse, sondern auch den nächsten Schlag – wodurch die Aufwärtsentwicklung am Glöckner´schen "Weidenhof" jäh gestoppt wurde: Weitere sieben Tiere verendeten – wieder nachdem sie auf der Weide waren. "Viele Kälber bekamen nach der vierten, fünften Woche einen pechschwarzen Durchfall und waren so fertig, dass sie ihren Stoffwechsel nicht von Lab- auf Pansenverdauung umstellen konnten" schildert er weitere Vorfälle.

Gifte auf der Weide

Glöckner dämmerte erstmals, dass die Todesfälle auch mit der Weide zusammenhängen könnten. Heute steht für ihn dies als Tatsache außer Diskussion: "Ich habe bis 2002 jedes Jahr Gülle auf die Grünflächen ausgebracht und diese war ebenfalls mit Bt-Toxinen belastet.

Dieses Bt-Toxin lässt sich inzwischen am einfachsten im Blut nachweisen, wurde aber auch in der Leber, im Milz- und im Darmbereich der Tiere gefunden. Außerdem wurden Genkonstrukte des Bt-Toxins in der Milch festgestellt", verweist er auf Untersuchungsergebnisse der Fachhochschule Weihenstephan von 2001 und der TU München von Juni 2004.

Unfassbar ist für Glöckner die Art und Weise, wie die Wissenschaft spätestens ab August 2002, dem Zeitpunkt der Entdeckung von Bt-Toxin im Futtermittel und den Abweichungen im Aminosäuremuster, mit seinem Fall umging. "Mein Hof hätte vor Experten wimmeln müssen. Doch keiner kam. Warum sagte denn niemand: Ja, hier gibt es Toxin im Futter und deshalb müssen wir die Tiere untersuchen?" fragt er sich. Doch anstatt Proben zu ziehen und sich auf die Suche nach der Wahrheit der rätselhaften Krankheits- und Todesfälle zu machen, habe Stillschweigen geherrscht.

Dass es neben den (zuvor geschilderten) Futtermitteluntersuchungen dennoch auch zu Laboruntersuchungen von Tierproben kam, war somit wieder der Initiative Glöckners zu verdanken. So analysierte das Göttinger Clostridien Center fünf Rinderproben auf den Verdacht von Botulismus. Mit Datum 8.8.2002 hieß es dazu: "Die Kotproben enthalten keinen Hinweis auf Clostridium botulinum." Allerdings würden die Antikörper von drei Tieren dafür sprechen, dass in dem Bestand der Erreger Clostridium botulinum vorkomme.

Er habe sich daraufhin in Göttingen erkundigt und als Antwort erhalten, dass dies ein normales Ergebnis bei Tieren mit entzündlichen Prozessen sei und das Antikörperergebnis in Wirklichkeit nichts mit Clostridium botulinum zu tun habe. Glöckner wollte weitere Untersuchungen im Hinblick auf Bt-Toxin durchführen lassen – "doch plötzlich waren die Proben verschwunden und tauchten bis heute nicht auf", schildert er ungewöhnliche Vorgänge.

Besonders betroffen war Glöckner, dass der Kalzium-Gehalt im Blut der erkrankten Tiere gegen Null tendierte: "Das Toxin hat das Kalzium gebunden, was zu Leberschäden führte. Es mussten ungewöhnlich hohe Kalzium-Gaben - rund drei Liter pro Kuh - verabreicht werden, um die Tiere wieder fit zu bekommen."

Glöckner beschreibt aus seiner Sicht die beiden fatalen Hauptauswirkungen des Bt-176 Maises:

- Die Kühe werden durch die Pflanze belastet.
- Kreislaufkontamination über die auf Grünlandflächen ausgebrachte Gülle, wo das Gift von den Kühen entweder direkt aufgenommen wird oder über das silierte Gras oder Heu gefressen wird.

Durch die Ausbringung der "Bt-Gülle" sei es endgültig zu einem Giftkreislauf auf seinem Betrieb gekommen. Glöckner glaubt, jetzt auch den Grund zu wissen, warum dies bisher von offizieller Seite so negiert wurde: "Weil diese Art der Kontamination so teuflisch ist."

Schreckliche Bilder

Glöckner hat für seinen Glauben an die Gentechnik teuer bezahlt. Aufgrund von Todesfällen, Missbildungen, Milchleistungsverlusten oder Leber- und Nierenschädigungen verlor er seinen gesamten Viehbestand von anfänglich 70 Kühen. Nach einem vier Jahre lang dauernden Kampf, bei dem "ich mich jeden Tag beim Aufstehen fragte, welche neuen, unvorhersehbaren und unglaublichen Dinge heute wieder passieren werden", musste er sich geschlagen geben. Er, der sich seiner Sache so sicher war.

Der Stall steht nun leer - und das Erlebte kommt ihm vor wie ein Alptraum. Vor allem die krankhaften Veränderungen der Kühe gehen ihm nicht aus dem Kopf: "Der schlimmste Fall war der Euterdurchbruch einer Kuh. Ihr ist beim Aufeutern – also bei der Bildung des Euters - das Drüsengewebe geplatzt. Zuerst wurde das Euter fest und prall, weil die Milchbildungszellen komplett zerstört waren. Sie hat keine Milch mehr gegeben, stattdessen kamen rund zweieinhalb Liter reines Blut. Drei Wochen später ist das gesamte Drüsengewebe herausgebrochen." Glöckner griff zur Kamera, um diese schrecklichen Szenen zu dokumentieren. Das gemachte Foto sagt mehr als 1.000 Worte: Schwälle von Blut und Fleischklumpen ergießen sich aus dem Euter der stehenden Kuh auf den Boden.

Die Apokalypse im Rinderstall wird greifbar. Glöckner ist sich sicher: In diesem Fall - wie auch in vielen anderen Krankheits- und Todesfällen – hat das Toxin des Bacillus thuringiensis ganze Arbeit geleistet, indem es zuerst auf der Weide überlebte und dann im Körper der Kuh enorme Schäden anrichtete:

"Zum Schluss sind die Tiere nur mehr mit dem Selbsterhalt beschäftigt. Das Toxin setzt sich im Lymphsystem, im Drüsengewebe und im Fett ab. Die Alveolen sind stark beeinflusst und die Milchleistung wird zum Erliegen gebracht. Das ist meine Erfahrung. Meine Erfahrung täuscht mich nicht. Der Euterdurchbruch zeigt, dass das Ganze auch im Drüsengewebe angesiedelt ist.

Das Toxin ist im Gastroindestinaltrakt (Anm.: Verdauungstrakt). Veterinärmediziner sagen, dass es dort nichts verloren hat. Das Toxin ist da und wird irgendwann aktiv. Wann es aktiv wird, bestimmt das Toxin. Es ist wie eine tickende Zeitbombe. Die Kühe waren von der Milchleistung her zum Teil noch gut drauf und schalteten über Nacht ab - hörten ganz auf, Milch zu produzieren. Die Kuh sagte: 'Es geht nicht mehr.' Das Ganze ist unglaublich."

Begonnen habe es vielfach, indem ein Viertel des Kuheuters zusammengefallen sei wie bei einer trockenstehenden Kuh – einer Kuh, die sich nicht in der Milchperiode befindet. "Dieser Teil des Euters war weder entzündet oder anderwertig beeinträchtigt, sondern die Kuh gab einfach keine Milch mehr", so Glöckner.

Aufgrund seiner Beobachtungen hat der Bauer folgenden Schluss gezogen: "Die Aggressivität des Toxins, das die Kühe auf der Weide aufnehmen, hängt von der Witterung ab. Das ist ein aktiver Organismus, der nicht mehr einzufangen ist." Am verheerendsten sei die Wirkung bei Trockenheit, Sonnenschein und Temperaturen von über 20 Grad. "Solange die Kühe den oberen Teil der Grashalme fraßen, war alles nicht so schlimm. Aber sobald sie sich in Richtung Boden näherten, ging es wieder los.

Überall, wo die Gülle ausgebracht wurde, ist die Weide vergiftet – und wenn das Gras auf der Weide gemäht und als Silofutter verwendet wurde, war das Toxin dementsprechend in der Grassilage."

Auf den wenigen Flächen, wo er keine Gülle ausbrachte, sei dagegen alles normal, will Glöckner den Zusammenhang zwischen der kontaminierten Gülle und dem Rindersterben verdeutlichen.

Auch im Jahre 2003 waren die Probleme nicht enden wollend. Von den Behörden war Glöckner ebenso enttäuscht wie von der Wissenschaft und von Syngenta. Er hatte viele Erfahrungen gesammelt, sich sachkundig gemacht und besaß eine Reihe von Untersuchungsergebnissen und Dokumentationsmaterial.

Ihm sei es klar gewesen, dass er jetzt sein 1997 gegebenes Versprechen einlösen musste, die Öffentlichkeit über die Vorgänge am Weidenhof zu informieren. Aber wie? Schließlich wollte er keine Schlagzeilen für Boulevardblätter produzieren, sondern alles möglichst sachlich und offen an die Bevölkerung und vor allem die Bauern – in deren Sinne – weitergeben.

Er habe eine schwere Zeit mit zahlreichen Anfeindungen vor sich gesehen, sagt Glöckner. "Aber ich musste es tun, um mir weiter jeden Tag in den Spiegel schauen und weiter gerade durchs Leben gehen zu können." Deshalb habe er es gewagt, dem riesigen Syngenta-Konzern die Stirn zu bieten.

Schließlich sei 2003 mit Manfred Ladwig vom Südwestrundfunk (SWR) der richtige Mann auf ihn zugekommen, der sich sehr eingehend mit der Materie beschäftigt habe, ist Glöckner froh. Was der Fernsehsendung im "Report Mainz" vom 8. Dezember 2003 folgte, waren zahlreiche weitere Medienberichte im In- und Ausland.

"Man muss Konsequenzen ziehen und aus Fehlern lernen, denn Sicherheit ist unbezahlbar", fordert Glöckner endlich eine tiefgehende Risikoforschung in der Gentechnik. Vor allem gehe es um die Wahrheit: "Es gibt keine andere Chance, als endlich reinen Wein einzuschenken. Die Dinge dürfen nicht unter den Tisch gekehrt werden, sondern müssen klar beim Namen genannt werden, denn Heimlichtuerei ist das Schlimmste."

Durch die Geschehnisse an seinem Hof werde sich sehr viel ändern, ist sich der Bauer sicher: So habe er anhand der in Auftrag gegebenen Aminosäuremessungen zeigen können, dass die von vornherein getroffene Annahme der substanziellen Äquivalenz – also der Gleichwertigkeit der Inhaltsstoffe von gentechnisch veränderten und konventionellen Pflanzen – grob falsch ist. Erst im Dezember 2004 bezog sich die FDP-Fraktion bei einer "kleinen Anfrage" an die deutsche Bundesregierung auf Milchproben Glöckners, die auf eine gentechnische Verunreinigung der Milch durch GVO-Futtermittel hinwiesen. Dies hatte Greenpeace im Juni 2004 publik gemacht. Der Rechtsstreit mit Müller-Milch um die Bezeichnung "Gen-Milch", den Greenpeace zwischenzeitlich gewann, wurde zum großen Thema in Deutschland.

Versagen von Wissenschaft und Behörden

Glöckner machte sich auch schlau, was die Zulassungskriterien dieser Genmais-sorte von Syngenta betrifft - und fiel einmal mehr aus allen Wolken: "Den Zulassungsantrag hat das Unternehmen geschrieben und so ist er auch durchgegangen. Nie hat jemand gegen die im Antrag angegebene niedrigste Sicherheitsstufe (S1) Einspruch eingelegt.

Das ist für mich einfach nicht nachvollziehbar", verweist Glöckner auf das, was ihm auf seinem Hof widerfahren ist. "Wenn Ungereimtheiten auftreten – wie Untersuchungsergebnisse mit auffälligen Protein- oder Aminosäurewerten - muss ich das hinterfragen. Es wird aber offensichtlich nicht hinterfragt.

Doch in dem Moment, wo wir alles unter den Tisch kehren, kommen wir mit der Technologie nie zu vernünftigen Lösungen", würde sich der Landwirt ein rasches Eingreifen der Verantwortlichen wünschen. Doch genau das Gegenteil sei der Fall: "So bleibt letztlich alles am Landwirt hängen. Die Landwirte brauchen aber Sicherheit, denn sie wollen vernünftige Rohstoffe produzieren."

Weiters stellte er das Fehlen von Langzeitversuchen fest, was für ihn – wie auch inzwischen für viele andere – völlig unverständlich ist: "Bei dieser Risikotechnologie müsste ich doch ausführliche Fütterungsversuche machen und dabei der kleinsten Kleinigkeit nachgehen. Wenn ich das nicht mache, brauche ich mich nicht zu wundern, wenn das jemanden später schädigt. Dann kommt die Antwort zeitversetzt und die ist bitter." Er schlägt vor, dass diese Studien von jenen bezahlt werden sollen, die mit einer Risikotechnologie viel Geld verdienen wollen: "Die Gentechnikfirmen sollen sich einen Stall bauen und selbst ausführliche Fütterungsversuche machen – und nicht, wenn es wo gekracht hat, wieder heimfahren. Parallel dazu benötigen wir endlich von unabhängiger Seite geprüfte Langzeitstudien, nach deren Beendigung die Unternehmen noch einmal schauen müssen, ob sich das Ganze wirklich auszahlt. Man kann ja von den Landwirten wohl nicht verlangen, dass sie weiter derartige Versuche in der Praxis machen sollen wie ich."

Jeder müsse endlich Verantwortung für seinen Bereich übernehmen. "Doch wofür übernehmen Wissenschaftler die Verantwortung?", fragt Glöckner. So hätten diejenigen Wissenschaftler des Robert-Koch-Institutes (RKI), die für die Genehmigung des Bt-176-Maises in Deutschland verantwortlich waren, einen Fütterungsversuch über 60 Tage durchgeführt. Zur Erinnerung: Glöckners Kühe bekamen nach zweieinhalb Jahren Probleme. "Die Leute des RKI haben etwas gemacht, was keine Aussagekraft hatte. Die Hauptsache war, es zu genehmigen", resümiert Glöckner.

Doch spätestens als er sich hilfesuchend an die verschiedensten Stellen wandte, hätten diese dementsprechend reagieren müssen, meint Glöckner: "Alles was Rang und Namen hat, hätte hier erscheinen müssen. In meinem Betrieb ist ein wirtschaftlicher Totalschaden entstanden. Doch ich bin keine Versuchsanstalt, sondern ein landwirtschaftlicher Betrieb! Ich bin von den Betreibern und der Wissenschaft maßlos enttäuscht, dafür hätte ich sie nicht gebraucht. So kann man mit einer Risikotechnologie nicht umgehen. Es wäre ihre Aufgabe gewesen, sich hier Informationen abzuholen. Aber bis jetzt hat die Sache nur wenige interessiert."

Auch die Volksvertreter nimmt der mutige Landwirt in die Pflicht: "Die Politik ist gefragt: Wollen wir den Weg der Gentechnik gehen, wollen wir für unser Land das Risiko eingehen?" Glöckner weist darauf hin, dass Syngenta im Juli und November 2004 die Übersiedelung der Forschung von Europa in die USA bekanntgegeben hatte: "Wenn Syngenta selbst das Risiko nicht will, warum soll es ein anderer wollen – schließlich hat sie niemand um den Bt-Mais gebeten."

Die Berichte Glöckners wurden auch vielfach mit dem Argument abgeschwächt, dass es doch weltweit zigtausende Bauern gibt, die ihren Kühen denselben Bt-176-Mais verfütterten und dennoch nie vergleichbare Fälle an die Öffentlichkeit kamen. Glöckner nennt eine Reihe von Gründen für diesen Umstand:

"Zum einen dürfen keine negativen Erkenntnisse an die Öffentlichkeit gelangen, nicht einmal im Rahmen der sogenannten Sicherheitsforschung. Für den Bauern selbst ist es jedoch sehr schwierig, die Zusammenhänge nachzuvollziehen. Ich habe in Zusammenarbeit mit den Labors dreieinhalb Jahre dafür gebraucht. Zum anderen dürften derart eindeutige Erscheinungen erst bei einem hohen Anteil von Bt-Mais im Futter sowie bei Kreislaufkontamination auftreten."

Aus der Geschichte lernen?

Die ebenfalls vielfach geäußerte Meinung, dass die Genmaissorten MON 810 von Monsanto oder im Bt-11 von Syngenta deutlich weniger Bt-Toxin enthalten als Glöckners ehemalige Sorte Bt-176, soll überhaupt kein Grund für eine unkritische Haltung sein: "Gebrauchen können die Tiere das Bt-Gift auch hier sicher nicht."
Er kritisiert, dass aus der Geschichte offensichtlich nichts gelernt wurde: "Auch bei der Zulassung des Bt-11 Maises wurden keine Langzeitstudien gemacht, sondern es kam zuerst zu Tierversuchen gleich in der Praxis und jetzt sollen Menschenversuche folgen – das kann keine Risikoforschung sein!" Es wäre höchste Zeit, dass derjenige, der das alles in Umlauf setzt, auch dafür haftet.

Daher gebe es für Europa nur einen Weg: "Wir müssen uns intensiv mit der Gentechnologie beschäftigen, sonst haben wir keine Argumente, etwa gegen die Vorgangsweise der USA. Wir müssen ganz gezielte Forschungen in kleinen Bereichen machen, die ins Detail gehen." Neu sein soll die Art und Weise der Präsentation: "Die Forschungen müssen öffentlich, für jeden zugänglich und leicht verständlich publiziert werden", wünscht sich Glöckner.

Der groß gewachsene Bauer, der seit 24 Jahren Milchvieh hält und vor diesen dramatischen Ereignissen "nie derartige Probleme nur annähernd in diesem Umfang" hatte, schenkt Milch in den Kaffee: "Das ist keine Milch von uns", sagt er erklärend. "Das hat es bei mir noch nie gegeben." Noch vor wenigen Jahren liefen täglich über 1.500 Liter Milch in die Tanks, heute bleiben sie trocken. Er sei schockiert gewesen, als ihm die direkte Verbindung zwischen dem Zustand der Kühe und dem Genmais klar geworden sei, führt er weiter aus. Schließlich habe er sich auf die Aussagen der Firmen und Behörden verlassen.

Glöckner stellt sich die Frage nach dem Verantwortungsbewusstsein der Gentechnikfirmen: "Ich verstehe deren Vorgangsweise nicht. Sobald es gröbere Schwierigkeiten gab, haben sie mich im Stich gelassen. Ich bin doch der Kunde und frage mich nach all meinen Erfahrungen: Kann das der richtige Partner sein?"

Und weiter: "Ich betreibe nur Selbsterhalt, wenn ich eine komplette Wiedergutmachung des Schadens verlange. Was bei mir passiert ist, waren Feldversuche und Tierversuche." Bis heute aber warte er auf eine Entschädigung des Konzerns.
Doch daneben hat Glöckner ein übergeordnetes Ziel: "Ich will, dass die Gentechnik-Unternehmen aus der Sache lernen und weltweit die Konsequenzen daraus ziehen. Ich mache das für die gesamte Landwirtschaft, denn jeder müsste sich damit beschäftigen, auch die landwirtschaftlichen Interessensvertreter."

Glöckner, der einstige Gentechnik-Vorreiter, will die Bauern ermutigen, die Art und Weise der Versprechen der Konzerne – etwa wenn es um deren Leistungen geht - kritisch zu betrachten: *"Der Blick der Gentechnik-Industrie ist immer in die Zukunft gerichtet. Es heißt immer: ´Wir werden ... den Hunger besiegen, ... gesunde Pflanzen entwickeln, und so weiter.` Die Vertreter dieser Konzerne leben immer in Visionen. Doch das lenkt von aktuellen, selbst verursachten Problemen ab, die jetzt gelöst werden müssen."*

Der Stall ist leer, Glöckner sind die Spuren des vergeblichen Kampfes für die Rettung seiner Tiere und die Spuren des Kampfes gegen Behörden und Syngenta anzusehen:

"Meine Situation ist elend, ich muss einen Strich ziehen und neu anfangen. 20 Jahre Zuchtarbeit wurden auf den Lastwagen gekarrt. Ich habe die vergangenen Jahre alles probiert und gesehen, dass ich auf verlorenem Posten stehe. Zum Schluss sind die Tiere ein teures Hobby geworden.
Doch das hier ist meine Lebensgrundlage und das Resultat davon zu sehen, ist hart – zumal, wenn man immer meint, man hat alles im Griff. Und auf einmal passiert etwas, nach dem man plötzlich wie ohne Ruder im Meer treibt."

Glöckner hat sich ein riesiges Wissen rund um die Gentechnik aufgebaut, ist selbst zu einem Experten im deutschsprachigen Raum geworden. Rund um den Fall seiner Kühe musste er mühsam Teil um Teil zusammenführen. Jetzt glaubt er, das Puzzle fast fertig zu haben. Es sei ihm immer darum gegangen, die Sensibilität zu schärfen und den Bauern zu helfen. Jetzt ist sein kleiner Trost, für viele eine Stütze geworden zu sein und auch einiges ins Rollen gebracht zu haben.

Gottfried Glöckner Dipl.-Landwirt

geb. 1962, begann 1981 als landwirtschaftlicher Gehilfe, führte ab 1984 den Um- und
Ausbau des Betriebes in Wölfersheim, Hessen, durch und schloss 1986 die Ausbildung
zum Landwirtschaftsmeister erfolgreich ab.
Zwei Jahre später stellte Glöckner den Betrieb, den der dreifache Vater 1989 übernehmen sollte, auf EDV um. Von 1992 bis 1995
setzte er sich intensiv mit der bakteriologi-
schen Beschaffenheit der Milch auseinander.

Als einer der ersten Landwirte Deutschlands baute Glöckner bereits 1994 die ersten gentechnisch veränderten Pflanzen auf seinem Hof an. 1997 setzte er nicht
nur erstmals den Bt-176-Mais frei, sondern nahm auch eine Ehrung für 110.000 kg
Milch Lebensleistung der 17-jährgen Kuh "Nelke" entgegen. 2001 erfolgte der Bt-
176 Maisanbau zum letzten Mal, dennoch musste er infolge massiver Schäden an
den Tieren die Milchproduktion im Jahr 2004 einstellen.

2. POLITIK

2.1. Ungeprüft, ungekennzeichnet und man isst es

ANDREW KIMBRELL und JOSEPH MENDELSON III, Center for Food Safety, Washington DC, USA

Text: Andrew Kimbrell und Joseph Mendelson III

Die Biotechnologie behauptet, sie könne fremdes Genmaterial inklusive Tier- und Virengene in Nutzpflanzen einsetzen, ohne die grundlegende Natur unserer Nahrungsmittel zu verändern. Jedoch zeigt eine zunehmende Beweislast, dass diese veränderten Produkte ernsthafte Risiken für die menschliche Gesundheit und die Umwelt in sich tragen.
Indem sie diese Beweise ignoriert, verlangt die US-Regierung weder zwingende Tests noch Kennzeichnung von genmanipulierten Nahrungsmitteln. Als Ergebnis dessen wurden Millionen von Konsumenten ohne ihr Wissen zu Versuchskaninchen, die die Sicherheit dieser neuartigen Nahrungsmittel testen.

Millionen Bauern demonstrieren in Indien und brennen die Konzernzentralen eines großen Agrarindustrieunternehmens nieder. Quer durch Europa und die Vereinigten Staaten gehen tausende auf die Straßen und verlangen ihr Recht auf Aufklärung. Aktivisten reißen klammheimlich Nutzpflanzen aus und verbrennen sie.
Gerichte in Europa und Südamerika verordnen Stopps für Pflanzenanbau. Die Vereinigten Staaten führen einen beispiellosen Handelskrieg gegen den Rest der Welt. Was ist die Ursache für diesen historischen Nahrungsmittelkrieg? Genmanipulierte Nahrungsmittel.

Obwohl sie schon fast mehr als ein Jahrzehnt existieren, haben genmanipulierte bzw. gentechnisch veränderte (GV) oder biotechnische Nahrungsmittel eine internationale Angst erzeugt, die nicht abklingen will. Während der letzten Jahre ist der Streit über GV-Nahrungsmittel besonders in den USA angeheizt worden. So gut wie alle "entwickelten" Länder verlangen eine Kennzeichnung biotechnischer Nahrungsmittel.

Trotzdem hat die US-Regierung sich geweigert, Sicherheitstests oder Kennzeichnung für genveränderte Produkte zu verlangen. In diesem behördlichen Vakuum enthalten in den USA bis zu 60 Prozent der verarbeiteten Nahrungsmittel irgendwelche GV-Zutaten und über 70 Millionen Morgen Land wurden mit diesen Pflanzen bebaut.

Das hat zu Recht einen Großteil der Bevölkerung verärgert, die sich ernsthaft über die Sicherheit von GV-Nahrungsmitteln Sorgen macht und sich darüber ärgert, dass ihr ihr Recht, über genmanipulierte Nahrungsmittel Bescheid zu wissen, verweigert worden ist. Zahlreiche gerichtliche Schritte wurden gegen die Regierung und die Hersteller von biotechnischen Nahrungsmitteln eingeleitet und hunderttausende Menschen und darunter viele Wissenschaftler, Konsumentenanwälte und

Kirchenführer, haben gegenüber staatlichen Behörden Stellungnahmen abgegeben, in denen sie Kennzeichnung und Überprüfung verlangen.

Biotechnologie-Firmen zeigen sich über die massiven Kontroversen, die sie erzeugt haben, erstaunt. Sie hören nicht auf zu behaupten, dass diese Nahrungsmittel "gleich wie hergebrachte Nahrungsmittel seien". Weiters behaupten sie, dies seien "die am meisten getesteten und geprüften Nahrungsmittel in der Geschichte".

Ein genauer Blick auf GV-Nahrungsmittel straft diese Aussagen der Unternehmen jedoch Lügen. Biotechnische Nahrungsmittel unterscheiden sich qualitativ von allen anderen Nahrungsmitteln, die wir jemals gegessen haben, und das Versäumnis, die Auswirkungen dieser Nahrungsmittel auf die menschliche Gesundheit und die Umwelt zu kontrollieren, führte zu einer virtuellen "Black Box" ernster und unbeantworteter Fragen über ihre Folgen.

Was sind genmanipulierte Nahrungsmittel?

Während die Biotechnikindustrie gerne behauptet, dass es biotechnische Nahrungsmittel "seit Bier und Hefe" gäbe, ist in Wahrheit die Genmanipulation von Saatgut die radikalste Transformation in der Nahrungsmittelproduktion seit den ersten Tagen der Landwirtschaft vor mehr als 10.000 Jahren.

Die Geschichte der Landwirtschaft wird hauptsächlich durch die natürlich vorkommende Vererbung zur Saatgutproduktion bestimmt, die zu schmackhafteren Nahrungsmitteln, einheitlicher Produktion oder größeren Erträgen führt. Dieser Prozess selektiver Züchtung erreichte mit der zunehmenden, weit verbreiteten Hybridisierung seinen Höhepunkt im Laufe des letzten Jahrhunderts.

Die Gentechnik unterscheidet sich jedoch total sogar von den radikalsten Zuchtmethoden moderner Landwirtschaft. Sie beinhaltet die künstliche Manipulation von Saatgut und für den Konsum gedachten Tieren auf Zellebene. Da sich die DNA von einem Typus Organismus in die eines anderen, keineswegs verwandten, Typus versetzen lässt, kann man die natürlichen Grenzen in einer Weise überschreiten, wie niemals zuvor.

Biotechnik-Forscher haben die Grenzen des (Tier-/Pflanzen) Reiches, der Stämme und Sorten fast nach Belieben zerschmettert. Sie haben menschliche Wachstumsgene in Fische und Vieh verpflanzt, damit diese größer werden und schneller wachsen, sie haben Fischgene in Tomaten verpflanzt, damit sie bei geringeren Temperaturen wachsen und gelagert werden können, Pestizidgene in Mais und andere Gemüsesorten, damit sie schädlingsresistent werden, und Glühwürmchengene in Tabakpflanzen, damit die Pflanzen 24 Stunden am Tag leuchten. Dieser Prozess stellt eindeutig die Integrität des Saatgutes in Frage und auch die von vielen anderen Lebensformen auf der Erde.

Der Autor Michael Pollan äußert sich dazu folgendermaßen: "Das Einsetzen von Genen in eine Pflanze, das nicht nur über die Sorten erfolgt sondern über ganze

Stämme, bedeutet, dass die essentielle Identität des Aufbaus dieser Pflanze - man könnte sagen, ihr Minimum an Wildnis – durchbrochen worden ist."
Aber wie genau schaffen die Techniker dieses Kunststück? Wie bekommen sie diese Flundergene in Tomaten? Die Industrie behauptet, dieser Prozess des Gentransfers würde eine dramatische Zunahme von "Genauigkeit" gegenüber der traditionellen Zucht repräsentieren. Solche Behauptungen sind schlichtweg falsch. Die gegenwärtig für die Manipulation von Saatgut verwendete Technologie ist alles andere als präzise.

Das anfängliche Problem für die landwirtschaftliche Biotechnologie war die Frage, wie man die Zellwände des Saatgutes durchdringen und die gewünschte neue genetische Komponente in die Zelle einlagern könne. Die zurzeit beliebteste Lösung dafür ist, das Gen einem "Vektor" anzuhängen, der gut im Durchdringen der Zellwände ist.

Die besten Vektor-Kandidaten für diese Zellinvasion sind – nicht überraschend – Bakterien und Viren. Ein Großteil der Biotechnologie arbeitet mit Bakterien, die die fremde Genkonstruktion in die Zelle bringen. Virenvektoren werden eher bei Tieren und auch bei Menschen angewendet. Auch nachdem die Zellinvasion geschafft worden ist, gibt es noch weitere Schwierigkeiten beim Manipulieren eines Samens. Oft stoßen die Gastzellen den fremden genetischen Eindringling ab und oft produziert das neue Genmaterial nicht die erwartete Menge an Proteinen. Um diese Probleme zu lösen, werden Virus-Promotoren hinzugefügt, um die Aktivität der fremden Gene anzuregen und zu fördern.

Wenn dies alles erledigt worden ist, gibt es noch ein letztes Problem. Wie wissen die Wissenschaftler, ob die neue Genkonstruktion eine Komponente der Zelle geworden ist? Wie wissen sie, ob sie erfolgreich waren? Um nachzuprüfen, ob ihre Manipulation erfolgreich war, fügen die Produzenten gentechnischer Nahrungsmittel der in die Zelle eingefügten genetischen "Kassette" ein Antibiotika resistentes Marker-System bei.

Dazu gehören der Genkonstruktion beigefügte Gene, die gegen Antibiotika wie Kanamycin oder Ampilicin resistent sind. Später wird dann das Pflanzengewebe mit Bakterien überflutet und wenn das Antibiotikum reagiert, wissen sie, dass die Genkonstruktion erfolgreich eingefügt worden ist.

Es gibt da zwei kritische Punkte bei diesem "Manipulieren" auf Zellebene, die selten erkannt oder angesprochen werden. Offenkundig ist es wichtig, dass wir uns, wenn wir von GV-Nahrungsmitteln sprechen, nicht nur auf das Einfügen von Novel Gen Material in eine Zelle beziehen, sondern auf die Invasion durch die ganze "Kassette" – den bakteriellen Vektor, die neue genetische Konstruktion, die Virus-Promotoren und das antibiotische Marker-System.

Wie wir sehen werden, bringt jede dieser unserer Nahrung beigefügten Komponenten potentielle gesundheitliche Gefährdungen für den Konsumenten mit sich.

Außerdem ist es wichtig, dass man die Ungenauigkeit der Zellinvasion beachtet. Zur Zeit wissen die Forscher weder genau, wo diese "Kassette" letztendlich im Gastorganismus landen wird, noch wissen sie genug Bescheid über das Genom (das genetische Make-up) des Gastorganismus (sei es Tomate, Mais oder Fisch), um einen "sicheren Platz" für ihre genetischen Zusätze festlegen zu können.

Deshalb erzeugt dieser ganze Prozess der Genmanipulation eine Instabilität in der Saat und den daraus gewonnenen Nahrungsmitteln. Und dies kann zu gesundheitlichen und ökologischen Problemen führen. Ein Reporter, der ein Monsanto-Labor besucht und den beschriebenen Prozess verfolgt hat, beschreibt den Unsicherheitsfaktor des Manipulationsprozesses wie folgt:

Der ganze Vorgang . . . wird tausende Male durchgeführt . . .
Hauptsächlich weil es soviel Ungewissheit über den Ausgang gibt.
Wenn sich die DNA an einer falschen Stelle im Genom aufwickelt, wenn sich z.B. das neue Gen nicht formuliert oder es durch die den Vorgang begleitende Unsicherheit angeschlagen wurde, ist diese Technologie doch gleichzeitig erstaunlich hoch entwickelt und doch immer noch ein Schuss ins genetische Dunkel. (Michael Pollan, The Botany of Desire)

Menschliche Gesundheitsrisiken

Diese "Schüsse ins genetische Dunkel" werden immer öfter durchgeführt. Im Jahr 2001 wurden in den USA mehr als vier Dutzend GV-Nahrungsmittel und Nutzpflanzen angepflanzt oder verkauft. Ein Großteil von verarbeiteten Nahrungsmitteln reagiert positiv auf die Suche nach GV-Zusätzen.

Außerdem stehen Dutzende neue GV-Nutzpflanzen im letzten Stadium ihrer Entwicklung und werden bald für die Umwelt freigegeben und auf dem Markt verkauft werden. Laut der biotechnischen Industrie werden in den nächsten fünf bis zehn Jahren beinahe 100 Prozent der US-amerikanischen Nahrungsmittel und Fasern genmanipuliert sein.
Das Menü dieser ungekennzeichneten GV-Nahrungsmittel und Nahrungszusätze beinhaltet Sojabohnen, Sojaöl, Mais, Kartoffeln, Squash (Kürbis), Canolaöl (Raps), Baumwollsaatöl, Papaya und Tomaten. Eine Langzeitkonsumation dieser genmanipulierten Nutzpflanzen führt zu einigen beispiellosen Risiken für die menschliche Gesundheit:

Toxizität. Wie oben erwähnt, sind GV-Nahrungsmittel von Natur aus instabil. Jedes Einfügen eines Novel-Genes und der begleitenden "Kassette" mit Promotoren, Terminators, Enhancers (= DNA-Sequenz, die das Ablesen eines Gens verstärkt), antibiotischen Marker-Systemen und Vektoren ist ein Lotteriespiel.
Als Ergebnis führt jedes Einsetzen von Genen in ein Nahrungsmittel zu einem Nahrungssicherheits-"Roulette", bei dem die Firmen hoffen, dass das neue Genmaterial ein sicheres Nahrungsmittel nicht destabilisieren und gefährlich machen wird. Jede genetische Einfügung führt zu einer zusätzlichen Möglichkeit,

dass vorher nicht-toxische Elemente in der Nahrung toxisch werden könnten.

Die U.S. Food and Drug Administration (FDA) ist sich dieses Problems der "genetischen Instabilität" seit über einem Jahrzehnt wohl bewusst. In den frühen 90ern warnten FDA-Wissenschafter davor, dass dieses Problem zu gefährlichen Toxinen in der Nahrung und somit zu einem signifikanten Gesundheitsrisiko führen könnte.

Die Wissenschaftler warnten im Besonderen davor, dass die Genmanipulation von Nahrungsmitteln zu "einem zunehmenden Ausmaß von bekannten natürlich auftretenden Giften, dem Auftreten von neuen, vorher noch nicht identifizierten Giften und einer erhöhten Kapazität von giftigen Substanzen aus der Umwelt (z.B. Pestizide oder Schwermetalle) führen könnte." Dieselben FDA-Wissenschaftler empfahlen toxikologische Langzeittests vor der Vermarktung von GV-Nahrungsmitteln.

Auch die FDA-Beamten waren sich bewusst, dass Sicherheitstests am ersten GV-Nahrungsmittel, der Calgene Flavr Savr Tomate ™, gezeigt hatten, dass bei Laborratten die Konsumation dieses Produktes zu Magenläsionen geführt hatte. Und noch signifikanter hatte die FDA bereits festgestellt, dass Genmanipulation der mögliche Grund für 37 Todesfälle und 1.500 Behinderungen durch Konsumation des Nahrungsergänzungsmittels L-tryptophan gewesen sein könnte.

Die japanische Firma Showa Denko hatte in den späten 1980er Jahren begonnen, Genmanipulation bei der Produktion des Nahrungsergänzungsmittels einzusetzen. Offenbar könnte die Genmanipulation diesen besonderen Anteil ein toxisches, verunreinigendes Nebenprodukt geschaffen haben, das diese Todesfälle und Krankheiten verursacht hat.

Die Antwort der FDA zum potentiellen Toxizitätsproblem bei GV-Nahrungsmitteln war und ist noch immer: Ignoranz. Sie hat ihre eigenen Wissenschaftler ignoriert, die deutliche wissenschaftliche Evidenz und die Toten und Kranken aus diesem Problem.

Die Behörde verlangte keinerlei toxikologische Tests von GV-Nahrungsmitteln oder eine Toxizitätskontrolle vor deren Vermarktung. Die FDA traf diese Entscheidungen ohne wissenschaftliche Basis und ohne unabhängige wissenschaftliche Nachprüfung.
Die Handlungsweise der Behörde kann nur als schmähliche Duldung des Drucks durch die Industrie angesehen werden und als totale Verantwortungslosigkeit gegenüber ihrem Auftrag, die Sicherheit der Nahrungsmittel zu gewährleisten.

Allergische Reaktionen. Toxizität ist nicht das einzige Gesundheitsrisiko im Zusammenhang mit GV-Nahrungsmitteln. In den Vereinigten Staaten berichtet ca. ein Viertel der Bevölkerung von allergischen Reaktionen auf Nahrungsmittel. Mindestens acht Prozent der Kinder zeigen physikalisch undefinierbare allergische Reaktionen auf Nahrungsmittel.

Die Genmanipulation von Nahrungsmitteln führt zu drei von einander unabhängigen und ernsthaften Gesundheitsrisiken bezüglich Allergien. Erstens können die Levels von Allergie auslösenden Proteinen, die bereits in den Pflanzen gefunden wurden, bis zu dem Punkt ansteigen, wo sie eine starke allergische Reaktion bei Menschen auslösen. Zweitens können durch Genmanipulation Allergene von Nahrungsmitteln, von denen Menschen wissen, dass sie darauf allergisch reagieren, zu solchen transferiert werden, die den Menschen als sicher erscheinen. Dieses Risiko besteht nicht nur rein hypothetisch.

Eine im New England Journal of Medicine veröffentlichte Studie zeigte, dass Leute mit Nussallergie ernste Reaktionen auf das manipulierte Produkt zeigten, als Gene von einer brasilianischen Nuss in Sojabohnen hinein manipuliert wurden. Zumindest wurde ein Nahrungsmittel, eine Pioneer Hi-Bred International Sojabohne, aufgrund dieses Problems fallen gelassen.

Ohne Kennzeichnung haben Leute mit ihnen bekannten Nahrungsmittelallergien keine Möglichkeit zur Vermeidung potentieller ernsthafter Folgen für ihre Gesundheit durch das Essen von versteckten allergenen Stoffen in GV-Nahrungsmitteln.
Es gibt noch ein drittes Allergierisiko in Zusammenhang mit GV-Nahrungsmitteln. Diese Nahrungsmittel könnten tausende verschiedene neue allergische Reaktionen auslösen.
Jede genetische "Kassette", die in ein Nahrungsmittel manipuliert worden ist, produziert eine Menge von Novel-Proteinen, die niemals Teil der menschlichen Nahrung gewesen sind. Einige von ihnen können bei einigen Konsumenten eine allergische Reaktion auslösen.

Die FDA war sich auch sehr wohl dieses neuen und potentiellen massiven Allergenitätsproblems bewusst. Die Wissenschaftler der Behörde haben wiederholt davor gewarnt, dass die Genmanipulation "ein neues Proteinallergen produzieren" könnte. Ich wiederhole, die regierungseigenen Wissenschaftler verlangten Langzeittests, aber die FDA ignorierte wiederum ihre eigenen Experten.

Da diese Nahrungsmittel ohne verpflichtende Allergenitätstests auf dem Markt zugelassen sind, wurden Millionen von ahnungslosen Konsumenten einem potentiellen und ernsten Gesundheitsrisiko ausgesetzt.
Die Fahrlässigkeit, auf diesen Fehler der Regierung hinzuweisen, wurde durch das StarLink™-Maisfiasko im Jahr 2000 hervorgehoben - damals wurde in den für Menschen bestimmten Maisvorräten eine Belastung durch potentiellen allergenen manipulierten Mais festgestellt, die für eine Konsumation durch Menschen nicht geeignet war.

Als Folge wurden Hunderte Nahrungsmittelprodukte zurückberufen und aus den Supermarktregalen entfernt. Die weit verbreitete Kontamination beim StarLink™-Vorfall zeigt - zusammen mit dem Mangel an sachgemäßer Arbeit von Seiten der FDA - die Fahrlässigkeit der Behörde, besonders da die potentiellen Folgen von Nahrungsmittelallergien zum plötzlichen Tod führen können und die davon am meisten betroffene Bevölkerungsschicht die Kinder sind.

Antibiotikaresistenz. Ein weiteres verstecktes Risiko von GV-Nahrungsmitteln ist die Möglichkeit einer Krankheit verursachenden Bakterienresistenz gegenüber aktuellen Antibiotika, was zu einer signifikanten Zunahme der Verbreitung von Infektionen und Krankheiten führen kann.

Wie gesagt, beinhalten praktisch alle GV-Nahrungsmittel gegen Antibiotika resistente Marker, die den Produzenten dabei helfen, festzustellen, ob das neue Genmaterial tatsächlich in das Gastnahrungsmittel transferiert worden ist.

Die weit reichende Einführung dieser Antibiotika-Markergene in die Nahrungsmittel durch die Industrie können wichtige Antibiotika im Einsatz gegen menschliche Krankheiten unbrauchbar machen. So enthält z.B. eine genmanipulierte Maispflanze von Novartis ein Ampicillin resistentes Gen. Ampicillin ist ein wertvolles Antibiotikum zur Behandlung zahlreicher Infektionen bei Menschen und Tieren.

Einige europäische Länder, wie Großbritannien haben die Genehmigung für den Anbau von diesem Novartis-Mais aus gesundheitlichen Gründen untersagt, da das Ampicillin resistente Gen vom Mais in die Bakterien der Nahrungsmittelkette gelangt und Ampicillin weit weniger effektiv im Einsatz gegen einen weiten Bereich von bakteriellen Infektionen machen könnte.

Während der letzten sieben Jahre haben die FDA-Beamten die Belange ihrer eigenen Wissenschaftler hinsichtlich des Antibiotikaresistenz-Problems ignoriert. Während derselben Zeit wurden weltweit medizinische Fachleute immer besorgter darüber, wie GV-Nahrungsmittel zu einer massiven Infusion antibiotischer Gene in die menschliche Nahrung führen. Im Jahr 2000 hat die British Medical Association (BMA) dieses Problem in ihrer Studie über GV-Nahrungsmittel angesprochen.

Der Beschluss der BMA war eindeutig: "Die Verwendung von Antibiotika resistenten Marker-Genen in GV-Nahrungsmitteln sollte verboten werden, da das Risiko für die menschliche Gesundheit durch eine in Mikroorganismen entwickelte Antibiotika-Resistenz als eine der größten allgemeinen Gefahren für die allgemeine Gesundheit im 21. Jahrhundert angesehen werden muss."

Immunsuppression. Im Jahr 2000 veröffentlichte das anerkannte britische Medizinjournal The Lancet eine wichtige Studie unter Aufsicht von Dr. Arpad Pusztai und Dr. Stanley W. B. Ewen im Auftrag der schottischen Regierung. Die Studie überprüfte die Auswirkung von der Konsumation von genmanipulierten Kartoffeln auf Ratten.

Die Kartoffeln enthielten eine Version des Schneeglöckchen-Inhaltsstoffes Lektin. Die Wissenschaftler stellten fest, dass es bei Ratten, welche genveränderte Kartoffeln zu fressen bekamen, zu signifikanten nachteiligen Auswirkungen auf die Entwicklung der Organe, den Stoffwechsel und die Immunfunktion kam.

Die Biotechnik-Industrie startete einen Großangriff auf Dr. Pusztai und seine Studie. Trotzdem haben sie selbst bis jetzt noch keine einzige von Experten überprüfte Studie erstellt, um seine Ergebnisse zu widerlegen. Noch dazu haben vor kurzem

22 führende Wissenschaftler erklärt, dass die Ergebnisse von Tierversuchen die Verbindung von GV-Nahrungsmitteln und Immunsuppression bestätigen.

Nährwertverlust. Genmanipulation kann auch den Nährwert von Nahrungsmitteln verändern. Die genetische Instabilität solcher Nahrungsmittel kann an der Abnahme des Nährwertes hauptsächlich schuld sein. Im Jahr 1992 überprüfte die FDA das Problem des Nährwertverlustes in GV-Nahrungsmitteln.

Die damit befassten Wissenschaftler warnten die Behörde besonders davor, dass die Genmanipulation von Nahrungsmitteln zu einer "unerwünschten Veränderung auf dem Nährwertniveau" von solchen Nahrungsmitteln führen könnte. Weiters wiesen sie darauf hin, dass diese Veränderungen im Nährwert "der Aufmerksamkeit der Züchter entgehen könne, falls genmanipulierte Pflanzen speziell für diese Veränderungen bewertet werden".

Und wieder ignorierte die FDA die Erkenntnisse ihrer eigenen Wissenschaftler und unterzog die Nahrungsmittel niemals irgendeiner verpflichtenden Untersuchung durch die Regierung.

Der Schutz des Konsumenten auf Aufklärung

Viele gegenwärtige Kontroversen über GV-Nahrungsmittel handeln sich um den wichtigen Punkt der Kennzeichnung. Trotzdem steht die Kennzeichnung zurzeit an zweiter Stelle. Aufgrund der Bedeutung der potentiellen Risiken sollten alle GV-Nahrungsmittel vom Markt genommen und das gesamte Saatgut solange unter Quarantäne gestellt werden, bis durch Langzeittests diese Nahrungsmittel als sicher für die Konsumation durch den Menschen erachtet werden.

Wir kennzeichnen keine unsicheren Nahrungsmittel – wir nehmen sie aus den Supermarktregalen. Erst nachdem die Nahrungsmittel durch sachgerechtes Prüfen für sicher befunden worden sind, sollen sie verkauft und gekennzeichnet werden dürfen. Nicht überraschend wird die "kein Prüfen, kein Kennzeichnen"-Politik der FDA von der breiten Mehrheit der Amerikaner abgelehnt.

Jeden Tag essen Millionen amerikanischer Kinder, Jugendliche und Erwachsene ohne ihr Wissen GV-Nahrungsmittel. Die Öffentlichkeit ist davon überzeugt, dass sie ein Recht darauf hat, zu wissen, ob ein Nahrungsmittel genmanipuliert wurde. Meinungsumfragen zeigen konstant, dass 90 Prozent der Amerikaner strikt die Kennzeichnung von GV-Nahrungsmitteln unterstützen.

Eine Meinungsumfrage der Times im Jahr 1999 ergab, dass fast 60 Prozent solche Nahrungsmittel verweigern würden, wenn sie gekennzeichnet wären. 1998 protestierten mehr als 275.000 erboste Konsumenten gegen den Vorschlag der Clinton-Administration, dass GV-Nahrungsmittel als "organisch" bezeichnet werden könnten. Erst jüngst schrieben mehr als eine halbe Million Menschen an die FDA, indem sie eine durch das Center for Food Safety (im eigenen Namen und dem zahlreicher anderer Organisationen) eingebrachte rechtsgültige Petition unterstützen, die eine verpflichtende Kennzeichnung und Überprüfung von biotechnischen Nahrungsmitteln forderte.

Umweltrisiken

GV-Nahrungsmittel fordern von uns eine erneute Überprüfung unseres Verschmutzungskonzeptes. Wenn wir von Verschmutzung reden, denken die meisten von uns an die Kraftwerksschlote, die giftige Rauchwolken in die Luft entlassen oder an Kraftfahrzeuge, die uns an ihren Abgasen und dem daraus resultierenden Smog ersticken lassen oder vielleicht an eine Abwasserleitung einer Chemiefabrik, die gefährliche Stoffe in einen Fluss leitet.

Diese chemische Verschmutzung illustriert ein "Kontaminations"-Modell für Verschmutzung. Die Biotechnologie schafft eine ganz andere Art des Verschmutzungsproblems: die biologische Verschmutzung.
Dies ist ein "Krankheits"-Modell von Verschmutzung, in dem ein lebender Organismus in die Umwelt eindringt und dort ein unvorhergesehenes Chaos anrichtet. Genau so wie Bakterien und Viren in uns eindringen und Krankheit erzeugen, können biologische Organismen in ein Ökosystem eindringen und dort gewaltige Probleme verursachen.

Wir haben das in der Vergangenheit mit "exotischen" Organismen erlebt, wie z.B. mit einem importierten Pilz, der den Kastanienbrand und das Ulmensterben verursacht hat. Wir sind auch von Tausenden anderen Exoten heimgesucht worden, vom äußerst zerstörerischen Kudzu Vine (= ostasiatische Kletterpflanze) bis hin zu den Killerbienen auf ihrem Weg herauf von Südamerika.
Nun lassen wir Hunderte und Tausende genetisch veränderte "exotische" Organismen auf die Umwelt los und das Ergebnis könnte katastrophal sein.

Denn sie leben! Genmanipulierte Nutzpflanzen sind von Natur aus weitaus unberechenbarer als chemische Schmutzstoffe — sie können migrieren und mutieren. Sie werden sich nicht mit der Zeit vermindern wie chemische Schmutzstoffe, sie werden sich vielmehr reproduzieren und das Problem wird sich intensivieren.

Wenn sie einmal freigelassen worden sind, ist es praktisch unmöglich, genmanipulierte Organismen ins Labor oder auf das Feld zurückzurufen. Deshalb bringt eine rasche Einführung von GV-Nutzpflanzen zahlreiche irreversible ökologische Risiken mit sich.

Ein Forschungsbericht von der Purdue University über Fische, die mit Wachstumsgenen manipuliert worden sind, unterstreicht die neue biologische Verschmutzungsgefahr. Wissenschaftler fanden heraus, dass die GV-Fische aufgrund ihrer größeren Größe signifikante Vorteile bei ihrer Vermehrung hatten. Unglücklicherweise verursachten die neuen Wachstumsgene eine zu einem Drittel höhere Sterblichkeit bei den Nachkommen im Vergleich zu Nicht-GV-Fischen.

Als Ergebnis sagten die Forscher voraus, dass im Falle nur 60 dieser GV-Fische in eine Population von 60.000 wilden Fischen eingesetzt werden, diese innerhalb von nur 40 Generationen ausgelöscht werden würde. Und trotz dieser Warnung von unabhängigen Wissenschaftlern vor der schrecklichen Gefahr, die die Genmanipulation für die Umwelt darstellt, gibt es in den Vereinigten Staaten kein einziges Gesetz, das dieses neue biologische Verschmutzungsrisiko behandelt.

Zunehmende Pestizidrückstände. Neben ihrer die Umwelt vergiftenden Wirkung leisten biotechnische Nahrungsmittel auch ihren Beitrag zur chemischen Verunreinigung. "Herbizid resistente" Pflanzen, die mehr als 70 Prozent aller im Jahr 1998 gepflanzten GV-Nutzpflanzen ausmachen, sind dahingehend genmanipuliert, dass sie dem wahllosen Einsatz von Herbiziden widerstehen.

Wenn der Bauer zu viele Herbizide verwendet, sterben durch die Anwendung sowohl das Unkraut und die Pflanzen. Dank der Genmanipulation können nun Herbizide massenweise eingesetzt werden, ohne den Pflanzen zu schaden. Diese GV-Pflanzen haben Monsantos Roundup zum bestverkauften Herbizid aller Zeiten gemacht.

Biologische Verschmutzung. Mit der drohenden Einführung von genmanipulierten Fischen und Insekten zusätzlich zum Anbau von biotechnischen Nutzpflanzen wird in den kommenden Jahren die biologische Verschmutzung sicher zu einem der größten Umweltprobleme werden.
Die Bio-Verschmutzung durch biotechnische Nutzpflanzen hat bereits begonnen auf den Äckern der Bauern und dem weiteren Umfeld verheerende Schäden anzurichten. Vektoren wie z.B. Bestäubung durch Insekten, Wind und Regen tragen die genveränderten Pollen auf benachbarte Felder und verunreinigen die Pflanzen der organischen und konventionellen Bauern.

Wir haben hier zahlreiche Fälle, bei denen organische und konventionelle Farmen in den Vereinigten Staaten und Kanada, die durch die "Gendrift" von den GV-Pflanzen einer nahe liegenden Farm kontaminiert wurden. Als Folge davon lassen Farmer ungewollt GV-Pflanzen wachsen und stellen dann fest, dass sie ihr Produkt zu Hause nicht als organisches Produkt verkaufen können und auch nicht auf ausländischen Märkten, da diese GV-freie Produkte wollen.

Wenn diese biologische Verunreinigung von Nicht-GV-Pflanzen durch die biotechnischen Abarten nicht aufgehalten wird, könnte das für kommende Generationen bedeuten, dass sie keine andere Wahl haben werden und GV-Nahrungsmittel kaufen und konsumieren werden müssen.

Biologische Verschmutzung schädigt auch das Erdreich und die wild lebenden Tiere. In den späten 1990ern stellten Forscher der Cornell University fest, dass Pollen von genmanipuliertem Bt-Mais giftig für die Larven des Monarch-Schmetterlinges waren.
Diese im Nature Journal veröffentlichte Studie und einige Folgeberichte summierten sich zu einer wachsenden Gewissheit, dass GV-Pflanzen sowohl einige nützliche

Insekten, wie z.B. Marienkäfer und Netzflügler als auch die nützlichen Mikroorganismen im Erdreich nachteilig beeinflussen könnten.

"Die Superwelt der GVO". Wie berichtet, lassen wir nun auf etlichen zehn Millionen Morgen Land Nutzpflanzen wachsen, die zur Herbizidresistenz oder zur Produktion ihrer eigenen Pestizide genmanipuliert wurden.
Die neuere Forschung hat gezeigt, dass diese Pflanzen aufgrund der Art ihrer genetischen Veränderung imstande sind, unvorhersehbare Langzeit-Umweltprobleme zu verursachen.

Die Wissenschaftler stellten fest, dass nun Schädlinge und Unkraut auftauchen, die gegen diese neuen GV-Pflanzen resistent sind. Das bedeutet, dass stärkere, giftigere Chemikalien gebraucht werden, um diese widerstandsfähigen Pflanzenschädlinge loszuwerden. Vom Auftauchen der ersten "Superweeds" wurde berichtet, als GV-Herbizid-resistente Pflanzen wie Raps (Canola) ihre Herbizid-resistenten Charakterzüge auf verwandtes Unkraut, wie die wilden Senfpflanzen, ausbreiteten.

Einige Labor- und Feldtests haben auch ergeben, dass gewisse allgemeine Pflanzenschädlinge, wie die Baumwollkapselraupe, die unter dem konstanten Druck von GV-Pflanzen leben, sich bald zu "Superpests" entwickeln werden, die vollkommen immun gegen Bt-Sprays und andere umweltverträgliche Biopestizide sind.
Dies könnte eine signifikante Gefahr für die organischen und umweltfreundlichen Bauern darstellen, deren biologisches Schädlingsbekämpfungsprogramm es mit der zunehmenden Zahl von Superpests und Superweeds nicht mehr wird aufnehmen können.

Neue Pflanzenkrankheiten. Es sollte uns nicht überraschen, wenn Biotechnologen mit dem genetischen Code von Nahrungsmitteln "Gott spielen" und dies zu unvorhergesehenen und gefährlichen Ergebnissen führt. Dies hat sich im Speziellen bei der Forschung hinsichtlich der Manipulation von Viren und anderen krankheitsauslösenden Agenten in Pflanzen bewahrheitet.

Biotechnikforscher an der Michigan State University haben herausgefunden, dass, wenn sie ein abgeschwächtes Virus in eine Pflanze manipulierten, um diese zu "impfen", das abgeschwächte Virus in der Pflanze in neue, bösartigere Formen mutierte. Andere Forscher haben entdeckt, dass die genmanipulierte Version eines Erdmikroorganismus, Klebsiella planticola, wichtige Nährstoffe im Erdreich komplett zerstört hat.

Weitere Auswirkungen

Sozioökonomische Gefahren. Die Patentierung von GV-Nahrungsmitteln und der weit verbreiteten biotechnischen Nahrungsmittelproduktion droht die seit mehr als 10.000 Jahren praktizierte Landwirtschaft zu eliminieren. Patente, wie die von Delta & Pine Land so genannte "Terminator"-Technologie, die zur Herstellung von unfruchtbarem Saatgut entworfen wurde, könnte hunderte Millionen Bauern, die heute ihr Saatgut aufbewahren und untereinander teilen, dazu zwingen, immer teurer werdendes GV-Saatgut und chemische Beigaben bei einer Handvoll globaler Biotechnik/Saatgut-Monopolen zu kaufen.

Monsanto allein kontrolliert 60 Prozent aller gebräuchlichen Sojabohnenpatente und beinahe 30 Prozent aller gebräuchlichen Maispatente. Wenn der Trend nicht aufgehalten wird, wird die Patentierung von transgenen Pflanzen und für die Nahrungsherstellung verwendeten Tieren bald zu einer universalen "Bio-Leibeigenschaft" führen, in der die Bauern ihre Pflanzen und Tiere von biotechnischen Konglomeraten wie Monsanto leasen und für Saatgut und Nachkommen Abgaben zahlen werden müssen.

Familien und einheimische Bauern werden von ihrem Land vertrieben und die Nahrungsauswahl für die Konsumenten von einem Kartell transnationaler Konzerne diktiert werden. Ländliche Gemeinden werden zerstört werden. Hunderte Millionen Bauern und Landarbeiter werden weltweit ihren Lebensunterhalt verlieren.

Aushöhlung der Artenvielfalt. Seit tausenden von Jahren haben Bauern und Pflanzenzüchter versucht, einen breiten Bereich von Pflanzensorten zu erhalten, um gesündere Pflanzenstämme entwickeln und den wechselnden Bedingungen von landwirtschaftlichen Ökosystemen begegnen zu können. Nun geht vieles dieser Artenvielfalt verloren, da die Unternehmen eine auf wenige ausgewählte genetische Charakteristika gerichtete Pflanzenforschung anstreben.

Die rasche Adoption dieser neuen, uniformen GV-Pflanzen ist der radikalste Schritt in der industriellen Landwirtschaft zur Monokultur. Wie die Kritiker Craig Holdrege und Steve Talbott es elegant ausgedrückt haben, ersetzen zuerst einzelne Pflanzen eine Vielfalt von Pflanzen, dann eine einzige Sorte eine Vielfalt von Sorten, und nun werden Monokulturen mit einem einzigen genetisch manipulierten Stamm eingerichtet.

Ethische Gefahren. Traditionell bedingt ist ein Teil unserer Nahrungsmittelauswahl aufgrund von Prinzipien geleitet worden, die dem Konsumenten die Entscheidungsmöglichkeit geben, ob ein bestimmtes Nahrungsmittel oder Produktionssystem mit seinen oder ihren ethischen oder religiösen Grundsätzen übereinstimmen.

Jeder von uns weiß wahrscheinlich, dass es aus religiösen oder persönlichen ethischen Gründen althergebrachte Vorschriften bezüglich der Nahrungsauswahl gibt. Die GV- Nahrungsmittel rauben jedoch vielen Menschen die Möglichkeit, an ihren persönlichen religiösen oder ethischen Grundsätzen festzuhalten.

So können z.B. Vegetarier aus ethischen Gründen und Ausübende gewisser religiöser Praktiken unwissentlich Pflanzen konsumieren, die genetisches Material von Tieren enthalten. Und jeder könnte bald vor dem ethischen Dilemma stehen, das genmanipulierte Nutztiere menschliches Genmaterial enthalten.

Da die gegenwärtige Regierungspolitik die Kennzeichnung solcher GV-Nahrungsmittel nicht verlangt, werden Menschen mit ethischen oder religiösen Belangen ihrer Möglichkeit, solche Nahrungsmittel abzulehnen, beraubt und damit auch am Festhalten an ihrem persönlichen Glauben.

Fazit

Wenn vor wenigen Jahren ein Experte eine Welt vorausgesagt hätte, in der die Pollen von Maispflanzen Raupen vergiften könnten, in der Taco Shells ein genmanipuliertes Allergen enthalten würden, in der unser Popcorn ein registriertes Pestizid wäre, in der die Nutzpflanzen auf dieser Welt derart genetisch programmiert seien, dass sie nach einer Wachstumssaison "Selbstmord" begingen, in der Bauern zu Hunderten von Monsanto und anderen Konzernen verklagt werden würden, weil diese deren Patente auf Nutzpflanzen verletzen, in der wir vermutlich Pflanzen schaffen würden, die zahlreichen Einsätzen von Pestiziden widerstehen würden - wir hätten das für schlechte Science Fiction gehalten.
Und doch sind all diese Szenarien zu wissenschaftlichen Tatsachen geworden.

Ganz eindeutig stehen die Entscheidungen über unser Nahrungsmittelsystem auf dem Scheideweg. Während GV-Nahrungsmittel für die Laborwissenschaft einen Vorteil darstellen, sind sie kein "Vorteil" für den Bauern oder Konsumenten.

Die Zukunft der GV-Nahrungsmittel wird den Lieferanten der Chemiefirmen mehr Kontrolle über unser Nahrungsangebot auf Kosten unserer Bauernschaft, unserer Umwelt und sogar unserer freien Ausübung von ethischen und religiösen Überzeugungen garantieren.

Nur durch die Einführung eines totalen Stopps für Produktion und Verkauf von genmanipulierten Nahrungsmitteln können wir hoffen, die unvorhersehbaren Risiken durch diese Nahrungsmittel vorwegzunehmen.

Andrew Kimbrell Dr.

Andrew Kimbrell ist besorgt um unsere Umwelt, die Gesundheit und Sicherheit, unserer Ernährung und die Auswirkungen der Technologie auf die Natur und die Gesellschaft.
Am meisten sorgt er sich um die Zukunft dieses Planeten. Kimbrell, der das Center for Food Safety und dessen Dachorganisation, das International Center for Technology Assessment leitet, wird als Mann beschrieben, der "in sich die sinnliche Passion eines Konzertpianisten mit dem knallharten Intellekt eines aktivistischen Anwalts vereinigt". Kimbrell ist Anwalt des öffentlichen Interesses, Aktivist und Autor.

Er ist Herausgeber von "Fatal Harvest: The Tragedy of Industrial Agriculture" und des "Green Lifestyle Handbook" und Autor von "The Human Body Shop: The Engineering and Marketing of Life" („Ersatzteillager Mensch. die Vermarktung des Körpers") und „The Masculine Mystique: Men and Technology."

Er tritt in den USA landesweit im Radio und Fernsehen auf, so auch in The Today Show, the CBS Morning Show, Crossfire, Headlines on Trial und Good Morning America. Er hat an Dutzenden Universitäten des Landes Vorlesungen gehalten und bei Anhörungen des Kongresses und von Behörden ausgesagt.

1994 nannte die Zeitschrift "Utne Reader" Kimbrell einen der 100 führenden Visionäre der Welt.

2.2. Globaler Kampf um saubere Äcker

KLAUS FAISSNER

Die Ausbreitung der Gentechnik geht auf allen Kontinenten mit heftigen Protesten einher. Doch wenn die ISAAA (International Service for the Acquisition of Agri-Biotech Applications) jedes Jahr ihre Zahlen über die Weltsituation der Gentechnik in der Landwirtschaft veröffentlicht, wird der Eindruck eines unaufhaltsamen Siegeszuges dieser Risikotechnologie vermittelt – insbesondere deshalb, weil die internationalen Medien meist unreflektiert darüber berichten.

Die ISAAA ist eine international tätige, der Gentechnikindustrie nahe stehende Organisation mit dem Ziel, die Gentechnik insbesondere in den Entwicklungsländern zu etablieren. Sie wird von bedeutenden Gentechnikkonzernen wie Monsanto, Bayer CropScience, Syngenta oder Pioneer Hi Bred unterstützt.
Der Report wurde von der italienischen Stiftung Fondazione Bussolera Branca sowie der Rockefeller Foundation finanziert. Da schon mehrfach Zweifel an der Glaubwürdigkeit der Zahlen geäußert wurden, sind sie dementsprechend mit Vorsicht zu genießen. So zitiert etwa der Anti-Gentechnik-Nachrichtendienst "GM Watch" Nachforschungen zweier Untersuchungsteams in Südafrika: Diese konnten statt der von der ISAAA ausgewiesenen Fläche von 100.000 Hektar lediglich auf 5.000 bzw. 3.000 Hektar den Anbau von gentechnisch veränderter Baumwolle nachweisen.[1]

Von "Wachstumsrekorden" war jedenfalls auch am 12. Jänner 2005 die Rede, als die Daten des Jahres 2004 vorgestellt wurden. Die kommerzielle Anbaufläche genmanipulierter Pflanzen hatte sich demnach um 20 Prozent auf 81 Millionen Hektar (= 810.000 km^2) erhöht und in 14 Ländern der Welt war die Gentechnik-Anbaufläche inzwischen größer als 50.000 Hektar, das waren vier Länder mehr als 2003. Tatsächlich ist vor allem erstere Zahl beeindruckend bzw. beängstigend: Die Fläche von 810.000 km^2 entspricht bereits knapp sechs Prozent der weltweiten Ackerfläche von rund 14 Mio. km^2.

Was jedoch mit keinem Wort erwähnt wurde, war die Tatsache, dass die Zahl der Staaten mit kommerziellen GVO-Ackerflächen von 18 auf 17 erstmals leicht gesunken ist: Bulgarien und Indonesien stoppten den Gentechnikanbau, während Paraguay – obwohl hier schon lange Gensoja illegal angebaut wird – hinzustieß. Ebenfalls nicht erwähnt wurde, dass Monsanto im Mai 2004 bekannt gab, die Entwicklung eines genmanipulierten Weizens zu stoppen. Zuvor hatten sich vor allem US-amerikanische, aber auch kanadische Bauernverbände besorgt um die Weizen-Absatzmärkte ihrer Bauern gezeigt. Dieses Beispiel demonstriert die große Macht, die ein gentechnikfreies, kritisches Europa zusammen mit den gentechnikfreien Regionen Asiens hat: Die Angst vor wirtschaftlichen Schäden war stark genug, um den Weizen zumindest vorläufig weltweit "sauber" zu halten.

Europa ist tatsächlich noch fast zur Gänze ein weißer Fleck auf der Gentechnik-Landkarte – außer in zwei Ländern: Rumänien, das auf etwa 100.000 Hektar Gensoja anbaute und Spanien, wo auf 58.000 Hektar Genmais wuchs. Außerdem wertete die ISAAA auch Deutschland, wo auf einigen hundert Hektar Mais im "Erprobungsanbau" kultiviert wurde, als "Gentechnik-Land".

Allerdings droht die beinahe weiße Weste angekratzt zu werden, nachdem der seit 1998 geltende Zulassungsstopp für neue GVO-Sorten – das sogenannte EU-Moratorium – mit der Zulassung zwei neuer GVO-Sorten 2004 zu Ende ging und in Form von nationalen Gentechnikgesetzen die Voraussetzungen für einen Anbau von GVO geschaffen wurden.

Überall in Europa gab es Widerstände gegen Bestrebungen, die Gentechnik zu etablieren. Am radikalsten gestalteten sich die Proteste in Frankreich, wo es 2004 in 13 Departments insgesamt 61 Versuchsfelder gab. Mehrere dieser Felder wurden von sogenannten "faucheurs volontaires" ("freiwillige Mäher") in zuvor öffentlich angekündigten Aktionen zerstört. Am 25. September dieses Jahres ging die Polizei massiv gegen die "Mäher" vor, der Maisacker in der Region Vienne wurde hermetisch abgeriegelt und von Uniformierten beschützt. Mehrere der hunderten Aktivisten wurden festgenommen, ihnen wurden langjährige Gefängnisstrafen angedroht.

Doch die Nation, die mit dem Wort Gentechnik in der Landwirtschaft unverrückbar verknüpft ist, ist die USA. Hier befanden sich laut ISAAA 2004 auf 47,6 Mio. Hektar knapp 59 Prozent aller Gentechnik-Anbaugebiete der Welt.
Soja, Mais, Raps und Baumwolle werden hier in gentechnisch veränderter Form freigesetzt.
Bereits im Jahr 2000 wurde ein Skandal aufgedeckt, der noch Jahre danach im wahrsten Sinne des Wortes seine Spuren hinterließ: Die nur zur Verfütterung an Tieren zugelassene gentechnisch veränderte Maissorte StarLink™ der Firma Aventis hatte zwischen 1998 und 2000 den Lebensmittelmais verunreinigt. Spuren des StarLink-Gens der als allergieerregend eingestuften Maissorte wurden trotz Rückholkosten von mehr als 100 Mio. Dollar noch 2003 in 1,2 Prozent aller Maisproben gefunden.[2]

Doch auch in den Vereinigten Staaten regt sich Widerstand: Am 2. März 2004 stimmte die Bevölkerung im nordkalifornischen Mendocino County mit deutlicher Mehrheit für die Errichtung der ersten gentechnikfreien Zone in den USA.
Die kalifornischen Landkreise Marin County und Trinity County folgten dem Beispiel nach. Ein Hauptargument für diesen Schritt war die Rettung der biologischen Landwirtschaft.

Wie es Biobauern im Zusammenhang mit der Gentechnik ergehen kann, zeigt das Beispiel Hawaiis. Auf der Pazifikinsel wurden 1996 die ersten genmanipulierten Papaya-Bäume zu kommerziellen Zwecken eingesetzt, die gegen den Ringspot-Virus resistent sein sollten.
Doch die genmanipulierten Erbsubstanzen übertrugen sich auf immer mehr normale Papayabäume – unter anderem auch auf biologische Kulturen. Papaya-Bauern berichten über zahlreiche Probleme[3]:
- Die genmanipulierten Pflanzen haben insgesamt weniger Abwehrkräfte

und sind inzwischen viel anfälliger auf Pflanzenviren und -gifte.
- Viel mehr giftige Fungizide müssen seither versprüht werden.
- Weil die Exportmärkte nach Übersee einbrachen, bekommen Öko-Landwirte aufgrund der genetischen Verunreinigung nur mehr ein Sechstel des Preises, den sie für die ursprüngliche Biofrucht erhielten.
- Die nun erzielten Preise decken nicht annähernd die Erzeugungskosten.

In Deutschland wurden 2004 insgesamt viermal illegal aus Hawaii gelieferte Papayas entdeckt. Der in Hessen ansässige Importeur wurde durch das Land Hessen verpflichtet, künftig alle Sendungen von den Behörden untersuchen zu lassen.
Das Landwirtschaftsministerium in Washington wurde eingeschaltet: "Ich hoffe, dass der Druck, der nun auf die Exporteure in Hawaii ausgeübt wird, Wirkung zeigt", erklärte die deutsche Verbraucherschutzministerin Bärbel Höhn.

Um genau diesen Zuständen anderswo vorzubeugen, hatte Greenpeace 2003 ein Treffen veranstaltet, bei dem die geschädigten hawaiianischen Bauern thailändischen Papayabauern über ihre Erfahrungen berichteten.

Abschreckendes Beispiel Argentinien

"Gentechnik-Land" Nummer zwei ist Argentinien mit 16,2 Mio. Hektar im Jahr 2004. Aus dem Labor kommende Sojabohnen, Mais- und Baumwollpflanzen werden hier freigesetzt, wobei Soja alles beherrscht. Auf 14,5 Mio. Hektar oder 99 Prozent aller Soja-Flächen des Landes wächst die genmanipulierte "Roundup-Ready"-Bohne. Zuerst, 1997, wurde sie zusammen mit der Firma Monsanto von den Landwirten allgemein freudig begrüßt.
Schließlich erhoffte man sich die ständig fortschreitende Bodenerosion zu stoppen, was auch weitgehend gelang.

Doch nun hat Argentinien mit ganz anderen Problemen zu kämpfen - und wird immer öfter als Beispiel für die zerstörerische Wirkung einer Gentechnik-Landwirtschaft genannt.
So schrieb das renommierte britische Wissenschaftsmagazin "New Scientist" im April 2004[4]: "Argentinien war einst einer der wichtigsten Nahrungslieferanten der Welt, vor allem von Weizen und Rindfleisch. Aber die "Sojarisierung" der Wirtschaft, wie es die Argentinier nennen, hat das geändert. Etwa 150.000 kleine Bauern sind von ihrem Land vertrieben worden.
Die Produktion vieler Haupterzeugnisse wie Milch, Mais, Kartoffeln und Linsen, ist stark zurückgegangen." Jetzt dominiert Soja alles. Die Situation Argentiniens ist alarmierend. Nach dem Wirtschaftszusammenbruch 2002 lebt fast die Hälfte der Bevölkerung an der Armutsgrenze, viele hungern – ein Zustand, den das Land bis vor kurzem nicht kannte, da zumindest die ausreichende Ernährung mit im Land erzeugten Lebensmitteln als sicher galt. Stattdessen gibt es jetzt Gen-Soja bei der Armenausspeisung.

Doch wer sind die Sojabauern, die in Argentinien riesige Flächen bewirtschaften?

In einem Interview mit dem "Gen-ethischen Netzwerk" gibt die argentinische Molekularbiologin Lilian Joensen darauf folgende Antwort[5]: "Es sind nicht Landwirte im europäischen Sinne. Es sind große Unternehmen, die das Land der verarmten Landbevölkerung pachten. In Argentinien sind dies oft Firmen aus anderen Ländern, aus Spanien oder den USA. Sie besitzen nicht das Land, sie besitzen die Infrastruktur für Handel und Vertrieb, sie bringen das gentechnisch veränderte Saatgut und die Chemikalien, Spritz- und Düngemittel mit und sie besitzen die Maschinen. Diese werden von Region zu Region verbracht, da bei uns - durch die Größe des Landes - die Jahreszeiten nicht im ganzen Land synchron ablaufen."

Spritzmittel immer giftiger

Nach nur wenigen Jahren Gensoja-Anbau hat auch die Umwelt zum Teil großen Schaden genommen: Der Einsatz von Glyphosat nahm nach einer Studie des US-Agrarwissenschafters Charles Benbrook[6] zwischen 1996/1997 und 2003/2004 um 58 Prozent zu und es bildeten sich resistente Pflanzen, denen das Totalpflanzengift nichts mehr anhaben konnte: Inzwischen gibt es mehr als ein Dutzend solcher "Superunkräuter" in Argentinien. Um ihnen Herr zu werden, setzen die Landwirte noch giftigere Spritzmittel wie beispielsweise Atrazin ein.

Doch diese belasten nicht nur Boden und Grundwasser, sondern auch die Menschen. Landbewohner berichten nach Pestizideinsätzen von schmerzenden Augen, Hautausschlägen, Übelkeit, innerhalb weniger Tage gestorbenen Haustieren sowie Fehl- und Totgeburten, unter anderem bei Schweinen und Ziegen.[7]
Laut ISAAA ist der Anteil der Landwirte an der Bevölkerung gerade noch ein Prozent. Dennoch scheint die Entwicklung kaum noch umkehrbar: Der Sojaexport ist einer der wichtigsten Devisenbringer des Landes geworden – und diese werden dringend zur Tilgung der Auslandsschulden benötigt.

Von der Größe der Anbaufläche folgten im Jahr 2004 Kanada (gentechnisch veränderter Raps, Mais und Soja auf insgesamt 5,4 Mio. Hektar) und Brasilien (Gensoja auf 5,0 Mio. Hektar) auf den Plätzen drei und vier. In Kanada haben in manchen Regionen genmanipulierte Rapspflanzen alle anderen Rapspflanzen durch Auskreuzung so gut wie verdrängt, wie ein Betroffener, Percy Schmeiser, anhand eigener Erfahrungen darlegt.

In Brasilien, nach den USA und vor Argentinien der zweitgrößte Sojaexporteur der Welt, ist das generelle Verbot zum Anbau von Gensoja gefallen, wobei es noch viele gentechnikfreie Bundesstaaten gibt. Für die Anbausaison 2004/2005 soll bereits ein Viertel bis ein Drittel aller angebauten Sojabohnen genmanipuliert sein. Platz Nummer fünf nimmt in der ISAAA-Rangliste China ein, das auf 3,7 Mio. Hektar Baumwolle anpflanzt. Doch in China wird darüber hinaus sehr freizügig mit allen Arten von GVO experimentiert, unter anderem auch mit großen Beständen von gentechnisch veränderten Bäumen. Erstmals offiziell angeführt ist Paraguay mit 1,2 Mio. Hektar, wo Sojaanbau bisher verboten war, jedoch in großen Mengen illegal praktiziert wurde.

Knapp 98 Prozent der kommerziellen Gentechnik-Ackerflächen befinden sich also in den sechs Ländern USA, Argentinien, Kanada, Brasilien, China und Paraguay. Elf weitere Staaten werden von der ISAAA in folgender Reihenfolge der Ackerflächen mit gentechnisch veränderten Organismen angeführt: Südafrika, Indien, Uruguay, Australien, Mexiko, Philippinen, Rumänien, Spanien, Honduras, Kolumbien und Deutschland.

Bisher beschränkte sich die Anwendung der Agro-Gentechnik darauf, die Pflanzen entweder verträglich auf Pflanzengifte zu machen oder mittels dem Bt-Toxin selbst Insektengifte zu produzieren. Auf 72 Prozent der Gentechnik-Flächen wuchsen 2004 Herbizid-resistente Pflanzen, auf 19 Prozent Bt-Pflanzen und auf neun Prozent eine Kombination von beidem.

Entwicklungsländer wehren sich

In Indien gibt es seit Jahren einen erbitterten Kampf der Gentechnikgegner, mit der Umweltaktivistin Vandana Shiva an der Spitze, gegen Monsanto. 2004 waren rund sechs Prozent der indischen Baumwoll-Anbaufläche gentechnisch verändert. In Indonesien verließ Monsanto nach anhaltenden Protesten sogar das Land; unter anderem hatten Bauern ihre magerer als erwartet ausgefallene Baumwollernte verbrannt.
Nicht einmal die Bestechung eines ranghohen indonesischen Umweltbeamten hatte Monsanto geholfen, sich im Land zu etablieren. 2002 zahlte der Konzern über eine indonesische Consulting-Firma dem Beamten 50.000 Dollar, um die Aufhebung der Umweltverträglichkeitsprüfung zu erwirken, die für die Zulassung der Bt-Baumwolle nötig gewesen wäre.

Der Beamte stimmte dem "Geschäft" zwar zu, hob die Prüfung aber dennoch nie auf. Am 6. Jänner 2005 wurde Monsanto zur Zahlung einer Geldstrafe von 1,5 Mio. Dollar verurteilt, wobei eine Mio. Dollar an das Justizministerium abzuführen war.
Der Bestechungsbetrag wurde übrigens als "Consultinghonorar" in die Buchhaltung eingetragen. "Firmen können sich nicht die Gunst durch ausländische Beamten mit Bestechungen erkaufen", erklärte der stellvertretende Staatsanwalt Christopher Wray. Außerdem sollen zwischen 1997 und 2002 weitere 700.000 Dollar Bestechungsgelder an verschiedene indonesische Behörden ausbezahlt worden sein.
 Wie groß die Bedenken auch mancher Regierungen gegen gentechnisch veränderte Nahrungsmittel sind, zeigte im Jahr 2002 das Beispiel Sambia: das Land hatte sich damals geweigert, eine 60.000 Tonnen schwere Hilfslieferung der USA mit Genmais anzunehmen – obwohl eine Hungersnot bevorstand. Auskreuzungen auf die heimische Arten und in weiterer Folge ein Ende des Bauerntums aufgrund drohender Lizenzzahlungen für die patentierten Genpflanzen wurden befürchtet.

Die ebenfalls notleidenden Länder Malawi, Zimbabwe und Mosambik hoben das Einfuhrverbot nur unter der Bedingung auf, dass der Genmais vor der Ausgabe an die Hungernden gemahlen wird. Bis heute ist der Anbau in diesen Ländern verboten, die Regierung von Sambia hat sich sogar zum Ziel gesetzt, der Bevölkerung eine gänzlich gentechnikfreie Nahrung sicherzustellen.

Klaus Faißner Mag.

wurde 1971 in Graz geboren, wo er auch an der Karl-Franzens-Universität das Studium Umweltsystemwissenschaften mit Schwerpunkt Betriebswirtschaft absolvierte.
Seine journalistische Tätigkeit begann er im Jahr 2000 bei der Nachrichtenagentur pressetext.austria, wo er vor allem im Wirtschaftsressort arbeitete und ab Beginn 2002 regelmäßig auch als Chef vom Dienst aushalf.

Im selben Jahr machte er sich selbstständig und spezialisierte sich auf Umwelt- und Landwirtschaftsthemen. Er ist unter anderem für die *Wiener Zeitung, Blick ins Land, Die Furche, Kurier* und den *Rheinischen Merkur* tätig, Artikel wurden auch in *Die Presse, trend* und im *Salzburger Fenster* veröffentlicht.
Im vorliegenden Buch führte er die Gesamtredaktion durch.

[1] http://www.gmwatch.org/archive2.asp?arcid=4790
[2] "Grüner Bericht 2004" der Republik Österreich, Beitrag Dr. Josef Hoppichler, Bundesanstalt für Bergbauernfragen, Wien
[3] http://www.greenpeace.org/deutschland/?page=/deutschland/news/gentechnik/keine-gen-papaya-fuer-thailand-
[4] "New Scientist", Ausgabe vom 17. April 2004: "Argentinia´s bitter harvest".
[5] Gen-ethischer Informationsdienst Ausgabe 164 Juni/Juli 2004
[6] Die im Jänner 2005 veröffentlichte Studie wurde von Greenpeace in Auftrag gegeben: http://www.greenpeace.at/fileadmin/at/dokumente/gentechnik/SoyaProblemsArgentina.pdf
[7] "New Scientist", Ausgabe vom 17. April 2004: "Argentinia´s bitter harvest".

2.3. Zwischen EU-Zwängen und Beamtenwerbung

Klaus Faissner

Als Franz Fischler am 11. Oktober 2004 in Wien vor der vollständig versammelten Presse über seine zehnjährige Amtszeit als EU-Kommissar Bilanz zog, sprach er unter anderem über die große EU-Agrarreform, über das Verhältnis Österreichs zur EU oder die Entwicklung des ländlichen Raumes. Doch ein Thema, das während seiner gesamten Amtszeit immer präsent und heiß umfehdet war, fehlte gänzlich: Die Gentechnik. Sie war ihm während der dreiviertelstündigen Rede kein einziges Wort wert.

Dabei überschlugen sich in Fischlers Amtszeit diesbezüglich die Ereignisse. Zwischen 1998 und 2004 wurden keine neuen genmanipulierten Pflanzen in der EU zugelassen. Das sogenannte de-facto EU-Moratorium sollte aufrecht bleiben, bis neue, strengere gesetzliche Vorschriften in Kraft getreten sein sollten – diese "Verschnaufpause", in der auch die Felder Europas weitgehend gentechnikfrei blieben, war eine Folge des ständig wachsenden Widerstandes der Menschen in den einzelnen Mitgliedsländern.
Dieser bewog die Politiker einiger EU-Staaten Ende der 1990er Jahre, Neuzulassungen zu blockieren und strengere Gesetze zu fordern. Doch als die USA 2003 über die Welthandelsorganisation WTO eine Klage gegen die EU einbrachte, schien klar, dass der Widerstand gegen die Zulassung neuer genmanipulierter Pflanzen begrenzt sein sollte: Nach längerem Hin und Her wurde im Mai 2004 mit dem Bt-11-Mais von Syngenta auch erstmals wieder eine neue gentechnisch veränderte Pflanzensorte für Import oder Verzehr zugelassen und somit das EU-Moratorium beendet.

Fischler selbst zeigte sich immer wieder als Befürworter der Gentechnik – auf Journalistennachfrage auch bei besagter Pressekonferenz in Wien: er verwies auf ethische Aspekte im Hinblick darauf, dass in absehbarer Zeit trockenresistente Pflanzen dürregeplagten 3.Welt-Ländern zur Verfügung stehen werden und man diesen Regionen doch eine Chance geben sollte.

In einem von ihm selbst verfassten Artikel in der Ausgabe 35 im Jahr 2001 schreibt er in der deutschen Wochenzeitschrift "Die Zeit" über seine Vision, wie die Landwirtschaft im Jahr 2051 aussehen werde: "Beim Brot kann man auswählen, welche Vitamine es enthalten soll. Es wird nicht chemisch angereichert, sondern aus neuartigen Getreidesorten gebacken, die alle gewünschten Zusatzstoffe natürlich entwickeln. Gezüchtet werden diese Sorten mit Gentechnik. Überhaupt entstehen neue Pflanzen jetzt ausschließlich biotechnisch. Konventionell werden sie nur noch weiterentwickelt und vermehrt. Beim Designerlabor wird einfach in Auftrag gegeben: Mach mir eine Sonnenblume! Meine Urenkelin hat sich beispielsweise ein Öl ausgeguckt, das besonders leicht heiß wird. Einfach fabelhaft. Die Biotechnik wird streng kontrolliert, von Zertifizierungs- und Sicherheitsdiensten. Ein gewaltiger Aufwand. Aber auch jede Menge neuer Jobs."

Doch nicht nur bei Nahrungsmitteln sieht Fischler, der in seiner Zeit als österreichischer Landwirtschaftsminister noch dem biologischen Landbau zum Durchbruch verholfen hatte, eine Zukunft mit Gentechnik: "Wir werden ohne Gentechnik in der Landwirtschaft künftig nicht auskommen. Wir werden die Gentechnik vor allem brauchen, wenn wir das Konzept der nachwachsenden Rohstoffe weiter verfolgen und die Produktion von Chemie-Rohstoffen auf dem Acker forcieren wollen. Bei den Lebensmitteln sollte man so vorgehen wie in anderen Bereichen auch: Erstens sollte man eine korrekte Kennzeichnung machen, sodass der Konsument auch in Zukunft die Wahl hat zwischen genmodifizierten Produkten und anderen. Zweitens müssen alle sicherheitsrelevanten Bereiche im Rahmen des Zulassungsverfahrens geprüft werden", erklärte er 1999 in einem Interview mit dem Greenpeace-Magazin, Ausgabe Nr.2.

Damals sah er jedoch sehr wohl noch die Unmöglichkeit einer Koexistenz zwischen Gentechnik-Landwirtschaft und traditioneller Landwirtschaft. Er gab selbst zu bedenken, dass es für einen Biobauern schwer werden würde, die Ausbreitung von genmanipulierten Pollen auf seine Felder zu verhindern. Auf die Feststellung des Interviewers, dass dies trübe Aussichten für jemanden seien, der keine genmanipulierten Zutaten in seinen Lebensmitteln haben möchte, antwortete Fischler: "Derjenige hat es schwer."

Auch bei der von vielen als größte Gefahr angesehenen Freisetzung essbarer genmanipulierter Pflanzen, die Pharmazeutika produzieren, erkannte Fischler eine große Chance. So schrieb er in seinen Visionen für das Jahr 2051: "Das Pflanzendesign erforderte auch neue medizinische Fächer. Interdisziplinär natürlich. Meine Urenkelin hat so eines studiert, ganz was Kompliziertes, ich kenn mich da gar nicht mehr aus. Bestimmten Pflanzen wurde beigebracht, zugleich als Pharmazeutikum zu dienen. Die Apotheke ist überflüssig geworden; Medizin wird einfach gegessen. So werden die meisten Stoffwechselkrankheiten oder Allergien behandelt."

EU kein Opfer der WTO

Wie die Aussagen von Fischler beispielhaft zeigen, ist die EU keineswegs nur ein Opfer der USA bzw. der WTO. Gerade auch Kommissionskollegen Fischlers haben ihre Sympathie für die Agro-Gentechnik offen gezeigt.

Der Umstand, dass Brüssel der Gentechnik im Gegensatz zu den USA bislang Einhalt geboten hat, hat vielmehr mit der Ablehnung in den Mitgliedsstaaten zu tun gehabt, als mit einer verantwortlichen Politik gegenüber dem Bürger. Den Politikern dürfte klar gewesen sein, dass sie es sich nicht leisten können, gerade bei diesem so sensiblen Thema rigoros und unverhohlen gegen die Mehrheitsmeinung der Menschen vorzugehen.

Dass der EU-Kommission aber eine Zwangsdurchsetzung des Gentechnik-Anbaus wichtiger ist als das Selbstbestimmungsrecht der Regionen, hat sie im Fall Oberösterreichs klar unter Beweis gestellt. Ein befristetes Freisetzungsverbot von GVO, wie es von allen vier Landtagsparteien gefordert wird, wurde schlichtweg abgelehnt. Ebenso wie die nationalen Importverbote für Gentechnikpflanzen seit 2004 auch nicht mehr gutgeheißen werden.

So hat die EU-Kommission Österreich wiederholt aufgefordert, das nationale Importverbot für den Genmais MON 810 von Monsanto aufzuheben – denn mit dieser Maislinie wurden im September 2004 erstmals genmanipulierte Sorten (in diesem Fall waren es 17) in den Sortenkatalog der EU-Kommission aufgenommen, die damit EU-weit zum Anbau zugelassen sind.
Aber genau dieses noch Anfang 2005 geltende nationale Importverbot bescherte Österreich für eben dieses Jahr noch die Sicherheit einer Gentechnikfreiheit aller Äcker.

Die EU schränkt Österreichs Freiheit, Gentechnik bei Bedarf auch zu verbieten, also massiv ein. Besser gesagt: die EU zwingt ihre Mitgliedsländer, Laborpflanzen auf ihren Äckern unter mehr oder weniger hohen Genehmigungshürden zu erlauben. Doch wo bleibt der Widerstand vom offiziellen Österreich?

Der ist unter verschiedenen Gesichtspunkten zu sehen. Im Umfeld aller Gesetzesbeschlüsse war von den jeweils zuständigen österreichischen Ministern, die diese im EU-Ministerrat mitentschieden, jedenfalls kein Aufschrei zu hören - egal, ob es sich um die EU-Biopatentrichtlinie aus dem Jahr 1998, die im Jahr 2001 beschlossene EU-Freisetzungsrichtlinie oder die im Jahr 2004 schlagend gewordene neue Kennzeichnungspflicht für gentechnisch veränderte Futter- und Lebensmittel handelte.

Einzig die schon seit 2002 als Gesetzesentwurf geplante Saatgutrichtlinie fand bisher aufgrund eines anhaltenden Widerstandes nicht den Weg zur Gesetzwerdung. Der Widerstand kam jedoch weniger von offizieller Seite als von Bauernverbänden, Umwelt- und Verbraucherinitiativen, Unternehmen sowie von über 200.000 Bürgern in der gesamten EU, die sich gegen eine Verunreinigung des Saatgutes wehrten: "Save our Seeds" nannte sich die in Windeseile gebildete Initiative.

Die Ende 2004 abgelöste EU-Kommission hatte bis zum Schluss Vorschläge vorgelegt, die Saatgut bis zu einem GVO-Anteil von 0,3 oder 0,5 Prozent noch als "gentechnikfrei" deklarieren hätte sollen.
Die Folgen einer solchen Regelung wären fatal. Schon nach einer Aussaat könnten auf allen Feldern der EU ohne Wissen der Bauern genmanipulierte Pflanzen wachsen. Die Forderung lautet daher denkbar einfach: Gentechnikfreies Saatgut muss – zumindest bis zur Nachweisgrenze von 0,1 Prozent - auch wirklich gentechnikfrei bleiben.

So wie dies in der österreichischen Saatgut-Gentechnik-Verordnung geregelt ist. Dank der neuen EU-Kommission sind die Chancen dafür gestiegen. Sowohl die dänische Landwirtschafts-Kommissarin Mariann Fischer Boel und der griechische Umweltkommissar Stavros Dimas sprachen sich schon vor Beginn ihrer Amtszeit für die Beibehaltung eines nicht-kontaminierten Saatgutes aus.

Doch nicht überall gab es so große Widerstände wie bei der Saatgutrichtlinie: fast still und heimlich wurde 2001 die Freisetzungsrichtlinie von EU-Ministerrat und EU-Parlament abgesegnet.

Diese brachte zwar gegenüber dem Vorgängergesetz im Falle einer Freisetzung von GVO Verbesserungen, weil sie diesbezüglich mehr und strengere Vorschriften enthielt, aber gab gleichzeitig grünes Licht für die Gentechnik-Landwirtschaft. Im Zusammenhang mit der Freisetzungsrichtlinie beschloss die EU-Kommission im Juli 2003 Leitlinien für die Koexistenz zwischen der biologischen und konventionellen Landwirtschaft auf der einen Seite und der Gentechnik-Landwirtschaft auf der anderen Seite.

Die Entscheidung, wie das konkret funktionieren soll, überließ sie aber den einzelnen Mitgliedsstaaten. Schließlich formulierten alle Länder – wenn auch weit später als es die Frist von 18 Monaten vorgesehen hätte – nationale Gentechnikgesetze, die die Vorgaben der Richtlinie umsetzen und somit den Anbau von GVO unter gewissen Rahmenbedingungen erlaubten.

Auch als die EU-Biopatentrichtlinie beschlossen wurde, war von einem Aufschrei des offiziellen Österreich nichts zu hören – obwohl es erstmals um die Möglichkeit bzw. Gefahr der Patentierung von Leben ging. Bei der Umsetzung in nationales Recht scheint die Ratlosigkeit noch größer zu sein als bei der Freisetzungsrichtlinie: Nach heftigen Protesten wurde der für Dezember 2004 geplante Gesetzesbeschluss der Bundesregierung auf unbestimmte Zeit verschoben.

Und auch die notwendige, aber in dieser Form unzureichende EU-weite Kennzeichnungspflicht wurde still mitgetragen oder sogar als Erfolg bezeichnet: Die Kritik daran, dass tierische Produkte von Tieren, die mit Gentechnik-Futter gefüttert werden, davon ausgenommen sind, dass der Grenzwert für Gentechnikfreiheit mit 0,9 Prozent recht hoch angesiedelt ist oder dass gentechnisch veränderte Hilfsstoffe wie Enzyme nicht kennzeichnungspflichtig sind, hielt sich in Grenzen.

Die neuen Verordnungen und Richtlinien bewirkten, dass alte Gesetze, die so katastrophal schlecht waren, dass sie nicht ausgeführt wurden, durch neue, immer noch schlechte ersetzt wurden, die aber grünes Licht für die Gentechnik gaben.

Während sich die österreichischen Politiker bei Gesetzesbeschlüssen also nicht gerade kämpferisch gaben, zeigte sich etwa bei Abstimmungen über die Zulassung einzelner "Genpflanzen" ein anderes Bild: Hier erwiesen sich die Vertreter Österreichs durchwegs als standhaft und stimmten als eines der wenigen Länder sowohl in den nationalen Ausschüssen als auch in den Ministerrats-Entscheidungen immer dagegen.

Entschlossenheit fehlt

Innerösterreichisch scheint – wenn es nach den Worten der Spitzenpolitiker geht – eine eiserne Front gegen die Gentechnik zu herrschen. So lobten die Spitzen der ÖVP-FPÖ-Regierung das 2004 beschlossene Gentechnikgesetz als wichtigen Schritt in eine gentechnikfreie Zukunft, während den Oppositionspolitikern von SPÖ und vor allem Grünen beispielsweise die Haftungsbestimmen für "Gentechnik-Bauern", deren Pflanzenpollen andere gentechnikfreie Pflanzen kontaminieren, viel zu wenig streng waren.

Doch selbst bei den Grünen, die sich zeitweise engagiert und mit vielen Ideen gegen die Gentechnik einsetzen, fehlt offensichtlich die Klarheit (oder ist es der Mut?), um entschieden und mit allen Mitteln gegen jene vorzugehen, die uns die Gentechnik zwangsverordnen wollen: nämlich die zuständigen EU-Institutionen.
Was in dieser Frage fehlt, ist die Auflehnung gegen Brüssel.
So wäre beispielsweise die von den Grünen erhobene Forderung, nationale Förderprogramme wie das ÖPUL mit einer gentechnikfreien Wirtschaftsweise zu koppeln, zwar ein wichtiger Schritt in die richtige Richtung, eine Garantie für gentechnikfreie Äcker ist dies jedoch auch nicht.

Was es in Zeiten wie diesen jedoch sicher nicht braucht, sind PR-Aktionen, die Engagement vorgaukeln, aber nichts Konkretes bewirken. Als eine solche ist die "Charta für Gentechnikfreiheit" von Landwirtschaftsminister Josef Pröll zu werten. Sie enthält acht Leitsätze, die recht vage formuliert sind und zum Teil zwar recht gut klingen ("Gentechnikfreiheit braucht klare Kennzeichnung" oder "Gentechnikfreiheit braucht die Unterstützung des Lebensmittelhandels"), die jedoch keinerlei rechtsverbindlichen Charakter haben.
"Mit einem Brief ans Christkind ist aber niemandem geholfen, wenn die Maßnahmen nicht tatsächlich rasch umgesetzt werden", kommentiert etwa Michael Eckerstorfer von der "umweltberatung" diesen Umstand.

Auffällig ist, dass das Thema Gentechnik – wenn man von der Diskussion rund um das Gentechnik-Volksbegehren 1997 absieht – in den Medien nur sehr spärlich behandelt wurde.
Lediglich zu Stichtagen wie dem Ende der Umsetzungsfrist für die Kennzeichnung gentechnisch veränderter Futter- und Lebensmittel im April 2004 beschäftigten sich die Medien eingehender mit dieser Materie. Was ist der Grund für das eher mangelnde Interesse? Zum einen verhindert wohl der enorme Zeitdruck, dass sich Journalisten das für dieses Thema nötige Grundwissen erarbeiten können.
In den meisten Redaktionen von Tageszeitungen und Magazinen reagierte rund um die Jahrhundertwende der Rechenstift. Viele Mitarbeiter mussten gehen, weniger Journalisten sollen aber eine ähnliche Quantität und Qualität bieten, wie früher liefern, was natürlich fast nicht machbar ist. Eigenrecherchen oder zusätzliche Recherchen werden dadurch schwieriger.

Zum anderen kann aber auch die Angst um Werbekunden oder Eigentumsverhältnisse der Grund für eine schaumgebremste, vorsichtige Gentechnik-Berichterstattung sein: so ist zu berücksichtigen, dass beispielsweise Bayer nicht nur im Saatgut-Bereich operiert, sondern auch im sehr werbeintensiven Chemie- und Pharmabereich führend tätig ist. Bemerkenswert ist beispielsweise auch, dass der Raiffeisen-Konzern nicht nur der Mehrheitseigentümer der Tageszeitung "Kurier" ist, sondern den Bauern nach Einführung der Kennzeichnungspflicht in vielen Lagerhäusern eine zeitlang nur gentechnisch veränderte Futtermittel anbot.

Auffallend in Schweigen hüllte sich der ORF, während sich die Kronen Zeitung immer wieder kämpferisch zeigte. Im Großen und Ganzen aber ließen die Medien das an sich immerwährend brisante Thema einschlafen, was scheinbar auch die Menschen diesbezüglich fast apathisch werden ließ. Jetzt stehen die Zeichen auf Sturm und es ist höchste Zeit aufzuwachen.

Ranghohe EU-Beamte als Gentechnik-Werbeträger

Noch einmal zurück zur Politik: Besonders skandalös ist das Verhalten der EFSA, der EU-Behörde für Lebensmittelsicherheit, deren Gutachten die Grundlage für Entscheidungen bzw. Empfehlungen der EU-Kommission bilden. Ein Bericht der Umweltschutzorganisation Friends of the Earth und deren österreichischer Mitgliedsorganisation Global 2000 deckte auf, dass einige ranghohe EFSA-Mitglieder direkte oder indirekte Verbindungen zur Gentechnik-Industrie hatten bzw. haben.

So traten Hans-Jörg Buhk, der langjährige Leiter des Zentrums für Gentechnologie in Deutschland und heutiger Leiter der Referatsgruppe Gentechnik beim Bundesamt für Verbraucherschutz und Lebensmittelsicherheit, dem auch die "Zulassungsstelle Gentechnik" untersteht, und sein Stellvertreter Detlef Bartsch 2002 in einem Werbefilm "Das streitbare Korn" auf.

Das Video, das den Einsatz von Genmais bewarb, wurde im Auftrag der sechs großen Gentechnikfirmen Aventis, Monsanto, Bayer, Dow, BASF und Syngenta produziert. Die ARD, die dieses Thema im "Report Mainz" aufgriff, zeigte, dass sich Buhk im Jahr 2004 weiters an der Organisation der Biotechnologie-Großkonferenz ABIC der deutschen Gentechnik-Firma Phytowelt beteiligte.

Die beiden Beamten sind gleichzeitig die deutschen Vertreter bei der EFSA im Bereich Gentechnik. Laut "Report Mainz" hatten sie sich gegenüber der Behörde als "unabhängige Experten" dargestellt.

Auch in schriftlichen Befragungen der EFSA hätten sie angegeben, keinerlei Interessen zu vertreten.

2.4. Zwentendorf als Vorbild

Peter Weish, Sprecher des Gentechnik-Volksbegehrens 1997

Die Gemeinsamkeiten sind unverkennbar: 1978 stand das Atomkraftwerk Zwentendorf unmittelbar vor der Inbetriebnahme, als das von Bruno Kreisky aufgerufene Volk die Zustimmung verweigerte. Knapp ein Vierteljahrhundert später, anno 2004, wurden in der EU und damit auch in Österreich alle Voraussetzungen für den Anbau genmanipulierter Pflanzen geschaffen.

Spätestens ab 2006 könnte es so weit sein. Obwohl auch hier eine eindeutige Ablehnung vorliegt. Schon 1997 haben die Österreicher darüber abgestimmt und deutlich "Nein" gesagt - 1.226.551 Menschen hatten das Gentechnik-Volksbegehren zum erfolgreichsten parteiunabhängigen Plebiszit der zweiten Republik gemacht. Die drei Forderungen waren klar:
1) Kein Essen aus dem Genlabor, also ein Verbot von genmanipulierten Nahrungsmitteln,
2) keine Freisetzungen gentechnisch veränderter Organismen in der Landwirtschaft und
3) kein Patent auf Leben.

Der an der Universität Wien als Dozent tätige Peter Weish war da wie dort an vorderster Front mit dabei: Als Strahlenbiologe gegen die Inbetriebnahme von Zwentendorf und gleichwohl als Sprecher des Gentechnik-Volksbegehrens 1997 gegen die gefährliche Manipulation im Essen und in der Landwirtschaft.

Noch heute hat er ein Ziel vor Augen, das sich mit der Verhinderung der Inbetriebnahme von Zwentendorf vergleichen lässt: Ein gentechnikfreies Österreich. "Die Forderungen des Volksbegehrens sind nach wie vor gut und richtig, die Bedenken noch besser wissenschaftlich untermauert. "Die Menschen wollen immer noch kein genmanipuliertes Essen oder Genpflanzen auf dem Acker", erklärt Weish. Was sich ebenfalls nicht geändert hat, ist das Desinteresse der herrschenden Politiker an diesem Thema.

Nach dem Volksbegehren wurde im Parlament nämlich ein Sonderausschuss einberufen, bei dem sich herzlich wenig getan hat, wie Weish ernüchtert feststellt: Die Forderung eines Importverbots von genmanipulierter Nahrung wurde als "kaum erfüllbar" bezeichnet, lediglich eine "lückenlose Kennzeichnung" als selbstverständlich zugesichert. Auch eine Freisetzung von genmanipulierten Pflanzen sei nicht zu verbieten, weil sie ebenfalls gegen EU-Recht verstoßen würde, hieß es.
Und als sich während des Ausschusses herausstellte, dass Patente auf Leben in den USA genauso erlaubt sind wie Patente für technische Erfindungen, war auch in diesem Punkt von einer Unterstützung so gut wie keine Rede mehr – "obwohl diese zuvor vor allem von ÖVP-Politikern zugesagt worden war", erzählt Weish. Die Schlussfolgerungen der Regierungspolitiker: wenn es in den USA möglich ist, Gene und ganze Organismen zu patentieren, dann muss es auch in der EU erlaubt sein

und dann kann Österreich nicht dagegen auftreten.

So sei schnell klar geworden, dass keine der damaligen großen Koalitionsparteien den damaligen ÖVP-Wirtschaftsminister Hannes Farnleitner mit einem "Nein" nach Brüssel schicken wollte. "Es gab keine ernsthaften Bemühungen gegen die Patentierung von Leben, sondern nur eine widerspruchslose Anpassung an die Entwicklung in Brüssel. So sind erklärte christliche Einstellungen schnell der normativen Macht des Faktischen gewichen", stellt Weish fest. "Es wurde augenscheinlich, dass die Politiker nicht gegen Lobbys auftreten können beziehungsweise wollen. Sie haben sich als Konzernvertreter erwiesen und als Volksvertreter disqualifiziert. Die sogenannten Volksvertreter setzen nicht den Willen der Bevölkerung um, sondern stellen die Weichen für die Großindustrie und missbrauchen so die repräsentative Demokratie."
Immer wieder werden neue Patente auf Leben am Europäischen Patentamt in München eingereicht – und bewilligt. Für Weish ist dies – wie für viele andere – eine unakzeptable Praxis: "Wir müssen wieder zu einer klaren Grenzziehung zwischen Erfindung und Entdeckung zurückkommen.
Ich kann Gensequenzen nicht erfinden, ich kann sie nur entdecken." Weish kann folglich nicht verstehen, warum von einer "klaren Grenzziehung" gesprochen wird, wenn Gene und Gensequenzen von Pflanzen und Tieren patentiert werden dürfen, jene vom Menschen aber nicht: "Der Mensch teilt mit dem Schimpansen mehr als 98 Prozent des Erbmaterials. Wenn das genetische Material des Schimpansen patentiert werden darf, so wären automatisch 98 Prozent des menschlichen Erbmaterials patentierbar." Damit werde Leben zur Handelsware – noch dazu im Verfügungsrecht weniger Konzerne.

Fazit: Viele Unterzeichner des Volksbegehrens sahen sich einer politischen Macht ausgeliefert, die ihre eigene Ohnmacht definiert. Weish hingegen kehrt den allgemeinen Frust ins Positive: "Ich kenne die heimische Politik schon lange und weiß, woher die Vorgaben kommen. Es war heilsam, dass die Menschen enttäuscht wurden. Sie wussten jetzt, dass sie nicht auf die hohe Politik zählen können und sie wussten, dass sie selbst aktiv werden müssen, wenn ihnen eine gentechnikfreie Ernährung ein Anliegen ist." Prompt bildeten sich quer durchs Land Initiativen zur Vermarktung gentechnikfreier Produkte oder zur Errichtung gentechnikfreier Zonen – über 700 Bürgermeister haben sich seit 1997 gegen GVO-Freisetzungen in ihren Gemeinden ausgesprochen.

Das Volksbegehren und die darauf folgenden anderen Initiativen haben laut Weish bereits einiges bewirkt: "Österreich war bei der Gentechnik genauso wie bei der Kernenergie Vorreiter. Das hat mit Sicherheit auch Wirkungen im Ausland gehabt." Der Druck auf die nationalen Regierungen, die Ausbreitung der Gentechnik zu verhindern wuchs ständig.

Nicht zuletzt deshalb kam es Ende der 1990er-Jahre auch zu einem Zulassungsstopp ("de-facto-Moratorium") für neue GVO in der EU. "Es hat sich eine Menge ereignet. 1997 hätten wir uns nie träumen lassen, dass es bis 2004 immer noch keine Freisetzungen in Österreich und weiten Teilen Europas gibt." Daher gelte es, weiterzukämpfen, denn "die Politiker können nicht den Willen von 80 Prozent der Menschen ignorieren."

Letzte Ausgeburt der Erdöl-Landwirtschaft

Widerstand sei auch deshalb notwendig, weil "die große Gefahr besteht, dass die Gentechnik die noch bestehenden zukunftsfähigen Strukturen in der Landwirtschaft zerstört". Schon ohne den Einsatz der Gentechnik hat die industrielle Landwirtschaft enorme Probleme verursacht. Sie ist total vom Erdöl abhängig und geht allein schon deshalb ihrem Ende zu, sie setzt Spritzmittel im großen Ausmaß ein, schädigt mit riesigen Monokulturen die Umwelt und zerstört die natürliche Bodenfruchtbarkeit sowie die Artenvielfalt.

Die Gentechnik macht alles noch einmal um einiges schlimmer, ist sich Weish sicher. Gerade die Artenvielfalt ist durch die Gentechnik in einem Ausmaß wie noch nie bedroht: "Gentechnisch veränderte Pflanzen werden in großem Stil erzeugt und rund um die Welt ausgesetzt. Das verständliche Bestreben der Agrokonzerne, den Markt zu beherrschen und rasche Profite zu machen führt zur beschleunigten Ausrottung zahlloser bewährter, alter Sorten und zum Ruin der kleinräumigen Landwirtschaft sowie der damit verbundenen traditionellen Kultur." Weish bilanzierend: "Es muss verhindert werden, dass in der Endphase der industriellen Landwirtschaft auf diese Weise die Basis zukunftsfähiger Nahrungsversorgung zerstört wird."

Nicht das Huldigen eines technokratischen Fortschrittskonzeptes ist nach Meinung von Weish die Lösung, sondern die Rückkehr zum überschaubaren menschlichen Maß. Ein rascher Anbau von Gentech-Pflanzen wäre umso bedauerlicher, weil gerade jetzt so viele neue, hoffnungsträchtige Landwirtschaftsformen beginnen, Platz zu greifen: Ob die biologische Landwirtschaft mit alten Pflanzensorten und Tierrassen, die Permakulturen eines Sepp Holzer oder die Wiederentdeckung traditioneller Formen und deren vielfältige Kombinationen in lokaler Anpassung – "auf dieser Basis sind ertragreiche und nachhaltige agrarische Systeme als Grundlage der Welternährung möglich."

Reduktionistisches Weltbild

Der Mensch als Maschine, das Tier als Maschine, die Pflanze und die gesamte Natur als Maschine, bei der man nur eine Schraube drehen oder einen neuen Teil einbauen muss, um das gewünschte Ergebnis zu erhalten. Anstelle individueller Lebewesen werden nur seelenlose Waren gesehen, deren Komponenten lediglich Bestandteile des Ganzen sind und daher fast beliebig austauschbar sind.

Genau dieses reduktionistische Weltbild kritisiert der Biologe scharf: Jahrelang sprachen Molekularbiologen davon, dass nur wenige Prozent des Erbmaterials von Bedeutung sind, der Rest wäre Müll. Schon die zynische Sprache der Wissenschaftler spricht Bände: In Anlehnung an "Junk Food", also wertlosem Essen, wurde das vermeintlich sinnlose Erbmaterial als "Junk-DNA" bezeichnet. "Alleine die Vorstellung ist absurd, dass über Jahrmillionen penibel weitergegebenes Erbmaterial wertlos sein soll", meint Weish. Zurecht: Inzwischen entdeckte die Wissenschaft, dass das "unbrauchbare" Erbmaterial doch wichtige Funktionen hat.

Den Gentechnik-Befürwortern fehle der Blick für das gesamte System, ist für Weish klar: So sei der Hunger in der Welt nicht eine Folge zu geringer agrarischer Produktion, sondern eine Folge von Ungerechtigkeit, Elend, Kriegen und Korruption.
Der Biologe warnt eindringlich davor, jetzt mit der "Grünen Gentechnik" in der Landwirtschaft die katastrophalen Folgen der "Grünen Revolution" noch zu verstärken.

Dass Konzepte der Grünen Revolution, die in den 1970er-Jahren mit großer Fortschrittseuphorie in die Welt getragen wurde, mehr Schaden als Nutzen gebracht haben, wundert Weish nicht: "Eine Revolution ist ja immer eine gewaltsame Abschaffung bestehender Systeme. Die grüne Revolution hat gewaltige ökologische und soziale Schäden verursacht – von der großräumigen Schädigung der Bodenfruchtbarkeit bis zur Verdrängung hunderttausender Kleinbauern, die zu Bewohnern der Elendsviertel großer Städte wurden. Sie hat den Ländern der Dritten Welt statt des versprochenen Wohlstandes Verelendung und Verschuldung beschert." Weish nennt ein Beispiel für mögliche Schäden, die angerichtet werden können, wenn nicht das gesamte System beachtet wird: "In Indien holen sich arme Menschen die vitaminreichen Ackerbeikräuter aus den Getreidefeldern. Wenn alle diese "Unkräuter" niedergespritzt werden würden, dann wären sehr viele Inder ohne Vitaminversorgung."

Erfolge des Gentechnik-Volksbegehrens

Trotz des großen Erfolges des Volksbegehrens gab es viele Versuche, das Ergebnis klein zu reden: So zum Beispiel, dass 1,2 Millionen Unterzeichner nicht die Mehrheit der Bevölkerung repräsentieren und daher keine Mehrheitsmeinung darstellten. Oder, dass die Leute keine Ahnung von Gentechnik hätten, sie gegenüber neuen Technologien nicht aufgeschlossen wären und ihre Unterschriften dadurch auch kaum einen Wert hätten.

In anderen Ländern wie den USA oder Großbritannien stünden die Menschen neuen Technologien viel aufgeschlossener gegenüber.
Doch der österreichische Weg sollte sich nicht als rückständig, sondern als beispielhaft erweisen.
Die Skepsis gegenüber der Gentechnik in der Landwirtschaft hat weltweit zugenommen (auch in den USA!) und sogar von der alles andere als gentechnikfeindlichen EU-Kommission wurden zwischen 1998 und 2004 keine neuen gentechnisch veränderten Organismen mehr zugelassen.

Erst als die USA über die Welthandelsorganisation WTO den Druck auf die EU erhöhte, gab diese klein bei und ließ wieder neue genmanipulierte Sorten zu. Weish: "Wir sind richtig gelegen. Der Glaube an die Verheißungen der Technokraten war in Österreich durch Zwentendorf und Hainburg bereits erschüttert worden und die Bevölkerung hat ein realitätsnahes Gespür für die Risiken der Großtechnik entwickelt. Es wäre unverständlich gewesen, wenn ein Land die Gentechnik unkritisch begrüßt hätte, das als erstes Industrieland auf demokratischem Wege aus der Atomkraft ausgestiegen ist, das in der ökologischen Landwirtschaft eine beachtliche Entwicklung aufweist und in dem das Wissen über gesunde Ernährung schon recht weit gediehen ist."

Wissenschaft im alleinigen Besitz der Wahrheit?

Gerade in der Gentechnik herrscht unter vielen Experten ein abgehobenes Elitedenken wie kaum woanders. "Viele Themen werden als reine Sachfragen hingestellt, bei denen nur Molekularbiologen eine Ahnung haben und kompetente Antworten liefern können", erklärt Weish.

Bezeichnend für diese Einstellung sind Aussagen wie von Hermann Katinger, Vorstand des Institutes für angewandte Mikrobiologie an der Boku Wien, die dieser am 21. Februar 1997 in der österreichischen Tageszeitung *Der Standard"* tätigte: "Auch auf der Boku gibt es zwei Lager, wobei die Gentechnik-Gegner auf der Boku nicht wissen, was Gentechnik ist. Aber sie unterstellen uns, dass man mit gentechnisch veränderten Pflanzen keinen ökologischen Anbau machen könne. Das heißt: Wir ziehen einen ziemlichen Haufen von Idioten heran."

In der Diskussion rund um das Kernkraftwerk Zwentendorf habe es noch die Unterscheidung zwischen "anerkannten" – das waren die Experten im Dienste der Atom-Industrie – und den "selbsternannten" Wissenschaftlern - wie man die Atomkraftgegner bezeichnete – gegeben. "Dennoch war ich als Strahlenbiologe ein ziemlich unerfreulicher Diskussionsgegner", erklärt Weish augenzwinkernd.

Ärgerlich wird Weish jedoch, wenn er an die Verteilung der Forschungsgelder denkt: während für den Bereich Biotechnologie riesige Summen zur Verfügung stehen, "gibt es vergleichsweise viel zu wenig Geld für Ökosystemforschung in Österreich. Notwendig ist nicht nur eine industrieunabhängige Risikoforschung, sondern ganz allgemein fachübergreifendes Orientierungswissen." Dies sei Voraussetzung eines Fortschrittes, der fatale Fehlentwicklungen vermeidet.

Überhaupt hat Weish in seiner langen Konfrontation zuerst mit Atomkraft- und dann mit Gentechnik-Befürwortern viele auffällige Parallelen in der Durchsetzung beider Großtechnologien feststellen können:

- Sowohl die Kernenergie als auch die Gentechnik wird als heilsbringende Technik verkündet.
- Das Wunschdenken triumphiert. Die Zauberlehrlinge machen sich eilig an die Arbeit, kümmern sich nur um ihre Interessen und überlassen den Umgang mit Nachteilen anderen.

- Experten (Strahlenschützer bzw. Molekularbiologen) haben das alleinige Sagen, die Bevölkerung wird als "dumm und unwissend" entmündigt.
- Überlebenswichtige ökologische Alternativen (erneuerbare Energien bzw. biologische Landwirtschaft) werden unterlaufen. Gentechnik ist die Fortsetzung des verhängnisvollen Weges der Naturbeherrschung mit neuen, gefährlicheren Mitteln: Statt Ökologisierung und ganzheitlicher Ansätze kommt es zu einer totalen Technisierung.

"Die Atomkraft kann nur mit einer großen Zahl entsicherter Maschinenpistolen betrieben werden, da sie eine große Versuchung für Terroristen darstellt. Bei der Gentechnik scheint es auch schon ähnliche Beispiele zu geben", verweist Weish auf das Hauptquartier des Schweizer Saatgut- und Chemiekonzerns Syngenta in der Schweiz, das von Schwerbewaffneten bewacht wird, als handle es sich um den Goldschatz von Fort Knox.

In den ständig wiederkehrenden Diskussionen zwischen Befürwortern und Gegnern der Kernenergie und Gentechnik erkannte Weish mit der Zeit, warum die Fronten so unverrückbar sind: "In der Auseinandersetzung stehen einander grundverschiedene Weltanschauungen gegenüber: Die Gentechniker und Atombefürworter, die als "Beherrscher" bezeichnet werden können.
Für sie begründet Macht Verfügungsrechte über die Natur.
Die anderen sind die Bewahrer, die aus Macht eine Fürsorgepflicht ableiten."

Peter Weish Dr. Univ.-Doz.

1936 in Wien geboren, studierte Biologie, Chemie, Physik und promovierte 1966 zum Doktor der Philosophie. Während seiner Tätigkeit am Institut für Strahlenschutz im Reaktorzentrum Seibersdorf begann er sich 1969 kritisch mit den gesundheitlichen und gesellschaftlichen Aspekten der Atomenergie auseinanderzusetzen.

Seine Lehrtätigkeit startete er 1970 am Institut für Zoologie der Boku Wien, 1992 habilitierte er an der Universität Wien im Fach Humanökologie. Weish war stets eine wichtige Stimme der Ökologiebewegung, unter anderem in der Anti-AKW-Bewegung und 1997 als Proponent und Sprecher des Gentechnik-Volksbegehrens.

Obwohl er im selben Jahr offiziell in den Ruhestand trat, führte er seine Arbeit sowohl als Universitätslehrer als auch im Rahmen der Umweltschutzorganisationen weiter.

Er wurde mit zahlreichen Ehrungen bedacht, unter anderem mit dem Österreichischen Ehrenzeichen für Wissenschaft und Kunst sowie vom Österreichischen Naturschutzbund mit der Tratz-Medaille in Gold und dem Konrad Lorenz Preis. Weish ist seit 1966 verheiratet und Vater zweier Töchter sowie dreifacher Großvater.

2.5. Verbieten ist nicht erlaubt

KLAUS FAISSNER

Wenn es um die Ablehnung der Gentechnik in der Landwirtschaft geht, sind bei Spitzenpolitikern Worte meist größer geschrieben als Taten. Nicht so in Oberösterreich: Hier beschlossen am 10. Juni 2002 im Rahmen einer Regierungsklausur die führenden Kräfte des Landes einstimmig die Schaffung einer "Gentechnikfreien Zone Oberösterreich".

Daraufhin erarbeitete der oberösterreichische Landtag unter Beiziehung der Landwirtschaftskammer, der Agrar-, Forstrechts- und der Naturschutzabteilung das oberösterreichische Gentechnik-Verbotsgesetz. Alle vier Parteien im Landtag zogen an einem Strang mit einer klaren Botschaft und einem klaren Ziel: Der Anbau gentechnisch veränderter Pflanzen müsse ebenso verboten werden wie die Zucht und Haltung genmanipulierter Tiere.

Gerade in einer kleinräumig strukturierten Landwirtschaft, wo überall die Felder relativ kleiner landwirtschaftlicher Betriebe aneinander grenzen, wäre bei der Einführung der Gentechnik die traditionelle Landwirtschaft dem Untergang geweiht - die von Brüssel beschworene "Koexistenz" könne zumindest hier nicht funktionieren. Dieses Verbot sollte vorläufig auf drei Jahre befristet gelten.

Der Gesetzesentwurf stützt sich auf eine Studie des österreichischen Risikoforschers Werner Müller. Dieser zeigte, dass die Frage der Koexistenz von traditioneller und Gentechnik-Landwirtschaft ungelöst ist. Im Frühjahr 2003 wurde der EU-Kommission dieses Verbotsgesetz zur Genehmigung ("Notifizierung") vorgelegt, die sich dazu von der Europäischen Behörde für Lebensmittelsicherheit EFSA (European Food Safety Authority) eine wissenschaftliche Stellungnahme einholte.

Diese verwies in einer Stellungnahme am 4. Juli 2003 auf fehlende neue wissenschaftliche Erkenntnisse bezüglich einer Gefährdung der Gesundheit oder der Umwelt, weigerte sich aber, auf die Koexistenz bzw. die in der Studie zu diesem Thema vorgebrachten Argumente einzugehen.

Landeshauptmann Josef Pühringer, von Beginn an einer der treibenden Kräfte des Gentechnik-Verbotsgesetzes, fand daraufhin in einer Aussendung klare Worte: "In Sachen Gentechnik können kleinräumige Landwirtschaft und Agrarindustrie nicht über einen Kamm geschert werden. Brüssel soll die Entscheidung über den Einsatz von Gentechnik in der Landwirtschaft den Ländern bzw. den Bauern überlassen."

Doch "Brüssel" dachte anders und so lehnte die EU-Kommission am 2. September aufgrund des EFSA-Gutachtens den oberösterreichischen Antrag erwartungsgemäß ab. Die Argumentation der EU-Kommission, dass ein einmal zugelassener GVO nicht gesundheitsschädlich wäre, bezeichnete der kurz danach in das Amt des Agrarlandesrates berufene Josef Stockinger als "abenteuerlich".

Mit dem negativen Bescheid der EU-Kommission wurde der Kampfgeist der ober-österreichischen Landesvertreter erst recht neu entfacht: Sie reichten am 4. November 2003 Nichtigkeitsklage beim Europäischen Gerichtshof (EuGH) gegen die EU-Kommission ein. Das Gentechnikverbot müsse erlaubt sein, pochte Oberösterreich auf das Selbstbestimmungsrecht der Regionen. "Wir wollen keine halben Sachen und augenzwinkernde Lösungen, sondern den geraden Weg des Verbotsgesetzes gehen", fand Stockinger klare Worte.

Mit "halbe Sachen" spielte er auf andere österreichische Bundesländer wie Salzburg an, die ursprünglich ebenso wie Oberösterreich die Agro-Gentechnik befristet verbieten wollten, nach dem Urteil der EU-Kommission aber klein beigaben und auf "Gentechnik-Vorsorgegesetze" umschwenkten. Diese sollten den Anbau von GVO zwar so schwer wie möglich machen, ohne sie aber ganz verbieten zu können.

Verbündete in ganz Europa

Um den Druck auf Brüssel weiter zu steigern, rief Oberösterreich federführend mit der Toskana eine europäische Anti-Gentechnik-Allianz ins Leben, bei der die Gentechnik-kritischen Regionen ein Netzwerk bilden sollten, um ihren Anliegen besser Nachdruck zu verleihen. Bei der Gründungsveranstaltung ebenfalls am 4. November 2003 traten dieser Allianz auch die Regionen Aquitaine, Baskenland, Limousin (Frankreich), Marken (Italien), Salzburg (Österreich), Schleswig-Holstein (Deutschland), Thrace-Rodopi (Griechenland) und Wales bei.

Wie positiv sich solche Bemühungen auswirken können, zeigten die Reaktionen auf die Präsentation dieser Allianz: "Oberösterreich fand gemeinsam mit der Toskana in der internationalen – auch der US-amerikanischen – Presse viel Beachtung. Wir stellten uns der Öffentlichkeit als sauberes Agrarland mit unverfälschten Lebensmitteln vor, in dem ökologisch gewirtschaftet wird. Das war die billigste und zugleich wirkungsvollste Agrarmarketingmaßnahme, die wir uns vorstellen konnten", schwärmte Stockinger – und gab sich kämpferisch: "Wir lassen uns das Diktat Brüssels nicht gefallen, wir kämpfen weiter für unsere Selbstbestimmung."

Am 28. und am 29. April 2004 veranstaltete das Land Oberösterreich in Linz eine internationale Konferenz, wo sich Vertreter dieser Regionen zum "Zukunftsdialog" trafen. Hier stießen mit dem Burgenland (Österreich) und Highland Council (Großbritannien) zwei weitere Regionen in den Kreis der "Aufständischen" hinzu. Bei der dritten Konferenz im Februar 2005 in Florenz erweiterte sich das Netzwerk um die Regionen Steiermark, Südtirol, Lazio, Sardinien, Emilia-Romana, Ile de France, Pitou-Charentes und die Bretagne. Dass sich die Anti-Gentechnik-Allianz nicht zu früh gebildet hatte, zeigte die Entwicklung im Jahr 2004: So wurden mit der Maislinie MON 810 von Monsanto erstmals gentechnisch veränderte Saatgutsorten für den EU-weiten Anbau zugelassen.
Weiters wurden in fast allen Mitgliedsländern nationale Gentechnikgesetze beschlossen, die die Rahmenbedingungen für den Anbau von GVO regeln. Einzig und

allein das Anfang 2005 noch bestehende nationale Importverbot für MON 810 konnte in Österreich im Frühjahr 2005 einen gentechnikfreien Anbau garantieren.

Wie es aussieht, ist Oberösterreich die einzige Region in der ganzen EU, die den "geraden Weg" eines Verbotsgesetzes geht. Alle anderen in der Anti-Gentechnik-Allianz befindlichen Regionen wollen nach Angaben von Landesrat Stockinger ihrer Gentechnik-Skepsis meist mit "Vorsorgegesetzen" Ausdruck verleihen. Für ihn ist die zeitlich befristete strikte Ablehnung des GVO-Anbaus eine Grundsatzentscheidung: "Wir wissen nicht genau, was gentechnisch veränderte Pflanzen bewirken. Wir wissen nur, dass sie nicht rückholbar sind." Schließlich sei die gentechnikfreie Landwirtschaft in Gefahr und man sollte Vorsicht walten lassen, verweist Stockinger auf ein Volkslied, in dem es heißt: "G´scheit sein, net einitapp´n." Im Herbst 2005 soll der EuGH über die Nichtigkeitsklage entscheiden. Gewinnt Oberösterreich, tritt das beschlussreife Gesetz kurzfristig in Kraft und wird alle Äcker mindestens drei Jahre lang sauber halten.

Verliert das Bundesland, dann bietet sich immer noch der von vornherein genehmigte Weg einer möglichst strengen Gesetzgebung an. Wie auch immer die Entscheidung lauten wird, so hat es durch die Konfrontation mit dem scheinbar übermächtigen Gegner wahrscheinlich mehr bewirkt als alle anderen ebenfalls Gentechnik-kritischen, aber EU-hörigen Regionen zusammen.

2.6. Gentechnikgesetze sind Scheingesetze

ALOIS OSWALD, Umweltanwalt des Landes Steiermark

Bereits 1984 hat sich die Republik Österreich zum umfassenden Umweltschutz bekannt und ihn in den Verfassungsrang gehoben. Seither sind Bund, Länder und Gemeinden verpflichtet, die natürliche Umwelt als Lebensgrundlage des Menschen vor schädlichen Einwirkungen zu bewahren. Luft, Wasser und Boden sind reinzuhalten, sowie Störungen durch Lärm zu vermeiden.

Doch dieses Bekenntnis findet bei den gesetzgebenden Organen wenig Beachtung und muss nach 20 Jahren als "Lippenbekenntnis" bezeichnet werden, wie Alois Oswald aufgrund seines großen Erfahrungsschatzes feststellt. Er ist der Umweltanwalt des Landes Steiermark und lässt Tag für Tag keinen Zweifel daran, dass er seine Position nicht als Job sondern als Berufung sieht – dementsprechend hatten viele Politiker und Behörden mit seiner beharrlichen Einforderung von Umweltanliegen nie wirklich eine Freude mit ihm.

Auch die 2004 beschlossenen Gentechnikgesetze in Österreich – egal ob jenes des Bundes oder jene der Länder – sind für ihn in Bezug auf den Umweltschutz und auf die Gesundheitsvorsorge "Scheingesetze". Aufgrund der vielen inzwischen bekannten Risiken kann er nicht verstehen, warum die verantwortlichen Gesetzgeber der Gentechnik in der Landwirtschaft grundsätzlich grünes Licht geben konnten.

Gerade seit Inkrafttreten der Staatszielbestimmung über den umfassenden Umweltschutz sind zig Gesetze und Verordnungen ergangen, die dieses Bekenntnis missachteten. "Mit den jetzigen Gentechnikgesetzen sind alle politischen Beteuerungen, dass Österreich keine Freisetzung gentechnisch veränderter Organismen braucht, unglaubwürdig", folgert Oswald.

Ziel müsse es daher sein, durchschaubar, erkennbar, kurz und bündig zu regeln was die Bevölkerung will - und sich daran zu halten. Damit spielt er auf die Tatsache an, dass die Politik gerade im Hinblick auf die Gentechnik den Bürgerwillen nicht mehr ernst nimmt, obwohl die überwiegende Mehrheit der Menschen keine Gentechnik in der Landwirtschaft und im Essen will.

Politiker mit zwei Gesichtern

Oswald sieht das Verhältnis zwischen Österreich und der EU zwiespältig: Auf der einen Seite wurde mit dem EU-Beitritt rund 80 Prozent der Souveränität nach Brüssel abgegeben. Und gerade die EU-Kommission, die die Gesetze ausarbeitet, um sie dann dem Ministerrat und dem EU-Parlament zur Abstimmung vorzulegen, hat sich immer schon klar für den Einsatz der Gentechnik in der Landwirtschaft ausgesprochen. Oswald vermisst das letzte Engagement der österreichischen Politiker in Brüssel.
Schließlich wird alles auf EU-Ebene mit österreichischer Beteiligung entschieden - auch die für die Gentechnikgesetze maßgebliche, 2001 beschlossene EU-

Freisetzungsrichtlinie: sie ist zwar besser ist als die bis dahin gültige "Katastrophen-richtlinie" aus dem Jahr 1990, für die GVO mit "normalen" Pflanzen gleichgestellt waren, aber immer noch eine "Pro-Gentechnik-Richtlinie".

Doch auch wenn damals die österreichischen Vertreter nicht laut aufschrien, ist das für Oswald noch lange kein Grund, bei den Debatten rund um das Gentechnikgesetz im österreichischen Parlament der EU-Vorgabe gegenüber braver als brav gewesen zu sein: "Es geht doch um die Gesundheit sowie um den vorsorgenden Umwelt- und Naturschutz. Für dieses hohe Ziel sind alle legistischen Möglichkeiten bestmöglich im Interesse des höchsten Schutzgutes, das die Gesellschaft zu verteidigen hat, zu nutzen; auch ein gewisser "Ungehorsam" gegenüber den europäischen Instanzen ist dafür in Kauf zu nehmen." Sein erbostes, provokantes Fazit: "Mit dem Gentechnikgesetz hat unsere Bundesregierung aber einmal mehr den treuen Diener der EU abgegeben. Vertritt die österreichische Bundesregierung nun österreichische Interessen oder steht sie im Sold der EU?"

Innerösterreichischer Staatsvertrag gegen GVO

Wenn es den Politikern mit der Gentechnikfreiheit wirklich ernst wäre, würden sie ganz anders agieren: "Der Bund kann mit den Bundesländern eine 15a-Vereinbarung schließen - einen innerösterreichischen Staatsvertrag - mit der eine einheitliche Vorgangsweise gegen die Freisetzung von GVO festgelegt wird. Doch das wurde nie in Erwägung gezogen" kritisiert Oswald. So hätte der Bund die Chance gehabt ähnlich entschlossen vorzugehen wie das Land Oberösterreich, um alle nur erdenklichen Möglichkeiten auszureizen.

"Nach der jetzigen Gesetzeslage muss der gentechnikfrei wirtschaftende Bauer, der geschädigt wird, die Schuld des anderen darlegen. Doch das ist eine Scheinhaftung. In Wirklichkeit müsste der Gentechnik-Bauer seine Unschuld beweisen und wenn er dies nicht kann, bis zum Existenzminimum dafür haften." Dann wüsste jeder "Gentechnik-Bauer", worauf er sich einlässt. Sowohl bei dem bundesweiten Gentechnikgesetz als auch bei allen landesweiten Gentechnik-Vorsorgegesetzen fehle jedoch der Glaube, dass die Ausbreitung genetisch veränderter Organismen wirklich unterbunden werden soll. "Sind nicht alle bisherigen Regelungsversuche halbherzig und im Widerspruch zum Bekenntnis der Republik Österreich zum umfassenden Umweltschutz sowie den Zielen des vorsorgenden Gesundheits- und Umweltschutzes?", stellt Oswald eine rhetorische Frage.

Auch die Verwaltung diene nicht dem Anliegen der Gentechnikfreiheit, meint Oswald: "Es hilft alles nichts, wenn die Verwaltungsorgane aus welchen Gründen auch immer Gesetze nur halbherzig oder überhaupt nicht vollziehen. Welchen Sinn machen Gesetze, wenn ihr Vollzug sogar unerwünscht ist?" fragt Oswald erneut. Besonders bei wirtschaftsregulierenden Normen sei das Vollzugsdefizit besonders spürbar – wie das Beispiel Gentechnik zeigt: "Hier handelt es sich doch um einen Markt mit ungeheuerlichen Verdienstmöglichkeiten einiger weniger weltweit agierender Konzerne."

Oswald befürchtet, dass die Verwaltung so gezwungen wird, die Einhaltung der beispielsweise Gentechnik-bremsenden Gesetze zu negieren. "Mehr Gesetze und stets weniger Vollzugsbeamte lassen klar erkennen, was letztendlich die staatlichen Entscheidungsträger wollen: Sie wollen für den Wähler zwar Regelungen, dass er sich sicher fühlt, für die jeweiligen Konzerne und Folgeunternehmungen gleichzeitig jedoch größtmögliche wirtschaftliche Freiheit, wenn nicht sogar ´Narrenfreiheit´", spricht Oswald Klartext.

Klare Beweise dafür seien die Rücknahme von Parteienrechten in den verschiedensten Rechtsmaterien und die Nichtanpassung von Gesetzen und Normen an die Erfordernisse eines zeitgemäßen vorsorgenden Gesundheits- und Umweltschutzes. "Dieses offensichtlich bewusst herbeigeführte Vollzugsdefizit ist ein weiteres Mosaiksteinchen im Gesamtbild, dass der europaweite Siegeszug gentechnisch veränderter Organismen nicht gestoppt werden soll."

Das sei auch der Grund für das Misstrauen des Bürgers gegenüber seinen staatlichen Vertretern und Institutionen. Oswald kann dieses Misstrauen gut nachvollziehen und appelliert an die Bevölkerung: "Das aktive Auf- und Eintreten gegen diese unkontrollierte, unverantwortbare sowie gewinnsüchtige Entwicklung ist ein Gebot der Stunde. Es geht um den vorsorgenden Gesundheits-, Umwelt- und Naturschutz im Interesse aller Menschen, aber auch um die Erhaltung der lebensnotwendigen Artenvielfalt im Tier- und Pflanzenbereich. Die Gesundheit ist und bleibt unser höchstes Gut, das es mit allen Mitteln zu verteidigen gilt."

Alois Oswald Dr. HR

geb. 1944, Beamter, liebt seine Arbeit, liebt und lebt seine Vorstellungen; Umweltanwalt des Landes Steiermark, bemüht mit allen ihm zustehenden rechtlichen Möglichkeiten, dass der Umweltschutzgedanke ernst genommen wird und sich in den menschlichen Aktivitäten wiederfindet: Bekenntnis der Republik Österreich zum umfassenden Umweltschutz ist für ihn Leitfaden seines beruflichen und persönlichen Handelns.
Viele Initiativen und Bürgeranliegen im Bereich des Umweltschutzes wurden von ihm im Laufe seiner Tätigkeit als Umweltanwalt unterstützt und umgesetzt.

2.7. Patente auf Leben: Welternährung in Gefahr

JOSEF HOPPICHLER, Mitarbeiter der Bundesanstalt für Bergbauernfragen

Hätten sich die ersten Europäer, als sie im 17. Jahrhundert Australien entdeckten, den ganzen Kontinent patentieren lassen und so alle Rechte darauf für sich beanspruchen können? Natürlich nicht, aber so absurd die Frage auch sein mag, macht sie die Entwicklung im Gentechnikbereich deutlich und den Widerstand dagegen umso verständlicher.

Konnten bisher nur technische Erfindungen und natürlich keine Entdeckungen patentiert werden, setzte die 1998 von EU-Ministerrat und EU-Parlament abgesegnete "EU-Biopatentrichtlinie" dieser jahrhundertelang bewährten Praxis ein Ende: "Mit ihr werden erstmalig in Europa sowohl wichtige therapeutische Verfahren im Zusammenhang mit der Biotechnologie als auch Pflanzen und Tiere, Zellen und Gene eindeutig als patentierbar erklärt", führt Josef Hoppichler von der Bundesanstalt für Bergbauernfragen aus. Entdeckungen werden somit bar jeder Logik zu Erfindungen.

Diese Vermischung zwischen Erfindung und Entdeckung erfolgte in der Biopatentrichtlinie durchaus raffiniert: so wird beispielsweise - wie in traditionellen Patentgesetzen - die Patentierung von Pflanzensorten und Tierrassen ausgeschlossen. Wenn jedoch die "Ausführung der Erfindung" technisch nicht auf eine bestimmte Pflanzensorte bzw. Tierrasse beschränkt ist, wird die Patentfähigkeit wieder eingeführt.

"Damit ergibt sich ein Patentrecht, bei dem die traditionellen Verbote in vielen Bereichen aufgehoben werden und der bisher auf ethischen Grundsätzen bestehende Rahmen weitgehend aufgelöst wird." Anerkannt wird lediglich, dass Landwirte, die patentiertes Material – also genmanipulierte Pflanzen - erwerben, dieses auch wieder anbauen dürfen. Ab einer Ackerfläche von mehr als 18 Hektar müssten sie jedoch Lizenzen dafür zahlen.

Zukünftig gilt: Mit dem patentierten Saatgut erwirbt der Bauer ein Produkt, das unter Eigentumsvorbehalt der Patentinhaber steht. Damit leistet die Richtlinie auch in Europa Zuständen Vorschub, wie sie der Kanadier Percy Schmeiser am eigenen Leib bzw. Grundstück erfuhr: Dass die Pflanzen gentechnikfrei wirtschaftender Bauern nicht nur durch genmanipulierte Pollen kontaminiert werden, sondern dass diese Pflanzen auch ins Eigentum des Chemie- und Gentechnikmultis übergehen können. Hoppichler erläutert die gesetzlichen Zusammenhänge:
"*Patente werden jedoch nicht nur auf biotechnologische Verfahren vergeben, sondern dehnen sich auch auf alles mit einer Eigenschaft versehene biologische Material, inklusive der generativen und vegetativen Nachkommenschaft, sowie der daraus gewonnenen Produkte aus. Dies besagt der Artikel 8 (1) der EU-Biopatentrichtlinie. Es wird gleichsam die natürliche Fruchtbarkeits- und Reproduktionsleistung natürlicher Lebewesen mitpatentiert.*"

Die Folgen der EU-Biopatentrichtlinie wären für die Bauern generell höchst bedenklich:

*"Damit wurde das sogenannte **Landwirteprivileg extrem eingeschränkt**. Dies beinhaltet das traditionelle Recht der Bäuerinnen und Bauern, Saatgut und Vermehrungsmaterial uneingeschränkt am eigenen Betrieb zu verwenden und weiterzuentwickeln sowie mit Nachbarn und im Rahmen genossenschaftlicher Vereinigung unentgeltlich auszutauschen.*
*Eine über zehntausendjährige Kulturgeschichte des Saatguts wird dadurch erstmals einer fast vollkommenen Kommerzialisierung und Kontrolle durch multinationale Saatgutkonzerne unterworfen. Zusätzlich würde **das Züchterprivileg ebenfalls und das gleich vollständig ausgehebelt**, indem es durch ein System von gegenseitigen Zwangslizenzen ersetzt wird."*

Zwar darf schon jetzt der Züchter einer neuen Sorte 25 bis 30 Jahre Lizenzen für diese Neukreation verlangen. Doch mit der EU-Biopatentrichtlinie würden Züchter generell das Recht verlieren, eine beliebige Sorte lizenzfrei zur Weiterzucht zu verwenden, was aber gleichzeitig "ein zentrales Element des Sortenschutzes ist". Dies würde weitgehend das Ende des freien Zugangs zu geschützten Sorten zu Zuchtzwecken bedeuten, um daraus neue Sorten zu entwickeln und diese zu verwerten.

Beherrschung der Lebensmittel und der genetischen Ressourcen

Die Beweggründe derjenigen, die sich für solche Gesetze stark machen, sind für Josef Willi, dem Geschäftsführer des Studienzentrums für Agrarökologie in Innsbruck, klar:

"Deren Ziel ist es, unter Ausnutzung der reichhaltigsten Ressource der Welt, dem organischen Leben, auf dem wichtigsten und sichersten Markt der Welt, dem Lebensmittelmarkt, die Vorherrschaft zu gewinnen. Je mehr ihnen das gelingt, umso mehr werden die Bauern dabei zwangsläufig auch noch den Rest jener Freiheit verlieren, der ihnen bis jetzt noch geblieben ist."

Dementsprechend werde sich der Konzentrationsprozess im Zuchtbereich noch beschleunigen warnt Hoppichler, wenn sich die Gentechnik in der Landwirtschaft als Leittechnologie in Europa durchsetzen sollte:

"Die breite spezialisierte, traditionelle Saat- und Pflanzenzucht wird nicht nur aufgrund der wirtschaftlichen Verhältnisse in die Arme der Chemie- und Biotechnologiekonzerne getrieben, sondern geradezu per Patentgesetz verordnet, in die Konzerne hineinfusioniert."

Die strategischen Aussichten, mit Hilfe der Gentechnologie die Agrartechnologie zu bestimmen und die gesamten landwirtschaftlichen Nutzpflanzen möglicherweise eines Tages einem Patentregime zuführen zu können, hat bereits bisher weltweit zu einem gefährlichen Maß an monopolähnlichen Strukturen in der

Pflanzenzüchtung geführt:

"So kontrollieren heute die zehn größten Unternehmen des Welt-Saatgutmarktes bereits etwa 30 Prozent des Weltmarktanteils mit einer steigenden Tendenz. Die drei führenden weltweiten Saatgutunternehmen Pioneer, Monsanto und Syngenta werden oder wurden von den Chemiekonzernen DuPont, Pharmacia und Novartis beherrscht und selbst die anderen großen Saatgutzüchter sind mit der Biotechnologieindustrie eng verknüpft.

Es ist mit hoher Wahrscheinlichkeit anzunehmen, dass nur ganz wenige Unternehmen von den Pflanzenpatenten profitieren werden und dass diese den wirtschaftlichen Vorteil daraus zur weiteren Konzentration nützen werden. Bei Soja beispielsweise besteht derzeit schon das Potential zu einer globalen marktbeherrschenden Stellung für Monsanto." Monsanto ist auch ein Paradebeispiel dafür, wie Saatgutmultis durch eine strategische Einkaufspolitik immer mächtiger werden. Dies wird anhand folgender Tatsachen deutlich:

> 1997/98: gab Monsanto rund acht Mrd. Dollar für Übernahmen aus: Calgene ("Anti-Matsch-Tomate"), Agracetus (Patente auf Sojabohnen, Reis und Baumwolle), DeKalbSeeds, Holden´s FoundationSeed, Teile des Saatmultis Cargill.
> 1999: erwirbt Monsanto Delta and PineLand Co. (Terminatortechnologie), kontrolliert damit in den USA ca. 80 % des Baumwoll-, 50% Soja- und 20 % des Maissaatgutes.
> 2000: läuft es andersrum, es erfolgt die Fusion mit Pharmacia & Upjohn zur Pharmacia Corporation
> 2002: wird die Agrarsparte unter dem Namen Monsanto wieder abgespalten
> 2005: Kauf von Seminis, dem Weltmarktführer bei Gemüse- und Obstsaatgut mit einem Weltmarktanteil von 23 % bei Tomaten und 34 % bei Gurken.

"Vor dem Hintergrund von Pflanzenpatenten und mit der zunehmenden Konzentration im Saatgutbereich werden die wenigen multinationalen Konzerne auch zunehmend zu Eigentümern und Kontrollorganen der genetischen Ressourcen – also der Pflanzenvielfalt."
Viele Kleinst- und Kleinbauern, insbesondere in der Dritten Welt haben ihre nicht so ertragreichen, traditionellen Landsorten bereits aufgegeben und decken sich zunehmend mit dem höher ertragreichen Zukaufssaatgut der Konzerne ein. Genetische Erosion heißt der Fachausdruck.
Die Restbestände an genetischen Ressourcen, die oft wertvolle Gene, insbesondere aber Krankheitsresistenzen für die Züchtung besitzen, wurden und werden in Genbanken ex situ - also außerhalb ihrer Lebensräume - eingelagert.

Doch im Sinnbild einer Kopf stehenden Welt eignen sich die Saatgutmultis, die mit ihrer Marktmacht die Kulturpflanzenvielfalt einschränken, selbst den Variantenreichtum der Natur an: *"Diese Genbanken mit den Restbeständen der von den Bäuerinnen und Bauern durch traditionelles Wissen geschaffenen pflanzengenetischen Ressourcen werden heute zum Großteil in den Ländern des Nordens gehalten und wurden von den multinationalen Saatgutunternehmen bereits großteils dupliziert."*

Diese Entwicklungen sollten alle Alarmglocken klingen lassen: *"Sollte die Patentierung biotechnologischer Erfindungen sich global durchsetzen und die alternative staatliche und genossenschaftliche Züchtung aufgrund neoliberaler Ansätze weiter zurückgefahren werden, so besteht die hohe Wahrscheinlichkeit, dass die wenigen weltweit führenden Biotechkonzerne ein globales Monopol über Saatgut und genetische Ressourcen erlangen und dadurch auch die Ernährungssicherheit gefährden können.*
Patente auf Pflanzen und Tiere per se, aber auch auf Gene und Gensequenzen geben den Patentinhabern durch die zunehmenden Monopolisierungstendenzen zusätzlich das Potential in die Hand, Bäuerinnen und Bauern sowie Unternehmen, die alternative Ansätze in der Züchtung suchen, durch strategische Patente vom Zugang zu den genetischen Ressourcen weitgehend auszuschließen.
Dieser marktbeherrschenden Monopolisierung der genetischen Grundlagen der Ernährung wird durch die vorliegende EU-Patentrichtlinie enorm Vorschub geleistet. Auch deshalb gilt es die Patentrichtlinie zu überdenken."

Österreich hat aufgrund seiner klein- und mittelständischen Struktur wenig Chance, an der Patentierung von Pflanzen und Tieren sowie an der strategischen Absicherung dieser Patente teilzunehmen: *"Wenn wir Glück haben, bleiben wir Vermehrungsland für den einen oder anderen Konzern für gentechnikfreie Sorten – wenn wir Pech haben, verlieren wir auch diese Aktivitäten. Die Gewinne und auch die Investitionen in diese patentgesicherten Geschäftsfelder werden im globalen Maßstab nur an wenigen Orten dieses Globus konzentriert. Was die landwirtschaftliche biotechnologische Züchtung betrifft, dürfte Österreich nicht zu diesen Orten dazugehören, außer man glaubt an Wunder und die Hochglanzbroschüren der Biotech-Multis."*

Keine Ethik

In vielerlei Hinsicht werden ethische Grenzen überschritten:

- Auch der Mensch wird kaum verschont: Selbst wenn der menschliche Körper, Gene, Gensequenzen oder andere Bestandteile für sich nicht patentierbar seien, wie in Artikel 5 der Richtlinie dargelegt, so sind sie es doch, wenn menschliche Gene und Gensequenzen gewerblich angewendet werden können.
- Die Empfehlungen des Europarates werden ignoriert: So heißt es in einer Empfehlung von 1999, dass "weder Gene, Zellen, Gewebe oder Organe, die von Pflanzen, Tieren oder Menschen stammen, als Erfindungen anzusehen sind, noch dass diese Monopolen, die auf Patenten beruhen, unterworfen werden sollen."

- Patentausschließungsgründe werden eingeschränkt: Medizinische Diagnosen und Therapien können vorenthalten werden und – wie erwähnt - die Ernährungsgrundlage in Form von Saatgut wird durch Patentmonopole gefährdet werden.
- Weitgehende Missachtung des traditionellen Wissens und Könnens: Patente auf Pflanzen bauen auf Leistungen auf, die über Generationen in der Erhaltung, Selektion und Verbesserung von Landsorten erbracht wurden.
- Systematische Abhängigkeiten der Entwicklungsländer von der Technologieführerschaft des Nordens.

Darüber hinaus sieht Hoppichler gravierende Fehler der Richtlinie im Verständnis der DNS, dem Träger der Erbinformation: *"Die DNS und ihre sequenzielle Abfolge wird nicht als eine von der Natur vorgegebene Information verstanden, sondern als eine chemische Verbindung, die an sich patentierbar ist, inklusive aller daraus gewonnener Substanzen bzw. Genprodukte und Rekombinationen.*

Eine solche Rechtskonstruktion missachtet,
- *dass Gene hoch verdichtete biologische Informationsträger sind, die natürlichen Prozessen, wie der Eigenreproduzierbarkeit unterliegen,*
- *dass Gene nicht erfunden, sondern entdeckt werden ("Die Entdeckung von Gensequenzen war spätestens seit Beginn der 90er Jahre eine Roboterarbeit - das Wissen um Gensequenzen somit keine Frage geistiger Errungenschaften, sondern nur des Kapitaleinsatzes", erklärt Otmar Kloiber, nunmehriger Hauptgeschäftsführer der deutschen Bundesärztekammer.)*
- *dass ein Gen mehrere Funktionen haben kann, sodass mit einem Genpatent gleich alle, auch unbekannten Funktionen mitpatentiert werden.*
- *dass vielfach von den Funktionen sehr wenig bekannt ist, sodass nicht mitbestimmt werden kann, welche genetischen Prozesse an der Funktion noch mitwirken.*

Ergebnis ist, dass derjenige, der als erster einen Gen-Funktionskomplex möglichst weitreichend anmeldet und ein Patent erhält, alle zukünftigen Entwicklungen im Zusammenhang mit diesem Gen oder der beschriebenen Funktion blockieren kann.
Nachdem diese Gen-Funktionskomplexe zumeist mit einem lebenden Organismus verbunden sind, werden gleich ganze Taxa von Mikroorganismen, Pflanzen und Tieren mit dieser neuen Eigenschaft mitpatentiert."

Diese Gesetzgebung wird für Saatgutkonzerne Anreize schaffen, nur mehr in Richtung patentfähiger Produkte zu forschen und zu entwickeln und dadurch beispielsweise absichtlich Züchtungen mit synthetischen, manipulierten Genen zu schaffen, zeigt Hoppichler eine weitere Gefahr auf, die aus der "Verwechslung" von Erfindungen und Entdeckungen resultiert. Doch damit nicht genug:
- "Folgeerfindungen" bzw. Weiterentwicklungen werden behindert. So war beispielsweise der Vitamin A-Reis ("Golden Rice") mit mehr als 70 Patenten

von 32 Patentinhabern belegt. Außerdem gibt es inzwischen fast keine Krankheit, die nicht schon patentiert ist.

- Nützliche Anwendungen werden eingeschränkt: Z.B. werden Tests monopolisiert, Therapie- und Diagnoseverfahren behindert und es kommt zu einer Verteuerung von an sich einfachen und billigen Verfahren.

Das Hauptargument der Gensaatmultis, dass nur die Patentierung eine Entschädigung für den hohen Forschungs- und Entwicklungsaufwand für neue Pflanzen ersetzen könne und nur so die Rechte der "Erfinder" gewahrt werden könnten, ist für Hoppichler nicht stichhaltig: die Rechte der Tier- und Pflanzenzüchter sind bereits jetzt ausreichend geschützt und die Patente auf Leben schaffen zwar Investitionen in Richtung einer Monopolisierung, stiften aber kaum einen gesellschaftlichen Nutzen.

Erfolgreicher Widerstand

Die EU-Biopatentrichtlinie trat im Juli 1998 in Kraft und hätte bis Anfang 2000 in allen Mitgliedsstaaten umgesetzt werden sollen. Doch die Proteste waren in den meisten Ländern so groß, dass von einer Umsetzung bis zu diesem Datum keine Rede sein konnte. Ganz im Gegenteil: Sie verschob sich von Jahr zu Jahr: In Österreich sogar bis heute (Stichtag: März 2005).

Von der Öffentlichkeit weitgehend unbemerkt, schlossen sich im Herbst 2004 innerhalb weniger Wochen über 120 österreichische Organisationen zu einem Aktionsbündnis zusammen – von kirchlichen Organisationen über Bauernverbände, Natur- und Umweltschutzgruppen, Globalisierungsgegner bis hin zu Organisationen aus dem Bereich der Entwicklungszusammenarbeit.
Grund für diese Initiative, die eine der breitesten Umweltkoalitionen in der Geschichte Österreichs darstellte, war die geplante Umsetzung der "EU-Biopatentrichtlinie" in österreichisches Recht.

Vertreter der Bundesregierung und des Parlaments wurden eindringlich daran erinnert, dass beim Gentechnik-Volksbegehren 1997 mehr als 1,2 Mio. Menschen auch die Forderung "Kein Patent auf Leben" unterzeichnet hatten. "Der Mensch hat weder den Menschen, noch Tiere, Pflanzen und deren Bestandteile erfunden. Deshalb können sie auch nicht patentiert werden. Die Artenvielfalt ist ein Geschenk der Natur und Ereignis agrarkultureller Leistungen vieler Generationen von Bäuerinnen und Bauern. Die Rechte der Tier- und Pflanzenzüchter sind ausreichend geschützt", hieß es in der Erklärung.

Und das Aktionsbündnis hatte - vorläufig - Erfolg: die Biopatent-Umsetzungsnovelle wurde von der Tagesordnung des für Anfang Dezember 2004 anberaumten parlamentarischen Wirtschaftsausschusses, wo alles für eine Beschlussfassung hätte in die Wege geleitet werden sollen, wieder gestrichen.

Doch damit geben sich die Vertreter der zahlreichen Organisationen nicht zufrieden:

Das Parlament wurde aufgerufen, die EU–Biopatentrichtlinie noch einmal grundlegend zu überdenken und alles daranzusetzen, von den EU-Institutionen eine Neuverhandlung zu erreichen.

Josef Hoppichler DI Dr.

in Hall i. Tirol geboren, studierte an der Universität für Bodenkultur in Wien, Studienrichtung Landwirtschaft.
Seit 1985 wissenschaftlicher Mitarbeiter an der Bundesanstalt für Bergbauernfragen, Wien.
Seit 1987 schwerpunktmäßige Beschäftigung mit Technikfolgenabschätzung, insbesondere bezüglich der Auswirkungen der Gen- und Biotechnologie auf die Landwirtschaft.
1992 Dissertation "Ökonomische und ökologische Auswirkungen der Gen- und Biotechnologie auf die Landwirtschaft"; seit 1995 Lektorat zur "Einführung in die Politik der natürlichen Ressourcen" an der Universität für Bodenkultur. 1997/98: Sachverständigentätigkeit im Rahmen des Besonderen Ausschusses zur Vorberatung des Gentechnik-Volksbegehrens; seit 1998 Beschäftigung mit Möglichkeiten und Konzepten zur Definition von GVO/Gentechnik-freien Gebieten.
Ab 1999 Delegierter Österreichs bei der OECD – Arbeitsgruppe über ökonomische Aspekte der Biodiversität.

3. BAUERN II

3.1. Bauern, vertraut wieder auf Euch selbst!

URS HANS, Bauer aus Neubrunn, Kanton Zürich, in der Schweiz

"Ich war schon immer ein Mensch der wissen wollte, weshalb, was, wo, wie und warum passiert und ich ließ mich selten mit einfachen, bequemen oder mehrheitsfähigen Antworten abspeisen. 1956, mit 4 Jahren, wollte ich wissen weshalb in Ungarn, Israel und in Algerien Krieg herrschte und die Antworten befriedigten mich nicht. Aber seit damals verfolge ich mit Interesse das Weltgeschehen", schildert Urs Hans sein von klein auf vorhandenes Streben nach Wissen und Wahrheit.
Dieses Streben sollte ihm immer helfen, aufrecht seinen Weg zu gehen, dadurch hervorgerufene Anfeindungen zu verkraften, hinter die Kulissen zu blicken und Missstände aufzuzeigen oder sogar aufzudecken.

Er wuchs auf einem kleinen Bauernhof auf und für ihn war immer klar, selbst Bauer zu werden. Zwar begann er in jungen Jahren damit, Mastkälber zu halten und seinen Betrieb immer weiter auszubauen. Doch schon bald realisierte er, dass ab einem bestimmten Punkt der Ertrag, so sehr er auch weiter vergrößerte und in den Betrieb intensivierte, immer derselbe blieb. Die Probleme nahmen jedoch ständig zu:

"Die Tierarztbesuche wurden immer häufiger, der Antibiotikaverbrauch und die Rechnungen immer höher, die Berater und Viehhändler immer aufsässiger, die Verluste immer grösser und der Stress für Tier und Mensch unermesslich. Aber die Umsätze der Händler und Futtermittellieferanten stiegen und ich realisierte, dass die Wirtschaft gut daran verdiente währenddessen mir als Bauer immer weniger blieb.
Lange Zeit dachte ich, dass nur ich Probleme hätte, dabei hatten dies alle mit Intensivmast. Ich wurde mir langsam bewusst, dass je mehr ich mich auf das Schulwissen und die Firmenberater verlassen hatte, desto mehr wurde ich als Bauer zum Knecht. Obwohl ich in der Landwirtschaftsschule einer der besten war, lernte ich allmählich, selbst zu denken und mich auf meinen eigenen Verstand zu besinnen. Ich fasste den Mut, Sachen anders zu machen und die Tiere und die Schöpfung ernster zu nehmen."

Von nun an vertraute Hans mehr und mehr seinen eigenen Fähigkeiten und seinem Gespür, der Intuition. Dies führte ihn zur Natur zurück und ließ ihn in den vergangenen Jahren auch zu einem entschiedenen Kämpfer gegen die Gentechnik werden: "Meine tiefe Ablehnung der Gentechnik kommt aus dem Innersten meines Wesens und basiert auf den Erfahrungen, die ich als Bauer mit der Chemie- und Pharmaindustrie, sowie mit den Bundesbewilligungsbehörden für Pharmaprodukte in der Schweiz gemacht habe."

Den ersten konkreten Schritt heraus aus der Abhängigkeit von Pharma- und Chemiekonzernen setzte der Bauer 1976, in seiner finanziell schwierigsten Zeit, als er mit der Mutterkuhhaltung begann - obwohl er in der Schule gelernt hatte, dass sich diese in der Schweiz nicht rentieren würde. Er machte sie zu seinem Hauptbetriebszweig, achtete bei allen Umbauten darauf, dass sich seine Tiere stets frei bewegen und nach Wunsch im Freien aufhalten konnten. Die Tierarztkosten sanken rapide.

Als er 1978 sein Maisfeld mit dem Totalherbizid Gesaprim® von Ciba-Geigy mit dem Wirkstoff Atrazin spritzen ließ, hatte das unverhergesehene Auswirkungen: ein kurz darauffolgender Gewitterguss spülte einen Teil des Spritzmittels auf die Naturwiese des Nachbars und zerstörte diese. Hans zog die Konsequenzen:

"Mein Innerstes sagte mir sofort, dass ich persönlich dafür verantwortlich sei, weil ich das Spritzen in Auftrag gegeben hatte. Obwohl ich in der weiten Umgebung keinen einzigen solchen Betrieb kannte, stand mein Beschluss fest, meinen Betrieb fortan rein biologisch zu bewirtschaften."

Schulwissen gegen inneres Wissen

Unverständnis schlug ihm entgegen, ihm wurde prophezeit, dass er und auch seine Böden verarmen würden. Dieser Irrglaube begründe sich auf die Lehrinhalte der Landwirtschaftsschulen, die von Kreislaufwirtschaft und der Arbeit von Bodenmikroorganismen bis heute nichts wissen wollen, ist sich Hans sicher – denn seine ohne den Einsatz von Kunstdünger erzielten Erträge haben im Laufe der Jahre dank intensiver mechanischer Bodenbearbeitung durchschnittlich zugenommen. Das Unverständnis in Landwirtschaftskreisen sei Hand in Hand mit wirtschaftlicher und gesellschaftlicher Ausgrenzung gegangen. Erst viel später habe er die wahren Hintergründe dafür erkannt:

"Weil das nackte Anwenden des Schulwissens in erster Linie auf Verstandesebene abläuft, ist für viele logischerweise dessen Nichtanwenden mit Unverstand, ja sogar Dummheit gleichzusetzen. Ganz unverständlich ist es vor allem für jene, welche sich dieses in mühseliger Lernarbeit erwerben mussten.

Indem ich also mein gelerntes Schulwissen gar nicht mehr anwendete, ja sogar ignorierte, irritierte ich alle anderen und dazu ein ganzes, jetzt globales, System - obwohl ich doch nichts weiter als ein freier Bauer sein wollte. Jeder Bauer, dem ich von Bauer zu Bauer begegnete, der durch sein Schulwissen gelernt hatte, dass Pflanzengifte nur Pflanzenschutzmittel sind und demzufolge "Harm-los" oder "Schad-los" für die Umwelt, ist jedes Mal irritiert und wird sehr schnell höchst emotional, wenn er durch meine Gegenwart an seine präzise Ahnung erinnert wird. Sofort weiss er wieder, dass Gift Gift bleibt, auch wenn dies weltweit immer mehr Leute leugnen und verdrängen müssen."

Die freie Meinungsäußerung wie sie beispielsweise von ihm betrieben werde, sei gefährlich für jedes starre System, so auch für das Landwirtschaftssystem, glaubt Hans – und sieht auch hier einen Grund für die vielen Emotionen, die seine Denk-

und Wirtschaftsweise auslösen: *"Die Bauern hatten damals geglaubt, bei der Land-wirtschaft sei es wie bei Schreiben, Rechnen und Geometrie. Dass es sich bei Tieren, Pflanzen und Boden um lebendige ja beseelte Wesen und Organismen handelt, hat ihnen nie jemand gesagt. Und dass diese nach eigenen Gesetzmässigkeiten funktionieren, welche wir zu begreifen hätten, um keinen Schaden anzurichten, auch nicht. Das Schlimme ist eben, auch den Landwirtschaftslehrern hat es nie jemand gesagt und ihren Professoren an den hohen Schulen hat es erst recht nie jemand gesagt, weil diese auch einmal zu Professoren in die Schule gegangen waren. Alle wissen aber, dass nur wenige Professoren fähig sind, sich selbst in Frage zu stellen, um weiter zu denken und zu lernen, denn am liebsten lehren sie ja.*

Dieser Vorgang dauert zuweilen 30 bis 40 Jahre bis zu deren kompletten "Entlehrung". Dies führt zu absolut unhaltbaren, verkrusteten Zuständen an den Universitäten, welche wir im Tierreich mit Inzucht vergleichen würden und die uns gesellschaftlich in den Wahnsinn treiben. Wenn man bedenkt, dass genau diese Typen unsere öffentliche Schulung und Forschung maßgebend bestimmen, so überkommt einem regelrecht das Grauen.

Wenn man zudem weiß, dass vor allem die Agro-Wirtschaft diese Situation genau kennt, und sich dies mit Gefälligkeiten und direktem Sponsoring exakt zu Nutze macht, braucht sich niemand zu wundern, weshalb heute das Wort Wissenschaft zur Worthülse verkommen ist. Ehrliche, nachhaltige Bio- oder eben Lebens-forschung wird absichtlich klein gehalten, weil damit die dominierenden Agro- und Pharmakonzerne kein Geschäft machen können und sie nichts mehr fürch-ten als emanzipierte freie Bauern und Bürger."

Doch eine "Giftlandwirtschaft" - wie sie Hans nennt - schädige auf Dauer auch den Menschen:

"In Studien lesen wir, dass Atrazine die Fruchtbarkeit von Tier und Mensch schädi-gen, zu Verhaltensauffälligkeiten, neurologischen Störungen und anderem füh-ren. Während meiner 12jährigen Tätigkeit in der Schulbehörde, war genau dies an Schulkindern zu beobachten. Die Kosten für Therapien und Fremdplatzierungen stiegen allein für unsere Gemeinde um ein x-faches auf mehrere hunderttausend Franken an. Gegen meinen Widerstand wurde dazu übergegangen, solchen Kin-dern Psychopharmaka und Antidepressiva abzugeben: zum Beispiel Ritalin von Novartis, Deroxat vom britischen Pharmariesen Glaxo-SmithKline und auch Pfizer aus den USA macht mit solchen zum Teil hirnschädigenden Substanzen fünf Milli-arden Dollar Umsatz.

Es ist für die Pharmakonzerne wie ein Perpetuum Mobile: Einerseits produzieren sie wie Syngenta, ehemals ein Teil von Novartis, Ackergifte und andererseits gibt Novartis den geschädigten Kindern Ritalin, solches Teufelszeug, ab, um sie ruhig-zustellen. Für Schulung und Gesundheitswesen wachsen so die Kosten ins Unvor-stellbare und die skandalösen Profite dieser Drogenfirmen auch."

Inzwischen lebe die Landbevölkerung teilweise schon ungesünder als die Stadt-menschen: "Eine Studie aus Missouri beweist, dass bereits jetzt die männliche Be-völkerung im landwirtschaftlich intensiv genutzten Staat Missouri, allein durch das normale Applizieren der Ackergifte auf den Feldern, halb so fruchtbar ist wie Män-ner in Großstädten, die diesen nicht ausgesetzt sind. Aufgrund der Auswirkungen von Pestiziden wird befürchtet, dass in 50 Jahren 50 Prozent der Männer unfrucht-bar sein wird." Zusätzlich seien noch andere mögliche Schädigungen durch Pesti-zide wie Glyphosat zu bedenken.

1994 kaufte sich Hans im Kanton Freiburg eine "recht große, aber absolut herun-tergekommene Alp", die er mit viel Improvisation und den beschränkt vorhande-nen Mitteln nach und nach auf Vordermann brachte. Obwohl er sich die Kenntnis-se des Alpwirtschaftens erst aneignen musste, wurde für ihn die Arbeit in dieser Bergwelt zur Erfüllung. Bei den Tierärzten machte er jedoch die Erfahrung, dass diese sich meist nur "soweit für die Tiere interessierten und verantwortlich fühlten, wie sie mit dem Jeep fahren konnten".

In der Folge kümmerte sich Hans immer mehr selber um kranke und verletzte Tiere und setzte dazu immer öfters Homöopathie ein, auch wenn die Tierärzte zu Beginn noch darüber lachten. Selbstverständlich habe er auch immer noch Antibiotika eingesetzt, wenn dies lebensnotwendig war, betont er. "Was mich schon früh stut-zig machte, war, dass die Tierärzte fast in allen Lebenslagen Antibiotika pumpten, so bedenkenlos etwa, wie die konventionellen Bauern Herbizide spritzten".

Skandal um BSE-Skandal

Kein Wunder, dass Hans sich auch in einer für ganz Europa extrem brisanten Sa-che, der BSE-Krise, seine eigene Meinung bildete:

"Bereits in jenem Frühjahr nach der ersten Alpung beobachtete ich ab Mitte März ein Phänomen, das ich bis dahin nicht kannte. Viele meiner Tiere wiesen komi-sche Erhebungen auf ihren Rücken auf. Vor allem die jüngeren Tiere waren zum Teil ganz bedeckt davon, wobei ältere Kühe praktisch keine aufwiesen. Ich ließ mir sagen, dies sei Dassellarvenbefall, der für die Tiere extrem schmerzhaft sei und die Haut unwiderbringbar schädige. Selbstverständlich war ich sehr besorgt. Ich beobachtete die Sache genau, aber mir fiel kein einziges Tier auf, welches sich auffällig verhielt, von "extrem schmerzhaft" war keine Rede. Es war reines Emotionen-schüren der Tierärzte. Besonders die Jungbullen in der Ausmast waren stark betroffen.
Das einzige was sehr schmerzhaft ist, stellte ich fest, ist wenn ein Tierarzt Larven zu früh ausdrücken will, dann geht sogar ein ausgewachsener Bulle in die Knie. Es wäre mir selbstverständlich nie eingefallen, diese während des Befalles zu schlach-ten, aber wenn ich sie drei Monate nach dem Befall schlachtete, hatte ich nie einen Abzug wegen schlechter Hautqualität."
Hans wurde misstrauisch gegenüber den Tierärzten, die immer betonten, die "Dasselseuche" rigoros ausrotten zu müssen und dem Bundesamt für Veterinär-

wesen, die "diese normale Parasitose" zur Seuche erklärte: "Dadurch legitimierte dieses sich selbst, seuchenpolizeiliche Massnahmen über Tierärzte uns Bauern zu diktieren." Hans sprach öfters mit seinen Alpnachbarn über dieses Thema, wobei ihm einer erzählte, dass eine Kuh, der er etwas mehr als vorgesehen über den Rücken gegossen habe, zu Boden gegangen, aber bald wieder aufgestanden sei.

"All diese Berichte verstärkten eher meine Skepsis als mein Vertrauen. Immer mehr fielen mir in Landwirtschaftszeitungen Inserate auf, welche gegen alle möglichen Parasiten, Mittel anpriesen. Die Firmen hatten so bekannte Namen wie Pfizer, Bayer und Novartis. Dabei ging es von der Vernichtung von Stallfliegen über Magendarmwürmer bis zu den besagten Dasselfliegen. Immer mehr wurde ich auch von Tierärzten und Bauern darauf aufmerksam gemacht, dass ich die Pflicht hätte, meine Tiere zu behandeln. Die Methode wurde als "pour on", also Aufgiessmethode, beschrieben. Immer mehr hörte ich aber von schädlichen Nebenwirkungen dieser Mittel und davon, dass einzelne Mittel sogar wieder zurückgezogen worden seien. Es wurde immer enger für mich, denn echte Beweise für die Schädlichkeit hatte ich keine. Nachdem ich wusste, dass das Mittel Neguvon® von Bayer, das im Kanton Freiburg angewendet wurde, ein Organophosphat war, also ein Kriegsnervengift, kam für mich eine Behandlung überhaupt nicht mehr in Frage. Mir kamen dabei die Bilder der von Saddam Hussein getöteten Kurden in den Sinn. Immerhin haben wir einen Biobetrieb und meine Frau verkauft unser Fleisch auf dem Markt. Keinem Kunden könnte ich je erklären, weshalb ich meinen Tieren solches Teufelszeug direkt auf die Wirbelsäule und die Nierenstücke leeren sollte. Aber alle andern Bauern taten es brav.

Im Frühjahr 1996 wurden erste Berichte aus England publik, die nahelegten, dass die grassierende BSE-Katastrophe ursächlich einen Zusammenhang mit der rigorosen englischen Ausrottungskampagne gegen die Dasselfliegen mittels Nervengiften hatte. Dies machte mich hellhörig und ich begann, selbst zu recherchieren. Im Herbst 1996 traf ich mich mit Mark Purdey, einem der Initianten dieser Erklärung für die Entstehung von BSE, auf dem Bundesamt für Veterinärwesen in Bern.

Er hatte dort die Gelegenheit, den Verantwortlichen seine Hypothese darzulegen. Für mich wurde dies zu einem Schlüsselerlebnis der besonderen Art. Purdey, einem Bauern aus England, der Biologie studiert hatte, war aufgefallen, dass in seiner Region nur Farmen BSE-Erkrankungen verzeichneten, auf denen Tiere intensiv gegen Dasselbefall behandelt wurden. Sogar er selbst hatte auf seinem Betrieb mehrere BSE-Fälle zu beklagen.

Das Auffällige daran war aber, dass er alle betroffenen Tiere nicht selbst aufgezogen, sondern zugekauft hatte. Er hatte sich erfolgreich gegen die staatlich verordnete Behandlung seiner Tiere gewehrt, nie synthetische Nervengifte angewendet und auch nie selbst aufgezogene kranke Tiere gehabt.
Er war eigentlich in die Schweiz gekommen, um in diesem basisdemokratischen

Land - wie er glaubte - unabhängige Institute zu finden, die bereit gewesen wären, Versuche an Zellen mit dem in England am meisten verwendeten Organophosphat mit dem Namen Phosmet zu machen.

Purdey hatte mich zur Unterredung gleich mit eingeladen und so konnte ich beiwohnen. Ich hatte damit gerechnet, dass die versammelten Bundesbeamten selber die Diskussion mit Mark führen würden. Aber weit gefehlt. Ein älterer Herr aus der Industrie, der nicht einmal auf der Liste der Eingeladenen aufgeführt war, war anwesend. Nachdem Mark seine Hypothese kurz beschrieben hatte, wurde er in einer schneidenden Form frontal angegriffen.

Mir fiel auf, dass Mark auf jede Attacke dieser grau gekleideten Eminenz aus der Pharma eine sachliche Antwort wusste und dabei nicht aus der Ruhe zu bringen war. Nach einer Weile wurde diese Person immer stiller und seine anfängliche Schneid hatte sie verlassen. Die Beamten beteiligten sich überhaupt nicht an der Diskussion.

In dieser Situation ergriff ich das Wort und sagte zu den Beamten, dass für mich als Bauer nach all dem Gehörten klar sei, dass in Bezug auf die Ursachen von BSE auch nach den Auswirkungen, der in rauen Mengen vom Staat verordneten Nervengifte zu forschen sei und nicht nur nach dem Fleischmehlverdacht. Dazu sagte Frau Heim, eine der Pressebeauftragten dieses Amtes: "Dies zu fordern ist nicht Sache der Bauern, dies ist unsere Sache!" Nun wusste ich Bescheid und diese Worte werde ich nie mehr vergessen.

In dieser Richtung wurde in der Folge nie seriös weiter geforscht. Aber diese Frau war noch oft in den Medien zu hören im Zusammenhang mit BSE. Immer wusste sie zu berichten, dass die offizielle Hypothese, wonach das Fleischmehl über sogenannte ansteckende und krankmachende Prionen BSE auslöse, die richtige war. Dass dies bis heute zwar nur behauptet, aber noch von niemandem bewiesen wurde, hatte sie der grauen Eminenz zuliebe, nie gesagt. Nomen ist Omen. Fortan war für mich der Name von Frau Heim der Inbegriff von Verheimlichung und Vertuschung dieses Bundesamtes der Veterinäre.
Die Schuld wurde so elegant auf die Bauern gelenkt und sie, samt ihrer Veterinärindustrie, war fein raus. Mark Purdeys Mission in die Schweiz war für ihn ein kompletter, frustrierender Fehlschlag."

"Aufdecker" bekommt keine Chance

Die Schweizer seien heute noch stolz, Weltspitze in der Prionenforschung zu sein. Als die Wissenschaftler dazu übergingen, zwischen BSE und der sogenannten neuen Variante von Creutzfeldt-Jakobs eine Verbindung zu postulieren, prophezeite der Zürcher Prionenexperte Adriano Aguzzi zehntausende von toten Engländern, weil diese so viel Prionen-infiziertes Fleisch verzehrt hätten:

"In dieser neuen Situation, in der von der Wissenschaft solche Ängste geschürt

wurden, gelang es Mark Purdey dann in London, ein neurologisches Institut zu finden, das sein Vorhaben in die Tat umsetzte. Dabei wurden menschliche und tierische Hirnzellen dem Nervengift Phosmet ausgesetzt.

Der verantwortliche Forscher hieß James Whatley, die Studie wurde von Bauern und Konsumenten finanziert und in der Wissenschaftszeitung Neuroreport publiziert. Die Kernaussage der Studie hieß: Beim Applizieren von Phosmet auf die Hirnzellen stellte sich eine dosisabhängige Zunahme von falsch gefalteten Prionen ein. Also ein Effekt wie bei BSE. Weiter steht in der Whatley-Studie zu lesen: Weitere Forschung auf diesem Gebiet sei dringend notwendig.

Als ich, als einer der ersten in der Schweiz Ende März 1998, die Whatley-Studie zugestellt bekam, rief ich gleich diesen Top-BSE-Experten der Prionenforschung an und fragte ihn, was er von dieser Studie halte. Adriano Aguzzi sagte mir am 15. April 1998, dass dies eine seriöse Studie sei, auch der Forscher sei seriös und er kenne ihn persönlich. Aber dies bedeute natürlich noch nicht, dass damit bewiesen sei, dass BSE von Insektiziden ausgelöst werde.

Darauf fragte er mich, für wen ich fragen würde. Ich beruhigte ihn, ich wolle dies für mich selbst, als praktizierender Bauer wissen. Ich erklärte ihm, dass ich vom Bundesamt gezwungen würde, meine Tiere mit Neguvon zu behandeln. Dazu sagte er, nach dem heutigen Wissensstand sei dies fragwürdig.

Auf meine Frage, weshalb er nicht auch Untersuchungen zur Wirkung von Insektiziden mache, sagte er, er arbeite an einem Test zur Früherkennung von BSE. Dazu erwiderte ich ihm, dass ich keinen Nutzen darin sehen würde, ein halbes Jahr früher zu wissen, ob eine Kuh an BSE erkrankt sei und ich mir Ursachenforschung wünschte.

Darauf sagte Herr Professor Aguzzi wörtlich: ´Wissen Sie, es ist eine akademische Frage ob BSE von der Schafkrankheit Skrapie stammend, über das Verfüttern von Fleischmehl an Rinder entstanden ist und verbreitet wird, oder über Nervengifte ausgelöst wird. Wissen Sie, dies wird man nie wissen!´

Ich wusste bis damals gar nicht, dass man in der Forschung bereits im Voraus genau weiss, dass man gewisse Sachen gar nie wissen wird - oder will. Immerhin unterhält Professor Aguzzi immer noch ein riesiges Institut für Prionenforschung mit ca. 40 Mitarbeitern, welches auf der offiziell gehätschelten Fleischmehl-Hypothese beruht. Diese öffentlichen Forschungsmillionen rollen immer noch munter weiter von Bern nach Zürich und werden meiner Meinung nach dort vollkommen sinnlos verlocht, um die Pharmaindustrie zu schützen."

Übrigens habe er auf die Frage nach der Whatley-Studie von zwei weiteren BSE-Experten an verschiedenen Instituten oder Kliniken jeweils ähnliche Antworten wie von Aguzzi erhalten, erzählt Hans: Dass es sich um eine seriöse Studie handle, sie aber noch nicht beweise, dass Nervengifte BSE auslösen könnten.

Dazu seien weitere Forschungen nötig (Anm.: für die es allerdings nirgends von öffentlicher Seite Geld geben sollte). Schlussfolgerung von Hans: Der damalige Chef des Bundesamtes für Veterinärwesen, Ulrich Khim, habe seine Arbeit offenbar sehr gut gemacht, indem er eine einheitliche Argumentationslinie zur Whatley-Studie vorgegeben habe.

Doch die Ereignisse spitzten sich für den Schweizer Bauern weiter zu:

"Im Herbst 1998 war es dann soweit, die Falle klappte zu. In seitengroßen Abhandlungen in Landwirtschaftszeitungen informierten Tierärzte, wie wichtig eine schweizweite Ausrottungskampagne gegen die Dasselfliegen sei und wie wir Bauern große Verluste durch diese Seuche zu erleiden hätten. Von bis zu 15 Prozent weniger Milch- und Fleischleistung bei befallenen Tieren war die Rede. Wie sie dies gemessen hatten, haben diese sogenannten Wissenschafter nie gesagt, aber die meisten Bauern haben ihnen vertraut. Mit der Ausrottungskampagne lief es dann für die Behörden nicht so rund wie gewünscht.

Im Kanton Freiburg erkrankten tausende von Tieren direkt nach der Behandlung, hunderte von Totgeburten waren die Folge und viele Kühe starben. Tierärzte selbst klagten über entsetzliche Kopfschmerzen und weigerten sich zum Teil, weiter zu behandeln. Einen Betrieb in der Nähe von Freiburg hatte ich gesehen, der 20 von 40 Kühen verloren hatte. Die Bundesbehörden vertuschten alles, nur der Kanton Freiburg reagierte und weigerte sich, weiter Neguvon anzuwenden. Trotzdem wurde ich im Frühjahr 1999 eingeklagt wegen Nichtbefolgens von seuchentierärztlichen Maßnahmen. Mir wurde eine Betriebssperre verhängt und ich bekam drei Gerichtsverfahren aufgehalst.

Dank Unterstützung durch verständnisvolle Leute stand ich diese Zeit finanziell durch. Das erste Verfahren endete fifty-fifty, das zweite gewannen wir und deshalb willigten die Kantonsbehörden beim Dritten in einen Vergleich ein. In diesem wurde mir eine alternative Dasselbekämpfung zugestanden. Dabei hatte ich mit einem natürlichen Kontaktinsektizid ein Verfahren erarbeitet, mit dem ich, nach zwei Frühlingsbehandlungen in den Jahren 2000 und 2001 den gesamten Bestand, amtstierärztlich kontrolliert, absolut dasselfrei hatte.
Während über 20 Jahren zuvor also in der Schweiz Rinder mit gefährlichen Oganophosphaten behandelt wurden und die Industrie ihr Geschäft mit dem Staat machte, brauchten wir gerade 14 Monate mit absolut harmlosen Mitteln - und die "ach so schlimme Seuche" war vorbei. Obwohl dies bis zum heutigen Tag so ist, hat sich bisher noch niemand für diese Methode interessiert, denn kein Tierarzt, kein Forscher und kein Beamter würde etwas daran verdienen.

Ich habe eigentlich überhaupt nichts gegen Tierärzte. Als Chirurgen sind sie zum Teil sehr gut, aber als Mediziner sind sie, wie ihre Kollegen in der Humanmedizin, bestenfalls gute Verkaufsreisende für Pharmaprodukte, sehen nur ihr eigenes Geschäft, lassen sich von der Industrie instrumentalisieren und sind oft nicht zu gebrauchen. Genauso läuft es im Landbau: Solange die Industrie mitverdient, toleriert der Staat die giftigsten und dreckigsten Praktiken im Interesse eines Brutto-sozialproduktes, das uns unserer eigenen Lebensgrundlagen beraubt.

Hans wiederholt und erhärtet den Vorwurf, dass Dagmar Heim und das Bundesamt als Ganzes von Beginn an alles unternommen hätten, die Schuld an BSE den Bauern in die Schuhe zu schieben - und alle Massnahmen darauf ausgerichtet hätten, über die Medien auch der Öffentlichkeit diesen Eindruck zu vermitteln:
"Seit 1990 ist bei uns ein striktes Fleischmehlfütterungsverbot für Wiederkäuer in Kraft. Bereits einige Jahre später hatten wir die ersten BAB-Fälle (Born after feedban, auf Deutsch: geboren nach dem Fleischmehlfütterungsverbot), was es nach der Logik der Bundesfleischmehlprioneninfektionshypothese eigentlich gar nicht möglich war. Auf Kritik reagierten die Beamten mit purer Arroganz. Immerzu versprachen sie, BSE sei in wenigen Jahren besiegt. 1996 erklärten sie, die Bauern würden sich nicht an die Vorschriften halten und ihren Kühen Hühnerfutter verfüttern, das Fleisch-mehl enthalte. Darauf verschärften sie das Fütterungsverbot und dehnten es auf alle Nutztiere aus.

Falsche Verurteilung der Landwirte

Die BSE-Fälle hielten sich aber über Jahre auf hohem Niveau. Im Jahre 1998 sagte mir Heinz K. Müller, ebenfalls Pressebeauftragter des BVET: "Sollte sich auch nur ein BSE-Fall eines Tieres ergeben, welches, nach Mai 1996 geboren wurde, so befinde sich sein Amt im Erklärungsnotstand. Einige Monate später hatten wir bereits zwei solche BAB-Fälle. Mein Leserbrief dazu im ´Schweizerbauer´ hatte den Titel: ´Bundesamt im Erklärungsnotstand´.

Langsam wurden einige nervös. Um das Fleischmehl in aller Munde zu halten, wur-den die Massnahmen immer absurder. Einmal legten sie eine Mühle lahm, weil ein Knochenstück gefunden worden war, welches so klein war, dass dessen Herkunft nicht einmal ermittelt werden konnte. Nach den Vorfällen im Kanton Freiburg schrie-ben die Beamten in einer Verfügung, ich müsse meine Tiere mit Avermectin be-handeln lassen nicht mit Neguvon®, wegen unerwünschter Nebenwirkungen.

Daraufhin ließen wir drei Kühe mit Avermectin behandeln und ließen deren Milch über den Lebensmittelkontrolleur am kantonalen Labor in Zürich untersuchen. Am 7. Januar 2000 bestätigte mir Herr Daniel Imhof, dass es dem Labor von den Bundesämtern für Gesundheit und Veterinärwesen untersagt worden sei, die Pro-ben zu untersuchen. In der Folge blieben diese eineinhalb Jahre tiefgefroren im Labor liegen.

Wir zählen nun das Jahr 2004 und haben das erste Mal einen markanten Rück-gang an BSE-Fällen in der Schweiz. Frau Dagmar Heim vom Bundesamt der Vete-rinäre erzählt in einem Bericht im Schweizerbauer vom 23.12.2004, dieser Rück-gang beweise die Richtigkeit ihrer Massnahmen. Sie erklärte, diese jüngsten Fall-zahlen deuteten an, dass vor vier bis fünf Jahren der Infektionsdruck deutlich nach-gelassen hätte."

Doch Hans legt einmal mehr den Finger in die Wunde:

"Nach dem Fiasko von 1998 mit Neguvon® wurde dieses aber heimlich vom Markt genommen. Ich rechne jetzt also wie Frau Heim und komme von 1999 bis 2004 auf ziemlich genau 5 Jahre. Offenbar war diese Maßnahme, das Neguvon® vom Markt zu nehmen, die weitaus effizienteste Massnahme dieses Amtes überhaupt in Bezug auf Bekämpfung von BSE.
Frau Heim sagte auf meine Kritik stets, sie sei nicht wissenschaftlich begründet. Wenn ich aufgrund meiner Beobachtungen der letzten 20 Jahre immer noch behaupte, dass BSE einen ursächlichen Zusammenhang mit der Anwendung von Nervengiften bei Tieren hat, ist dies vermutlich weit wissenschaftlicher als die ganze BSE-Politik in England und der Schweiz zusammen.
Ein englischer Kritiker hat einmal geschrieben, BSE und Prionen seien etwa so ansteckend wie ein Beinbruch. Bei Creutzfeldt Jakobs verhält es sich genau gleich, immerhin waren auch beweisbar Vegetarier davon betroffen und obwohl jeder einzelne Fall in England medienwirksam beschrieben wurde, waren es bisher unter 200 und entsprechen vermutlich der normalen Vergiftungsrate.

Ich sage, die Prionenlüge hat der Landwirtschaft einen unermesslichen finanziellen und moralischen Schaden zugefügt und ist die Erfindung jener Industrie, die laufend Zappelphilipps, Neurologische Störungen, Demenz, Alzheimer, Parkinson, ALS, Golf War Syndrom, Krebs, etc. mit ihren Giften produziert.
Die dramatische Zunahme dieser Krankheiten ist mittlerweile unübersehbar geworden und der dadurch enorm ansteigende Pflegeaufwand in Heimen wird von immer mehr Ärzten nicht mehr stillgeschwiegen."

Gentechnologie

Die Parallelen zwischen BSE und Gentechnik sind für Hans ganz klar zu erkennen:

"Dieselbe "vertrauenswürdige" Industrie will nun also zu allen Giften hinzu auch noch das Saatgut - also das Leben an sich - verändern, gefügig machen, patentieren und in ihre Klauen kriegen. Die katastrophalen Zustände in der Landwirtschaft weltweit, mit Boden- und Wasserverseuchung, Landflucht, tausenden von Selbstmorden von Bauern jährlich, sind die direkte Folge der Macht der Agro-Konzerne, der weltweit agierenden Handelsgesellschaften und der Nahrungsmittelmultis, die die Bauern knechten und in die Schulden treiben. Diese Zustände herrschen nicht erst seit dem Einzug der Gentechnologie, aber sie erreichen damit den vorläufigen Gipfel der Perversion."

Aufgrund seiner persönlichen Erfahrungen fällt seine Kritik beinhart aus:

"Wer bestimmt denn heute und seit dem ersten Weltkrieg die Landwirtschaft? Es sind die Firmen des Todes und deren Mittel bleiben dieselben wie im Krieg: Gift eben. Nun richtet er sich bloß nicht mehr so eindeutig und direkt gegen Menschen. Heute ist der Feind die selbständige Landwirtschaft und das Belebte

schlechthin - Genozid, Insektizid, Herbizid, Fungizid, wo bleibt der Unterschied? Die Methoden sind identisch. Die heute agierenden Agro-Konzerne wie Syngenta, Bayer und Monsanto investierten das Geld ihrer Aktionäre sehr lukrativ in den Tod.

Dies alles passiert ohne jegliche demokratische Kontrolle durch die einzelnen Staaten oder die UNO. Im Gegenteil, mit der Vergabe von Patenten an diese absolut autoritär geführten Konzerne wird offenbar, wie total unsere Politiker und Beamten weltweit versagt haben. Über die WTO überlassen diese Helden der Demokratie, das Schicksal unseres Globus einer Handvoll global tätigen Finanzclans. Dass diese sauberen Firmen vor allem in Kriegsgebieten wie Afghanistan und Irak, wo es überhaupt keine Rechtsordnung gibt, sehr aggressiv Gentechsaatgut vertreiben, spricht Bände.

In seinem neuen Buch zu Gentechnologie sagte ETH-Professor Thomas Bernauer ganz lapidar: "Die Amerikaner sind in Bezug auf Genfood risikofreudiger als die Europäer und das Rechtssystem in Europa ist auf Vorsorge ausgerichtet." Was soll denn daran falsch sein, es ist doch, verdammt noch Mal die Pflicht unserer Gesundheitsbehörden, uns vor schlechtem Futter zu schützen?

Dass der amerikanische Konsument risikofreudiger ist als der europäische glaube ich nicht, der Unterschied ist nur, er hat gar keine Wahl. Wenn ein Bauer die Milch panscht und Wasser beifügt, kommt er ins Gefängnis. Wenn ein Multi gentechnologische Nahrungsmittelpflanzen kreiert, die Gift produzieren, damit sie Insekten abhalten können, so sind Professoren begeistert. Dass sich dies in unserer Nahrung abspielt, interessiert sie nicht. Professor Beda Stadler (Anm.: der Verfasser des wahrscheinlich weltweit ersten Kochbuches für Genfood) aus Bern sagt, Genfood sei sicherer und besser. Ich sage, Gentechnologie erfüllt den Tatbestand der Brunnenvergiftung."

Für Hans gilt es gerade jetzt für Europa, dem Druck aus Übersee standzuhalten: "Dass gerade jetzt der Druck dieser Multis auf Europa steigt, dieses Giftsaatgut zuzulassen, ist nur logisch. Denn wenn Europa nicht bald fällt, haben Amerika und andere bereits verseuchte Staaten ein Riesenproblem. Auf welchen Märkten sollen sie ihre Agrogiftmüllnahrung denn sonst in Zukunft gewinnbringend entsorgen, wenn nicht einmal die eigene Bevölkerung darauf scharf ist?

Das Lebendige ist schlecht kontrollierbar

Das konsequente Ausgrenzen des Biolandbaus samt der Erforschung und Achtung des Lebendigen schlechthin hat damit zu tun, dass das Lebendige von der Natur her autonom und schlecht kontrollierbar ist. Viel einfacher ist es mit der Erforschung und Beherrschung des Todes. Dabei sind auch die neutralen Schweizer Weltspitze. Mit Syngenta produzieren sie tausende Tonnen von Umweltgiften und seit einigen Jahren stellen auch sie Gentechpflanzen her, welche eigens Unmengen von Insektiziden produzieren, mit unvorstellbaren Folgen für die ganze Schöpfung.

Wer glaubt, dass all jene Fremdsubstanzen, die zur Bekämpfung von Krankheiten und Parasiten in Landwirtschaft und in der Medizin freigesetzt werden, keine Folgen für uns selbst und die Umwelt hätten, ist entweder blind, sehr, sehr gut und lange ausgebildet, oder hat kein Gewissen.

All diese Leute stützen aber dieses System von Halbwahrheiten und Doppelmoral des sogenannten Forschungsplatzes Schweiz zum Nutzen unserer Agrochemie und zum Schaden einer sauberen nachhaltigen Landwirtschaft und gesunder Lebensmittel. Wer Lebensmittel vergiftet und Pflanzen unkontrollierbar verändert würde eingeklagt und zur Verantwortung gezogen, wenn unser Rechtssystem funktionieren würde.

Müssten die Konzerne und die Anwender für die enormen Schäden aufkommen, die sie bereits verursacht haben, so könnten alle sofort den Konkurs anmelden. Aber so wie sich die Gewerkschafter für die Erhaltung von todbringenden Arbeitsplätzen bei diesen Konzernen einsetzen, so setzen sich Rechtspolitiker dafür ein, dass die dreckigen Gewinne dieses Geschäftes in die richtigen Taschen fliessen.

Die Kosten dieser unheiligen Allianz übernimmt vorläufig immer noch die Gesellschaft und die Kreatur. Die Bundesbeamten für Gesundheit und jene Beamten der Veterinäre liefern dazu verantwortungslose Beihilfe. Sie setzen Richtwerte für die einzelnen Gifte und Substanzen in Boden und Gewässern so fest, dass sie der Industrie nicht schaden. Dabei interessiert sie die Akkumulation aller Substanzen zu einem Giftcocktail erster Güte einen Dreck und der Schaden wird unvorstellbar."

Fakten und Mythen

Hans vergleicht Versprechen von Wissenschaftlern mit der Realität:
"Am 8. Februar 2001 fand an der ETH in Zürich ein öffentlicher Anlass für Forschende im Agrarbereich unter dem Titel ´Fakten statt Mythen´ statt. Eingeladen hatte nicht etwa unsere technische Hochschule, sondern Inter Nutrition, die Werbe-Plattform der Schweizer Gentechlobby mit Syngenta und Nestlé an der Spitze. Von sichereren Pflanzen, weniger Chemieeinsatz, höheren Erträgen etc. war die Rede. Insgesamt sieben Professoren lobten der Reihe nach die Segnungen und die Zukunftsaussichten dieser sogenannten Technologie. Auch der Rektor richtete ein Grußwort an die zirka 200 Anwesenden und sprach von der Verantwortung seiner Bildungsanstalt, die Zukunft zu gestalten und dafür zu sorgen, dass die wachsende Weltbevölkerung genügend zu essen erhalte.
Zwei Bauern waren anwesend. Der Präsident einer bäuerlichen Organisation und meine Wenigkeit. An der anschliessenden Diskussion beteiligten sich fast keine Forscher, aber wir beide stellten viele Fragen.

Die Frage nach der Gefahr des Auskreuzens der Gentechnikpflanzen auf andere wurde als sehr gering und im Einprozentbereich geschildert. Die Stabilität der Genkonstrukte wurde als sehr gut und deren Ertragspotential als den herkömmlichen Sorten weit überlegen geschildert. Die Gefährlichkeit der eingebauten Toxi-

ne wurden als nicht existent bewertet, da diese sofort nach dem Schneiden der Pflanzen abgebaut würden. Generell wurden unsere Bedenken als Mythen abgetan und ihre Ergebnisse als von Studien bestätigte Fakten präsentiert.

Im letzten Winter las ich dann aber in amerikanischen und englischen Studien von anderen Fakten und anderen Mythen:

- Die Auskreuzung und Saatgutverunreinigung verschiedener Pflanzen in Nordamerika, wie Mais, Soja und besonders Raps ist eine absolute Frechheit und eine Blamage für die Forscher: Sie beläuft sich auf bis zu 100 Prozent der Äcker. In der kanadischen Provinz Saskatchewan hat GVO-Raps auf herkömmliche Rapssorten ausgekreuzt, sodass ein biologischer Anbau dieser Pflanze in Kanada nicht mehr möglich ist. Diese Einschränkung kommt einer teilweisen Enteignung eines Betriebes gleich. Unbeteiligte Bauern sind, entgegen aller Beteuerungen von Professoren und Saatgutmultis, betroffen und erleiden Riesenverluste. Auch Ursorten von Mais in Mexiko sind davon betroffen.
- Die Erträge sind in den meisten Fällen deutlich tiefer.
- Der Pestizideinsatz bis zu 40 Prozent höher und
- Roundup®-resistenter GVO-Raps wurde mittlerweile zum Superunkraut, weil er eben resistent ist. Gelbe Weizenfelder erscheinen aus der Luft grün, weil sie dermaßen mit GVO Raps durchsetzt sind.

Die Fakten vom Februar 2001, die uns die Genlobby mit all ihren handzahmen Professoren im Solde des Staates aufgetischt hatten, entpuppen sich bereits jetzt als leere Versprechen und Mythen von gestern. Was hat denn so etwas überhaupt noch mit Wissenschaft zu tun?"

Meinungsbildnern zu glauben, führe geradewegs in die Sackgasse, ist Hans überzeugt: "Wer aber glaubt, ist bequem. Wer glaubt, es gäbe immer jemanden, einen Professor, einen Pfarrer, einen Führer oder einen General, der schlussendlich schon alles wisse, alles im Griff habe, die Verantwortung übernehmen würde und uns die unsere abnehmen würde, oder wer denkt, der liebe Gott täte dies für uns, täuscht sich gewaltig. Der liebe Gott hat uns einen freien Geist gegeben, damit wir ihn verantwortungsvoll selbst nutzen, um zu lernen und zu wissen.

Wissen muss frei sein

Die Gedanken sind frei; also auch das Wissen. Wer das Wissen in Universitäten einsperren, in Konzernen besitzen und durch Staaten patentieren lassen will, macht Wissen zu Kapital, schafft Unfreiheit, Unrecht und Ungerechtigkeit, sät Eifersucht, Hass, Machtanspruch, Gewalt und Diktatur.

Heute bedeutet Wissen Macht und Monopol. Heute führt Wissenschaft zu Kampf, Krieg, Vergiftung, atomarer Verseuchung, Knechtschaft und vernichtet das Leben auf der ganzen Welt. Wir müssen das Wissen freisetzen, befreien und demokratisieren.

Das Erlernen eines sauberen, nachhaltigen Haushaltens mit diesen Grundlagen von uns Menschen, würde ja erst das Funktionieren einer echten Demokratie ermöglichen."

Hans glaubt auch, dass wir mit soliden Pflanzenheilmitteln besser fahren würden als mit Gentechnik-Medikamenten. Vor allem dann, wenn diese mit der Freisetzung von gentechnisch veränderten Pharmapflanzen einhergehen würden, wie zum Beispiel Pflanzen mit blutverdünnender Wirkung: "Ich wünsche guten Appetit bei der neuesten Version einer Salatsauce", lautet sein Kommentar dazu.

Vielmehr müssten zuerst die zahlreichen Krankheits- und Todesfälle durch Nebenwirkungen von Medikamenten unter die Lupe genommen werden, fordert Hans: "Die Katastrophe mit den Nebenwirkungen des Schmerzmittels Vioxx®, welche diese "ehrenwerte" Branche lange verheimlicht hat, forderte allein in den USA 30.000 Tote, wie die Regierung zugibt. Unser Gesundheitssystem ist zu einem Vergiftungs- und Krankheitssystem geworden und ist deshalb so unbezahlbar teuer geworden."

Kundgebung gegen Genweizen

Als Hans Anfang 2004 vernahm, dass die ETH Zürich neben der Landwirtschaftsschule Strickhof in Lindau GVO-Weizen freisetzen wollte, wurde er aktiv und nahm an einer Kundgebung gegen den Anbau von Genweizen teil:

"Für mich das Eindrücklichste war beim Hinweg zum Festplatz das Polizeiaufgebot welches aufgefahren war, um diesen gentechnisch veränderten Weizen zu schützen. Auf einem Flachdach des ETH-Geländes standen drei Polizisten mit Feldstechern und auf dem Gelände verteilt etwa zehn weitere mit Hunden.
Ich sagte mir: 'Das ist ja Krieg.' Ich wähnte mich in einem Drittweltland oder einer Bananenrepublik. Da setzen die Mächtigen gentechnisch veränderte Pflanzen frei, die 80 Prozent der Konsumenten nicht wollen und geschützt wird dieser Plunder vom Staat."

Betroffen von der Situation und den Ereignissen beschloss Hans, eine große Veranstaltung zu organisieren. Er konnte Geld dafür auftreiben und wollte die Veranstaltung in den Hallen der landwirtschaftlichen Schule Strickhof, wo schon viele Biolandbau-Veranstaltungen stattgefunden hatten, durchführen.
Er wurde gebeten, ein Gesuch einzureichen, das lange Wege ging und schließlich von höchster Stelle des Kantons Zürich, der SVP-Regierungsrätin Rita Fuhrer, abgelehnt wurde. "Die Begründung war, dass der Forschungsplatz Schweiz geschützt werden müsse", erklärt Hans.

Zwar hatte er schon vorsorglich ein Riesenzelt reserviert gehabt, aber nachdenklich habe ihn die Geschichte schon gemacht, sagt er: "Da macht sich die Gentechlobby in der staatlichen Universität derart unverschämt breit und wir Bauern dürfen an der ebenfalls staatlichen Landwirtschaftsschule nicht einmal unsere legitimen Interessen vertreten."

Die Veranstaltung wurde schließlich ein voller Erfolg: gut 1200 Personen nahmen teil, die Stimmung war trotz martialischem Polizeiaufgebot "super". Vortragende waren unter anderem Gottfried Glöckner und der kanadische Professor Rene Van Acker, der eindrücklich das Auskreuzen des GVO-Rapses in den Prärieprovinzen Kanadas schilderte.

Das Presseecho war unterschiedlich: "Die Landwirtschaftpresse hat den Anlass sehr gut aufgenommen und breit berichtet. Die großen Medien haben ihn mit einer Randnotiz bedacht und mit Rücksicht auf den Forschungsplatz Schweiz faktisch ignoriert; was zeigt, wie die "freie Presse" heute funktioniert."

Doch die Verbreitung dieser Erkenntnisse dürfte noch nicht überall hingelangt sein, wie Hans anschaulich darstellt: "In einem Bericht im Schweizerbauer vom 23. Dezember 2004 versucht eine Forschergruppe der ETH Zürich unter Leitung von Professor Peter Stamp zu beweisen, dass Auskreuzung bei Mais nur in einem Abstand von 10 Metern gefährlich sei. Die verseuchten mexikanischen Ursorten lassen grüßen! Die ganze Forschung arbeitet mit Volldampf und Millionenkosten in Richtung Freisetzungen - obwohl dies 80 Prozent der Bevölkerung nicht will."

Verein Public Eye on Science

Im Laufe der Vorbereitungen zur Kundgebung war Hans bewusst geworden, dass etwas unternommen werden müsse, um dem gemeinen Volk wichtige Studien zugänglich zu machen. Deshalb gründete er am 25. Mai 2004 mit anderen Leuten den Verein "Public Eye on Science", zu Deutsch: "Öffentliches Auge auf die Wissenschaft".

Ziel dieses Vereines ist, kritisches Wissen zu sammeln, Übersetzungen zu finanzieren, auf einer Homepage allen dieses Wissen zugänglich zu machen und weitere Aktionen für nachhaltige Lebensmittelproduktion, Verarbeitung und Gesundheitsversorgung zu ermöglichen.

"Unter www.publiceyeonscience.ch wollen wir aus Sicht der Bauern ein Gegengewicht zur Infolawine der Konzerne und deren abhängigen Universitäten und Medien schaffen. Übersetzungen sind teuer und wer sich angesprochen fühlt, Mitglied werden will und/oder uns finanziell unterstützen will, ist herzlich willkommen", sagt der engagierte Biobauer.

Hans kritisiert die teilweise skandalöse Inverkehrbringungs- und Bewilligungspraxis bei Gentechnik-Produkten – dass Forschungsanstalten die Freigabe von Gentechnikprodukten erteilen, ohne deren langfristigen gesundheitlichen Auswirkungen getestet zu haben: "Es stellte sich bei der Gentechnologie bereits früh klar heraus, dass die Wissenschafter ohne den notwendigen ethischen Respekt und ohne Verantwortung vor unserer Schöpfung forschen und vor nichts zurückschrecken, aus der Angst, andere könnten ihnen in ihrem Kampf um Wissen, Macht und Eitelkeit zuvorkommen."

Als "Feigenblatt für diesen entblößenden Zustand an unseren Universitäten" sei von der Regierung eine nationale Ethikkommission ins Leben gerufen worden, die im Bereich der Gentechnik Empfehlungen abgeben sollte. Dabei zitiert Hans eine am 2. Mai 1998 im Interview im Radio DRS getätigte Aussage der damaligen Präsidentin dieser Kommission: "Heute braucht es einen rationalen Zugang zu unseren Problemen durch Fachethiker, der normale gesunde Menschenverstand reicht nicht mehr aus." Hans glaubte, seinen Ohren nicht zu trauen:

"Eine Akademikerin, die gelernt hat, einfache Dinge kompliziert darzustellen und zu erklären, will uns weismachen, unser gesunder Menschenverstand reiche nicht mehr aus, um die Probleme dieser Welt zu verstehen.
Ich empfand dies als nackte Arroganz. Genau jene Leute, die nichts unversucht lassen, Negatives und Unbequemes verbal in allen Farben zu schönen, um es besser verdrängen zu können, sprachen uns den Verstand ab, als ob wir die wahren Zusammenhänge nicht sehen würden."

Ganz das Gegenteil sei wahr: Nur der gesunde Menschenverstand könne helfen, die Schönfärbereien und Halbwahrheiten von Konzernen und Amtsstellen, die oft von ehemaligen Journalisten als Pressesprecher an die Öffentlichkeit weitergegeben werden, zu durchschauen.

Landwirtschaft ist ein Handwerk

Die Bauern müssten sich endlich aus der Umklammerung der Agro-industriellen Konzerne lösen und umkehren, appelliert Hans an seine Berufskollegen. Nur dann könnten sie wieder zu einer neuen Form der Freiheit gelangen:

"Zu viele Köche verderben den Brei. Oder wenn zu viele ins Handwerk pfuschen, geht das Handwerk vor die Hunde. Die Lüge der Agro-Gentechnikkonzerne, sie wollten den Welthunger bekämpfen, ist enttarnt. Dass es ihnen nur um die Patente am Saatgut geht und darum, dass wir Bauern es weltweit nicht mehr frei nachbauen dürften, ist offensichtlich geworden.

Dass unsere Universitäten auch nur einen Franken für diese Beihilfe zu unserer Knechtung ausgeben, zeigt, was diese unter Freiheit verstehen. Die landwirtschaft-liche Schulung versucht, aus uns Bauern in erster Linie nützliche Idioten für die Agromultis zu machen, um vergessen zu machen, dass wir einst ein stolzes freies Handwerk ausgeübt haben, nachdem wir uns im Mittelalter aus der Leibeigen-schaft der Adeligen erfolgreich befreit hatten.

Der sogenannte Fortschritt in den modernen Industriegesellschaften gegenüber den sogenannten rückständigen Staaten, wird von vielen immer noch daran gemessen, wie viele Menschen noch in der "rückständigen" Landwirtschaft prozentual zur übrigen Wirtschaft leben. Bei uns sind es noch zirka drei Prozent. Tatsache ist aber, dass dies so nicht stimmt.
Auch in unseren Gesellschaften beschäftigen sich zirka 50 Prozent mit der Nahrungsmittelversorgung, rechnet man die Chemie-Gentechlabors und die so-

genannte Veredelung dazu.

Die sogenannte Effizienzsteigerung unserer Landwirtschaft mittels Beimischung solcher Unmengen von Giften verkehrt sich, so gesehen schnell ins Gegenteil, wenn man die Gesundheitskosten und die Umweltschäden mit der erforderlichen Kostenwahrheit aufrechnet. Was bedeutet so gesehen Fortschritt noch? Das Brot des Arztes sind kranke Menschen, dasjenige des Tierarztes sind kranke Tiere.

Wir brauchen eine neue, freie, ehrliche und moderne Ausbildung für Bauern, die unzensiert Wissen vermittelt und uns befähigt, unsere anfallenden Arbeiten selbst auszuführen. Wir müssen mehr auf die Natur selbst schauen und weniger auf die armseligen Professoren. Nur so lernen wir unsere Arbeit wieder selbst zu schätzen und kehren wir Bauern zum aufrechten Gang zurück. Wir ließen uns unsere Freiheit und Kompetenz zusehends beschneiden durch Spezialisten, welche uns vor die Nase gesetzt wurden, ohne je Verantwortung fürs Ganze übernommen zu haben. Wenn ich an Sepp Holzer denke, der im kältesten Teil Österreichs mit seiner Permakultur bis auf 1.400 Meter gehangenvolle Obstbäume stehen hat, Schweine hält, die sich mit überschüssigem Obst und alten Getreidesorten mästen wie der König von Frankreich, wenn wir in seinem Garten auf 1.300 Metern reife Kiwis, Früchte und Gemüse vorfinden, während neben seinem Hof Ödland und sturmgeschädigte, zerstörte Wälder zu sehen sind, so wird einem bewusst, auf welcher Irrlehre die heutige offizielle Landwirtschaft basiert, die mit Gentechnik Hunger bekämpfen will.

Vor 200 Jahren errichteten Bauern zusammen mit anderen Handwerkern auf 1.700 Metern Alphütten, die 100 Jahre Bestand hatten. Heute versuchen Architekten und Ingenieure uns das Vertrauen in solche Fähigkeiten auszureden. Sie wollen bauen, ohne die spezifischen Bedürfnisse zu kennen. Wenn ich sehe, was in der Schweiz in den letzten 40 Jahren gebaut wurde, so haben Kinder mehr gestaltende Fähigkeiten. Indem uns in allen Lebensbereichen das Gestaltende - die Triebfeder und Motivationskraft jedes Individuums - von einer Clique von Spezialisten zum Teil sogar per Gesetz aberkannt wird, verkümmert das Menschsein immer mehr zu gedankenlosem Konsum."

Aus seinem reichhaltigen Erfahrungsschatz schöpfend, formuliert Hans fünf Lebensweisheiten:

"Je natürlicher die Tiere gehalten sind, desto weniger Tierärzte braucht es.
Je natürlicher die Landwirte anbauen, desto weniger Giftküchen braucht es.
Je natürlicher die Menschen sich ernähren, desto weniger Ärzte braucht es.
Je mehr die Menschen über die Vorgänge in der belebten Natur Bescheid wissen, desto umsichtiger gehen sie mit der Schöpfung um.
Je mehr die Menschen Verantwortung für die Schöpfung übernehmen, desto friedlicher wird der Umgang mit ihr und unter ihnen selbst."

Die komplette Langversion des Textes kann auf der Homepage http://www.publiceyeonscience.ch nachgelesen werden.

Urs HANS

wurde 1952 als zweites Kind einer Bauernfamilie geboren. Bis zum 17. Lebensjahr bewirtschafteten seine Eltern den Milchbetrieb ausschließlich mit Pferdezug, somit erlebte er hautnah die Mechanisierung der Landwirtschaft.

Zusammen mit seiner Frau Lejsa und vier Kindern bewirtschaftet er heute einen vielseitigen Bauernbetrieb im Tösstal in der Schweiz.

An der landwirtschaftlichen Schule lernte er, dass dem Umgang mit Natur und Schöpfung in erster Linie wirtschaftliche Faktoren zu Grunde zu liegen haben, egal mit welchen Methoden auch immer gearbeitet würde.

Den Sommer 1971 verbrachte er auf einer Milchfarm mit Ackerbau in Fort Saskatchewan, Alberta, Westkanada. Zwei Jahre später übernahm er den elterlichen Betrieb und begann nach Misserfolgen in der Intensivkälbermast 1976 mit der Mutterkuhhaltung.

Nach weiteren drei Jahren erfolgte die Umstellung des Betriebes auf rein biologische Bewirtschaftung mit Direktvermarktung, der einzig zielführende Weg, im Einklang mit der Natur zu wirtschaften.

Urs Hans musste feststellen, dass der industrielle Umgang mit der Natur direkt ins Verderben führt und sein Widerstand gegen diese weltweit betriebene Fehlentwicklung und die diesem System hörigen Wissenschafter, Politiker und Beamte wurde immer stärker.

www.publiceyeonscience.ch , www.bauernverstand.ch

4. ERNÄHRUNG

4.1. Gutes Essen braucht Zeit
MANFRED FLIESER, Slow Food Österreich

Als McDonald´s 1986 in Rom seine erste Filiale in Italien eröffnete, wurde gleichzeitig eine Idee geboren, die inzwischen weltumspannend ist und genau das Gegenteil des hektischen Nahrungsmittel-in sich-Hineinstopfens darstellt: Es war die Gründungsstunde von "Slow Food", einem Zusammenschluss von Menschen, denen ein gutes, geschmackvolles, hochwertiges Essen wichtig ist.

Damals hatte der Journalist Carlo Petrini mit ein paar Gleichgesinnten direkt vor dem Schnellimbissladen eine riesige Tafel mit typisch italienischer Hausmannskost plus Weinen gedeckt und die vorbeikommenden Passanten eingeladen, in geselliger Runde unter freiem Himmel zu tafeln. Damit wollte er zeigen, dass Essen viel mehr bedeutet, als weltweit genormte Laberln schnell hinunterzuwürgen.

Heute geht es der Slow-Food-Bewegung mit inzwischen 80.000 Mitgliedern in 104 Staaten um viel mehr, als um Genuss: Es ist eine politische Bewegung entstanden, die sich für eine nachhaltige Landwirtschaft und Fischerei, das traditionelle Lebensmittelhandwerk sowie für den Schutz der biologischen Vielfalt einsetzt. "Gutes Essen hat seinen Ursprung am Acker und in der Weiterverarbeitung der Rohstoffe", erklärt Manfred Flieser, der die Geschicke der Bewegung in Österreich leitet. Mit mehr als 150 Mitgliedern steht er in der Steiermark der stärksten und aktivsten Regionalorganisation in Österreich vor, insgesamt gibt es weltweit 750 solcher so genannter "Slow-Food-Convivien".

Wer sich mit der Slow-Food-Philosophie und mit dem Wirken der Bewegung auseinandersetzt, dem wird klar, dass die Gentechnik hier keinen Platz finden kann: Die regionale Geschmacksvielfalt steht hier an erster Stelle. Damit verbunden ist eine Abkehr der Bauern von "den Fängen der Agrarindustrie", wie es bei Slow Food heißt, hin zu einer nachhaltig handelnden Landwirtschaft. Eine Wirtschaftsweise, die Mensch, Tier und Umwelt dient, soll die Hochleistungslandwirtschaft ablösen. Eine Gentechnik-Landwirtschaft, die den Bio-Landbau über kurz oder lang vernichtet, die die Natur in nicht abschätzbarer Weise belastet, die Artenvielfalt weiter einschränkt und deren Nahrungsmittel ebenfalls ein unkalkulierbares Risiko darstellen, werden von den Genießern strikt abgelehnt – zumal damit "ein Einheitsgeschmack rund um die Welt kreiert wird", wie Flieser feststellt.

Die Schnecke ist das Symbol von Slow Food. Wie der Name schon sagt, liegt das Geheimnis von Qualität und Genuss in der Langsamkeit: "Ich nehme mir Zeit und bereite langsam saisonale, heimische Lebensmittel für das Essen zu", erklärt Flieser den Wert, in Ruhe selbst zu kochen.

Aber auch der Bauer müsse seinen Tieren Zeit geben, langsam zu wachsen. Neben der Langsamkeit betont Flieser den Wert der Kleinheit: "Ein kleiner, traditioneller Mischbetrieb mit Getreide, Tieren, Obst und Gemüse hat alles, braucht fast nichts – auch kein Tierfutter – von außen zukaufen und bringt die besten, wertvollsten und geschmackvollsten Produkte hervor. Er steht im Gegensatz zu riesigen Monokulturen und Massentierhaltungen."

Ebenso wichtig sei es, das Lebensmittelhandwerk der kleinen Fleischhauer, Bäcker, etc. zu unterstützen, das im Gegensatz zur Lebensmittelindustrie steht. Diese Leistungen müssen jedoch mit einem dementsprechenden Preis abgegolten werden: "Wenn die Leute geizig sind, stirbt der Fleischhacker, der Bäcker und der Bauer." Was auch passiert ist, wie Flieser anhand der Entwicklung am Fleischsektor beschreibt: "Vor 40 Jahren hat in Graz der erste Supermarkt Österreichs begonnen, Fleisch zu verkaufen. Im Laufe der Zeit entwickelte sich ein Konkurrenzkampf, durch den der Preis kaputt gemacht wurde und die Bauern zu Knechten der Supermärkte und der Lebensmittelindustrie verkamen.
Die Bauern wurden gezwungen, billig zu produzieren, indem sie billige Futtermittel, Wachstumsförderer und Hormone einsetzten." Die Folgen: Die Bauern bekommen heute für manche Produkte kaum mehr Geld als vor 40 Jahren (z.B. für Schweinefleisch), Tausende meist im Familienbetrieb geführte Lebensmittelverarbeitungsbetriebe mussten in diesem Zeitraum österreichweit zusperren und die Vielfalt des Geschmacks ging verloren. "Jeder Fleischhauer hat früher Wurst, Speck, Geselchtes selbst gemacht, überall wurde anders, mit anderen Gewürzen produziert."

Doch wohlschmeckendes, gesundes Essen kann sich die Allgemeinheit leisten, ist Flieser überzeugt: "Jedes daheim – mit frischen, saisonalen Produkten aus der Region - zubereitete Gericht ist billiger als ein aufgewärmtes Fertigmenü oder eine schnelle Mahlzeit im Fast-Food-Laden." Das einzige, was man dazu braucht, ist Zeit. Und die ist in unserer Gesellschaft reichlicher vorhanden als je zuvor, sie wird nur falsch eingeteilt, betont der Slow-Food-Aktivist: "Zeit fürs Handytelefonieren und Internetsurfen hat fast jeder, aber nicht fürs Kochen oder fürs bewusste Einkaufen." Die Statistik bestätigt Flieser eindrucksvoll: Während der durchschnittliche Österreicher täglich gerade noch 32 und der US-Bürger gar nur mehr 15 Minuten in der Küche verbringt, so nutzen Herr und Frau Österreicher die Medien (Radio, Fernsehen, Tageszeitung, Internet, etc.) etwa acht Stunden pro Tag. Durchschnittlich verbringt jeder Internet-Benutzer bereits jetzt mehr Zeit im Internet als in der Küche.

"Wenn Menschen woanders hinkommen, wollen sie meist die regionalen Spezialitäten essen", erzählt er vom natürlichen Bedürfnis, bei Reisen nicht nur Land und Leute, sondern auch die typische Kost der jeweiligen Region kennenzulernen.

Doch um die Besonderheiten der eigenen Region zu erhalten und nicht im immer weiter fortschreitenden Einheitsgeschmack unterzugehen, ist jeder Einzelne verantwortlich: "Mit jedem Bissen kann ich mitgestalten", verweist Flieser darauf, dass der Konsument beim Einkauf oder bei der Wahl des Lokals entscheidet, wen er fördert – die um Qualität bemühten Bauern, die kleinen Lebensmittelverarbeiter, die Bäckereien, Greißler, Gasthäuser ums Eck oder diejenigen, die schlechtere Qualität bieten oder auch gewachsene Strukturen zerstören.

Bauern an ihren Stellenwert erinnern

Die gewachsenen Strukturen sind jedoch in höchster Gefahr. Die Nahversorgung stirbt mehr und mehr, denn so gut wie alle kleinen Produzenten haben Probleme, ihre Produkte weiter zu vermarkten bzw. neue Vermarktungsschienen zu finden.

Aber es gibt einen Ausweg: "Konsumenten, Gastronomen, Landwirte und Lebensmittelhersteller müssen vermehrt miteinander in Kontakt treten", meint Flieser, der die Bauern direkt motivieren will, an ihre Wurzeln zurückzukehren: "Ihr braucht euch nichts Neues einfallen zu lassen, sondern nur das machen, was ihr über Generationen immer schon gemacht habt". "Deshalb ist es auch so wichtig, die Bauern an ihren Stellenwert zu erinnern: Sie – und nur sie – können uns nicht nur die kostbarsten Lebensmittel liefern, sondern sie haben auch das alte Wissen, wie diese bestmöglich zubereitet werden. In diesem Sinne spricht Flieser auch laufend mit heimischen Bauern, versucht auch alte Rezepte zu finden oder diskutiert mit ihnen über die Vorzüge alter, an die örtlichen Verhältnisse angepasster Tierrassen und Pflanzensorten. Doch wenn der Landwirt sich entscheidet, mehr auf Qualität zu setzen, muss er dafür auch Abnehmer finden: "Wir kümmern uns wenn möglich auch darum, dass Gastwirte mit den Bauern direkt in Kontakt treten und ihnen die Produkte abnehmen", erzählt Flieser.

Doch es herrscht unter Bauern, Lebensmittelverarbeitern und Gastwirtschaften bzw. Köchen eine hohe Unsicherheit, wenn es um den Begriff "Qualität" geht. Um eine Orientierungshilfe zu geben, hat Flieser im Namen von Slow Food für alle Bereiche grundlegende Qualitätskriterien ausgearbeitet. Bei den Hauptkriterien für die Landwirtschaft im Sinne der Slow-Food-Philosophie heißt es unter anderem: Die Landbewirtschaftung ist gentechnikfrei und schließt synthetische Düngemittel und Pestizide aus. Im Bereich Acker- und Obstbau zählen neben einer nachhaltigen Bearbeitung des Bodens und einer reifen Ernte auch Sortenraritäten regionaler Identität, Vielfalt und geschmackliches Potential.
Tierzucht heißt Achtung und Respekt vor dem Leben: Unter anderem sollen Tiere Auslauf im Freien haben, die Stallungen artgerecht gestaltet sein und der Tierhalter auf den Einsatz von Hormonen und antibiotischen Leistungsförderern verzichten.

Bei Interesse erarbeitet Flieser gemeinsam mit den jeweiligen Verantwortlichen geeignete Konzepte, um diese Kriterien umzusetzen. Die Slow-Food-Qualitätsstandards zeigen, dass gesetzliche Vorschriften oder Richtlinien von Markenverbänden noch lange nicht für Genuss bürgen.

Sogar Bio-Kriterien können zu wenig sein, wie Flieser anhand eines Beispieles zeigt: "Was nützt dem bewussten Konsumenten die kontrolliert biologische Aufzucht einer Sau, wenn die Richtlinien für die Erzeugung von Biowurst bedenkliche Zutaten wie Natriumnitrit erlauben, obwohl es traditionelle Methoden gibt, nach denen sich hervorragend schmeckende Schinken und Würste ohne chemische Zusatzstoffe produzieren lassen – wie zum Beispiel in der altbewährten Warmfleischverarbeitung?"

Es braucht kaum noch erwähnt werden, dass "Zeit lassen" das Gebot der Stunde ist. "Vollkommenheit entsteht durch das Zusammenwirken nachhaltig denkender und arbeitender Menschen. Dass Slow Food die gentechnische Manipulation strikt ablehnt, braucht nicht extra erwähnt zu werden", heißt es hier.

Wie politisch Slow Food agiert, zeigt sich anhand der Kriterien für die Käseherstellung, wo für die Verarbeitung von Rohmilch plädiert wird. Damit stellt sich die Bewegung gegen Initiativen, die Rohmilchprodukte weltweit verbieten wollen: In weiten Teilen der USA, in Neuseeland, Polen und Irland ist dies bereits der Fall. Grund sind Listerien, das sind Bakterien, von denen eine Art als Krankheitserreger für Tier und Mensch Bedeutung hat. "Jedermann weiß, dass übertriebene Hyper-Hygieneauflagen das Gegenteil dessen bewirken, wofür sie eigentlich erlassen werden.

Je mehr wir unser Immunsystem vor Bakterien schützen, umso anfälliger wird es", stellt Flieser klar und betont, dass bei Untersuchungen von pasteurisierten Milchprodukten oft mehr Listerien festgestellt wurden als bei Rohmilchprodukten. "Die Verbotsbestrebungen gehen von Großkonzernen aus, die Politiker als Spielzeuge verwenden. Jahrtausende lebten die Menschen sehr gut mit Rohmilchprodukten. Die Wahrheit ist, dass es sich kein Molkereikonzern leisten will, seine Produkte neben ungleich besseren Rohmilchprodukten im gleichen Verkaufsregal stehen zu haben." Tausende Senner, die beste Käsesorten produzieren, sind dadurch ebenso gefährdet wie durch übertriebene Hygieneauflagen in Almregionen.

Mit einer "Arche des Geschmacks" will Slow Food alte Rezepte ausgraben und diese Gerichte wieder auf die Speisekarten der Gasthäuser und somit auch unter die Leute zu bringen. Mit der "Arche des Saatgutes" wird versucht, alte Saatgutsorten zu archivieren und der Nachwelt zu erhalten. Auch diese Maßnahmen sollen dazu dienen, den Menschen in jeder Hinsicht gute Lebensmittel zu erhalten. Oder wie es Slow-Food-Gründer Carlo Petrini ausdrückte: "Im Leben gibt es nur zwei wirklich wichtige Dinge: Das Essen und die Liebe. Wenn eines davon verschwindet, verschwindet auch die Menschheit."

Manfred Flieser

ist freier Journalist, Gastronomiekritiker, Herausgeber von Wein- und Reiseführern sowie Österreichbeirat im Vorstand von Slow Food International.

Seine tiefgründigen, kritischen Texte zum Ernährungs- und Verbraucherverhalten der westlichen Wohlstandsgesellschaft und deren Umgang mit der Natur findet man in nationalen und internationalen Zeitschriften.

4.2. Vom Nahrungsmittel-Industriellen zum Vorreiter für eine neue Ess-und Ernährungskultur

KARL LUDWIG SCHWEISFURTH, Wegbereiter der biologischen Landwirtschaft und Lebensmittelverarbeitung

Karl Ludwig Schweisfurth spielte viele Jahre im Konzert der Großen der europäischen Nahrungsmittelindustrie: Der gelernte Metzger hatte das von seinem Großvater gegründete, im westfälischen Herten gelegene Unternehmen "Herta" mit 5.000 Mitarbeitern zum größten Wurstkonzern Europas ausgebaut. Doch 1984 fällte Schweisfurth völlig unvermutet die Entscheidung, alles zu ändern und verkaufte sein Imperium an Nestlé.

So groß die allgemeine Überraschung darüber auch war, der Entschluss war zuvor über längere Zeit in ihm gereift, erzählt er: "Ich hatte schon Jahre davor begonnen, mich dafür zu interessieren, wie es in den Ställen der Bauern aussieht. Die Umstände, wie Tiere gehalten wurden, wie sie beispielsweise auf Spaltenböden standen, haben mich sehr irritiert und tief erschrocken. Ich dachte mir, dass das doch nicht erlaubt sein kann, Tiere wie Güter zu halten."

Dem damals 54-jährigen Unternehmer war klar, Lebensmittel ab nun auf eine ganz andere Art herstellen zu wollen als allgemein üblich: nach konsequent ökologischen Grundsätzen. Am 12. November 1985 gründete er die Schweisfurth-Stiftung in München. Sie soll die Wege zu einem „ganzheitlichen und erfüllten Leben fördern, indem Arbeit und Technik wieder in besseren Einklang mit der Natur werden." Um dies zu erreichen, wird die Wissenschaft ebenso gefördert wie die Erziehung und Bildung sowie die Forschung und Entwicklung von

* naturgemäßen und umweltfreundlichen Methoden des Landbaus und der natur- und artgemäßen Haltung von Tieren
* der ökologischen, handwerklichen und regionalen Erzeugung von Lebens-Mitteln, die wieder Mittel zum Leben sind
* umweltfreundlicher Versorgung mit Energie
* Mensch und Natur gemäßer Arbeit.

Landwirtschaft und Lebensmittelverarbeitung sollten wieder allen dienen, der Einfluss der Industrie zurückgedrängt werden, Mensch, Tiere, Pflanzen und Umwelt wieder aufleben. Der Agrar-Kultur-Preis für ökologisches Landwirtschaften und der Schweisfurth-Forschungspreis für artgemäße Nutztierhaltung wurden ins Leben gerufen.

Kooperationen mit einer Vielzahl anderer Stiftungen, kirchlicher Akademien, Bildungseinrichtungen und Universitätsinstituten sollen die erfolgreiche Erforschung und breite Vermittlung der Zukunftsvorstellungen der Schweisfurth-Stiftung vorantreiben. Um dieses angesammelte Wissen in der Bevölkerung auf fruchtbaren Boden fallen zu lassen, beteiligte sich die Stiftung an inzwischen mehreren hundert multimedialen Projekten wie CD-ROM-Produktionen oder Fernsehfilmen. Seit 2001 stehen folgende Forschungsfelder im Zentrum der Stiftungsaufmerksamkeit:

- Arbeit am Leitbild Agrar-Kultur
- Verbesserung der Lebensbedingungen der Tiere in der Landwirtschaft
- Ernährungskultur und Gesundheit
- Lebensmittelherstellung und Lebensmittelqualität

Eine neue Orientierung bei Lebensmitteln sollte gegeben werden – bei der Erzeugung, Verarbeitung und Produktion. "Mir geht es um eine artgerechte Tierhaltung, eine Fütterung, die den Bedürfnissen der Tiere entspricht, ein achtsames Töten und darum, dass bei der Verarbeitung der Tiere ökologische und regionale Gesichtspunkte im Vordergrund stehen", zählt Schweisfurth die wichtigsten Punkte auf.

Herrmannsdorfer Landwerkstätten als Eldorado

Die praktische Umsetzung einer ökologischen, zukunftsfähigen Landwirtschaft erfolgte in den "Herrmannsdorfer Landwerkstätten" in Herrmannsdorf bzw. Glonn unweit von München. Bei der Gründung 1986 noch belächelt, gerieten sie im Zuge von Schweinepest, BSE und Lebensmittelskandalen um die Jahrhundertwende zunehmend als Positivbeispiel einer alternativen Landwirtschaft ins Blickfeld der Öffentlichkeit.

Hier befindet sich alles, was das Herz von Freunden des nachhaltigen Wirtschaftens und von natürlichen Lebensmitteln höherschlagen lässt:

- eine biologische Landwirtschaft
- eine natürlich ebenfalls nach biologischen Richtlinien geführte Gärtnerei
- eine Warmfleisch-Metzgerei
- eine Vollkorn-Sauerteig-Bäckerei
- eine Rohmilchkäserei
- eine Naturbrauerei, die das "Herrmannsdorfer Schweinsbräu" herstellt
- das "Wirtshaus zum Herrmannsdorfer Schweinsbräu", in der all die erzeugten Köstlichkeiten feilgeboten werden. Auch nach objektiven Kriterien ist es eines der besten Gast- und Wirtshäuser Deutschlands, wie der Gastronomieführer "Gault Millau" immer wieder bestätigt.
- der Hofmarkt, in dem alle Lebens-Mittel in hoher ökologischer Qualität angeboten werden

Lebens-Mittel heißen - im Gegensatz zu den denaturierten Nahrungsmitteln - deshalb so, weil es um die Vermittlung von Leben geht, erklärt Schweisfurth. Dieses Leben gelte es zu schützen und zu bewahren und in allen Stufen der Fertigung so schonend wie nur möglich vorzugehen und möglichst wenig fremde Stoffe hinzuzufügen. "Wenn das Leben in den Lebensmitteln zerstört ist, wird es über kurz oder lang in unserem Körper zu Mangelerscheinungen kommen. Lebendige, lebensfördernde Lebensmittel sind wie vorbeugende Medizin für Gesundheit und Wohlbefinden bis ins hohe Alter hinein", ist sich Schweisfurth sicher.

Auch die biologisch wirtschaftenden Bauern sind fest in das Konzept der Herrmannsdorfer Landwerkstätten eingebunden: Drei Viertel der landwirtschaftlichen Rohprodukte für die Lebensmittelproduktion stammen von der näheren Umgebung, das restliche Viertel liefern die Herrmannsdorfer Landbaubetriebe selbst. Im Ackerbau verzichte Schweisfurth vollkommen auf künstliche Düngemittel, Pestizide und natürlich auf Gentechnik: "All unser Tun ist darauf gerichtet, die natürliche Bodenfruchtbarkeit zu fördern durch schonende Bodenbearbeitung, natürliche Biodünger aus unserer Biogasanlage und durch eine in besonderer Weise festgelegte Fruchtfolge sowie Untersaaten und Zwischensaaten."

Die Erträge seien zwar um 20 bis 30 Prozent geringer, "aber die Qualität der angebauten Früchte ist deutlich besser in ihrer Substanz und Zusammensetzung." Besonders in der Tierhaltung gelte es, die Würde dieser Lebewesen zu respektieren, betont der Bio-Pionier: "Ich denke, es ist ein Gebot der Ethik, dass wir dafür sorgen, dass die Tiere, wenn wir sie für unser Leben nutzen, wenigstens gut gelebt haben."

Dementsprechend werden Schweine, Rinder, Hennen artgerecht gehalten. Es überrascht auch nicht, dass Schweisfurth bei seinem erlernten Beruf auf ganz spezielle Wege der Fleischverarbeitung zurückfand: Zur Warmfleischtechnologie, der Verarbeitung des noch schlachtwarmen Fleisches, die er in seiner Ausbildung vor mehr als 50 Jahren noch erlernte. Nur ganz kurze Zeit nach der Schlachtung lässt sich das Fleisch ohne Hilfe von Zusatzstoffen zu Schinken und Würsten verarbeiten. "Dadurch sind alle Kräfte und Wirkungen, die die Natur in das Fleisch von gesunden und vitalen Tieren gelegt hat und die sich in wenigen Stunden abbauen, noch vorhanden", erklärt Schweisfurth. Ansonsten ist eine Fleischverarbeitung ohne Phosphate, Zitrate, Ascorbate und auch Geschmacksverstärker kaum möglich.

Nachahmer gesucht

Doch obwohl Schweisfurth mit spektakulärem Beispiel voranging, hat es bisher nur sehr wenige Nachahmer gegeben:

"Ich weiß nicht warum, aber bei Fleisch, Wurst und Schinken hat sich in den vergangenen 20 Jahren wenig getan. Dabei wäre es gerade hier am dringendsten notwendig, etwas zu ändern – alleine wenn man sich die Sauenhochzucht, die Ferkelproduktion und die Großschlachthäuser ansieht, wo 1.000 Sauen pro Stunde geschlachtet werden und alle Arbeitsschritte über Automaten und Roboter laufen. Wir sollten dabei nie vergessen, dass das, was wir dabei den Tieren antun, uns selbst antun – denn wir essen sie. Die Würde des Tieres ist dabei ebenso auf der Strecke geblieben wie die des Menschen. Die Arbeitsplätze wurden wegrationalisiert und die wenigen die überblieben, bieten schreckliche Arbeitsbedingungen."

Keinerlei Verständnis hat er für die Fütterung der Tiere mit genmanipulierten Futtermitteln und dass dies bei den tierischen Produkten nicht gekennzeichnet werden muss:

"Ich empfinde es als ungeheure Frechheit, wie uns die Gentechnologie von der Wissenschaft und Industrie untergejubelt wird – das ist purer Zynismus. Außerdem sollte aus ethischen Gründen der Eingriff in die Erbsubstanz nicht erlaubt werden – da ist für mich die Grenze überschritten. Doch ethische Fragen werden bei Lebensmitteln kaum noch gestellt, weil es meist nur um den Preis geht."

Dennoch ist Schweisfurth optimistisch, dass eine Umkehr stattfindet:

"Das Bewusstsein für gute Lebensmittel steigt, das Interesse der Medien für artgerechte Tierhaltung wird größer und die Hoffnung besteht, dass genmanipulierte Pflanzen nicht großflächig angebaut werden. Doch die Lebensmittelwirtschaft ist wie ein Supertanker, der einen langen Bremsweg hat."

Im ersten Schritt zum Umdenken ist es dringend notwendig, dass die Leute wissen, wo die Lebensmittel herkommen, sagt Schweisfurth.
Möglichst viele sollten wieder mit Lebensmitteln von natürlich gezogenen Pflanzen und Tieren, die schonend weiterverarbeitet wurden, in Kontakt kommen - denn sie sind nicht nur gesünder, sondern auch besser: "Ich habe mit großer Freude erfahren, dass so eine Lebensmittelqualität entsteht, die überzeugend gut ist, dass diejenigen, die noch ein einigermaßen sensibles Geschmacksvermögen haben, den Unterschied überdeutlich schmecken können."

Karl Ludwig Schweisfurth

geb. 30. Juli 1930, absolvierte nach der Fleischerlehre eine fachliche und kaufmännische Ausbildung in Betrieben der Fleischwarenindustrie im In- und Ausland. 1954: einjährige Arbeit in Fleischwarenfabriken in den USA. Studium der Wirtschafts- und Sozialwissenschaften. 1964 - 1984 persönlich haftender Gesellschafter des elterlichen Schweisfurth-Unternehmens mit den Marken Herta, Artland, Dörffler im In- und Ausland. Präsident und Funktionsträger in Verbänden der Fleischwaren- und Lebensmittelindustrie auf deutscher und europäischer Ebene, Bund für Lebensmittelrecht und Lebensmittelkunde. 1982 Metzgermeister-Prüfung
Verkauf von Herta, Artland, Dörffler, um sich fortan überwiegend ökologischen Fragen mit Schwerpunkt Landwirtschaft und Lebensmittelwirtschaft zu widmen. Weiterhin Hauptgesellschafter der Casserole-Metzgerei-Filialen, VON EICKEN-Restaurants und der STASTNIK Fleischwaren, Österreich.
Im Herbst 1998 Verkauf der STASTNIK.

1985 erfolgte die Gründung der Schweisfurth-Stiftung zur Förderung von Wegen zu einem ganzheitlichen und erfüllten Leben, in dem Arbeit und Technik in besseren Einklang mit der Natur gebracht werden.

1986 Gründung der Herrmannsdorfer Landwerkstätten für Lebens-Mittel in Glonn bei München. Aufbau des ökologischen Betriebes mit Landwirtschaft, Metzgerei, Bäckerei, Käserei, Brauerei, Hofmarkt und Wirtshaus.

Wiederbelebung alter handwerklicher Verfahren. Vermarktung der Lebens-Mittel im Großraum München, vor allem in eigenen "Herrmannsdorfer" Filialen.

Besonderes Engagement für die Verbindung von Ökologie und Ökonomie.

1997 Beginn der Projektentwicklung der Herrmannsdorfer Landwerkstätten am Kronsberg vor den Toren der Weltausstellung EXPO 2000.

Mai 1998 registriert als EXPO-Projekt.

November 1999 Eröffnung des Betriebes Herrmannsdorfer Landwerkstätten am Kronsberg bei Hannover.

Worte des Herausgebers

4.3. Ernährung und Risiken der Gentech-Nahrung: Wie wir sie vermeiden und uns davor schützen können.
MANFRED GRÖSSLER

Text: Manfred Grössler

Dieser Artikel bringt die Sicht eines erfahrenen Praktikers im Umgang mit Menschen, die Probleme mit Ernährung und ihrem Lebensstil haben. Erfahrung bedeutet immer das Überschreiten wissenschaftlicher Analysen, Erfahrungen, die wie z.B. in der Medizin, als "experience based medicine" immer mehr Anerkennung finden. Erfahrungen können nicht mittels unserer jetzigen Wissenschaft gedeutet werden, da diese vorherrschend materialistisch-mechanistisch eingestellt und so als reduktionistisch einzustufen ist.

Erfahrungen sind im Gegensatz dazu immer ganzheitlich und schließen so die ergänzenden, anderen Aspekte der Wirklichkeit auch ein: spirituell-geistig, feinstofflich, ästhetisch, emotionell, sozial.

Damit besteht auch eine große Übereinstimmung mit alten Weisheiten der Menschheit in praktisch allen Kulturen, über die Grenzen der derzeitigen Wissenschaft hinweg! Vielfach wird der ganzheitliche Ansatz daher von der jetzigen Wissenschaft oft als parawissenschaftlich abgetan. Wenn es aber um das Phänomen Leben, das Wunder Leben geht, wird in Zukunft sicher vermehrt ganzheitlich vorzugehen sein". (Anton Moser, im Buch "Natur-Kultur" 2005, Verlag Naturschutzbund Stmk)

"Um zu verstehen, warum Gentechnik-Essen krank macht,
muss man wissen, was gesunde Ernährung bedeutet.
Um zu verstehen, was Ernährung bedeutet, muss man wissen,
dass kein einziger Bereich unseres Lebens davon unberührt bleibt.
Wird über Gentechnik gesprochen,
sprechen wir nicht nur übers Essen und die Landwirtschaft,
sondern über die Frage für oder wider das Leben".

Ernährungsberatung: Wozu?

"Es ist Pflicht aller vernünftigen Menschen,
die Gesetze der Gesundheit von Grund auf zu kennen".
Mahatma Gandhi

Groessler arbeitet seit Mitte der achtziger Jahre an vorderster Front für Ernährungsberatung. In Österreich befassten sich damals nur wenige gezielt beruflich mit den Auswüchsen falschen Essens und Trinkens.
"Bio" war noch zu elitär und als "Körndlfresserei" verschrien, einzig Rupert Matzer,

das Grazer Bio-Urgestein und Besitzer des ersten Österreichischen Bioladens, war in diesem Bereich bekannt.

Nur wenige, Makrobiotiker, die Waerland- und Kneippbewegung, die es zu dieser Zeit in Graz gab, gingen über den alleinigen Kalorienbezug der Ernährung hinaus und zeigten in diesem Segment klares Gesundheitsbewusstsein. Es war ein exotisches und zugleich wirtschaftlich riskantes Unterfangen, ein *"Institut für gesunde Ernährung"* und die *erste Vollwert-Kochschule Österreichs* zu gründen.

Die Jahre in USA hatten Groessler vor Augen geführt, was in naher Zukunft auf Europa zukommen würde: Übergewicht, Nahrungsmittel-Unverträglichkeiten, Allergien, Befindlichkeitsstörungen und andere, damals bei uns noch nicht direkt diagnostizierbare Entgleisungen aller Art.

Aus heutiger Sicht muss man dazu festhalten, dass all diese und noch viele weitere, mit Essen und Trinken in Zusammenhang stehenden typischen Erscheinungen, eingetreten sind und sich in ihrer Variabilität und Dichte - vor allem in Industrieländern (und bald durch die Gentechnik?) - vervielfacht haben (1). Eine unverrückbare Tatsache dafür, dass *Ernährung ein Grundgesetz von Gesundheit* ist.
"In all den Jahren konnte ich über 2000 Menschen mit ihren diesbezüglichen Problemen aus nächster Nähe beobachten, beraten und betreuen. Rund 40.000 Messungen der Körperzusammensetzung (durch bioelektrische Impedanzmessung), fast ebenso viele handschriftliche Ernährungsprotokolle und die zum Teil über 13 Jahre hinweg betreuten Klienten, ließen mich erfassen, was unter Lebensmittel-Qualität tatsächlich zu verstehen ist: die maximale *Natürlichkeit und Unversehrtheit*, die "biologische Verfassung" unserer Nahrung".

Gesunde Ernährung ? Nur mit biologischen Rohstoffen möglich!

> *"Lasst die Nahrung so natürlich wie möglich"*
> Werner Kollath

Auf Grund exponentiell steigender, divergierender Aussagen in Fernsehen, Tagespresse und anderen Zeitgeist-Medien, sah sich Grössler als Trainer und Ernährungsberater immer öfter mit der Frage konfrontiert, "was gesunde Ernährung eigentlich sei". Eine der zahllosen Diätformen? Kalorienzählen? Mischkost? Food Canceling? Trennkost? Vegetarismus?

Eine durchgeführte Literaturrecherche zum Thema, welche rund 400 Bücher mit Autoren aus 2500 Jahren Ernährungslehren und ernährungsrelevanten Lebenslehren umfasste, bestätigten jahrzehntelange Praxiserfahrungen und relativierten und ergänzten sein in modernen Ausbildungen erlerntes Wissen. Untersuchungen und Vergleiche der Texte von Autoren, darunter Shin nong, Herodikos von Selymbria, Hippokrates, Pythagoras, Theophrastus v. Hohenheim ("Paracelsus"), Goethe, Hahnemann, Bircher-Benner, Gandhi, Aivenhov, Männle u. a. förderte vielerlei Gemeinsamkeiten zu Tage.

Es gab aber einen ganz besonderen, herausragenden, gemeinsamen Nenner, welchen *ALLE*, ohne Ausnahme, zum Ausdruck brachten, nämlich **"Nichts führt zum Guten, was nicht natürlich ist".** Dieses Wort von Friedrich Schiller, der neben anderen Dichtergrößen zugleich ein blendender Ernährungslehrer war, birgt die essentielle Bedeutung der *Ursprünglichkeit und ihrer herausragenden Stellung.*
Die Dimension der Ursprünglichkeit impliziert auch *die Notwendigkeit der maximalen Unversehrtheit* und scheint in ihrer Aktualität und Zukunftsfähigkeit zeitlos zu sein. Die meisten der aktuellen oecotrophologischen Erkenntnisse und Empfehlungen bestätigen und verstärken diese Auffassung. Anno 2005, im Zeitalter der Biotechnologie, gilt dieses "Naturgesetz" umso mehr.

Nicht zuletzt, weil durch das Nahrungs-Überangebot viele minderwertige, High-Tech-Industrieprodukte auf Grund ihres Billigstpreises in den Regalen, auf den Küchentischen und in den Mägen der Verbraucher landen (2).

Natürlich gesunden durch natürlich essen

> *"Wir tanken (essen) nicht irgendwelchen*
> *Kraftstoff, wir tanken Ordnung!"*
> *Erwin Schrödinger*

Über den Essensweg "Natur" aufzunehmen ist unerlässlich. Auch Pfarrer Sebastian Kneipp (1821-1897) vertrat diese Ansicht. So antwortete er einmal auf die Frage von Ärzten, welche der bekannten Heilverfahren er für die wichtigsten halte: "1. entgiften, 2. entgiften und 3. entgiften". Zuvor gilt natürlich zuallererst die Strategie der Vermeidung.
Und die ist im Zeitalter von "Genfood" entscheidend. Seit man weiß, dass fremde Erbsubstanz im menschlichen Verdauungstrakt nicht restlos zerstört wird (vgl. Artikel Traavik), sind berechtigte Sorgen in Bezug auf Gesundheitsgefährdung nicht mehr wegzudenken. Aus Sicht einer erwünschten gesunden Ernährung ist alleine schon dies ein Grund, "Genfood" d.h. GVO-Nahrung zu vermeiden.

Gentechnisch veränderte Substanzen aber bringen eigentlich naturfremdes Material in unsere Körper, sodass sogar die Erzeuger von Verunreinigung sprechen, ja sogar Kontaminierung.

Gentechnik in "Lebens"-mitteln:
Transgenes Essen: "Mischwesen" statt Mischkost:

"Was Ihr auch zu Euch nehmt, es beeinflusst
Euren Körper, Euer Wesen, Eure Gedanken, Eure Haltung.

Früher galt als "Mischkost" die "Mischung aus möglichst unterschiedlichen Nahrungsmitteln", also z.B. Obst, Gemüse, Getreide, Fleisch, Nüssen usw. Heute könnte darunter auch das Essen von "Mischwesen" verstanden werden.

Denn seit der Zulassung gentechnischer Verfahren ist nichts mehr so wie es war (ausgenommen biologische Lebensmittel). "Alles was lebt, kann heute gentechnisch verändert werden: Tiere, Menschen, Pflanzen, Mikroben (3) ".

Gene werden von einem beliebigen Organismus auf jeden anderen Organismus übertragen und zwar zwischen allen Lebewesen.

Damit sollen einzelne Eigenschaften von Lebewesen, welche als vorteilhaft erkannt wurden, in andere eingebaut werden, in der Hoffnung einer Aufwertung (z.B. Fischgene in Tomaten um deren Kälteresistenz zu steigern, Spinatgene in Schweine, um sie fettärmer zu machen usw.).

Transgene Organismen oder transgene Wesen sind somit tatsächlich – egal welche Bezeichnung man dafür konstruiert – Kreuzungen oder Kombinationen (Rekombinationen) aus Bakterium, Pflanze, Tier, Mensch, einzeln oder alle zusammen in Einem.

Mit Recht kann man in diesen Fällen von widernatürlich sprechen. Es gibt in der ganzen Erdgeschichte keinen bekannten, vergleichbaren Vorgang. Man kann getrost glauben, dass dies die Natur längst gemacht hätte, wenn es ihr zum Vorteil gereichte! Warum tat die Natur dies nicht?

Zunächst sollte man wissen, dass Essen und Trinken eine andere und zugleich unvermeidbare Form der **Informationsbeschaffung** ist. Nahrungsaufnahme bedeutet nicht nur die Zufuhr fester und flüssiger, grob- und feinstofflicher Substanzen wie z.B. bekannter gebundener oder isolierter Nährstoffe, sie bedeutet zugleich auch die Aufnahme jener Bedingungen, inmitten welcher das entsprechende Nahrungsmittel gedieh.

So spielt es eine Rolle, welchen Lebensbedingungen, Begleiterscheinungen und Produktionstechniken das jeweilige Nährmittel, die Pflanze, das Tier oder das Mineral ausgesetzt war. Im Zeitalter der Gentechnik kommt durch den künstlichen Eingriff in die Lebenskernsubstanz der *Erzeugung* eines Stoffes ganz besondere Bedeutung zu.

Die Menschen erlernten im Verlaufe ihrer Existenz verschiedenste Methoden der Nahrungsmittelgewinnung und -zubereitung, wobei in den letzten fünf oder sechs Jahrzehnten mit der industriellen Entwicklung ein signifikanter Qualitätsverlust verbunden ist. Synonym dafür ist die inzwischen bis zum Exzess betriebene Abkehr von einer bio-organismen-freundlichen, sprich natürlichen Wirtschaftsweise, wie sie z.B. in der kleinräumigen Landwirtschaft der österreichischen Bauern Jahrhunderte lang üblich war und auch heute noch zu finden ist.

Der Kontakt Same-Erde-Pflanze-Tier-Mensch war ein ständiger, erdverbundener und dadurch auch ein "verständlicher". Verständlich im Sinne von harmonischer Integration und Interaktion, durch Evolution aufeinander abgestimmt, eben in natürlicher Ordnung und Resonanz (4,5).

Die jedem lebenden System innewohnende Frequenz, seine Schwingungen und

Resonanzen sind das, "was das Leben im Innersten zusammenhält". Dies bedeutet, dass jedes naturbelassene Produkt seine ursprüngliche Eigenfrequenz oder Energie behält und diese, zum Wohle des Nutzers, in den Körper des Konsumenten überträgt und im Empfänger sinngemäß weiterwirken kann.
Eine Erläuterung über die Kennzeichnung von Lebensmitteln mittels Schwingungen wird z.B. von Irmgard Baum, Lebens- und Sozialberaterin und Direktorin von "Cosmolight" gegeben (6).

Man wusste auch von der Wichtigkeit des Gebets, der Teilhaberschaft des Geistes und damit schloss sich jener Wirkkreis, der in Wahrheit und seiner unversehrten Gesamtheit darüber entscheidet, *warum, ob, wie, in welchem Ausmaß* und *mit welchen Folgen* Nahrung zugeführt werden soll und in unserem Körper aufbereitet, eingesetzt und entsorgt wird (7).

Der Paradigmenwechsel vom täglich hart erarbeiteten und bewusst eingenommenen "täglichen Brot", zum frustrierten und gelangweilten "Werbe-Lust-Esser" Marke Convienience Food (8), verstärkte und beschleunigte die Trennung zwischen Mensch und Nahrung.

Diese Trennung ist biotechnologisch im Labor und mit der Anwendung am Feld, in der Industrie und in der modernen Küchentechnik, durch die Entwicklung der Gentechnik zur Vollendung gebracht.

Eine Abkopplung, die nicht nur politisch, ökologisch, sozial (9) und physiologisch, sondern auch psychologisch und ethisch drastische Folgen (10) zeitigte. Da die Gentechnik entgegen diverser wissenschaftlicher Darstellungen (4, 15) in den Augen vieler widernatürlich ist und bleibt (11), erscheint eine ursprüngliche, ganzheitliche und einfach-logische Betrachtungsweise geboten.

Unnatürlich = inkompatibel = chaotisch

Die Natur wird nie dem Menschen folgen,
sondern die Menschen haben die Gesetze der Natur zu befolgen
Dioskurides

Ein aus biologisch intakten Gegebenheiten, teilweise oder völlig herausgelöster oder in ein solches System eingebrachter oder isolierter, biogener Stoff, wie bei der Gentechnik eingrifftief (vgl. Artikel Moser) praktiziert (entgegen natürlicher, evolutionär bedingter genetischer Veränderung), zeitigt in jedem Falle kybernetisch bedingte Reaktionen (12, Abb.1).

Handelt es sich bei eingebrachten Stoffen oder Organismen um Kombinationen oder Re-Kombinationen synthetischer Herkunft oder art- und wesensfremder Substanzen, wie dies z.B. bei der Herstellung transgener Organismen, z.B. Mischwesen von Tomate und Fisch (13, 14), üblich ist, ist anzunehmen, dass diese keinen oder nur ungenügenden, jedenfalls *inkompatiblen* Eingang in natürliche

Stoffwechselkreisläufe finden.

Dies auf Grund ihrer bestehenden oder entstehenden chaotisch (nicht-lebensgeordneten) Strukturen, welche immer evolutionäre Nachteile mit sich bringen, wie in der Literatur zu lesen ist.

Der Vorgang gleicht einem provozierten Puzzle, dem ein nicht fehlendes Stück aufgezwungen wird. Ein überflüssiges oder nicht passendes Teil also, das zwangsweise unvorhersehbare Verdrängungen und Wechselwirkungen zur Folge hat und/oder nicht integriert werden kann.

Mit anderen Worten, unkalkulierbare Positionseffekte nach sich zieht.

Die Frage ist nun freilich, was mit nicht identifizierbarem oder nicht benötigtem Fremdmaterial, eingeschleusten Fremdenergien und Fremdfrequenzen passiert. Inhalt, Form, Wirkung und Wechselwirkung dieses Puzzles Organsysteme, Stoffwechselkreisläufe, Zyklen (4,15) - werden auf einzelnen oder mehreren Ebenen - physiologisch, psychologisch, energetisch - nicht harmonieren.

Die Teile eines solchen Puzzles, passen nicht zusammen. Es ist tatsächlich so, dass die "Gentechnik an sich " *trennt, was nicht getrennt gehört* und *zusammenfügt, was nicht zusammengehört*". Der evolutionär angestammte Platz und das Zusammenspiel von Lebewesen wird aus sekundären Motiven heraus, z.B. wissenschaftlicher Neugier und wirtschaftlicher Profitgier ohne Sinn, Berechtigung und Erfahrung reduktionistisch und materialistisch neu konstruiert, "erfunden".

Gentechnik arbeitet also zufolge dieser Anschauung nach einem kontra-evolutionären Prinzip, sie stellt sich gegen die Natur, wird von der Natur als Widrigkeit behandelt, und wird nach Naturgesetzgebung als solche bekämpft werden (dies, weil sie dem "Leben", seinem "Bestreben zu leben" und "seinem innewohnenden Ordnungsprinzip" entgegensteht).

Wenn wir dieses einfache Beispiel auf Lebensmittel, ihren Gesamtwert (holistische Wertigkeit), ihre Nährstoffe und Informationen übertragen, ist es wahrscheinlich, dass einzelne Nährstoffe verdrängt, andere wieder außer Kraft gesetzt oder verändert werden.

Direkte Auswirkungen von Genfood auf unsere Gesundheit: Literaturbeispiele

> *"Die Zahl der durch Lebensmittel hervorgerufenen Erkrankungen hat in den USA seit dem Beginn des großflächigen GVO-Anbaus vor nicht einmal 10 Jahren um 40% zugenommen"*
> *Umweltinstitut München e.V. im Juli 2004*

Bisher diskutiert und als potentielle Gesundheitsgefährdung nachgewiesen sind laut der hier besonders hervorzuhebenden ISP-Studie von Mae-Van Hoe (16):
1) Allergene (*allergienauslösende Stoffe*)
2) Immunogene (*Immunsystem verändernde Stoffe*)

3) Antibiotika-Resistenzen (*können Antibiotika wirkungslos machen*) und
4) hochgradig giftige Herbizide (*können z.B. neurologische, respiratorische, gastrointestinale,hämatologische Vergiftungen und Geburtsschäden auslösen*).

Wirkungen über Nahrungsmittel zeigen ernährungsphysiologische und endokrine (drüsenwirksame) Problemstellungen (17). Das gentechnisch hergestellte Rinderwachstumshormon Posilac von Monsanto wird Kühen injiziert, um deren Milchproduktion zu erhöhen.

Neben gut dokumentierten Gesundheitsproblemen für die Kühe (u.a. zunehmende Euterinfektionen) gibt es auch eine Reihe von Gesundheitsfolgen für Menschen. Bereits 1995 wurden die nachteiligen Folgen vom Rinder-Wachstumshormon rBGH identifiziert, was übrigens ein Grund für die berechtigte Klage der EU gegen den Import von Rindfleisch aus den USA vor etlichen Jahren war, die aber von der WTO dubioserweise abgewiesen wurde (vgl. Artikel Engdahl):
1) möglicherweise große Rolle bei Brustkrebs
2) besonderes Darmkrebsrisiko auf Grund lokaler Auswirkungen auf den Magen-Darmtrakt
3) mögliche Rolle bei Osteosarcoma (meistverbreitete Knochentumor bei Kindern)
4) Lungenkrebs-Gefahr und weitere Risken.

Die Herbizide "Round up" (ebenfalls von Monsanto) und MCPA wurden von Wissenschaftern mit dem 73%igen Anstieg des Non-Hodgins-Lymphoms (Krebs) in Verbindung gebracht.
Ebenso bekannt, aber nicht allgemein akzeptiert ist, dass bei horizontalem Gentransfer (Weitergabe von Genen an andere Lebewesen) Viren und Bakterien entstehen können, die Krankheiten verursachen und zu gesundheitlich äußerst bedenklichen Mutationen, akutem toxischen Schock und Krebs (neue, unvorhersagbare Karzinogene) führen können (18).
Andere unabhängige Wissenschafter wiesen auf gravierende Änderungen an Organen und im Blut hin, wieder andere auf die ernährungsphysiologische und endokrine (Drüsen-)Wirkung (19).

Man wird kaum behaupten können, Genfood sei genauso sicher und gesund wie natürliche biologische Nahrung. Dies wäre eine unbewiesene Hypothese mit sehr gefährlichen Auswirkungen für Natur und Mensch.
Neben den möglichen und auch wahrscheinlichen Nachteilen von Gentechnik-Nahrung, welche auf Grund ihres simplen Mechanismus in der Regel erkennbar sind, können aber durch Synergien mit anderen (unnatürlichen) Stoffen eine Vielzahl weiterer unerwünschter und schwer ergründbarer Nebeneffekte auftreten.

Indirekte gesundheitliche Auswirkungen

Eine bedeutende negative Auswirkung durch Essen und Trinken von gentechnisch manipulierter Ware ergibt sich aus einer möglichen *zusätzlichen* Überfrachtung mit Fremdstoffen und deren Potenzierung. Schon jetzt haben es Konsumenten, welche sich konventionell ernähren, schwer, sich den vielen und zum Teil sehr ungesunden Begleitstoffen zu entziehen.

Dazu gehören ausnahmslos alle synthetischen Stoffe, aber auch Arzneimittel wie z.B. Hormone und Antibiotika aus der Tierproduktion, Pestizide und Herbizide aus Pflanzenschutzmitteln, Nahrungsmittelzusätze (wie z.b. das Nervenzellgift Glutamat (20), das krebsverdächtigte Süßmittel Aspartam (21) oder der allergieauslösende Farbstoff Tartrazin/E102 (22)).

Auch toxische Stoffe wie z.b. Asbest (23), das sich verarbeitungsbedingt z.B. an Obstsorten und in vielen Zuckerarten nachweisen lässt (Förderbänder), oder widernatürliche radioaktive Stoffe (24), gehören zu den im Körper oft jahrelang verbleibenden und sich summierenden Nahrungsmittelrückständen.

Sieht der tägliche Speiseplan so oder ähnlich aus, braucht man sich nicht über weitere, stark zunehmende Phänomene wundern: Hyperaktivität, unbegründete Ruhelosigkeit und stark steigendes Aggressionspotential.

Andrew Stoll, Direktor des pharmakologischen Forschungslabors am McLean Hospital in Belmont in USA, glaubt, dass "die gewaltigen Veränderungen in der Ernährung zu den steigenden Raten psychiatrischer Erkrankungen in der westlichen Welt beigetragen haben" (25).

Ähnlich zu beachten ist auch, dass sich die Anzahl synthetischer Stoffe als Nahrungsmittelzusätze in den letzten Jahren extrem vermehrt hat und damit das Essen selbst immer mehr ein Risikopotential aufweist.

Für künstliche oder künstlich kombinierte Stoffe à la Gentechnik hat unser Organismus nur ein Notprogramm, es auszuscheiden oder zu lagern.

Seit Blobel weiß man aber, dass dazu eine intakte Zellkommunikation (26) nötig ist, welche aber bei synthetischen/artfremden Substraten deshalb nicht perfekt funktionieren kann, weil derartige Stoffe keinen "Adressaten" besitzen. Mit anderen Worten: unser Körper kann nur ausscheiden, was er klar identifiziert.

Anderes wird zuvor so lange im Organismus "herumgereicht und aufbewahrt", bis eine entsprechende Lagerstätte (Zwischenzellraum, Leber, Milz, Gehirnlipide) gefunden wird, dort zur langsamen Vergiftung beiträgt oder/und der Körper sich mit Hilfe oder Anzeichen von Krankheit davon zu befreien sucht.

Im Falle von GVO wird die Herausforderung an den Körper, diese unnatürlichen Substanzen zu verarbeiten, sich davor zu schützen und selbst zu entgiften, eine exorbitante und komplizierte.

Erfahrungen, wie die genmanipulierte Round-Up-Ready Sojabohne (Monsanto) und das dazugehörige Herbizid Round Up belegen: der Herbizideinsatz steigt extrem an und damit auch ein Gesundheitsgefährdungspotential: Der in diesem Herbizid enthaltene Wirkstoff Glyphosat ist schon jetzt dritthäufigste Ursache berufsbedingter Krankheiten unter Bauern (http://www.non-gmos.com/GEMais.htm) (vgl. Artikel Pechlaner).

Auch Studien mit Tierversuchen zeigen zum Teil ziemlich fatale Wirkungen:

    1)   Studien über die Folgen der Fütterung von Mäusen mit Gen-Sojabohnen

wurden in Italien an der Universität Pavia und Universität Urbino durchgeführt, wo Forscher erstmals die direkte Gesundheitsgefährdung durch genetisch veränderte Nahrungsmittel bewiesen: es veränderte sich die Leberstruktur der Mäuse und ergab unregelmäßig geformte Zellkerne (27-28).

2) An Ratten wurde wiederum eine GVO-Maissorte (Mon 863) verfüttert, welche von der europäischen Lebensmittelbehörde EFSA für unbedenklich (!) erklärt wurde: das Ergebnis waren verkleinerte und entzündete Nieren und deutliche erkennbare Änderungen im Blut.

3) Dr. Arpad Pusztai führte bereits 1999 ebenfalls Versuchsfütterungen mit Ratten durch: schon nach 10 Tagen ergaben sich substanzielle Schäden am Immunsystem, speziell im Bereich Darm.

4) Ein anderer GVO-Mais tötet jüngsten Studien zufolge Schmetterlingsraupen (29).

5) In USA wurde durch ein weiteres gentechnisch verändertes Getreide, dem Starlink-Mais, welcher nur als Viehfutter (!) genehmigt war, Fertignahrung einer mexikanischen Fastfoodkette (Taco Bell) verseucht. Dort enthielten Tacos Proteine von Insektenvertilgungsmitteln, welche für den Menschen zumindest schwer verdaulich sind (30).Dass Unschädlichkeit gegeben sei, ist wohl sehr zu bezweifeln. Gehört doch ein Insektenvertilgungsmittel wohl nicht in menschliche Mägen.

Biodiversität

> Genveränderte Organismen in der
> freien Natur sind eine Gefahr.
> Da sie sich selbst vermehren, bedrohen sie die Artenvielfalt
> und die Reinheit traditioneller Sorten."
> Umweltinstitut München e.V.

Faktum ist weiters auch, dass die Agro-Gentechnik – auf Grund ihrer Inkompatibilität und Unnatürlichkeit – das ökologische Gleichgewicht stört und nachhaltig natürliche Lebensräume vernichtet (31).

Mit der Vernichtung von Lebensraum verschwinden aber zugleich auch Tier- und Pflanzenarten und damit grundlegende Möglichkeiten gesunder Lebensführung. Wie dramatisch die Gefährdung der biologischen Artenvielfalt durch den Einsatz der Gentechnik bei Pflanzen (Generosion) und Tieren bereits ist, zeigt die Schrumpfung des natürlichen Genpools landwirtschaftlicher Nutzpflanzen.

Das Ausmaß dieser Bedrohung wird besonders fühlbar, wenn man weiß, dass mit einer verschwundenen Tier- oder Pflanzenart über hundert (!) andere Arten in ihrer Existenz gefährdet sind (32). Der einzige Weg, solchen lebensfeindlichen Entwicklungen den Nährboden zu entziehen, ist die Verwendung biologischer Produkte.

Übergeordnete gesundheitliche Auswirkungen (18b)

Da die Gentechnologie im Vergleich zu anderen Bio-Techniken ursächlich ins Leben eingreift (Zellkernrelevanz, d.h. maximale "Eingriffstiefe", siehe Artikel Anton Moser), seien hier noch einige andere, von der breiten Öffentlichkeit wie auch der reduktionistischen Wissenschaft zumeist vernachlässigte, relevante Aspekte genannt. Da diese in enger Beziehung zur Salutogenese des Menschen, aber auch zu neuzeitlichen "Befindlichkeitsstörungen" (z.B. Übergewicht, Stress, Depressionen etc.) stehen, sei hiermit darauf hingewiesen.

Die Inkompatibilität mit den Schöpfungs- und Naturgesetzen

Der Zeitgeist innerhalb unseres Gesellschaftssystems brachte eine weitgehende Abkehr des Bezuges zu Gott und der Natur mit sich.

Mit diesem Realitätsverlust schwand die Ehrfurcht vor der Schöpfung, das Beziehungsnetz zu ihr wurde einseitig (von Seiten des Menschen) aufgeknüpft. Instinktlosigkeit und Mindergebrauch der Sinnesorgane als Folgeerscheinung schufen die Voraussetzung für sinkendes Naturbewusstsein und geistige Verarmung.

Der Verdacht drängt sich also auf, dass über Nahrung aufgenommene und zufällig integrierte Gen-Konstrukte die Harmonie im Körper als Schnittstelle zu Natur, Kosmos und Schöpfung gefährden.

Sieben mächtige Schöpfungsgesetze (33), sind hier zur Klarlegung aufgezählt, die Prinzipien sind: Geistigkeit, Entsprechung, Schwingung*, Polarität*, Rhythmus*, Ursache und Wirkung*, Geschlecht. Davon werden zumindest vier (mit * gekennzeichnet) durch Disharmonie beeinflusst, sie stellen einen *ursächlichen* Eingriff dar.

Mit Cramers *Resonanztheorie* (15a) sei angemerkt, dass alle höheren Strukturen aus *Zeitkreisen* und *Schwingungen* zusammengesetzt sind und in ihrem Inneren durch *Resonanz* zusammengehalten werden. "Diese Resonanz, die den Zusammenhalt garantiert, kann auf verschiedene Weise gestört sein oder gestört werden: Sie kann unterbrochen, gebremst, gestoppt, oder bis zum völligen Stillstand gedämpft werden.

Auch kann sie von außen durch eine Störfrequenz beeinträchtigt werden und im Extremfall Schwingungen innerhalb eines Systems sich so sehr synchronisieren, dass sie durch gegenseitiges Hochschaukeln der Amplituden zum "*Zerplatzen des Systems* führen". Nicht grundlos spricht Cramer diesbezüglich sinngemäß von "Katastrophen und Teufelskreisen" (15b).

Die mögliche Divergenz mit alten und neuen Heilmethoden

> *"Die Kraft deines Körpers kommt aus den Säften der Kräuter"*
> *Shin nong, chin. Kaiser und Arzt, 3700 v. Chr.*

Gewachsene Heilmethoden, welche im Laufe der Jahrtausende durch Selektion ihre Berechtigung erlangten, bauen auf Harmonisierung und Energiefluss ("in Einklang bringen").

Voraussetzung für ihr Funktionieren ist eine zumindest vorübergehende Herstellung mehrdimensionalen Gleichgewichts. Da die ägyptische, indische, wie auch die traditionelle chinesische, tibetische oder indianische Medizin konsequent auf "*Ur-*

Ordnung" bauen, diese aber mit gentechnischer Beeinflussung dauerhaft nicht möglich scheint, zumindest gestört sein kann, wird es zu einer Chaos-bedingten Neuordnung kommen (müssen).

Pflanzen und Kräuter, als tragende Säulen phytologischer Komponenten alter Medizin, werden nach Einkreuzung von GVO-Pflanzen oder deren Mischformen möglicherweise ein anderes Heilspektrum aufbauen, ihre Wirkungskraft verändern oder diese sogar verlieren. Dies trifft mit hoher Wahrscheinlichkeit auch auf andere gebräuchliche Formen der Heilpflanzen- und Heilkräuterverwendung zu.
Durch ihre vielfältigen Einsatzmöglichkeiten und ihre weitverbreitete Verwendung haben Phytologie, Phytotherapie und Blütenessenzen-Beratung einen unersetzlichen Stellenwert zur Erhaltung des menschlichen Wohlergehens.

GVO und Bachblüten

Ruth Zimmermann, Vorsitzende des Berufsverbandes der BlütenberaterInnen, Graz, meint auf die Frage des Einflusses von GVO-Pflanzen auf die Wirkung und Herstellung von Blütenessenzen:

"*Bei Blütenessenzen, hergestellt nach der Methode von Dr. Bach, hat sich gezeigt, dass schon geringe Unterschiede im Wachstum der Pflanze sowie geringe Unterschiede in der Herstellungsart sich entscheidend auf die Wirksamkeit und Reinheit der Essenz auswirken. Es ist von großer Bedeutung an welchem Ort z.B. die Pflanze wächst, ob geschützt und naturbelassen oder durch Spritzmittel und Autoabgase belastet. Ein weiteres Kriterium ist der Wuchs der Pflanze selbst: Konnte die Pflanze nur schlecht wachsen, hat sie nicht die normale Größe erreicht, steht die Pflanze kraftvoll in Blüte oder ist sie schon im Zustand des Verwelkens. Ich rate somit, alles Erdenkliche zu tun, um die Reinheit unserer Heilpflanzen und Nahrungsmittel zu erhalten*" (34)!

Mehr Medikamente – weniger Heilung?

Was die schulmedizinische Strategie der Heilmittel-Substitution betrifft, ist zu befürchten, dass auch eine beschleunigte Entwicklung von möglicherweise sinnvollen Medikamenten nicht mit der Explosion neuer, gentechnik-bedingter Erkrankungen mithalten wird können. Therapiekonzepte können damit immer mehr der Zufallswirkung ausgesetzt werden, das Risiko Polypharmazie (Tod durch zu viele Medikamente; 2001 weltweit die vierthöchste Todesursache) wird sich vergrößern.

Die Kombination "Altes Wissen und neue Erkenntnis" wird im Zeitalter der Gentechnik in jedem Falle einer Probezeit unterzogen. Die Zukunft wird zeigen, inwieweit es uns gelingen wird, dies zu verstehen und danach zu handeln.

Fest steht, dass auch in diesem Bereich des Lebens die Gentechnik *unberechenbare und irreversible* Veränderungen mit sich bringt. Geht man davon aus, dass die Gentechnik eine umfassendere, tiefergehende und nachhaltigere Auswirkung auf das gesamte Leben der Erde hat, als alles bisher Dagewesene, kann es durchaus sein, dass Tausende wertvoller Heilpflanzenbücher und viele Therapiekonzepte neu geschrieben werden müssen. Und damit auch die Geschichte der Medizin.

Biologisches Wirtschaften: Gebot der Stunde!

"Wahrlich: Von jenem lass! Dieses erfass!"

Laotse, Tao-Te-King

Es ist also tatsächlich ein Gebot der Stunde, sich für eine ökologisch **und** ökonomisch ausgerichtete Wirtschaftweise in der Landwirtschaft stark zu machen. Österreich hat dafür schon jetzt prächtige Voraussetzungen. Mit einem Anteil von 12,9% biologisch bewirtschafteter Fläche an der gesamten landwirtschaftlichen Nutzfläche steht Österreich hinter Liechtenstein weltweit an zweiter Stelle (35).

Gesundheit als Marktgarantie und beste Eigenvorsorge

"Unsere Nahrung ist ein Liebesbrief, den uns der Schöpfer schreibt und den wir entziffern müssen".
Meiner Ansicht nach ist er die mächtigste und vielsagendste Botschaft, denn sie sagt: Er liebt euch, Er schenkt euch Kraft und Leben."
Omraam Mikhael Aivanhov

Überall das gleiche Problem: die Ausgaben für Gesundheit stellen staatliche und private Haushalte vor immer größer werdende finanzielle Herausforderungen.
Ein Hauptgrund dafür ist wohl ein Fehlverhalten im Lebensstil, insbesondere die Auswahl der Lebensmittel und deren Zubereitung.
Hier kann sich die österreichische Bevölkerung besonders glücklich schätzen, auf gesunde und einheimische Ware zurückgreifen zu können. Es gilt als erwiesen, dass das Essen biologischer Lebensmittel die köstlichste und zugleich günstigste Gesundheitsvorsorge mit nachweislicher Wirkung darstellt (36).

Biogenuss statt "Genfood"
Durch die technische Eingriffstiefe ändert bzw. zerstört die Gentechnik qualitativ und quantitativ die fundamentalen Qualitätsmerkmale echter Lebensmittel: Ursprünglichkeit, Nährstoffdichte, Gesundheitswert und Eigengeschmack.

Vom enormen Zerstörungspotential der Gentechnikindustrie sind ausnahmslos alle Teilnehmer des Nahrungsmittelkreislaufs betroffen, Erzeuger im gleichen Ausmaß wie auch ganz besonders KonsumentInnen, welche regelmäßig im Supermarkt konventionelle Industrieware kaufen.
175 Studien und ein Ergebnis: "Am besten Bio" (36)

Alle die Bio aßen, wussten es, alle die an Bio nicht glaubten, zweifelten daran: Biologische Ernährung ist in *nahezu allen* Belangen der konventionellen Ernährung überlegen.

Dr. Alberta Velimirov vom Ludwig Boltzmann - Institut für biologischen Landbau und der Risikoforscher DI Werner Müller verfassten eine äußerst interessante und brauchbare Literaturrecherche und schufen mit ihrer Studie Fakten zur hervorragenden Qualität biologisch erzeugter Lebensmittel.

Damit ist auch bei uns der Weg frei, den Bio-Lebensmitteln jenen Rang zu geben, den sie schon längst verdienen. *Bio ist damit auch wissenschaftlich und gesundheitlich wirklich besser!* Die Ergebnisse zeigten bei *Obst und Gemüse* deutlich mehr Vitamine, mehr sekundäre Pflanzenstoffe, mehr Mineralstoffe und weniger Schwermetalle. Darüber hinaus wurden deutlich höhere Trockenmassegehalte gemessen, eine deutlich bessere Haltbarkeit und besserer Geschmack festgestellt.
Dass Biolebensmittel frei von Bestrahlung sind und kaum Zusatzstoffe aufweisen, versteht sich ohnehin. Bio-Getreide und -Hülsenfrüchte zeigten einen höheren Gehalt an essentiellen Aminosäuren, deutlich geringere Pestizid- und Schwermetallrückstände, eine geringere Mykotoxin - Belastung und eine günstigere Fettsäurezusammensetzung.

Auch hier zeigte sich wieder ein besserer Geschmack: Tiere bevorzugten Bio vor anderen Futtermitteln! Tierische Bioprodukte wie Eier zeigen eine höhere ernährungsphysiologische Qualität, ein höheres Eigenwicht und deutlich geringere Pestizid- und Antibiotikarückstände.

Eine günstigere "Lichtspeicher"-Kapazität wiesen alle Biolebensmittel auf, was auf ihre besondere Photosynthese-Qualität hinweist. Dies ist ein ganz besonderes Qualitätsmerkmal, auf das man nicht oft genug hinweisen kann. Nicht umsonst heißt Photosynthese *"Aufbau durch Licht"*.
Der große Pflanzenkenner Hugo Hertwig schrieb schon 1954 in seinem Heilpflanzenbuch: "Noch immer ist die Pflanze der größte Chemiker der Welt. Chlorophylllaboratorien und Zellfabriken, angeschlossen an die Zentralenergie der Sonne, bieten uns Chlorophyll, Vitamine, Mineralstoffe, ätherische Öle, Hormone und sekundäre Pflanzeninhaltsstoffe. Es kann grundsätzlich keinen besseren Körperschutz gegen Krankheiten geben als das lebendige, frische Blattgrün, das Chlorophyll, das uns die Sonnenstrahlen vermittelt. Denn aus Blatt wird Blut!".

"Deine Nahrung sei deine Medizin!"

> *"Ich werde mein Wissen und meiner Urteilsfähigkeit entsprechend die Ernährung als Maßnahme zum Nutzen der Kranken anwenden. Ich will sie vor Schaden und Ungerechtigkeit bewahren".*
> *Hippokrates*

Dies ist die ursprüngliche Form des hippokratischen Eides, das Wort Ernährung aber wurde in vielen medizinischen Schulen "operativ entfernt". Heute scheint die Zeit reif für ein diesbezügliches Umdenken. 188 weitere Studien (37) sagen aus: Auf traditionellen Weisheiten aufgebaute Kostformen, kombiniert mit modernen Ernährungsempfehlungen schützen eindeutig vor Herz-Kreislauferkrankungen, Krebs,

Aids, Allergien und nahezu allen modernen Zivilisationserkrankungen.

Biologische Ernährung stärkt die Widerstandskraft, schafft eine ruhige, friedvolle Geisteshaltung und verlängert nachweislich das Leben.

Konventionelle Ware, gut, aber zweite Wahl

Eine zweite, etwas billigere aber qualitativ weniger gesunde Alternative ist konventionelle Ware. Diese muss aber zusätzlich als gentechnikfrei gekennzeichnet sein, ansonsten ist (leider!) in der Regel durch Saatgut, Dünge- und Futtermittel eine GVO-Verunreinigung gegeben.

Beim Kauf dieser Ware sollte man aber wissen, dass auch damit unsere heimischen Bauern gestützt werden. Dies ist gerade jetzt wichtig: Kaufen Sie gentechnikfreie Ware! Ihr Kaufsignal wird früher oder später registriert werden und Erfolg bringen.

Sie helfen damit auch konventionellen Bauern beim Umstieg auf Bio!

Versorgen: Lebensinformationen statt Kalorien sammeln

"Zurück zur Natur"
Jean Jacques Rousseau

Wenn wir uns die Frage stellen, welche Lebensmittel sinnvoll (gesund*) sind, um unser Leben in Gesundheit (im Gleichgewicht) verbringen bzw. dieses wiederherstellen zu können, so müssen wir zweifelsohne nicht nur die Nährstoffe eines Nahrungsmittels beachten, sondern vielmehr noch die übergeordneten, ganzheitlichen Informationen, die Nahrungsmittel, flüssig oder fest, in unseren Körper bringen.

Hierzu ist zu verstehen, dass jeder Organismus, ob Erde, Stein, Pflanze, Tier oder Mensch, in seiner ursprünglichsten Beschaffenheit ein molekulares, strukturiertes "Schöpfungsmuster" hat. Also eine unvergleichliche Struktur.

Wird dieses Schöpfungsmuster einer technologischen, z.B. genetischen, thermischen, chemischen oder mechanischen Beeinflussung unterzogen, so ändert sich dieses mehr oder weniger sinnvoll, oft sinnwidrig. Die entsprechenden Gesetzmäßigkeiten hierfür sind die Kybernetik und die Resonanz. Und mit der Struktur parallel einher geht die Information!

Wenn man z.B. Makroaufnahmen eines Wassertropfens in seiner Urform (unbeeinflusst) und technologisch aufbereitet vergleicht, so kann man feststellen, dass die Form der Moleküle nicht mehr vergleichbar ist.

Die Wirkung des Wassers und seine Synergien werden nicht mehr mit jener vergleichbar sein wie vor der Manipulation. So wie unser städtisches Leitungswasser, das gegenüber seinem Ursprung als Quellwasser verändert ist (38).

Mit anderen Worten: Unser Körper ist in der Lage, Lebensmittel "lesen" zu können. Stark verarbeitete, chemisch veränderte und besonders gentechnisch manipulierte

Lebensmittel haben stark veränderte, in der Natur nicht vorkommende Strukturen ("Buchstaben"), deshalb ist es für unseren Körper sehr schwer, diese zu entziffern.

Wenn unser Körper aber die Botschaften der Nährstoffe, die anorganischen und fein- und feinststofflichen Sendungen nicht entziffern kann, ist es ihm unmöglich diese aufzunehmen und sie zu verarbeiten.

Das geniale Grundprinzip = Sinnvoll ernähren

Um zu verstehen, wie wichtig die "richtige" (Schöpfungs-) Information für die sinngemäße Erfüllung der Aufgaben von Lebensmitteln ist, ist die Kenntnis eines immer schon wirkenden Grundprinzips (39), welches nur in lebenden Systemen agiert, notwendig.
Bei allen essentiellen Fragen im Bereiche des Wachstums, des Aufbaus, der Genesung und Wiederherstellung, der Verzögerung des Alterns, der ganzheitlichen Entwicklung und Entfaltung, immer steht eine optimale Versorgung an erster Stelle, bzw. passiert ohne Versorgung nichts oder eben nicht das Richtige.

Aus diesem Grund kann auch ein versorgter, im Vollbesitz seiner Kräfte und Ressourcen stehender Organismus, auch nicht ernsthaft oder dauerhaft krank sein. Das eine lässt das andere nicht zu.
Einem unter- oder überversorgten, also fehlversorgten Organismus ist es nicht möglich, auf Dauer richtig zu entgiften.

Kann unser Körper von sich aus nicht Ordnung schaffen oder herstellen, werden die Regelkreise (Organ steuert Organ) nicht in Resonanz stehen, d.h. nicht ablaufen, was wiederum den Aufbau von Körpersubstanz (Regeneration) nicht oder nur mangelhaft zulässt.
Schließlich ist eine Vorsorge (Kräftigung des Immunsystems; Verlangsamung des Alterns) durch fehlende Vorarbeit unmöglich. Es wäre so, als ob man beim Bau eines Hauses den Dachstuhl auf nicht vorhandene Grundmauern setzen würde.

Die Selbstorganisation (SO) von Nahrung: Kybernetik und Resonanz

Zwischen *"natürlich aktiver"* (organisch biologischer, biologisch dynamischer), *"eingeschränkt aktiver"* (konventioneller), und *"manipuliert aktiver"* (GVO) Nahrung bestehen grundlegende Unterschiede. Man kann bei der Nahrungszufuhr unterscheiden zwischen

i) "selbstorganisierender"(Ordnung schaffender),
ii) "eingeschränkt organisierender" (stoffbezogener)
iii) "zufällig organisierender"(Chaos erzeugender).
ad i) Wie die Bezeichnungen schon zum Ausdruck bringen, geht es bei "selbstorganisierender Nahrung" darum, dass diese in der Lage ist, den Organismus in seiner Gesamtheit zu versorgen.
Wir sind im Gleichgewicht und in Harmonie, mit uns und mit der uns umgebenden

Welt. *Wir haben Ordnung in uns.*

ad ii) Konventionelle oder *"eingeschränkt"* organisierende Nahrung bedeutet *eben-solche* Versorgung. Wichtige bioaktive Stoffe und Informationen fehlen, die Organarbeit und Existenz wird rein aus dem übernommenen, ungenügenden (weil eingeschränkt versorgten) Material bestritten.

ad iii) Der Ablauf bei Zufuhr von *"manipulativ"* organisierender Chaosnahrung wie Genfood, ist ein gänzlich anderer, vieles beruht auf Zufall.
Dies ist der Grund, warum **Vorhersagen über gesundheitliche Auswirkungen der Gentechnik, ebenso wie Diagnosestellungen, nicht alleine mit klassischem Denken und schulwissenschaftlichen Methoden möglich sind** und anerkannt werden.

Zukunft: umkehren und den rechten Weg finden

> *"Wir produzieren hier pro Kopf*
> *3900 Kalorien täglich, brauchen*
> *aber nur 2400. Also schmeißen*
> *wir den Rest weg - oder werden fett."*
> *Robert Lawrence, John Hopkins-Universität, Baltimore*

Die Gentechnikindustrie - im Licht des oben Gesagten - als Irrläufer der Nahrungsmittel- und Pharmaindustrie baut auf *exponentielles Wachstum*: *quo vadis und wie lange noch* - fragt man sich überhaupt bei der neoliberalen Wirtschaft! Unsere Verwöhnungsgesellschaft hat ein Wachstum in die falsche Richtung forciert (Meadows), dessen Maxime bis heute - trotz der Erkenntnisse - die Steigerung des Konsums ist.

Die vielfach überflüssig erzeugten Produkte, Nahrungsmittel wie auch Arzneimittel, verschmutzen die Körper, die Pflanzen und das Grundwasser.
In nur 15 Jahren verloren durch Bodenverschmutzung, lange Transporte und Konservierungsprozesse unser konventionelles Obst, Gemüse und Weizen rund 50% ihrer Vitamine und Mineralstoffe (help@orf.at vom 09.09.2004).

Umkehren

Verantwortliche Politiker, Industrielle und Bauern müssen aus den katastrophalen GVO-Erfahrungen in USA, Kanada, Argentinien, Indien und Spanien lernen und einen Trend zur Umkehr einleiten und unterstützen, einen Trend, der schon begonnen hat.
Auch wenn *"Essen ohne Ende"* weltweit nach wie vor das große Geschäft ist, so böte sich dennoch ein wirksames Ausstiegsszenario: *Österreich als erstes flächendeckendes Bio-Land weltweit!* Für ein kleines Land wie Österreich hat es keinen Sinn, mit den isolierten Quantitäts-Strategien à la Brasilien oder China mithalten zu wollen, sondern ganz bewusst die Marktnische "Bio", "Demeter (40)"

und "Homa (41)" zu besetzen, aus- und aufzubauen und dies weltweit auch zu kommunizieren. Gentechnikfreie Regionen wie z.B. die Bodenseeregion oder das Waldviertel (vgl. Artikel) sind im Vormarsch!

Schon in wenigen Jahren wird es durch die Gentechnik-Kontamination weltweit zu einer großen Nachfrage nach biologischen Produkten kommen.

Der rechte Weg

Österreich ist jetzt schon Bio-Weltmacht (42). Homa und Demeter sind zwei zukunftsstarke Landwirtschaftsstrategien, die imstande sind, die heimische Erde zu reinigen und unsere Produkte für die qualitative Weltspitze vorzubereiten.

Mit einer flächendeckenden Bio-Strategie tun sich weitere, für das gesellschaftliche und wirtschaftliche Überleben eines Landes entscheidende Vorteile auf:

1) gesunde Erde als Grundlage natürlicher Produktion
2) gesunde Produkte zur optimalen und ausreichenden Versorgung der Bevölkerung und zur Verhinderung einer weiteren Kostenexplosion des Gesundheitswesens.
Echtes Erkennen, wahre Verhaltensänderung und damit echte Problemlösung, geht physiologisch aber nur über den Weg der Reinigung der Erde, der Nahrung, des Körpers mit "Lebens"-mitteln.

Genau diese innere Reinheit wird es uns ermöglichen, uns wieder als Teil der Natur zu fühlen und zu verstehen. Dies ist die Grundvoraussetzung dafür, unsere vom Schöpfer gegebenen Sinne und Kräfte zu aktivieren. **Wir werden genauer hören und riechen, besser schmecken, wahrer sprechen, tiefer fühlen und göttlicher denken.**

Offene Fragen als Schlusswort

> *"Wir werden als eine Konsequenz der Gentechnik*
> *die Genverschmutzung haben."*
> *Georges Köhler,*
> *Nobelpreisträger*

Wie werden Landwirte, Köche, Konditoren, Gastwirte, Imker, Winzer, Branntwein- und Nährmittelerzeuger, Käser und Kaffeeröster damit umgehen, dass ihre Produkte durch vermehrte gentechnische Manipulation *ungewollt plötzlich anders schmecken*?
Wie werden Ärzte, Diätassistenten, Ernährungswissenschafter, Kräuterkundler und Ernährungsberater damit zurechtkommen, wenn ihre bisherigen Diät-Empfehlungen *ungewollt ganz anderes bewirken als oft jahrzehntelang erprobt*?
Wie werden Energetiker, Blütenberater, Drogisten, Aromatherapeuten, Masseure und Gesundheitstrainer es schaffen, ihren Klienten die richtige Hilfestellung zu geben, wenn die von ihnen empfohlenen Produkte unter Umständen gentechnisch

verunreinigt sind und aus Verantwortungsbewusstsein nicht mehr empfohlen werden können?

Wie werden die Betroffenen der Be-und Verarbeitungswirtschaft, die Arbeitnehmer der Gemeinschaftsverpflegung, besonders der Krankenhaus-, Kindergarten-, Schul- und Altenheimversorgung reagieren, wenn der Fall eintritt, dass sich gentechnisch veränderte Ware (z.B. in Convienience Food) als gesundheitsgefährdend herausstellt, weitere Arbeitsplätze überflüssig macht und parallel dazu ein ungesünderes Arbeiten durch Stoffgefährdung (z.B. Zusammenwirken Mikrowelle-GVO) besteht?

Wie werden die Hersteller und Verkäufer von Nahrungsergänzungsmitteln agieren, wenn unter dem nicht kalkulierbaren Einfluss von GVO die gewünschte "Wirkung" ihrer Produkte unerwartet unterbleibt oder krankmachende Effekte auftreten?

Wie werden Erzeuger und Händler der zukünftig über uns hereinbrechenden "Functional Food"-Produkte agieren, wenn sich die unnötig aufgepeppten Design-Kunstprodukte doch als unsicher herausstellen?

Es ist bis zuletzt zu hoffen, dass alle diesen Fragen wohl gestellt, aber nie beantwortet werden müssen. Wenn der Mensch doch noch zur Einsicht kommt und Natur, Leben und Schöpfung voll respektiert!

Anmerkung: Die ungekürzte Originalfassung ist beim Autor erhältlich.

Abb.1: Wasserschwingungsphotographie zeigt unterschiedliche Wirkung von Maiskörnern auf Leitungswasser. Links: Bio-Maiskorn; geordnete = symmetrische Struktur; Rechts: GVO-Maiskorn; chaotische Struktur

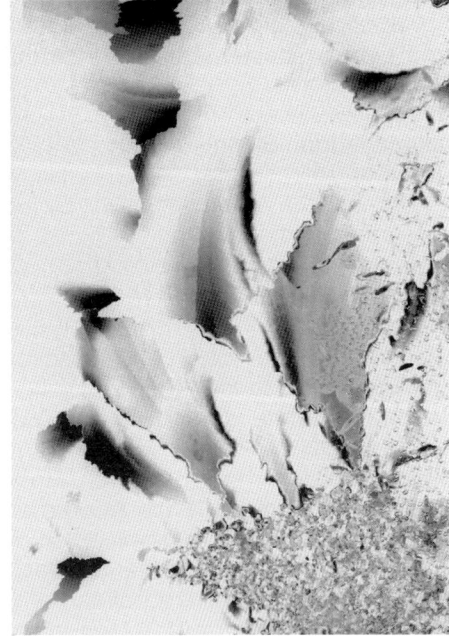

Literatur:

1) Gentechnik: Manipuliertes Leben; Umweltinstitut München e.V.; S.12,13
2) Hans Ulrich Grimm: Aus Teufels Topf/Knaur 77541; Die Suppe lügt/Knaur 77402; Die Ernährungslüge/Droemer
3) Thilo Spahl: Das populäre Lexikon der Gentechnik/Eichborn Verlag
4) Friedrich Cramer: Symphonie des Lebendigen S/Insel Taschenbuch
5) Resonances in Few Bodysystems/Springer Verlag
6) Irmgard Baum, "Heilende Schwingungen"; ISBN – 3-902072-02-4
7) Omraam Michael Aivenhov, Yoga der Ernährung
8) Fertiggerichte: Brockhaus/Ernährung S 208ff
9) Bundesanstalt für Bergbauernfragen: Das Prinzip Verantwortungslosigkeit S 1/ Forschungsbericht 30
10) Alex Jack: Deine Nahrung sei deine Medizin/ 188 medizinische Berichte/Ost-West-Bundverlag
11) Teitel & Wilson; "Genetically Engineered Food: Changing the Nature of Nature"; Park Street Press/Rochester, Vermont
12) Kybernetik, Prinzip der Selbstorgan. komplexer Systeme/Omnibus Lexikon
13) Mischwesen: Umweltinst. München "Gentechnik: Manipuliertes Leben, S 6
14) Jeffrey Smith, Trojanische Saaten; Bertelsmann Verlag
15) a) F. Cramer, Symphonie des Lebendigen/Brot und Wein S.156 Inseltaschenb.
    b) F. Cramer, w.o.; Katastrophen und Teufelskreise S.80
16) Mae-Wan Ho, Lim Li Ching , "ISP" Independent Science Panel, Institute of Science Society, London NW1 OXR,UK
17) "Täuschung durch US-Regierung über GMOs offen gelegt"; www.netlink.de/gen/Zeitung/2000/000217d.html; Seite 2
18) http://www.netlink.de/gen/Zeitung/2000/000217d.html
19) J.Hoppichler, Gentechnik in Landw. & Ernährg, BA für Bergbauernfragen
20) K.Beyreuter, Neurowissenschaftler, in "Die Ernährungslüge" Droemer S.57
21) Hans Ulrich Grimm, "Die Ernährungslüge" Droemer S.97-101
22) Hans Ulrich Grimm, "Die Ernährungslüge" Droemer S.136
23) Dr. Hulda R. Clark "Heilung aller fortgeschrittenen Krebserkrankungen", New Century Press
24) "Wie funktioniert das", Bibliographisches Institut Mannheim/Wien/Zürich; Meyers Lexikonverlag; ISBN 3-411- 01792-9
25) Hans Ulrich Grimm, Wie uns die Lebensmittelindustrie um den Verstand bringt; Droemer, S.38
26) Günter Blobel, Nobelpreisträger, Das interzellulare Postsystem
27) a)Malatesta M. et al. (2002) Jap.Soc. Cell Biology 27, 173-180
    b) Malatesta M. et al. (2003) Europ. J. Histochemistry 385-388
28) Vecchio L. et al (2004) Europ. J. Histochemistry 449-453 und auch Biochemie Nachrichten, 11/2004
29) Agrarisches Informationszentrum, 19.02.2005, www.aiz-info.at
30) William Engdahl, Verlieren wir unsere Nahrungsmittelsicherheit? In: Zeit-Fragen Nr.22/2204
31) Risiko Gentechnik: Fallbeispiele aus Landwirtschaft und

Lebensmittelproduktion, Greenpeace, Hamburg 2000
32) Science, Nr. 305; S.1632 (veröffentlicht in der « Presse »)
33) Das Weltfundament für Naturwissenschaft, Dr. Hans. U. Härtel in "Neuer wissenschaftlicher Ausblick 1992"; Postfach 632, CH 3031 Bern
34) www.careisma.at
35) Agrarisches Informationszentrum vom 25.02.2005 www.aiz-info.at
36) Alberta Velimirov &Werner Müller, "Ist Bio wirklich besser?" BIO ERNTE AUSTRIA www.ernte.at
37) A. Jack, Deine Nahrung sei Deine Medizin, O-W-Bund ISBN 3-924724-43-1
38) M. Emoto (2002) Die Botschaft des Wassers, KOHA Verlag Burgrain/D
39) M.Grössler, Kochen im Haus der Stille, Naturnahe Küche, S.29; ISBN 3-9500115-3-6
40) Biologisch dynamischer Landbau; www.demeter.at
41) Ganzheitl. Heilung als Supertechnologie der Zukunft, www.homatherapie.at
42) Mark Perry, Alles Bio; Holzhausen Verlag

Grössler Manfred

Mehr als 20 Jahre aktiver, beruflicher Tätigkeit, eigene Bücher, Vorträge, Seminare und Publikationen zu den Themen Gesundheit und sein stetes, kompromissloses

Engagement, stets für Natur und Umwelt einzutreten, prägen das Leben des gelernten Kochs und Ernährungsberaters.

Als Dipl.Phytologe und UGB-Gesundheitscoach verfügt er über reiche Erfahrung in den Bereichen Ernährung, Gesundheit und ganzheitliche Lebensweise.   Fünf Jahre Kommunalpolitik in der Grazer Stadtregierung mit den Themen Gesundheit und Umweltschutz stellen wichtige politische Erfahrungswerte dar.

Als politischer Wegbereiter biologischer Ernährung und geistiger Mitbegründer der österreichischen Biobauern-Bewegung, setzte Manfred Grössler bereits in der Zeit seiner Politikerlaufbahn bedeutende Akzente.

Ab 1993 Initiativen gegen Gentechnik in Landwirtschaft und Lebensmittel (darunter der bis heute einzigartige Protest der Stadt Graz gegen den Import gentechnik-verseuchter Lebensmittel).

Die „Fühle Dich Gut"-Strategie des Herausgebers wurde mit dem Umweltpreis „Ökoprofit" und dem Gesundheitsgütesiegel des Landes Steiermark ausgezeichnet.

Bücher: „Der gedeckte Tisch"/1986/InkoSporVerlag/vergriffen; „Andere Wahrheiten"1999/Edition Strahalm (mit Beiträgen zu Ernährung und Gentechnik).   Seit 2004 wissenschaftlicher Beirat der "World Accossiation Of Private Schools And Universitys For Complementäry Healing And Practicies". Mitglied des Präsidiums des "Worldcongress Of Integrated Medicine - Humanity in Medicine 2005".

Manfred Grössler
Dipl. Phytologe und Ernährungsberater
Kreuzgasse 44,
A-8010 Graz
Tel. 0316/32-39-32
manfredgroessler@tele2.at

4.4. Gentechnik im Ernährungsbereich

Claus Leitzmann, emeritierter Professor am Institut für Ernährungswissenschaft an der Universität Gießen, Deutschland

Text: Claus Leitzmann

Die Unterdrückung unerwünschter Eigenschaften eines Lebensmittels, wie das Ausschalten des „Weichmacher-Gens" in Tomaten, führte 1994 in den USA zur Zulassung der weltweit ersten kommerziellen Freisetzung von gentechnisch veränderten Organismen (GVO). Zum Anbau der bekannten *FlavrSavr-Tomate* ("Anti-Matsch-Tomate"). Deren Produktion als Frischeprodukt wurde 1997 wegen ackerbaulicher und geschmacklicher Unzulänglichkeiten aufgegeben.

Als Produkte der sog. *"Zweiten Generation"* werden gentechnisch veränderte Pflanzen bezeichnet, in denen – über eine Insekten-, Herbizid- oder Virusresistenz der "ersten Generation" hinausgehend – neue Substanzen oder veränderte Substanzprofile produziert werden sollen. Dies sind zum Beispiel Ölpflanzen wie Raps oder Soja mit verändertem Fettsäurenmuster, Reis mit erhöhtem Vitamin- oder Mineralstoffgehalt, Pflanzen mit erhöhten Gehalten an sekundären Pflanzenstoffen, z.B. zum Zweck der Cholesterinsenkung (phytosterol-angereichertes Soja).

Gentechnisch veränderte Mikroorganismen werden seit 1982 kommerziell in der Großfermentation eingesetzt. Sie dienen unter anderem der Produktion von Süßstoffen und Aminosäuren sowie zur Herstellung von Enzymen, die zur Verzuckerung von Zellulose (Zellulasen) oder zur schnelleren Bräunung von Backwaren (Xylanasen) eingesetzt werden.

Es ist möglich, die Produktion von *Einzelsubstanzen* mit Hilfe von gentechnisch veränderten Mikroorganismen oder gentechnisch veränderten Zellkulturen von Tieren und Pflanzen billiger durchzuführen: Zum Beispiel die Synthese von Vitaminen, Enzymen, Lebensmittelzusatzstoffen, Aromen, Futterzusatzstoffen, Pestiziden. In der Folge können klassische Rohstoffquellen oder Zulieferer vom Markt verdrängt werden, wie beispielsweise Labferment aus gentechnisch veränderten Mikroorganismen statt des tierischen Labferments oder des pflanzlichen/mikrobiellen Labersatzes.

Mehr als die Summe der Einzelteile

Obwohl die Gentechnik bei der Herstellung pharmazeutisch wirksamer Substanzen im medizinischen Sektor von Nutzen sein kann, ist ihre Anwendung bei der Produktion von Lebensmitteln fraglich. Denn anstatt von Verbesserungen für die Lebensmittelqualität birgt die Erzeugung von Nahrungsmitteln unter Anwendung der Gentechnik eine Reihe ernstzunehmender und bisher ungeklärter potenzieller Risiken.

Das bisher in der Risikoabschätzung der Gentechnologie angewandte *Additive*

Risikomodell geht davon aus, dass sich genetische Eigenschaften in ihrer Wirkung addieren. Methoden zur Einbindung nicht-additiver, sich verstärkender oder abschwächender Effekte in die Risikoabschätzung fehlen bisher.
So ist wissenschaftlich anerkannt, dass ein- und dasselbe Transgen (= gentechnisch verändertes Gen) je nachdem, in welchem Abschnitt des Genoms es eingebaut wurde, sowie je nach Entwicklungsstadium des GVO und je nach Jahreszeit unterschiedlich aktiv ist - und zwar in nicht vorhersagbarem Ausmaß.

Die Neueinführung von Eigenschaften kann auch Einfluss auf andere Stoffwechselwege und ihre Endprodukte nehmen. So konnte bei transgenem herbizidresistenten Soja und bei Mais mit Insektenresistenz (Bt-Mais) eine stärkere Verholzung der Zellwände festgestellt werden. Bei Lachsen mit einem gentechnisch veränderten Wachstumshormon-Gen fanden sich zwar im Fleisch kaum Unterschiede zu konventionellem Mastlachs, sie zeigten aber eine andere Jugendfärbung und ein verändertes Fress- und Schwimmverhalten sowie teilweise schwere Deformationen am Kopf.

Die Erkenntnis, dass ein Organismus mehr ist als die Summe seiner Einzelteile und dass Rückkoppelungen zwischen allen Organisationsebenen auftreten, deren Ursache und Resultate nicht genetisch vorherbestimmt sind, ist inzwischen auch in die EU-Gesetzgebung eingeflossen. Zukünftig müssen neue Methoden der Risikoanalyse entwickelt werden, die sich an einem *Synergistischen Risikomodell* orientieren, d.h. einem Modell, das Interaktionen auf allen Ebenen erfasst.

Allergenes Potential?

Direkte Risiken für die menschliche Gesundheit ergeben sich entweder aus neuen Produktionsweisen, die mit den GVO ermöglicht werden, oder aus den GVO selbst.

Bei *neuen Produktionsweisen* erfolgt der Einsatz von Totalherbiziden zusammen mit resistenten, d.h. gegen die Herbizide unempfindlichen Pflanzensorten. Grundsätzlich ist festzustellen, dass durch die Entwicklung herbizidresistenter Pflanzen die Rückstandsproblematik in Lebensmitteln nicht gelöst, sondern nur verlagert wird. Dies steht im Gegensatz zu Ankündigungen der chemischen Industrie, eine Herbizidresistenz fördere die Verwendung *"umweltfreundlicher"* und toxikologisch unbedenklicher Mittel und sorge für eine Reduktion der Aufwandsmengen.
Doch Untersuchungen des amerikanischen Landwirtschaftsministeriums zeigten dagegen, dass bei gentechnisch veränderter Soja ("Roundup Ready") statt einer deutlich geringeren sogar eine geringfügig größere Menge an Pestiziden ausgebracht wurde als auf konventionellen Feldern. Der Verbrauch von Pestiziden stieg insgesamt langsam an.

Gentechnische Eingriffe führen in der Regel dazu, dass neue, bisher in dieser Pflanze nicht vorhandene Proteine gebildet werden. In diesem Zusammenhang stellt sich die Frage nach einem möglicherweise veränderten *allergenen Potential* dieser pflanzlichen Nahrungsmittel. Während es möglich ist, auf Proteine aus bekannten, allergieauslösenden Organismen zu testen, ist die Abschätzung, inwieweit neue Proteine in Nahrungsmitteln ein allergieauslösendes Potential besitzen, sehr schwierig. Derzeit wird eine Reihe von Genen für Proteine in transgene Pflanzen eingebaut, die als potentielle Allergene gelten. Zu diesen Proteinen zählen unter anderem Enzyminhibitoren (z.B. Trypsininhibitoren aus Soja), Lektine (spezielle Proteine mit insektentoxischem und teilweise säugetiertoxischem Potential, z.B. aus Bohnen) und Albumine (Speicherproteine).

Wenn dieselben Proteine gleichzeitig in verschiedene wichtige Nutzpflanzen einkloniert würden, wäre für allergisch reagierende Menschen gleich eine große Palette von pflanzlichen Lebensmitteln nicht mehr essbar.

Durch die künstliche Neukombination genetischen Materials beinhalten *transgene Organismen selbst* Gefahrenpotentiale für die Gesundheit des Menschen, die wegen unzureichenden Forschungs- und Erfahrungsstandes nur schwer abzuschätzen sind.

Im Verlauf von Freisetzungen und industrieller Produktion zufällig dokumentierte Beobachtungen und spätere systematische Forschungen zeigen, dass transgene Pflanzen die neuen Gene als „fremd" erkennen und ausschalten können.
Durch gentechnische Eingriffe in Stoffwechselwege von Hefe traten unerwartet schädliche Nebenprodukte wie Methoxyglyoxal auf.

Umstritten ist die Frage, ob durch den Verzehr von Lebensmitteln aus GVO intakte Transgene auf die *Darmflora* des Menschen oder auf den Menschen selbst übertragen werden können. Eine Studie aus England enthält Hinweise, dass auch menschliche Darmbakterien unter bestimmten Bedingungen Erbgut aus genetisch modifizierten Pflanzen aufnehmen können. Im Stuhl und in den Darmbakterien von Untersuchungsteilnehmern mit künstlichem Darmausgang, die Lebensmittel mit gentechnisch veränderter Soja gegessen hatten, konnte genetisch veränderte DNS nachgewiesen werden.

Da *Antibiotikaresistenz-Gene* in der Gentechnologie zur Markierung und Vorselektion von GVO im Labor eingesetzt werden, könnten diese Resistenzen über den Verdauungstrakt oder den Boden auf menschliche und tierische Krankheitserreger übertragen werden. Dies würde die derzeitige Verbreitung von Antibiotikaresistenzen unter Mikroorganismen verstärken und damit eine Situation verschärfen, die durch den übermäßigen Einsatz von Antibiotika in der intensiven Tiermast und in der Humanmedizin entstanden ist.

Grüne Pflanzen statt "Golden Rice"

Oft werden gentechnische Methoden als Chance zur Bekämpfung von *Hunger in Entwicklungsländern* dargestellt. Dieser Argumentation kann nur gefolgt werden, wenn die Ursachen von Hunger auf das Problem einer unzureichenden Nahrungsproduktion reduziert werden. Umfassende Analysen der Hunger- und Armutsproblematik zeigen jedoch, dass durch die Fixierung auf eine technikzentrierte Lösung keine dauerhafte und sozial gerechte Problemlösung erreicht werden kann – eine Erkenntnis, die auch aus der Geschichte der Fehler der *Grünen Revolution* abgeleitet wird.

Der von Wissenschaftlern der ETH Zürich und der Universität Freiburg entwickelte "*Vitamin-A-Reis*" (auch "Golden Rice" genannt) stellt ein gutes Beispiel für den eindimensionalen Ansatz der Gentechnik im Bereich Entwicklungsländer dar.
In diesen Reis wurden Gene aus der Narzisse und aus einem Bakterium eingebaut, mit deren Hilfe die Pflanze die Vorstufe von Vitamin A, das Beta-Carotin, synthetisiert. Nach Publikation der ersten Forschungsergebnisse gingen euphorische Erwartungen durch die Weltpresse, unter anderem, dass der neue Reis in Zukunft jedes Jahr einer Million Kinder das Leben retten solle.

Vitamin-A-Mangel tritt aber in der Regel nicht isoliert auf. Meist gehen weitere Nährstoff-Mängel damit einher, da aufgrund der verbreiteten Armut der Zugang zu einer Vielfalt an Nahrungsmitteln, die eine adäquate Nährstoffzufuhr gewährleisten würde, nicht gegeben ist. Die grundlegende Voraussetzung, damit Vitamin A oder Beta-Carotin überhaupt vom Körper verwertet werden können, nämlich eine ausreichende Fettzufuhr, ist ebenfalls häufig nicht erfüllt. Zudem fehlen bisher verlässliche Angaben über die Umwandlungsraten von Beta-Carotin zu Vitamin A, die Bioverfügbarkeit sowie die Stabilität bei der Lagerung. Ob das neue Beta-Carotin physiologisch nutzbar sein wird, ist derzeit nicht geklärt.

Verschiedene Nicht-Regierungs-Organisationen aus den Reis-konsumierenden Zielländern warnen vor Versprechungen der Industrie und plädieren stattdessen für eine Nutzung der auf den Feldern fast verschwundenen einheimischen grünen Pflanzen, wie Cassava- und Taro-Blätter, grüne Blattgemüse und Süßkartoffeln, die neben Beta-Carotin weitere wichtige Nährstoffe für eine gesunde Ernährung bieten.

Die einseitige Konzentration auf kostenintensive, industrielle Lösungen der Gentechnologie führt dazu, dass die Fortentwicklung *angepasster lokaler Produktionssysteme* vernachlässigt wird. Erfahrungen aus Entwicklungsländern zeigen, dass nur die Bevölkerung *selbst* Produktionssysteme entwickeln kann, die neben dem Bedürfnis nach Nahrung auch andere Bedürfnisse ihres Alltags erfüllen können.

Die Aktivitäten der internationalen gentechnischen Forschung und Entwicklung zeigen schließlich, dass sich diese auf die industrielle Landwirtschaft der gemäßigten Klimazonen konzentrieren – die praktische Relevanz der Gentechnologie für Entwicklungsländer muss bisher als gering eingestuft werden.

Gentechnik-Produkte meiden

Während die Anwendung von Gentechnik im Lebensmittelbereich prinzipiell eine rationellere, kostengünstigere und effektivere Lebensmittelerzeugung und -verarbeitung ermöglichen kann, bleibt der Nutzen für die Verbraucher umstritten.

Angesichts der gesundheitlichen, ökologischen und sozialen Risiken der Gentechnologie ist daher aus Sicht der Verbraucher eine prinzipielle Nichtzulassung gentechnischer Verfahren bei der Erzeugung und Verarbeitung von Lebensmitteln zu fordern.

Eine solche Nichtzulassung ist in den Richtlinien der deutschen und internationalen Anbauverbände der *ökologischen Landwirtschaft* festgeschrieben und wurde 1999 in die entsprechende EU-Verordnung für die ökologische Landwirtschaft aufgenommen. Für ein *generelles* Verbot auch im konventionellen Bereich konnte bisher keine politische Mehrheit gefunden werden. Von den Verbraucher- und Umweltschutzverbänden sowie von Herstellerverbänden der Natur-/Reformkost und ökologischer Lebensmittel werden unter anderem folgende Forderungen aufgestellt:

- Die Möglichkeit, sich gentechnikfrei zu ernähren, muss auch in Zukunft gegeben sein.

- Wegen der unvermeidlichen Verunreinigungen kann gentechnikfreie ökologische Landwirtschaft nicht in Kontakt mit einer Landwirtschaft existieren, die Gentechnik anwendet.

- Es muss eine Produkt- und Anwenderhaftung im Sinne des Verursacherprinzips mit Beweislast auf Seite des Produzenten von Lebensmitteln aus GVO geben.

- Eine Umlenkung staatlicher Fördergelder in umwelt- und sozialverträgliche Technologien ist erforderlich, die zur Entwicklung von Produkten keine transnationale Konzentration von Markt- und Kapitalmacht voraussetzen.

Wegen der dargestellten unsicheren bzw. problematischen Sachlage bezüglich der Gentechnik im Ernährungsbereich wird empfohlen, Produkte sowie Zusatz-, Hilfs- und Aromastoffe, die unter Anwendung der Gentechnik hergestellt wurden, zu meiden. Dieses ist erreichbar, indem Lebensmittel aus ökologischer Landwirtschaft verzehrt werden. Das Konzept der *Vollwert-Ernährung* und das dahinter stehende wissenschaftliche Fachgebiet der Ernährungsökologie haben einen ganzheitlichen Anspruch und gehen weit über den Aspekt der individuellen Gesundheit hinaus.

Aus den vielseitigen Erkenntnissen dieser Fachgebiete ergibt sich die dargestellte Vorsicht im Umgang mit der Gentechnik im Lebensmittelbereich. Statt neuer gentechnisch veränderter Produkte sind unsere derzeitig genutzten Lebensmittel, sofern sie in guter Qualität und ausreichender Menge vorhanden sind, die sicherste Ernährungsbasis auch für die Zukunft.

Dieser Text findet sich in ausführlicher Form mit den entsprechenden aktuellen Literaturangaben in der 10. Auflage des Buches "Vollwert-Ernährung: Konzeption einer zeitgemäßen und nachhaltigen Ernährung" von Karl von Koerber, Thomas Männle und Claus Leitzmann (Haug-Verlag, Stuttgart 2004).

Claus Leitzmann Univ.-Prof. Dr.

geboren 1933 in Dahlenburg, Niedersachsen. Studium der Chemie (B.Sc. Capital University, Columbus, Ohio), Mikrobiologie (M.Sc.) und Biochemie (Ph.D. University of Minnesota, Minneapolis, Minnesota). Wissenschaftlicher Mitarbeiter von Paul Boyer (Nobelpreis 1997) am Molecular Biology Institute, University of California, Los Angeles, 1967-69. Dozent im Department of Biochemistry and Nutrition, Mahidol University, Bangkok, 1969-71. Leiter des Forschungslabors des Anemia and Malnutrition Research Centers, Chiang Mai, Thailand, 1971-74. Seit 1974 am Institut für Ernährungswissenschaft der Universität Giessen, Habilitation 1976 (Ernährung des Menschen). Seit 1979 Professor für Ernährung in Entwicklungsländern, Aufbau und Durchführung dieses Wahlpflichtfaches in Forschung und Lehre. Geschäftsführender Direktor des Instituts für Ernährungswissenschaft, 1990-1995.

Forschungsgebiete: Ernährung in Entwicklungsländern; Ernährungsstatus verschiedener Bevölkerungsgruppen; Ballaststoffe; Vegetarismus; Vollwert-Ernährung; Sekundäre Pflanzenstoffe; Ernährungsökologie. Über 400 wissenschaftliche Veröffentlichungen.

Mitglied zahlreicher wissenschaftlicher Gesellschaften sowie wissenschaftlicher Beiräte von Fachgremien, Stiftungen und Fachzeitschriften. Zabelpreis für Krebsprävention 1988. Preis der Dr. Broermann Stiftung für präventive Ernährung, 1997.

5. KONSUMENTENSCHUTZ

5.1. Illusion der Wahlfreiheit

Thilo Bode, Gründer der Verbraucherschutzorganisation Foodwatch
Langjähriger Geschäftsführer von Greenpeace Deutschland

Text: Thilo Bode

Jahrelang hatten sich die europäischen Verbraucher gegen gentechnisch veränderte Nahrungsmittel gewehrt. Der Nutzen von Raps, der gegen Unkrautvertilgungsmittel resistent ist, oder Mais, in den ein Insektengift eingebaut ist, überzeugt nicht. Mittlerweile ist der Damm gebrochen.

Unterstützt von der US-Regierung, die das bisherige EU-Gentechnikmoratorium als Handelshemmnis ansah, erreichte die gut organisierte Saatgutindustrie einen historischen Kompromiss mit der EU-Kommission: Gentechnisch veränderte Pflanzen dürfen zukünftig in Europa eingesetzt und gentechnisch veränderte Lebensmittel verkauft werden. Im Gegenzug müssen daraus hergestellte Produkte als gentechnisch verändert gekennzeichnet werden. Der Kern des Kompromisses liegt in einem einzigen Wort: Wahlfreiheit.

Mit der Gentechnik-Kennzeichnung pflanzlicher Lebens- und Futtermittel lägen Erfolg oder Misserfolg der Agrargentechnik von nun an in den Händen von Verbrauchern und Landwirten. Dies sagen EU-Kommission, Bundesregierung und Industrie. Die so geschaffene Wahlfreiheit loben sie als Fanal für eine neue Verbrauchersouveränität. Haben die Verbraucher mit dieser "Wahlfreiheit" die Möglichkeit, beim Einkauf zu wählen, ob sie die Anwendung einer neuen Technologie wollen oder nicht?

Denn darum geht es vor allem - und nicht allein um gesundheitliche Eigenschaften von Lebensmitteln. Leider nein! Wenn wir Fleisch, Eier oder Milch kaufen, wissen wir nicht, ob wir uns damit für oder gegen Gentechnologie entscheiden. Denn ob die Tiere tagaus, tagein gentechnisch verändertes Futter erhalten, muss nicht angegeben werden. Obwohl der Landwirt seit kurzem weiß, ob er Gentechnik verfüttert oder nicht. Im verbraucherpolitischen Jargon wird dieser Missstand als "Kennzeichnungslücke" bagatellisiert.

Die Lücke ist gravierend, wenn man die Messlatte Wahlfreiheit anlegt. Etwa 80 Prozent aller gentechnologisch veränderten Pflanzen gehen in die Futtermittelproduktion.

Das, was in den Regalen als Lebensmittel landet, Maischips oder Sojaöl zum Beispiel, ist dagegen nur ein Klacks. Die Verbraucher werden durch eine Kennzeichnungslücke zu Zwangsunterstützern der Gentechnologie gemacht. Diese Kennzeichnungslücke ist kein Versehen der Politik, sie ist politische Strategie

und Ergebnis eines Kuhhandels. Die Industrie akzeptierte die Kennzeichnungs-
verpflichtung für Lebensmittel nur unter der Voraussetzung, dass tierische Produkte
kennzeichnungsfrei blieben. Das Kalkül lautet: Die Verbraucher werden schon nicht
merken, dass die versprochene Wahlfreiheit eine Irreführung ist und ihre Interessen
bei dem historischen Kompromiss zur Einführung der Agrargentechnik verraten
worden sind.

Die Kennzeichnung tierischer Produkte würde mächtige wirtschaftliche Interessen
verletzen. Die Absatzmärkte US-amerikanischer Sojaproduzenten und Saatgutkonzerne wären ernsthaft bedroht und damit auch die europäisch-amerikanischen
Handelsbeziehungen. Denn die Verbraucher würden wahrscheinlich Fleisch, das
ohne gentechnisch veränderte Futtermittel erzeugt worden ist, bevorzugen. Vor
kurzem stellte der US-Saatgutkonzern Monsanto seine Forschungen an gentechnisch
verändertem Weizen ein.

Die US-Landwirte wollten ihn nicht, weil Weizen direkt in europäische und japanische Lebensmittel wandert. Und weil die Lebensmittelindustrie aufgrund der Produkt-
kennzeichnung keine Marktchancen für Genweizen sieht, würden die US-Farmer
darauf sitzen bleiben. Für Futterpflanzen aber gibt es den entsprechenden Markt-
mechanismus nicht. Dafür sorgt die EU-Kennzeichnungslücke.

EU-Kennzeichnung ist Verbrauchertäuschung

Vergebens ist das Hoffen von Verbrauchern, die Politik werde ihren Wunsch nach
echter Wahlfreiheit erfüllen. Das Verbraucherministerium betreibt sogar wissentli-
che Verbrauchertäuschung. Renate Künast argumentiert mit Wissenschaft. Milch,
Eier oder Fleisch könnten erst dann gekennzeichnet werden, wenn die genetische
Veränderung der Futtermittel im Endprodukt nachgewiesen würde. Das ist falsch!
Die Nachweisbarkeit von Genfragmenten ist explizit keine Bedingung für die Kennzeichnung. Sonst müssten Öl oder Lecithin aus gentechnisch veränderter Soja auch
nicht gekennzeichnet werden. Doch sie müssen, weil es bei der Kennzeichnung
ausschließlich um die "Rückverfolgbarkeit" der Verwendung von Gentechnik in
der Herstellungskette geht - und damit um die Kompetenz der Verbraucher, Produkte trotz oder wegen ihrer Herstellungsweise zu kaufen oder nicht zu kaufen.

Die Verbrauchertäuschung hat politische Gründe. Konflikte mit der Saatgut- und
der Futtermittelindustrie sollen ebenso vermieden werden wie ein Handelskonflikt
mit den USA. Diese deutsch-amerikanische Gen-Freundschaft darf offenbar auch
die Verbraucherministerin nicht beschädigen; was die US-Regierung nicht davon
abhält, ein Verfahren bei der WTO mit dem Ziel anzustrengen, die bestehende
Kennzeichnungsverordnung der EU zu kippen.

Wer verhilft den machtlosen Verbrauchern dann zu echter Wahlfreiheit?
Weder der aufs Engste mit der Futtermittelbranche verflochtene Bauernverband
noch die Ökolandwirtschaft haben ein unmittelbares Interesse an einer Kennzeichnung der tierischen Lebensmittel. Die Ökolandwirtschaft ist grundsätzlich gentechnik-

frei. Wenn den Verbrauchern, die Gentechnik vermeiden wollen, nur noch der Griff zu Ökoprodukten bleibt, ist das zwar auch keine Wahlfreiheit, aber für die Ökolandwirtschaft nicht unbedingt von Nachteil. Vielleicht sieht so die bislang völlig unrealistische "Agrarwende" der Bundesregierung aus: 20 Prozent Ökolandwirtschaft für die Besserverdienenden und 80 Prozent Gentechnik-Landwirtschaft für das Volk.

Bei dem Streit um die konsequente Kennzeichnung von gentechnisch veränderten Nahrungsmitteln tobt hinter den Kulissen ein erbitterter Kampf um die Definition des Begriffes: Rückverfolgbarkeit. Die wird immer wichtiger, je mehr und je weiter die Zutaten für unsere Nahrungsmittel um den Erdball transportiert werden, und je undurchsichtiger Herstellungsweise, Zusammensetzung und Herkunft der Lebensmittel werden. Transparenz und Wahlfreiheit, die grundlegenden Prinzipien der Verbrauchersouveränität, setzen die lückenlose Rückverfolgbarkeit der Nahrungsmittel über die gesamte Produktionskette voraus.

Dagegen wehrt sich die Industrie mit ihren einflussreichen Lobbyverbänden. Denn diese Transparenz kostet Geld und engt ein. Der Bund für Lebensmittelrecht und Lebensmittelkunde (BLL), die Speerspitze der deutschen Ernährungsbranche, beansprucht die Definitionsmacht für sich. Und die Regierung droht wie gewohnt einzuknicken.

Die Futtermittelindustrie hat inzwischen Fakten geschaffen und kennzeichnet ihre Ware durchgängig als gentechnisch verändert - um Haftungsrisiken auszuschließen, wie sie sagt. Notfalls wird ein wenig gentechnisch veränderte unter die gentechnikfreie Soja gemischt, um nicht gegen die Kennzeichnungsverordnung zu verstoßen.

So wird gentechnikfreies Futter, weil zu teuer, vom Markt verschwinden. Der Anfang vom Ende der Wahlfreiheit hat schon begonnen.

Thilo Bode Dipl.-Volkswirt

studierte Soziologie und Volkswirtschaft an den Universitäten München und Regensburg.
Eine Forschungsarbeit über die Auswirkungen von Direktinvestitionen in Malaysia schloss er mit der Promotion ab.

Danach arbeitete Bode über ein Jahrzehnt in staatlichen (Kreditanstalt für Wiederaufbau) und privaten Organisationen der Entwicklungszusammenarbeit.
Nach einer Führungsposition in einem mittelständischen Konzern leitete er 12 Jahre lang zuerst Greenpeace

Deutschland und dann Greenpeace International.

2002 gründete Bode die Verbraucherorganisation foodwatch, deren Geschäftsführer er ist.

5.2. Ein Zeichen für Reinheit

Florian Faber, Geschäftsführer der ARGE Gentechnik-frei

Das Gentechnik-Volksbegehren hatte soeben ein sensationelles Ergebnis gebracht, dennoch wollten sich viele Gruppen mit diesem einen Erfolg nicht zufrieden geben: Weitermachen hieß im Frühjahr 1997 das Gebot der Stunde - schließlich sollte der Volkswille in die Tat umgesetzt werden, anstatt sich auf schöne Reden schwingende Politiker zu verlassen.

Aus einer solchen überparteilichen Initiative ging die ARGE Gentechnik-frei ("Arbeitsgemeinschaft für Gentechnik-frei erzeugte Lebensmittel") hervor, die sich die Förderung und Unterstützung der gentechnikfreien Lebensmittelproduktion zum Ziel setzte.
Sie bestand aus einer nicht gerade alltäglichen Allianz der Marktführer im Lebensmittelhandel und der Lebensmittelproduktion, dem Bioverband "Ernte fürs Leben" und den Umweltschutzorganisationen Greenpeace sowie Global 2000 und machte sich in dieser breiten Basis ans Werk, um die Voraussetzungen für eine freiwillige Kennzeichnung gentechnikfrei erzeugter Lebensmittel zu schaffen.

Was dabei herauskam, kann sich sehen lassen: "Es ist das erste, strengste und durchgängigste Kennzeichnungssystem dieser Art und es gibt nach wie vor noch immer in ganz Europa nichts Vergleichbares", erzählt Florian Faber, Geschäftsführer der ARGE Gentechnik-frei, nicht ohne Stolz.
Lebensmittel, die auf der Verpackung das grün-weiße Zeichen "Gentechnik-frei erzeugt" tragen, werden strengen Kontrollen unterzogen: Untersucht wird dabei nicht nur das fertige Produkt, sondern die Gentechnikfreiheit muss auch für den gesamten Produktionskreislauf nachgewiesen sein - vom Feld bis zum Teller.

Geprüft werden die Betriebe von externen Kontrollstellen, die die notwendige Akkreditierung haben, um Gentechnikfrei- oder Bio-Kontrollen durchzuführen. Dies sind die agroVet, die Salzburger Landwirtschaftliche Kontrolle (SLK) und die Österreich-Tochter der weltweit tätigen SGS (Société Générale de Surveillance).

Um sicher zu gehen, dass nur gentechnikfreie Produkte auch als solche ausgewiesen werden können, erfolgt die Kontrolle auf mehreren Ebenen: Zum einen verfahrensorientiert, das heißt, dass beim Bauern die Herkunft und Menge des Saatgutes, die eingesetzten Futtermittel sowie die eingesetzten Rohstoffmengen dokumentiert werden und beim Lebensmittelverarbeiter auf Herkunft und Menge der eingesetzten Rohstoffe, Halbfabrikate sowie auch der Hilfs- und Zusatzstoffe geachtet wird.

Weiters ist die Art des Herstellungsverfahrens, dessen Dokumentation und internes Qualitätssicherungssystem im Hinblick auf Verwechslungs-, Vermischungs- oder Verschleppungsgefahren von GVO für die Prüfer von Bedeutung. Zum anderen erfolgt die Kontrolle ergebnisorientiert: Hier werden in jedem Produktionsschritt Stichproben genommen und auf gentechnische Verunreinigung untersucht.

Die in der ARGE Gentechnik-frei zusammenarbeitenden Unternehmen und Organisationen hatten sich von Anfang an das Ziel gesetzt, die Anforderungen an eine Gentechnik-frei-Kennzeichnung für alle Lebensmittel identisch zu gestalten - egal ob sie aus der biologischen oder der konventionellen Landwirtschaft stammen.

Und dies ist auch gelungen: "In der Zwischenzeit wurde der von der ARGE Gentechnik-frei entwickelte Kriterienkatalog vom Österreichischen Lebensmittel-Codex weitestgehend übernommen. Die Definition der Gentechnikfreiheit ist im österreichischen Lebensmittelbuch festgeschrieben und damit für alle Hersteller verbindlich" erklärt Faber.

"Bio" ist immer gentechnikfrei

Für Bioprodukte gilt spätestens seit der Novelle der EU-Bioverordnung aus dem Jahr 2000, dass diese vom Gesetz her gentechnikfrei sein müssen. Da dies jedoch noch nicht allen bekannt ist, verwenden einige Biomarken und Bioproduzenten das Zeichen auch für sich und ihre Produkte als zusätzliche Information für die Konsumenten. Einen ganz speziellen Mehrwert bringt das Zeichen aber für Produkte, die aus der konventionellen Landwirtschaft stammen.

Denn obwohl bisher in Österreich keine genmanipulierten Pflanzen angebaut werden durften und bei den Handelsketten von gentechnisch veränderten Produkten nichts zu bemerken ist, ist die Gentechnik im Tierfutter bereits allgegenwärtig: So etwa frisst fast jedes nichtbiologisch aufgezogene Tier – ob Geflügel, Rind oder Schwein – gentechnisch veränderte Soja.

Bisher haben sich nur wenige Unternehmen dazu entschlossen, die Fütterung umzustellen und die Produktionskette der Futtermittel so zu durchforsten, dass keine gentechnisch veränderten Substanzen zum Einsatz kommen – weder bei den Rohstoffen wie Mais, Soja oder Raps, noch bei den Futtermittelzutaten wie Vitaminen oder Enzymen.

"Jetzt gibt es aber eine Reihe von Herstellern, insbesondere aus der Fleisch- und Molkereibranche, die an einer Umstellung arbeiten", freut sich Faber über die Bemühungen einiger Unternehmen, die sich dadurch auch Wettbewerbsvorteile erhoffen.

Zu diesem Umdenken haben wohl auch Umweltschutzorganisationen beigetragen, die immer wieder auf grobe Mängel bei der EU-Verordnung zur Kennzeichnung gentechnisch veränderter Futter- und Lebensmittel aufmerksam machten. Greenpeace prangerte manche Unternehmen zeitweise auch öffentlich an, Produkte von Tieren zu verkaufen, die mit genmanipuliertem Futtermittel ernährt werden.

Die von der EU vorgeschriebene Kennzeichnung unterscheidet sich nämlich grundlegend von derjenigen der ARGE Gentechnik-frei: Die EU-Verordnung betrifft alle

Produkte, bei deren Herstellung Gentechnik zum Einsatz kam. Allerdings mit zwei bedeutenden Einschränkungen: Lebensmittel wie zum Beispiel Milch, Fleisch und Eier von Tieren, die mit gentechnisch veränderten Futtermitteln gefüttert wurden, müssen nicht gekennzeichnet werden.

Außerdem gilt die Kennzeichnungspflicht erst ab einem GVO-Anteil von 0,9 Prozent. Im Gegensatz dazu ist die Kennzeichnung der ARGE-Gentechnik-frei freiwillig, wobei die Gentechnikfreiheit bestätigt wird. "Lediglich minimale Verunreinigungen an der Nachweisgrenze von 0,1 Prozent, die auch durch die strengsten Vorsichtsmaßnahmen nicht ausgeschlossen werden können, werden toleriert", so Faber.

Mehr als 350 heimische Lebensmittel tragen bereits das "Gentechnik-frei"-Zeichen "und machen so die österreichische Lebensmittelwirtschaft "zum Vorreiter Europas", wie Faber meint.
Wie die Entwicklung weitergeht, entscheiden die Konsumenten: Je öfter sie bewusst gentechnikfreie Lebensmittel einkaufen, je lauter sie diese fordern, desto mehr werden die Politiker und der Handel dem nachkommen und nachkommen müssen.

Und wenn der Preis stimmt, werden auch mehr und mehr Bauern bereit sein, ihre Wirtschaftsweise zu ändern. Bleibt zu hoffen, dass eines Tages das "Gentechnik-frei"-Zeichen überall zu finden sein wird.

Florian Faber

geb. 1962, Geschäftsführer der ARGE Gentechnik-frei, einer unabhängigen Plattform zur Kennzeichnung von Gentechnik-frei erzeugten Lebensmitteln. Der Lebensmittelexperte und Kommunikationsberater hat die Plattform aus Lebensmittelhandel, -herstellern, Bioverbänden und Umwelt- bzw. Konsumentenschutzorganisationen im Jahr 1997 ins Leben gerufen.

Mittlerweile sind – einmalig in Europa – auf dem österreichischen Markt bereits über 500 Produkte mit dem grünen „Gentechnik-frei-Zeichen" ausgelobt. Neben der Funktion in der ARGE Gentechnik-frei berät Florian Faber Unternehmen und Organisationen mit den Schwerpunkten Ernährung, Gesundheit und Ökologie in allen Fragen der Kommunikation und Strategieentwicklung.

6. TIERE UND FUTTERMITTEL

6.1. Futtermittel in der Sackgasse?

GABRIELE MODER, zuständig für den Bereich Gentechnikfreiheit bei der agroVet, Leiterin eines Forschungsprojektes über Gentechnikfreiheit im Futtermittelbereich

In Supermärkten scheint die Zeit stehen geblieben zu sein, wenn es um die Gentechnik geht: von ihr ist ebenso wenig zu bemerken wie vor zehn oder 20 Jahren – außer, dass auf einigen Waren "gentechnikfrei" oben steht.

Zum einen ist dies ein Erfolg des hartnäckigen Widerstands von Konsumenten und Umweltschutzorganisationen, die Lebensmittelkonzernen das Fürchten gelehrt haben und sie so indirekt zum vorsichtigen Umgang mit Gentechnik-Produkten veranlassten. Zum anderen ist es aber auch das Resultat einer im April 2004 EU-weit in Kraft getretenen, zwar verbesserten, aber immer noch mangelhaften Kennzeichnungspflicht für Nahrungs- und Futtermittel:

- Sie beginnt erst ab einem Verunreinigungsgrad von 0,9 Prozent und
- sie ignoriert tierische Produkte, die von mit Gentechnik-Futtermitteln gefütterten Tieren stammen, komplett. Mit anderen Worten: Bei Fleisch, Wurstwaren, Eier, Milch oder Milchprodukten steht nicht auf der Verpackung, ob die Tiere beispielsweise Gensoja bekommen haben oder nicht.

Während sich also die Gentechnik in Nahrungsmitteln bislang nicht durchsetzen konnte, hat sie das Feld bei Futtermitteln in Österreich voll eingenommen - auch deshalb, weil sie aufgrund der Nichtkennzeichnung von tierischen Produkten unsichtbar bleibt. "Es handelt sich um eine Einführung über die Hintertür", erklärt Gabriele Moder, die bei der Prüf- und Zertifizierungsstelle agroVet für den Bereich Gentechnikfreiheit verantwortlich ist.

Sie leitete auch ein von drei österreichischen Bundesministerien (Wirtschaft und Arbeit, Gesundheit und Frauen sowie Landwirtschaft und Umwelt) in Auftrag gegebenes, im März 2004 veröffentlichtes, Forschungsprojekt über die "Gentechnikfreiheit im Futtermittelbereich". Hier kam ans Tageslicht, dass der Anteil an gentechnisch veränderten Futtermitteln enorm hoch ist: In konventionellen Futtermitteln war Soja zu mindestens 40 Prozent genmanipuliert – wobei der Anteil weitaus öfter in der Nähe von 100 Prozent lag.

Sojaschrot, das Nebenprodukt der Sojaöl-Erzeugung, ist für die Futtermittelwirtschaft von zentraler Bedeutung: Die EU ist weltweit der größte Sojaschrotimporteur, rund die Hälfte des Eiweißbedarfes in Futtermitteln wird über Sojaschrot gedeckt.
In Österreich werden jährlich rund 500.000 Tonnen Sojaschrot eingeführt, wovon rund die Hälfte von den Bauern lose gekauft wird und die andere Hälfte in der Mischfutterindustrie verarbeitet wird. Der Sojaschrot wird zur Gänze importiert, davon war 2004 nur ein sehr geringer Anteil von zwei bis drei Prozent (10.000 bis 15.000 Tonnen)

kontrolliert gentechnikfrei, das heißt mit maximal 0,9 Prozent verunreinigt, berichtet Moder aus ihren vielen, oft mühsam zusammengetragenen Daten.

Moder glaubt, dass viele Bauern überrascht gewesen sein dürften, als sie mit In-krafttreten der Kennzeichnungspflicht erstmals an der Beschriftung der Futtermittel sahen, was sich darin befindet: Genmanipulierte Soja. Denn im Gegensatz zu tierischen Produkten mussten Futtermittel ab April 2004 gekennzeichnet werden. Es wurde klar, dass nur ein ganz kleiner Prozentsatz aller Futtermittelwerke gentechnik-freie Ware erzeugt.

Doch warum? Eine oft verwendete Erklärung sind die niedrigeren Kosten der Gen-technik-Ware: "Der höhere Preis, den die Futtermittelwerke pro Tonne gentechnik-freier Soja zahlen müssen, beläuft sich auf 4 bis 40 Euro bei einem Sojapreis von 150 bis 300 Euro", so Moder. Doch der höhere Preis, den Bauern für Futtermittel zahlen müssen, erkläre sich nur zum Teil aus dieser Preisdifferenz: "Die gentechnik-freien Futtermittel kosten so viel, nicht weil sie gentechnikfrei sind, sondern weil es teuer ist, sie möglichst sauber zu halten." So würden die Rohstoffkosten nur in etwa die Hälfte der Mehrkosten ausmachen, die andere Hälfte entfalle auf Planungs- und Verwaltungsaufwand, sowie Kontroll- und Analysekosten. Das Paradoxe dar-an: Obwohl niemand laut nach der Gentechnik gerufen hat, verursacht sie Ko-sten, die aber nicht die Gentechnik-Lobby sondern diejenigen zahlen müssen, die keine Gentechnik in den Futtermitteln haben wollen.

Direkt am Forschungsprojekt beteiligt waren drei österreichische Futtermittelwerke, mit denen praxistaugliche Lösungen für die Produktion von "gentechnikfreien" – also unter dem Grenzwert von 0,9 Prozent liegenden - Futtermitteln erarbeitet wer-den sollten. Die Produktion von Futtermitteln mit gentechnikfreier Soja läuft grund-sätzlich gleich ab wie die von gentechnisch veränderter Soja. Wesentlicher Unter-schied ist, dass Anlagen gereinigt werden müssen, um Reste von zuvor gemisch-ten Futtermitteln möglichst aus der Anlage zu entfernen. Die Reinigung erfolgt mit sogenannten "Spülchargen", bestehend aus Mais oder Gerste.

Während des Projektes wurde deutlich, welche Schwierigkeiten für eine gentechnik-freie Futtermittelproduktion bestehen, wenn im Werk zusätzlich auch GVO-Futter-mittel erzeugt werden:
- Es bestehen Möglichkeiten von Verschleppungen, die nicht alle erfasst und aus-reichend gereinigt werden können.
- Gentechnikfreie Produktion erfordert viele, zum Teil komplizierte Arbeitsan-weisungen. Für die Umsetzung im Routinebetrieb ist ein hoher Wissensstand der zuständigen Mitarbeiter nötig.
- Einzelne als "gentechnikfrei" angelieferte Sojaschrote waren schon vor Beginn der Produktion gar nicht mehr gentechnikfrei: Ihr Verschmutzungsgrad lag mit bis zu 1,4 Prozent schon vor Beginn der Futtermittelproduktion deutlich über dem ge-setzlich erlaubten Wert von 0,9 Prozent.

Letztlich kam Moder mit ihrem Team zum ernüchternden Ergebnis, dass es trotz zahlreicher Verbesserungsmaßnahmen nicht gelungen ist, die Einhaltung des Grenzwertes von 0,9 Prozent dauerhaft sicherzustellen.

Dies habe gezeigt, dass es in einem Futtermittelwerk mit Gentechnik- und Nicht-Gentechniklinien schon sehr schwierig ist, nur eine Komponente wie den Sojaschrot sauber zu halten, erklärt Moder. Doch das Ganze werde wohl unmöglich, wenn noch ein weiterer GVO wie Genmais in die Werke käme: "Dann müsste man vor der Komplexität der Abläufe kapitulieren, dann ist jede Rede von der Herstellung von gentechnisch veränderten und gentechnikfreien Futtermitteln in einem Werk in der Praxis unmöglich", stellt Moder klar.

Lange Liste von Schuldigen

Ihre Schlussfolgerung: Eine auf lange Sicht wirklich gentechnikfreie Futtermittelproduktion ist nur in einem Werk möglich, wo kein GVO-Tierfutter erzeugt wird. "Doch solange die Nachfrage nach gentechnikfreien Futtermitteln nicht groß genug ist, lohnt es sich für die Werke nicht, ganz umzustellen", schränkt sie ein.

Vor allem sei es wenig hilfreich und sogar falsch, den Futtermittelwerken alleine den Schwarzen Peter zuzuschieben - schließlich sei die Kette der Beteiligten, die sich nicht oder nicht genug für Gentechnikfreiheit einsetzen, lang: vom Futtermittelwerk, Futtermittelverkäufer über den verfütternden Bauern, den Lebensmittelverarbeitern bis hin zum Lebensmittelhandel, dem so mächtigen Konsumenten und nicht zuletzt dem Gesetzgeber.

Wie so oft scheint es sich um eine Frage des Willens zu handeln, gentechnikfreie Futtermittel zu bekommen. Ein Blick in die Vergangenheit auf Umstellungen, die ursprünglich für "nicht möglich" gehalten wurden, zeigt, wie es gehen könnte:

- Die Papier- bzw. Zellstoffproduktion, ging bis Ende der 80er-Jahre mit einer enormen Gewässerbelastung durch das Bleichmittel Chlor einher. Dank der Beharrlichkeit von Greenpeace gelang es innerhalb weniger Jahre, Verfahren zur gänzlich chlorfreien Bleiche zum Durchbruch zu verhelfen – Chlor und Chlorverbindungen wurden durch Ozon, Wasserstoffperoxid oder Sauerstoff ersetzt.

- Bleifreies Benzin kam in den deutschsprachigen Ländern erstmals Mitte der 80er-Jahre auf den Markt. Ende der 80er-Jahre beauftragte die österreichische Bundesregierung den Mineralölkonzern OMV, die Voraussetzungen zu schaffen, für alle Kfz-Motoren einen Ersatz für das "Schmiermittel" Blei zu finden. Bereits kurz darauf gelang dem Forschungsteam der Durchbruch, das Produkt wurde als europäisches Patent angemeldet und bereits 1993 konnte Österreich als erstes europäisches Land Blei im Benzin generell verbieten.

Besonders letzteres Beispiel zeigt, wie schnell etwas zum Wohle der Umwelt und

der Menschen umgesetzt werden kann, wenn die Politik wirklich will. Doch dazu bedarf es meist – wie ebenfalls die Geschichte gezeigt hat – eines Protestes von vielen Menschen und Organisationen.
Es gibt einige Möglichkeiten, Gentechnik-Futtermittel ganz zu verbannen, wenngleich die Durchsetzung dieses Zieles auch viel Mut und Arbeit erfordert: Aufschläge für gentechnisch veränderte Futtermittel, generelle Kennzeichnungspflicht wirklich aller Produkte, die mit Gentechnik in Berührung gekommen sind oder ein Verbot von GVO-Futtermitteln – schließlich steht am Weltmarkt nach wie vor genügend gentechnikfreie Soja zur Verfügung.

Schweiz ist "sauber"

Dass eine gentechnikfreie Fütterung möglich ist, zeigt das Beispiel Schweiz: Von den im Jahre 2003 importierten 412.163 Tonnen Soja- und Maisfuttermittel waren 411.475 Tonnen gentechnikfrei und lediglich 688 Tonnen oder 0,17 Prozent als "gentechnisch verändert" deklariert. Bei den von der "amtlichen Futtermittelkontrolle der eidgenössischen Forschungsanstalt für Nutztiere in Posieux" (RAP) gezogenen Stichproben wurde kein einziger Verstoß gegen die Deklaration festgestellt.

Allerdings sind die Grenzwerte für Futtermittel auch etwas leichter einzuhalten, da sie mit drei Prozent (Einzelfuttermittel) bzw. zwei Prozent (Mischfuttermittel) höher liegen als in der EU.

Der Preisunterschied für Futtermittel beläuft sich auf wenige Euro pro Tonne, für Fleisch und Käse auf wenige Cent pro Kilogramm und für einen Liter Milch oder eine Packung Eier auf einen noch kleineren Betrag. Es geht auch darum, einen – wenngleich im Falle der Größe Österreichs nur symbolischen - Beitrag für die Unterstützung des gentechnikfreien Sojaanbaus in Brasilien zu leisten. Dieser ist nämlich in Gefahr, seit die brasilianische Regierung 2003 erstmals einen Gentechnikanbau bewilligt hat.
Wie könnten die ersten Schritte in Richtung "gentechnikfreie Futtermittel" aussehen? "Der Milchbereich ist am leichtesten gentechnikfrei zu bekommen, da hier der Sojaanteil an der Futtermittelmischung gering ist", erklärt Moder. Dass dies möglich ist, zeigt das Beispiel von Emmi, dem größten Schweizer Milchkonzern.

Weiters gilt es aber auch zu überlegen, in welchem Ausmaß eine derart intensive, von Futtermittelimporten abhängige Tierhaltung gesellschaftlich wünschenswert ist – und sich in diesem Zusammenhang unter anderem auch die Folgen des Sojaanbaus und Sojaexportes in Brasilien anzusehen.

Denn obwohl in Brasilien nach wie vor der gentechnikfreie Anbau im Vordergrund steht, hat die exportorientierte Soja-Landwirtschaft hier ebenfalls tiefe, negative Einschnitte in die Natur und in das soziale Gefüge der ländlichen Bevölkerung hinterlassen: Regenwälder wurden zerstört und im Cerrado, der artenreichsten Savanne der Welt, dehnen Agrarunternehmen den Sojaanbau massiv aus. Gleichzeitig verlieren tausende, hauptsächlich auf Selbstversorgung spezialisierte Kleinbauern ihre Existenz, was zu Verelendung und sozialen Problemen führt.

Es stellt sich die Frage, ob wir wirklich große Umweltschäden und zahlreiche Betriebsaufgaben kleiner Bauern in Südamerika in Kauf nehmen wollen, damit bei uns Fleisch und Milch billig und im Überfluss produziert werden kann.

Gabriele Moder Dr.

Aufgewachsen auf einem Bauernhof in der Obersteiermark, Studium der Landwirtschaft an der Universität für Bodenkultur. Während und nach der Studienzeit Auslandsaufenthalte in England, Israel, Deutschland, Luxemburg, Guatemala, Mexiko und Bolivien. Als Universitätsassistentin sieben Jahre am Forschungsinstitut für Alpenländische Land- und Forstwirtschaft tätig, starkes Interesse für ökologische und agrarpädagogische Fragestellungen. Herausgeberin der Mappe "Kuh & Co", Eine Landwirtschaftsmappe für Kinder und Erwachsene.

Dissertation über die Entwicklung des Biologischen Landbaus in Tirol. Von 2000 – 2002 Geschäftsführerin beim Bioverband "Ernte für das Leben – Österreich" in Linz.

Seit 2002 verantwortlich für den Bereich Gentechnikfreiheit bei der Firma agroVet, einer privaten Kontroll- und Zertifizierungsorganisation.

6.2. Gifte in GVO-Futtermitteln als Gefahr?

AXEL KÖLBLINGER, Veterinärmediziner

Axel Kölblinger ist mit Leib und Seele Tierarzt. Denn hier gelte es, den Überblick zu bewahren anstatt sich in bestimmten Fachgebieten zu verlieren: "Fütterung, Landwirtschaft, Krankheiten, Forschung, Medizin, Züchtung, Ganzheitliches, Verhalten, Tierschutz, Ethisches und Philosophie - alles fällt ins Gebiet des Tierarztes", erklärt er. Obwohl seine eigentlichen Kunden die Menschen sind, die für die Tiere sorgen, versteht er sich als Anwalt seiner meist vierbeinigen Patienten: "Es ist für mich eine ganz wichtige Aufgabe, für die Tiere zu sprechen."

Daher bereitet ihm auch die Entwicklung bei den Futtermitteln Sorgen: Der Anteil der gentechnisch veränderten Futtermittel wird immer höher, dennoch ist deren Auswirkung auf den Organismus der Tiere so gut wie unerforscht.

"In genveränderten Pflanzen sind häufig Gene enthalten, die oft Resistenzen von Antibiotika bewirken. Diese Gene sind zwar inaktiviert, aber das Gefahrenpotential bleibt. Weiters sind in einigen gentechnisch veränderten Futtermitteln Gifte enthalten.
Zum Beispiel das Bt-Toxin von Bacillus thuringiensis, dessen Verwandtschaft zu Bacillus cereus, einem gefährlichen Lebensmittelvergifter und Bacillus anthracis, dem Erreger des Milzbrandes, der als Kampfgift und biologische Waffe eingesetzt wird, nichts Gutes erwarten lässt.

Auch zu den Toxinen von Clostridien, die wie das Clostridium botulinum ebenfalls gefährliche Lebens- und Futtermittelvergifter sind, besteht eine entfernte Verwandtschaft. Noch vor einigen Jahren meinte man, dass diese Giftstoffe und die DNS/RNS, also das Erbmaterial von den veränderten Pflanzen, bereits in der Silage bzw. im Darmtrakt abgebaut werden.

Nach neuesten Untersuchungen werden Abbauprodukte von diesen Bt-Giften sowie DNS/RNS sehr wohl im Körper gefunden. Die Bedeutung dieser Erbmaterialien scheint viel größer zu sein als bisher angenommen."

Für Kölblinger stellen sich einige Fragen: "Ist es notwendig, Gifte an Tiere zu verfüttern? Welche langfristigen Auswirkungen sind dadurch zu erwarten? Wird es Schäden geben? Wie sehen diese aus? Wo ist die Indikation?"

Dabei gibt er zu bedenken, dass laut Auskunft des zuständigen österreichischen Bundesministeriums Milch von medikamentös behandelten Tieren als Sondermüll gilt. "Wenn diese Milch als Sondermüll zu entsorgen ist, müsste man dann nicht auch Kot und Harn auffangen und dementsprechend entsorgen? Und mit Gift versetztes Futter darf ohne Bedachtnahme auf die Gesundheit der Tiere und Verbraucher verfüttert werden?", weist der Tierarzt auf das Messen mit zweierlei Maß hin.

Die vor allem im Genmais vorhandenen Giftstoffe, würden auch für ihn als Tierarzt

weitere Fragen aufwerfen: "Wie kann ich unterscheiden, ob es sich um eine Auswirkung von Giftstoffen im Futter handelt oder um eine andere Vergiftung oder
sogar um eine Erkrankung anderer Art oder einen Fütterungsfehler?" Hier herrsche
große Unklarheit und Unsicherheit, da es keine Daten gibt.

Seine zentrale Forderung als Tierarzt und Wissenschaftler ist daher klar: Eine ähnliche Betrachtungsweise von im Labor erzeugter gentechnisch veränderter Pflanzen, die einen Wirk- bzw. Giftstoff gegen Ungeziefer enthalten, mit anderen im
Labor erzeugter Stoffe – nämlich mit Arzneimitteln!
Aber auch darüber hinausgehende, noch strengere Regeln kann sich Kölblinger
vorstellen: "Ich kenne kein einziges Arzneimittel dieser Art, das ein ganzes Leben
lang eingenommen wird." Vor allem seien intensive Langzeitstudien für GVO zu
erstellen – nicht zuletzt deshalb, weil es schon einige Versuchsergebnisse gibt, die
auf Vergiftungserscheinungen und Schäden bei der Verfütterung hinweisen.

Verstoß gegen Gesetze?

Da die Gifte von Gentechnik-Futtermitteln im Körper der Tiere nicht vollständig
abgebaut werden und daher unerwünschte Wirkungen im Bereich des Möglichen
sind, regt Kölblinger an, zu überprüfen, ob diese Futtermittel nicht auch gegen
mehrere Gesetze verstoßen könnten: Arzneimittelgesetz, Tierarzneimittelkontrollgesetz, Tierschutzgesetz (können Nutztiere eventuell vergiftet werden?) und gegen
diverse Rückstandsverordnungen für Spritzmittel.

Um zu veranschaulichen, wie leichtfertig mit toxinhältigen Futtermittelpflanzen
umgegangen wird, bringt der Tierarzt zwei Vorschriften über die Zulassung und
Anwendung von Medikamenten:

- *Bei der Zulassung eines Medikaments geht es darum, die gewünschte
  Wirkung, Nebenwirkungen und unerwünschte Wirkungen zu ergründen.
  Es sind einige Studien vorzulegen und die Unbedenklichkeit nachzuwei-
  sen, es gilt die Wartefrist festzulegen – den Zeitraum, wie lange nach
  dem Verabreichen der Medizin tierische Produkte wie Fleisch, Milch und
  Eier nicht als Lebensmittel verwendet werden dürfen – und eventuell sind
  Tierversuche erforderlich. Das Verfahren dauert einige Jahre.*

- *Beim Tierarzneimittelkontrollgesetz ist genau festgelegt, wie mit Arzneimitteln umzugehen ist. Zu Beginn steht die Diagnose des Tierarztes, der
  nur in Österreich zugelassene Arzneimittel für die jeweilige Tierart anwenden darf – eine EU-weite Zulassung gibt es nicht.*

  *Ausnahmen von dieser Vorschrift sind nur im Falle eines "Therapie-
  notstandes" – wenn es kein in Österreich für diese Tierart zugelassenes
  Medikament gibt – erlaubt und sehr streng geregelt. Zusätzlich muss jeder Milliliter und jedes Gramm eines verabreichten Arzneimittels penibel
  genau aufgezeichnet werden. Alle sind verpflichtet, Dokumentationen zu*

führen: Medikamentenhersteller, Arzneimittelgroßhändler, Apotheker, Tier-ärzte, Landwirte.

Vorschriften für genmanipulierte Futtermittel sind erst seit April 2004, seit der der Novel Food/Feed-Verordnung (1829/2003) in Kraft. Auch hier sind jedoch keine Langzeittests vorgeschrieben. Diesen Umstand kann Kölblinger ebenso wenig verstehen wie die Tatsache, dass der Gesundheitszustand GVO-gefütterter Tiere in der Praxis nicht laufend überwacht werden muss.

Dies sei umso unverantwortlicher, weil es sogar in der Humanmedizin trotz strenger Zulassungs- und Aufzeichnungspflichten zu Missbildungen (Contergan®) und Todesfällen (Viagra®, Lipobay®, Vioxx®) gekommen ist:

"Es ist also trotz all dieser Vorsichtsmaßnahmen inklusive Tierversuchen keine zuverlässige Aussage über die tatsächliche Wirkung der Arzneimittel möglich. Wie viel unzuverlässiger muss dann die Vorhersage bezüglich genveränderter Produkte sein, wo wir diese Datenbasis gar nicht erst bekommen können?

Viele Spezialisten auf dem Gebiet stellen überhaupt in Frage, ob es geeignete Modelle zur Risikobewertung gibt und geben kann. Ist es schon für einzelne Wirkstoffe äußerst schwierig, scheint es mir für vielfältig zusammengesetzte Pflanzen noch viel schwieriger, die komplizierten Vorgänge zu erfassen. Insbesondere, weil die Gentechprodukte sehr instabil sind und in viele Bruchstücke zerfallen können, die im Körper dann auch noch nachgewiesen werden können.

Bei Heilpflanzen zum Beispiel lassen sich verschiedene Wirkungen aus den einzelnen Inhaltsstoffen gar nicht erklären - das Zusammenspiel der Komponenten scheint hier ausschlaggebend zu sein. Man kann es sich vorstellen wie bei einer Symphonie.
Die einzelnen Töne sagen über das Gesamtkunstwerk mit all seinen Schwingungen und Zwischentönen gar nichts aus. Ich denke, hier stoßen wir an die Grenzen des Machbaren."

Warnung vor genmanipulierten Arzneimittelpflanzen

Noch ein Grund zwinge ihn förmlich, die Neubewertung gentechnisch veränderter Pflanzen zu fordern, meint Kölblinger:

"Pflanzen sollen in Zukunft als Arzneimittellieferanten dienen. Das bedeutet, es wachsen auf den Äckern Pflanzen, die verschiedene Medikamente erzeugen. Hier ist die Abgrenzung zwischen der Gentechnik im Futter und in der Medizin schon nicht mehr zu ziehen.
Erste Versuche in diese Richtung gibt es bereits. Sogar eingefleischte Befürworter der Gentechnik unter den Landwirten in den USA erschrecken bei dem Gedanken, plötzlich Medikamentenpflanzen unter den Futterpflanzen zu haben oder sogar eine Vermischung mit Getreidepflanzen für den menschlichen Verzehr. Diese

Vermischung findet statt! Wieder stellen sich die gleichen Fragen: Gewünschte Wirkung? Nebenwirkungen? Unerwünschte Wirkungen? Aufzeichnungen?"

Wie viele andere sieht Kölblinger viele Probleme in der Hochleistungszucht begründet. Dabei weist er anhand des Milchkuhbereiches auf eine gefährliche "Leistungsspirale" hin, die mit der Gentechnik noch eine neue Dynamik zu bekommen droht: "In der Nutztierpraxis kann man die Tiere als Hochleistungssportler betrachten. Nur geht es hier nicht um Meter und Sekunden, sondern um mehr Fleischansatz, mehr Milch, größere Eier usw. – und das alles in kürzester Zeit."

Die vom Experten vorgebrachten Beispiele sprechen Bände:

"Die Milchleistung einer Kuh im 19. Jahrhundert wird auf 1.200 bis 1.250 Liter pro Jahr geschätzt. 2001 wurden im Durchschnitt bereits zwischen 6.900 und 7.400 Liter bzw. Kilogramm gemessen. Das ist in einem Zeitraum von 100 - 200 Jahren eine Steigerung auf das Sechsfache!

Im Jahr 2004 wurde die Starleader-Tochter "Hillcroft Leader Melanie Ex-95" prämiert. Milchleistung: 16.000 Kilogramm in der letzten Laktation (= Melkperiode, ca. ein Jahr) - Lebensleistung mit 3 Abkalbungen bereits 47.700 kg Milch (Lit.). Einzeltiere erreichen somit sogar eine Steigerung aufs 6,6fache in den letzten 60 Jahren und aufs zwölf- bis 13-fache seit dem 19. Jahrhundert.
Können Sie mir sagen, wie es Ihnen gehen würde, wenn Sie zwölf Mal so viel arbeiten müssten wie bisher?"

Um einen Begriff zu bekommen, worum es hier geht: Bei der Prämierung im Rahmen der World Dairy Expo 2004 wechselten für eine elf Monate alte rotbunte Kalbin 50.000 US-Dollar und für eine Jersey-Kuh 89.000 US-Dollar den Besitzer (Lit.).

Kölblinger stellt die – bisher kaum wahrgenommenen – Auswirkungen der Milchviehhaltung von heute anschaulich dar:

"Bei Hochleistungskühen liegt der problematische Bereich vor allem um die Zeit der Geburt, wenn der Milchfluss einsetzt. Da die Leistungskühe schon sofort nach der Geburt sehr viel Milch haben, ist die Qualität der Biestmilch (Anm.: jene Milch, die das Kalb mit Abwehrstoffen versorgt) geringer.

Normalerweise ist diese Milch bräunlich gefärbt und hat einen höheren Zellgehalt. Die Milch von Hochleistungstieren ist oft von Anfang an weiß. Es werden zwar gleich viele Antikörper, also Abwehrstoffe für das Kalb, hergestellt wie von "Nicht-Hochleistungskühen", aber durch die viel höhere Milchleistung findet eine Verdünnung statt.

Deshalb wird entgegen früheren Empfehlungen von zwei Litern Biestmilch innerhalb von sechs bis acht Stunden für das Kalb schon eine Tendenz zu vier Litern innerhalb der ersten zwei Stunden festgestellt. Die ausreichende Versorgung der

Kälber mit genügend Antikörpern ist für den weiteren gesundheitlichen Zustand des Tieres von entscheidender Bedeutung.

Doch kein Kalb kann innerhalb der ersten zwei Stunden vier Liter Milch trinken. Deshalb wird in Großbetrieben den Neugeborenen die entsprechende Milchmenge routinemäßig zwangsverfüttert.

Die Kälber werden sofort nach der Geburt von ihrer Mutter getrennt und sehen sie nie wieder oder noch schlimmer, sehen sie aus einiger Entfernung und können keinen Körperkontakt mit ihr aufnehmen.

Stellen Sie sich doch einmal vor, jemand würde Ihnen jedes Kind, das Sie auf die Welt bringen oder zeugen, sofort wegnehmen. Wie würde Ihr psychisches Befinden, Ihr seelischer Zustand sein?"

Die Gentechnik-Futtermittel könnten zur endgültigen Überlastung der Tiere führen:

"Bei erwachsenen Kühen mit einer hohen Milchleistung entsteht eine enorme Belastung für den Körper: Er muss riesige Mengen an Energie und Nährstoffen umsetzen, um die gewünschte riesige Milchmenge zu ermöglichen.

Die Leber wird bis an ihre Grenze und darüber hinaus belastet. Die Fütterung bekommt eine entscheidende Bedeutung: Ein Rind kann nämlich eigentlich gar nicht so viel fressen, um diesen Nährstoffbedarf zu decken. Die Tiere sind in dieser Zeit der Höchstleistung extrem anfällig.

Jeder kleine Fehler kann den Stoffwechsel zum Entgleisen bringen. Die Folge sind vor allem akuter oder chronischer Energiemangel (Ketose) und Säureüberschuss (Acidose) durch Eiweiß- und Kohlenhydratüberschuss oder -mangel. Der Drehzahlmesser steht sozusagen auf Anschlag. Meist ist nach nur durchschnittlich vier Melkperioden Schluss.

Die Kuh ist verbraucht. Kann ein Tier in solch einem Stress- und Belastungszustand eine weitere Belastung verarbeiten? Zum Beispiel durch Bt-Toxin, einen Giftstoff? Kann es sich ein Tier in dieser Situation erlauben, eventuell Nährstoffe im Futter zu haben, die es nicht richtig verwerten kann, weil der genetische Code nicht in Ordnung ist?

Mit dem Grundfutter kann man bis ca. 16 Kilogramm Milchproduktion pro Tag abdecken, meist erreicht man aber weniger. Für den Rest benötigt man Kraftfutter also vor allem Getreide, Soja und Mais.

Gerade diese sind sehr gefragt und stehen deshalb im Mittelpunkt des Interesses der Gentechnik. Mit einem Kilogramm Kraftfutter erreicht man maximal einen Kilogramm mehr an Milchleistung – und damit um die Hälfte weniger als man früher glaubte."

Damit sei die Leistungsspirale mit all ihren Zusammenhängen komplett:
"Viele Landwirte geben ihre Tiere schon gar nicht mehr auf die Weide, weil der Arbeitsaufwand zu groß wird und man mit Schwankungen in der Futteraufnahme

rechnen muss, die eine gesicherte, geplante Rationsberechnung von Futtermitteln nicht mehr zulassen. Nichtsdestotrotz gilt auch bei Fachleuten die Weide nach wie vor als das Gelbe vom Ei für die Rinderhaltung.

Diese übermäßige Milchproduktion führt übrigens in der Mutter-Kuh-Haltung - sozusagen der natürlichen Variante - zu großen Problemen. Die Tiere produzieren viel mehr Milch als das Kalb benötigt, kommen oft nicht mit der dementsprechend reduzierten Nahrung klar und werden krank – sie leiden beispielsweise unter Energiemangel oder Euterentzündungen.

Zusätzlich zur Leistungsspirale mit den üblen Folgen haben die Landwirte extremen Zeitmangel und die Beobachtung der Tiere kommt zu kurz. Das heißt, wenn der Bauer die Brunst, also den Besamungszeitpunkt nicht mehr richtig feststellen kann, dann muss die Brunst durch Hormon-Medikamente erzwungen werden, wonach die Besamung nach schematischem Vorgehen durchgeführt wird.

Die Hauptprobleme im Milchkuhbereich liegen dementsprechend vor allem in der hohen Leistung und in der Umweltsituation der Tiere - Krankheiten durch die Technik wie beispielsweise Euterentzündungen durch die Melkmaschine treten auf. Die meisten Krankheiten sind hausgemacht.

Auch den Menschen macht inzwischen vor allem die Umwelt- und Lebenssituation krank: Bewegungsmangel, zu wenig Tageslicht und Stress führen zu Herzinfarkt, Bluthochdruck, Diabetes, Fettleibigkeit und ähnlichem - sie sind die Todesursache Nr. 1. Mittlerweile wird hier auch ein sehr enger Zusammenhang zur falschen Ernährung vorausgesetzt."

Einseitige Züchtung

Diese unnatürliche Situation der Tiere ist durch die Züchtungserfolge des Menschen entstanden. Einseitige Zuchtrichtlinien auf Milchleistung tragen hier ihre Früchte. Mittlerweile fließen zwar Fitnessparameter in die Züchtung mit ein, aber ausschlaggebend zur Zuchtwahl sind immer noch Milchmenge, Eiweiß- und Fettgehalt.

Man versucht, das Pferd von hinten aufzuzäumen. Anstatt die Leistung auf ein gesundes und vernünftiges Maß zu reduzieren, legt man immer noch ein Schäuferl nach. Dabei steht der Drehzahlmesser doch schon auf Anschlag!

Ermöglicht wird dieses System durch extreme Fütterung und die Tierzucht. Ich betrachte die Tierzucht als Vorstufe zur Gentechnik. Immerhin wird hier das Potential eines Stieres von einer Herde auf zig-tausende Muttertiere erweitert. Ebenso wie in der Gentechnik kommt es zur Verarmung der Zuchtbasis.

Viele Rassen und regionale Schläge mit ihren Eigenheiten sind verschwunden. Wenige Zuchtstiere verteilen ihren Samen auf der ganzen Welt. Auch hier handelt es sich um ein sehr, sehr gutes Geschäft.

Ich kann mir einen sorgfältigen Umgang mit der Gentechnik schwer vorstellen - wird doch schon bei der Vorstufe - der Tierzucht - auf Sinnhaftigkeit nur in punkto finanziellem Ertrag Rücksicht genommen. Ein sensibler Umgang mit Mensch, Tier und Umwelt fehlt größtenteils."

Auch die Möglichkeit, die Gentechnik zur missbräuchlichen Leistungssteigerung zu verwenden, müsse berücksichtigt werden:

"Wenn der Drehzahlmesser auf Anschlag steht, kommt eine große Gefahr zum Vorschein, die wir aus dem Hochleistungssport zur Genüge kennen: Man greift zu Hilfsmitteln, um die Hochleistung überhaupt aufrecht halten zu können. Die Verlockung, Doping einzusetzen, ist zu groß!

An der Grenze der Leistung angelangt, ist man versucht, sich auf Mittel zu stützen, die es erlauben, die Grenzen zu verschieben, sie zu übertreten. Wie viele Menschen „ziehen sich einen Kaffee rein", wenn sie sich müde fühlen?

Man könnte natürlich auch schlafen?! Wie in anderen Bereichen wird auch in der Landwirtschaft versucht, das Machbare auszureizen, ohne entdeckt zu werden.

Auch hier werden missbräuchlich Hormone in verschiedenen Formen, Schmerzmittel, Kortison, Bronchien erweiternde Mittel usw. verabreicht. In der Fütterung sind Zusatzstoffe wie Nicotinamid oder Propylenglycol, die mit natürlicher Nahrung auch nicht mehr viel zu tun haben, schon die Regel.

Ein Missbrauch im Gentechnikbereich hätte aber fatale Folgen, die dauerhaft bleiben. Warum sollte der Missbrauch in diesem Bereich ausbleiben, kommt er doch überall vor, wo es um Leistung und Geld geht?"

Kölblinger plädiert, von dem Denken wegzukommen, dass alles machbar sei – auch in der Medizin. Es werde weder gelingen, alle Krankheiten auszulöschen noch ewig zu leben. "Daher wäre es viel wichtiger, den Umgang mit Krankheit und Tod zu lernen, als ständig gegen diese beiden anzukämpfen."

Den Menschen müsse die Verantwortung über ihr Leben zurückgegeben werden – gerade im medizinischen Bereich, meint Kölblinger. "Daher wäre es besser, die Landwirtschaft und Medizin in eine andere, umsichtsvollere, nachhaltigere Richtung zu lenken.

Der Leistungsansatz sollte fallen gelassen oder auf andere Leistungen wie Nahversorgung mit Qualitätslebensmittel ausgedehnt werden. Das Forschungsgeld wäre in anderen Bereichen wie Prophylaxe, Ernährung, Familienplanung, Konfliktlösung, Beziehungsfähigkeit, Ökologie, Tierschutz oder artgerechte Tierhaltung wohl von viel größerem Nutzen."

Lit.: Kärntner Bauer, Jhg. 161, Nr. 46, 12. Nov. 2004

Axel Kölblinger Mag. Dr.

Geboren am 15.10.1966 in Klagenfurt. Studium an der Veterinärmedizinischen Universität in Wien.

Während des Studiums Mitglied des Homöopathie-arbeitskreises „Tinctura Rubra"; Gründungsmitglied der Initiative Veterinärhomöopathie (ein Zusammenschluß der Homöopathiearbeitskreise der vet.med. Univ. Wien) Delegierter des AK „Tinctura Rubra" für die IVH; Mitgründer u. Tätigkeit in der Kontakt- und Informationsstelle der IVH im Alternativreferat der ÖH. 5 Jahre Assistenzarzt einer Kleintierklinik und Großtierpraxis in Oberösterreich. Leitung des hauseigenen Milchlabors.

Seit 2002 eigene Praxis in Maria Rain, Kärnten, Österreich. Zahlreiche Fortbildungen im Bereich Homöopathie, Bowen Technik und Verhaltenstherapie. Mitgliedschaften in entsprechenden Institutionen.

Seit 2004 Engagement in der Plattform „Pro Leben gegen Gentechnik".

6.3. Bauern ohne Saatgut, Tiere ohne Würde

ALFRED HAIGER, langjähriger Vorstand des Institutes für Nutztierwissenschaften an der Universität für Bodenkultur, Wien

Alfred Haiger ist ein Quer- und Vordenker der Universität für Bodenkultur in Wien. Nach mittlerweile 43 Dienstjahren, davon 27 als Vorstand am Institut für Nutztierwissenschaften, ist er es gewohnt, klare Aussagen zu treffen: "Niemand braucht die Gentechnik, außer einige multinationale Konzerne und die davon profitierenden Wissenschaftler. Die Gentechnik löst keine Probleme, sondern macht uns abhängig. Nur ganz wenige verdienen daran sehr viel und die Politik hängt am Gängelband des Kapitals", stellt er fest. "Gentechnikkonzerne bringen Saatgut auf den Markt, das zum weltweiten Anbau bestimmt ist. Was wir aber brauchen, sind an den jeweiligen Standort angepasste Sorten", meint Haiger und verweist darauf, dass es alleine in Österreich einige Dutzend verschiedener Maissorten gibt.

Als Folge des Anbaus genmanipulierter Pflanzen besteht die Gefahr, dass kleine Saatgutfirmen Pleite gehen könnten und die eigenständige Versorgung mit Saatgut sterben würde.
Es ist das Supermarkt-Prinzip, das nun auch die Felder beherrschen soll: Große Konzerne bieten Massenware zum Kampfpreis, der Greißler stirbt. Der Verlust des eigenen, regionalen Saatgutes ist laut Haiger auch der zentrale Punkt: "Die Multis lassen sich schon heute Saatgut patentieren, in absehbarer Zeit soll es auch bei Nutztieren so weit sein. Die Bauern bzw. Konsumenten müssen dafür Lizenzgebühren bezahlen. Das Ganze läuft nach dem Motto ´patentieren und abkassieren´." Haiger kann in diesem Zusammenhang die geltenden rechtlichen Bestimmungen nicht verstehen: "Bisher durfte man nur Erfindungen und keine Entdeckungen zum Patent anmelden. Es hat sich ja auch niemand die Entdeckung Australiens patentieren lassen können."

Der Experte warnt zusätzlich davor, dass beim Einsatz von gentechnisch veränderten Organismen (GVO) in der Landwirtschaft "unermessliche Schäden" entstehen können. "In der Natur gibt es praktisch zu jedem Spieler einen Gegenspieler, wodurch sich Gleichgewichte eingestellt haben, auch Koevolution genannt.
Aber bei gentechnisch veränderten Pflanzen kann sich kein Gleichgewicht bilden, da diese unter Laborbedingungen entstanden sind. Deshalb ist es so wichtig, genmanipulierte Pflanzen von Anfang an von den Feldern fernzuhalten, denn die Debatte um deren Rückholbarkeit ist wegen des Pollenfluges rein akademisch." Außerdem sei die Denkweise der Gentechniker völlig unbiologisch und falsch, weil diese sich ausschließlich auf das Manipulieren einzelner Gene konzentrieren und die unendliche Vielfalt der Lebewesen außer Acht lassen: "In der Gentechnik herrscht lineares Denken.
Doch in der Natur ist alles vernetzt und es herrscht ein für uns nicht durchschaubares Wechselspiel von allem mit allem." Die weltweite Erhaltung dieses Ordnungsprinzips, das den Bestand der Natur sichert, kann nur in der biologischen Landwirtschaft liegen, ist sich Haiger sicher: Nur mit ihr wird die lebensspendende Boden-

fruchtbarkeit erhalten und die Landwirtschaft mit der Natur wieder in Einklang gebracht.

Wie bei der Gentechnik hatte Haiger schon zuvor des öfteren mit Widerständen zu kämpfen. Doch letztlich gab ihm die Geschichte immer wieder Recht: Anfang der 1970er-Jahre war er der Erste, der in der Rinderzucht die Mutterkuhhaltung propagierte. Diese war damals in Österreich völlig unbekannt und brachte viele Bauernvertreter gegen ihn auf. Heute hat sie sich durchgesetzt: Neben rund 650.000 Milchkühen gibt es landesweit stolze 250.000 Mutterkühe, die ihre Kälber mit ihrer eigenen Milch versorgen und deren Fleisch eine besonders hohe Qualität aufweist.
"Die Mutterkuhhaltung ermöglicht es auch, die Wiesen und Almen zu erhalten", weist Haiger auf einen zusätzlichen Vorteil dieser sanften Bewirtschaftungsweise hin. Weiters machte sich der Wissenschaftler über Jahrzehnte gegen die Hühnerhaltung in Legebatterien stark und kann hier ebenfalls über einen positiven Trend berichten: "Mehr als ein Drittel aller in Österreich verkaufter Eier kommt bereits aus Boden- oder Freilandhaltung."

Vor der EU-Volksabstimmung 1994 warnte er vor den negativen Auswirkungen eines EU-Beitritts für Österreich und wurde deshalb stark angefeindet. Zehn Jahre später geben ihm immer mehr Menschen Recht - nicht zuletzt auch deshalb, weil die EU auch Österreich zwingen will, Gentechnik auf den Feldern prinzipiell zuzulassen. Auch an seiner Lehrstätte setzte Haiger ein für alle sichtbares Zeichen, dass der Umgang mit Nutztieren überdacht werden muss: Nach mehrjährigen Bemühungen gelang es ihm, Anfang der 1980er-Jahre sein "Institut für Tierproduktion" in "Institut für Nutztierwissenschaften" umzubenennen.

Dass in der Tierzucht derzeit generell noch weniger über die Gentechnik diskutiert wird als im Pflanzenbau ist laut Haiger jedoch nicht der verantwortungsvollen Haltung einschlägiger Wissenschaftler zu verdanken, sondern den ungleich größeren Schwierigkeiten bei der Durchführung: Zum einen wird die Manipulation der Erbsubstanz immer schwieriger, je höher Lebewesen entwickelt sind. Zum anderen ist der Zeitrahmen für den Eingriff bei Säugetieren sehr kurz: Genmanipulationen sind nur einige wenige Tage nach der Befruchtung möglich. Bis zu diesem Zeitpunkt können die sogenannten totipotenten Embryonalzellen noch alles, dann beginnen sie sich zu differenzieren und spezialisieren sich auf bestimmte Funktionen wie zum Beispiel Knochen-, Muskel-, Lungen- oder Geschlechtszellen.

Haiger: "Wird eine Samenzelle im Mutterleib befruchtet, so entsteht daraus durch Zellteilung ein Embryo. Dieser wird beim Embryonentransfer aus dem Eileiter herausgespült. Dann werden die Embryonen in ein Labor gebracht, wo mit einer Pipette ´hineingestochen´ wird, um die gewünschte Erbanlagen in den Zellkern zu verpflanzen. Der genmanipulierte Embryo wird dann wieder in das Muttertier oder in ein anderes Tier eingepflanzt. "Damit brauchbare Ergebnisse erzielt werden können, muss diese Manipulation Hunderte bis Tausende Male wiederholt werden. "Das ist ein brutaler Vorgang für die Zellen, denn viele sterben nach wenigen Tagen ab", erklärt Haiger.

Die wenigen Embryonen, die diese Prozedur überleben, sind nach der Geburt vielfach armselige, bemitleidenswerte Kreaturen, die von Menschenhand im Namen der Wissenschaft verunstaltet und gequält werden: Von der Krebsmaus, die durch Einfügung eines bestimmten Gens besonders leicht an Krebs erkrankt und zu Hunderttausenden für Tierversuche verwendet wird, bis hin zu Hühnern ohne Federn, bei denen das Gen, das für den Wuchs der Federn verantwortlich ist, stillgelegt wurde – so genannte "Knock-out-Hühner".

In diesem Zusammenhang verweist Haiger auf leere Versprechungen von Forschern, die für die verschiedensten Zwecke manipulieren: "Zuerst hat es geheißen: Wir forschen nur bei Bakterien, Pflanzen sind tabu. Dann, als die Pflanzen drangekommen sind, wurde versichert, dass man sich von Tieren fernhalten würde - als auch dies nicht lange gehalten hat, wurde gesagt: Aber nie beim Menschen!" Dabei verhalte es sich so ähnlich wie bei der Kernspaltung: Am Ende der Entwicklung ist die Atombombe gestanden. "Eine wertfreie Wissenschaft ist wertlos", bringt es Haiger auf den Punkt.

Außerdem würde die Gentechnik in der Landwirtschaft und in der Viehzucht bereits vorhandene negative Tendenzen verstärken: "Wir leiden in den westlichen Industriestaaten nicht an Mangel, sondern an Überfluss. Und die Entwicklungsländer sollen ihren Boden für den Anbau eigener Lebensmittel nutzen - so könnten sie sich selbst ernähren, anstatt Futter- oder Lebensmittel für uns anzubauen, um dafür Devisen zu bekommen."

Die bei uns über Jahrzehnte intensiv betriebene Hochleistungszucht bei Tieren stößt bereits jetzt an ihre Grenzen: Rinder, Schweine und Geflügel leiden unter schlechterer Fruchtbarkeit, mangelnder Lebenskraft und höherer Krankheitsanfälligkeit. Die Folgen: Die Lebensdauer der Nutztiere nimmt ab und die Produktqualität verschlechtert sich drastisch.

Eine Anwendung der Gentechnik im Tierbereich ist die Verwendung des Rinderwachstumshormons rBST (rekombinantes bovines Somatotropin), das für Monsanto in Kundl in Tirol erzeugt wird und das den Kühen gespritzt wird, um die Milchleistung zu steigern. Diese Kühe werden im Fachjargon als "Turbokühe" bezeichnet. Im Gegensatz etwa zu den USA wurde rBST vom Veterinärausschuss der EU nie zugelassen, weil damit behandelte Kühe anfälliger für Euter- und Klauenerkrankungen sind, früher sterben und die Trächtigkeitsrate sinkt. Für Haiger kein Wunder: "Die Kuh wird durch das von außen zugeführte Hormon zu so hohen Leistungen getrieben, dass sie völlig überfordert ist." Bei jeder "Vergewaltigung" wird sich die Natur über kurz oder lange rächen, ist sich Haiger sicher.

Anstatt mit Hilfe der Gentechnik noch mehr aus Tieren und Pflanzen herauszupressen, fordert Haiger daher eine Rückkehr zu einem ganzheitlichen Zuchtziel und eine "Selektion nach der Lebensleistung". Dabei müsse man sich auch von der

Vorstellung verabschieden, dass eine Kuh mindestens 10.000 Liter Milch pro Jahr geben muss: "Statt sechsmal 10.000 Liter sollte sie im Gesamtlebenszyklus zehnmal 6.000 Liter – und somit wiederum in etwa gleich viel - geben."

Die extrem hohen Milchleistungen können außerdem nur mit Getreide, also Kraftfutter, erreicht werden, was Haiger als völlig verkehrt ansieht: "Getreide ist für den Menschen direkt verwertbar. Wenn die Kuh große Mengen Getreide frisst, wird sie im wahrsten Sinne des Wortes ´zur Sau gemacht´, denn der Kuhmagen ist dazu geschaffen, Gras zu verdauen. Dadurch sind diese Tiere keine Nahrungskonkurrenten zu Menschen und pflegen gleichzeitig auch unsere Kulturlandschaft." In diesem Zusammenhang zitiert Haiger den Salzburger Landwirtschaftskammerpräsidenten Franz Eßl: "Zuerst geht die Kuh, dann kommt der Wald und kommt dieser im Übermaß, dann geht der Mensch."

Traditionelle Pflanzen am besten getestet

Doch der massive Einsatz von Kraftfutter - zum Teil aus ärmeren Ländern - schafft bei uns Überschüsse und in anderen Regionen der Erde Hunger. Der einzige Weg aus der Misere sei, eine an Klima und Boden angepasste Landwirtschaft zu entwickeln, denn "unsere" Intensivlandwirtschaft schaffe nur Abhängigkeit von Saatgut- und Chemiekonzernen: "Wer seine Lebensmittel nicht selbst erzeugt, ist anderen auf Gedeih und Verderb ausgeliefert. Nur eine eigenständige Landwirtschaft bringt Selbstbewusstsein für das Volk." Er tritt auch der Argumentationsweise der Gentechnik-Lobby entgegen, dass arme Länder bereits in wenigen Jahren von trockenheitsresistenten genmanipulierten Pflanzen profitieren könnten: "Es gibt bereits traditionelle, über Jahrhunderte erprobte und durch laufende Selektion ständig weiterentwickelte Pflanzen, die optimal an das Klima und die Bodenverhältnisse angepasst sind."

Nicht die mangelnde Bodenfruchtbarkeit, sondern die Gier nach Bodenschätzen und daraus folgenden Missstände würden für den Hunger in Afrika verantwortlich sein. Dies gelte es zu beseitigen, denn "wir müssen größtes Interesse daran haben, dass Menschen in ihrem Heimatland leben können und nicht flüchten müssen." Hierzulande wie anderswo seien nicht – wie oft behauptet – die gentechnisch veränderten Lebensmittel die am besten geprüften, sondern die "alten", die sich seit Jahrhunderten in der menschlichen Ernährung bewährt haben.
Haiger verweist auf die entscheidende Rolle jedes Einzelnen, wenn es um die Zukunft der Landwirtschaft und der Lebensmittelqualität geht: "Der Konsument muss sich mit dem Stück Brot die Hecke – also die Maßnahmen für eine naturgemäße Bewirtschaftung - mitkaufen. Die Lebensmittelskandale wie BSE, Schweinepest oder pestizidbelastetes Gemüse werden so lange nicht aufhören, so lange die Nahrungsmitteln vorwiegend billig sein sollen und der Bauer schlechte Preise dafür bekommt."

Dass der massive Einsatz von Gentechnik die Menschen schnell vor vollendete Tatsachen stellen könnte, beweist für Haiger eine Aussage des Ex-Nestlé-Chefs Helmut O. Maucher, die er 1997 in der "Bunte" tätigte: "Gen-Food ist das Essen der Zukunft. Wer in zehn Jahren Lebensmittel essen will, die nicht genmanipuliert sind, muss verhungern oder sehr reich sein ..."

Alfred Haiger o.Univ.-Prof. i. R. Dipl.-Ing. Dr.

geboren 1937 als Bauernsohn in Gröbming/Steiermark, studierte 1956-61 Landwirtschaft in Wien.

Ab 1961 war er als Assistent an der Universität für Bodenkultur tätig, wo er 1975 Professor für Tierzucht und Vorstand des Institutes für Nutztierwissenschaften wurde. Forschungsschwerpunkte waren unter anderem die Lebensleistungszucht, Mutterkuhhaltung und Hochleistungskühe ohne Kraftfutter.

Der Verfasser zahlreicher wissenschaftlicher Arbeiten und populärwissenschaftlicher Artikel ist auch Autor zweier Bücher.

Haiger, der jährlich bis zu 40 Vorträge im In- und Ausland hält und sich seit 1. Juli 2002 offiziell im Ruhestand befindet, tritt seit 1973 "gegen den Größenwahn in Wirtschaft, Politik und Landwirtschaft" auf.

7. IM DIENSTE DER SACHE

7.1. David geGEN Goliath

RICHARD LEOPOLD TOMASCH, Sprecher der Antigentechnikplattform "Pro Leben"
FELIX JURAK, Verfasser der Klage gegen die EU-Freisetzungsrichtlinie

Als Richard Leopold Tomasch im Jahre 2000 zum Schluss kam, dass die Gentechnik "der größte Wahnsinn der Menschheit ist", war für ihn klar, dass er die Bevölkerung auf die Gefahrenpotentiale der Gentechnik aufmerksam machen und sie aufrütteln musste.

Er suchte nach Gleichgesinnten, fand sie und baute mit ihnen die parteiunabhängige Antigentechnikplattform "Pro Leben" auf. Gemeinsam zogen sie aus, um der großen, mächtigen Gentechniklobby den Kampf anzusagen. An vorderster Front standen und stehen dabei die Biobauern Volker Helldorff und Karl Raab, der Biotechnologe Anton Moser und nicht zuletzt auch Manfred Grössler.

Seither widmet sich Tomasch diesem Thema mit voller Hingabe, nützt jede Gelegenheit, mit Menschen darüber zu sprechen und scheut dabei weder zeitlichen noch finanziellen Aufwand. Er organisiert Diskussionsveranstaltungen, Vorträge, Demonstrationen, spricht mit hochrangigen Politikern und nimmt Kontakt zu Journalisten auf. "Es ist mir ein Herzensbedürfnis, denn ich habe immer schon gegen Ungerechtigkeit gekämpft", sagt der ehemalige Greenpeace-Aktivist, der schon Mitte der 70er-Jahre geradlinig und kompromisslos als Anwalt der Natur auftrat.

Tomasch kritisiert, dass viele Verantwortungsträger diesem so brisanten Thema ausweichen: "Ich bin sehr erstaunt und vor allem sehr frustriert, dass bisher fast kein Politiker, wenig Ärzte, auch die Kirchen - obwohl die Schöpfung vor dem Ruin steht –, die Arbeiterkammern und vor allem die Landwirtschaftskammern so wenig gegen die Gentechnik tun! "Dabei werden jetzt, im Jahr 2005, die Weichen für die Zukunft gestellt: "Es herrscht Gefahr in Verzug", mahnt er.

Diese Brisanz scheinen auch die Menschen zu spüren, die immer zahlreicher zu den Veranstaltungen von Pro Leben kommen und diese mit großer Zustimmung und Dankbarkeit über die umfassenden Informationen quittieren. Dieser Umstand stimmt Tomasch, der von Freunden auch als "Richard Löwenherz" bezeichnet wird, optimistisch: "Wir haben etwas ins Rollen gebracht. Ich glaube, wir haben noch eine Chance, die Gentechnik in der Landwirtschaft zu verhindern." Nicht zuletzt um dieses Ziel zu erreichen, holte Pro Leben im Mai 2004 den hessischen Landwirt und ehemaligen Gentechnik-Befürworter Gottfried Glöckner als mahnende Stimme nach Österreich, der vor der Presse, vor Politikern und auch im Rahmen von Veranstaltungen erzählte, wie seine Kühe nach dem langjährigen Verzehr von Genmais größte gesundheitliche Probleme bekamen - und der auch über die negativen Umwelteinwirkungen dieses Bt-Maises auf seinen landwirtschaftlichen Flächen berichtete.

Dementsprechend drastisch fallen die Worte von Tomasch aus: "Was nützt uns die Umwelt, wenn alles zerstört ist?" fragte er beispielsweise den österreichischen Bundespräsidenten Heinz Fischer, als dieser einige Vertreter von Pro Leben in seinen Amtsräumen empfing. "Einen Fluss der begradigt wurde, kann man rückbauen, aber einmal ausgebrachte genmanipulierte Pflanzen kann man nie mehr zurückholen. Das Ganze ist irreversibel", setzte Tomasch fort. Letzteres kommentierte der Bundespräsident als "einleuchtend".

Doch mit Protesten alleine geben sich Tomasch & Co schon längst nicht mehr zufrieden. Da sie überzeugt sind, dass bei einer Freisetzung genmanipulierter Pflanzen mit verheerenden Folgen zu rechnen ist, haben sie sich auf die Suche nach der Wurzel des Übels begeben - und es auch in Form der EU-Freisetzungsrichtlinie gefunden. Hier ist auf EU-Ebene die Ausbringung genmanipulierter Pflanzen auf die Äcker geregelt und ist somit für alle Mitgliedsstaaten verpflichtend.

Das bedeutet, dass die vieldiskutierten nationalen Gentechnikgesetze nichts anderes sind, als die gehorsame (manche sagen: hörige) Umsetzung der EU-Gesetzgebung. "Also müssen wir das Unrechtsgesetz der EU zu Fall bringen", beschlossen das Kärntner Triumvirat Richard Leopold Tomasch, Volker Helldorff sowie Karl Raab und handelten dementsprechend: Sie brachten beim Europäischen Gerichtshof in Luxemburg (EuGH) eine Klage gegen den EU-Ministerrat und das EU-Parlament ein, die die EU-Freisetzungsrichtlinie beschlossen hatten.

Der Kampf David gegen Goliath war eröffnet. Auf 32 Seiten stellten sie, vertreten durch den Juristen Felix Jurak von der Rechtsanwaltskanzlei Eckhart in Klagenfurt, die Grund- und Menschensrechtswidrigkeit der Richtlinie dar und zeigten, dass sie sogar EU-Recht widerspricht.

Die Klage enthält folgende wesentliche Aussagen:

- Das **Recht auf Grundeigentum** von biologisch und konventionell gentechnikfrei wirtschaftenden Bauern sowie die Wahlfreiheit der Konsumenten wird von der Richtlinie massiv eingeschränkt. Da beispielsweise Genmais praktisch unverkäuflich ist, kommt es zu einem erheblichen Wertverlust der Ernten, in Folge würden die Pachterträge und die Werte der Grundstücke sinken, was einer Teilenteignung gleichkommt.

- Für diese Eigentumsbeschränkung oder Enteignung ist **keine Vorsorge für eine Entschädigung** vorgesehen. Dabei müsste eine Eigentumsbeschränkung auf Gesetz beruhen und im öffentlichen Interesse liegen – wie etwa beim Bau von Straßen. Das öffentliche Interesse wird hier jedoch von der Richtlinie vorgegeben. Die durch mühsame, jahrelange Aufbauarbeit gesicherten sortenreinen Saatgutreserven und Biokulturen der Kläger kann durch die Geltung der Freisetzungsrichtlinie nicht aufrechterhalten werden – und werden zerstört.

- Die **Koexistenz** - das Nebeneinander von biologischer, konventioneller und Gentechnik-Landwirtschaft - kann nicht funktionieren. Damit wird einer der zentralen Punkte rund um die Richtlinie ad absurdum erklärt. "Der Umstand, dass es ohne die Errichtung von Laborbedingungen nicht möglich ist, den Pollenflug bzw. Polleneintrag in die Nachbarfelder eines Biobauern, wie es die Kläger sind, zu verhindern, bewirkt, dass es zu Verunreinigungen und zur Kontamination der sortenreinen Anbauflächen der Kläger kommt", heißt es hier.

- Die **Richtlinie selbst verstößt gegen das Rechtssystem der EU:** Die Gemeinschaft verpflichtet sich nämlich zu einem **Umweltschutz**, der unter anderem auf einem hohen Schutzniveau beruht und dem Vorbeuge- und Vorsorgeprinzip entspricht. Die Erfordernisse des Umweltschutzes müssen in sämtliche EU-Gesetzestexte einbezogen werden. Doch insbesondere das Vorsorgeprinzip weist einen Problembezug zum Bereich der Gentechnik auf, da jeglicher Einsatz der Gentechnik mit einem Restrisiko für Menschen und Umwelt verbunden ist.
Gerade bei Stoffen, die von vornherein als gefährlich gelten, wie GVO, gilt die Beweislast als umgekehrt und auf den Erzeuger, Hersteller oder Importeur übertragen. Doch die für eine umfassende Risikobewertung erforderlichen wissenschaftlichen Beweise wurden von den Erzeugern der GVO nicht im erforderlichen Ausmaß erbracht. Insbesondere das Bt-Toxin, das in vielen gentechnisch veränderten Pflanzen vorhanden ist, wurde nicht entsprechend erforscht.
In diesem Zusammenhang wird der Fall von Gottfried Glöckner geschildert. Langzeitstudien über die Auswirkungen von gentechnisch veränderten Pflanzen auf den Organismus der Tiere bei der Fütterung und auf die Umwelt werden von der Richtlinie nicht vorgeschrieben.

- Mit der **"substanziellen Äquivalenz"** – der vorgeschriebenen Gleichwertigkeit von genmanipulierten und nicht genmanipulierten Pflanzen – ist ein weiterer Punkt, der im Zusammenhang mit der Richtlinie sehr wichtig ist, unhaltbar. So war der Aminosäure-Gehalt in den Genmais-Proben Gottfried Glöckners deutlich geringer als im konventionellen Mais. Außerdem wurden in Glöckners Genmais Toxine festgestellt. "Hier wird also augenscheinlich, dass das Prinzip der substanziellen Äquivalenz eine Sicherheitsbewertung nicht ersetzen kann. Eine solche ist jedoch in der angefochtenen Richtlinie nicht (Anm.: in ausreichendem Umfang) vorgesehen.
Die Richtlinie ist daher auch aus diesem Grunde rechtswidrig und werden die Kläger sohin in ihren subjektiven Rechten verletzt. Selbst menschliches Leben ist in Gefahr" ist die Schlussfolgerung daraus.

- Die Freisetzungsrichtlinie **widerspricht mehreren anderen Richtlinien** bzw. Verordnungen:
• der EG-Bioverordnung
• der Richtlinie über den Verkehr mit Gemüsesaatgut
• der Richtlinie über den Verkehr mit Peterrübensaatgut
• der Richtlinie über den Verkehr mit Pflanzkartoffeln

- der Richtlinie über den Verkehr mit Saatgut von Öl- und Faserpflanzen
- der Verordnung über die Erhaltung, Beschreibung, Sammlung und Nutzung der genetischen Ressourcen in der Landwirtschaft.

Allen diesen Richtlinien ist gemeinsam, dass die dort festgelegten Sorten einen befriedigenden landeskulturellen Wert besitzen und die Aufrechterhaltung dieser Sortenreinheit durch den Einsatz von gentechnisch veränderten Organismen in der Natur nicht mehr möglich ist.

Klage aus formellen Gründen abgewiesen

Die Faktenlage gegen die Freisetzungsrichtlinie ist also erdrückend. Dennoch kam es zu keiner Verhandlung. Warum? "Die Nichtigkeitsklage wurde aus formeller Begründung abgewiesen, weil diese innerhalb von zwei Monaten nach Veröffentlichung des Gesetzes erhoben werden müsse – so die Stellungnahme des Europäischen Gerichtshofes in Luxemburg. Bei so essentiellen Dingen eine Frist von zwei Monaten vorzuschreiben, ist ein Skandal", ist der Jurist Jurak empört. Die Richtlinie wurde im April 2001 im Amtsblatt der Europäschen Gemeinschaften veröffentlicht, die Klage im Juni 2004 erhoben.

Dabei argumentierte Jurak damit, dass die Kläger aufgrund der bislang fehlenden Umsetzung der Freisetzungsrichtlinie in nationales Recht bis kurz vor der Klageerhebung keine Kenntnis der Richtlinie haben konnten.

So gesehen ist Juraks Überzeugung, dass die Klage die Freisetzungsrichtlinie ganz sicher zu Fall gebracht hätte, ein schwacher Trost. Doch von Aufgeben kann keine Rede sein: "Wir haben noch einige große Vorhaben", zeigt sich Tomasch ungebrochen kämpferisch.

Nähere Informationen zu "Pro Leben": www.proleben.at
Spendenkonto: Kärntner Sparkasse, BLZ 20706, Kontonr.: 143.800

Richard Leopold Tomasch

1951 geboren, trat mit 14 aus der Kirche aus. Bereits während der Ausübung seines Berufs als Elektrotechniker kämpfte er stets gegen Projekte die Gesundheit, Umwelt und unser Leben gefährden wie z.B. gegen das Kraftwerk Donauauen, das AKW-Zwentendorf oder gegen den EU-Beitritt Österreichs.

Im Rahmen seiner vielen Aktionen für Natur und Umwelt wurde er schon einige Male in seiner Eigenschaft als Umweltschützer festgenommen, gewann aber alle anhängigen Prozesse.

2000 gründete Richard Leopold Tomasch die Anti-Gentechnik-Plattform "ProLeben" weil seiner Meinung nach die Gentechnik den größten Wahnsinn der Menschheit darstellt. Richard Leopold Tomasch kämpft seither mit vielen Mitstreitern in Österreich für gesunde Lebensmittel und eine nicht verseuchte Umwelt.

7.2. Ausgesummt? Imker kämpfen um ihre Zukunft

HERMANN ELSASSER, Berufsimker aus Fladnitz i. Raabtal, Österreich
MANFRED HEDERER, Präsident des Deutschen Berufs- und Erwerbsimkerbundes (DBIB)
WALTER HAEFEKER, Vorstandsmitglied des Deutschen Berufs- und Erwerbsimkerbundes

Jeder, der sich schon einmal mit Bienen beschäftigt hat, ist fasziniert vom Sozialgefüge im Bienenvolk, wie perfekt sich zigtausende Hautflügler in jedem Stock organisieren, unermüdlich arbeiten und uns hochwertige, gesunde Lebens- und Heilmittel wie Pollen, Propolis sowie natürlich Honig liefern.

Doch die Bienen sind nicht nur faszinierende Geschöpfe, sondern auch ein Paradebeispiel dafür wie absurd der Einsatz der Gentechnik in der Landwirtschaft ist:

Es beginnt beim Glauben an eine Koexistenz von traditioneller und Gentechnik-Landwirtschaft. Eine Biene hat einen Flugradius von bis zu sechs Kilometern. Das entspricht einer Fläche von rund hundert Quadratkilometern innerhalb dieser sie jeden Tag Pollen und Nektar sammeln kann! Das ist mehr als ein Tausendstel der Fläche Österreichs. Doch Bienen unterscheiden nicht zwischen gentechnisch veränderten Pflanzen und "normalen" Pflanzen.
Also können sie innerhalb dieser riesigen Flächen genmanipulierte Pollen zu nicht-genmanipulierten Pflanzen bringen und sie damit bestäuben. Anhand dieses Beispiels zeigt sich, dass die traditionelle Landwirtschaft dem Untergang geweiht ist, sobald Gentechnik auf unsere Felder kommt. Außerdem gibt es neben den Zuchtbienen auch viele Wildbienen- und andere Insektenarten sowie natürlich den Wind - sie alle können ebenfalls Pollen über viele Kilometer transportieren.

Wie weit die Vorstellungen und Aussagen der Gentechnikbefürworter in Sachen Koexistenz von der Realität abweichen, verdeutlicht Walter Haefeker vom Deutschen Berufs- und Erwerbsimkerbund (DBIB) mit folgendem Beispiel: "Einige Bundesländer, allen voran Sachsen-Anhalt und Bayern, halten es für angebracht, gegen den Willen der breiten Mehrheit der Bevölkerung der Bürger und Landwirte den Versuchsanbau auf staatlichen und geheimgehaltenen privaten Flächen zu forcieren. Die von der Industrie eingerichtete Hotline behauptet, kein Imker sei von der Freisetzung betroffen, weil sich nach den Recherchen der Industrie in einem Umkreis von 200 Metern um die geheimen Anbauflächen kein Imker befinde." 200 Meter zu sechs Kilometern …

Der Präsident des Deutschen Berufsimkerbundes, Manfred Hederer, bringt die Sache auf den Punkt: "Schutzabstände interessieren uns nicht, weil Bienenvölker so verteilt sind, dass wir alle Schutzradien ad acta legen müssen. Die ganze Insektenwelt hält sich nicht an Vorschriften der EU."

Ungeklärt ist auch die Haftungsfrage. So befürchten einige Imker, dass sie etwa von Biobauern für die Vertragung von genmanipulierten Pollen auf ihre Felder verantwortlich gemacht werden könnten, obwohl Pollen – wie erwähnt – auch über viele andere Wege vertragen werden können. "Deshalb wollen wir die Anerkennung, dass

Bienen Wildtiere sind und wir aus der Haftung ausgenommen werden", fordert Hederer.

Mit der Einführung der Gentechnik wird auch die Grundlage für Unfrieden in den ländlichen Regionen geschaffen. Imker könnten unschuldigerweise ins Schussfeld der Bauern geraten: "Normalerweise profitieren die Bauern von den Bienen. Die Gentechnik könnte aus einer Freundschaft aber eine Feindschaft machen", fasst Hermann Elsasser, Berufsimker aus dem steirischen Fladnitz im Raabtal in Österreich, zusammen.

Bienen sind als Bestäuber für ganze landwirtschaftliche Zweige von Bedeutung. Ohne sie würde es - etwa im Obstbau - keine oder geringere Ernten geben. "Meistens wird das Problem erst erkannt, wenn keine Bienen mehr da sind. So versuchen beispielsweise Kürbisbauern, Bestäuber zu bekommen. Leider ist die Funktion der Bienen als Bestäuber nicht anerkannt" sagt Elsasser.

Bienengesundheit steht auf dem Spiel

Doch wer Gentechnik sät, sät nicht nur die Voraussetzungen für Unfrieden, sondern auch eine weitere Gefahr für die Bienengesundheit. Imker hatten in den vergangenen 20 Jahren durch die Varroa-Milbe, einem Bienen-Parasiten, und in der Landwirtschaft verwendete Pestizide mitunter große Ausfälle zu verkraften. Das Fass zum Überlaufen könnte jedoch der Bt-Mais bringen, bei dem auch in den Pollen das Gift des Bacillus thuringiensis enthalten ist. Konkret wird eine Schädigung der Bienenlarven erwartet, wie Elsasser anschaulich erklärt:

"Honigbienen benötigen wie Wildbienen oder Hummeln zur Larvenaufzucht Pollen. Wenn Bt-Mais auf einem Feld vorhanden ist, sammelt die Honigbiene den Pollen und lagert ihn in den Waben. Mais blüht im Spätsommer, doch erst wenn im Frühjahr die Bruttätigkeit beginnt, werden die Pollen verstärkt verwendet.

Bt ist ein Wachstumshemmer - werden die Bienenlarven nun mit diesen Bt-Maispollen gefüttert, entwickeln sie sich langsamer und sind anfälliger gegen sekundäre Krankheiten. Durch die längere Entwicklungszeit werden die Larven von noch mehr Varoa-Milben befallen, wodurch sich die Sterblichkeit erhöht und beschleunigt. In weiterer Folge sterben viele Bienen im darauf folgenden Jahr schon im Spätsommer statt im November oder Dezember.
Auch die Bienenkönigin (Anm.: die auch den von den Bienen aus dem Pollen umgewandelten Futterdrüsensaft zu fressen bekommt) legt weniger Eier - das Volksgefüge gerät aus den Bahnen, die Bienen sterben zeitverzögert und schleichend."

Walter Haefeker vom DBIB ergänzt, dass der Bt-Wirkstoff im Unterschied zu einem gespritzten Insektizid nicht mehr bedarfsgerecht bei Schädlingsbefall eingesetzt wird und dabei nach dem Bienenflug gespritzt wird, sondern dass er immer in der Pflanze bzw. bei entsprechendem Reifestadium auch im Pollen präsent ist – damit stellt der Bt-Pollen eine lange anhaltende Gefährdung für die Bienen dar.
Diese Befürchtungen der Imker wurden auch durch Untersuchungsergebnisse von

Hans-Heinrich Kaatz bestätigt, der seit 2001 am Institut für Ernährung und Umwelt an der Universität Jena die Auswirkungen von Bt-Maispollen auf die Honigbiene untersucht. In seinem Forschungsbericht heißt es: "Diese Bienenvölker waren zufällig mit Parasiten (Mikrosporidien) befallen. Dieser Befall führte bei den Bt-gefütterten Völkern ebenso wie bei den Völkern, die mit Pollen ohne Bt-Toxin gefüttert wurden, zu einer Abnahme der Zahl an Bienen und in deren Folge zu einer verringerten Brutaufzucht. Dieser Effekt ist bei den Bt-gefütterten Völkern signifikant stärker."

Elsasser sieht jedoch kaum Chancen, bei wirtschaftlichen Schäden die Gentechnik-Bauern zur Verantwortung ziehen zu können: "Das österreichische Gentechnikgesetz genügt nicht, weil ich nie einen Verursacher finden kann, auch wenn er haften würde. Wie soll ein Imker bei so großen Flugradien der Bienen diesen ausfindig machen? Eine ähnliche Situation hatte ich bei gespritzten Wachstumshemmern im Weinbau. Der darauf angesprochene Weinbauer antwortete nur: "Deine Bienen waren nicht bei mir." Und ich konnte nicht das Gegenteil beweisen." Die Situation wird noch komplizierter, wenn man bedenkt, dass sich die Schäden im Bienenvolk aufgrund des eingetragenen Bt-Pollens erst ein Jahr später bemerkbar machen könnten.

Ganz davon abgesehen sind auch mögliche Verdienstentgänge zu berücksichtigen: "Auch wenn ich meinen materiellen Schaden ersetzt bekomme, den Vertrauensverlust meiner Kunden kann mir niemand ersetzen", bringt es Elsasser auf den Punkt. Als Hohn empfinden die Imker den Vorschlag von Gentechnikbefürwortern, sie sollten sich den Honig selbst auf GVO-Verschmutzung untersuchen lassen, um bei GVO-Freiheit einen Wettbewerbsvorteil zu haben. Eine Untersuchung kostet zwischen 280 und 400 Euro pro Charge, manche Honigchargen wiegen nicht mehr als 30 bis 40 Kilogramm. Somit würden die Kosten für die GVO-Untersuchung den Umsatz auffressen, vom Gewinn ganz zu schweigen.

Elsasser befürchtet zusätzlich, dass der mögliche Anbau von Bt-Mais als "Türöffner für Bt-Raps" fungieren könnte. Sollte dieser Genraps großflächig angebaut werden, ist ein Super-GAU für Bienen, Imker, Landwirtschaft und Umwelt in Reichweite. Bienen lieben Raps zum Sammeln von Nektar und Pollen, zusätzlich sammeln sie nicht nur den Pollen, sondern sorgen auch - im Gegensatz zum Mais - für die Bestäubung der Rapspflanzen. Rapsfelder gentechnikfrei zu halten, wird zu einem Ding der Unmöglichkeit, wie viele Beispiele aus der keineswegs kleinräumig strukturierten Landwirtschaft in Kanada zeigen.
Zusätzlich hat die zur Familie der Kohlgewächse zählende Pflanze eine ganze Reihe wildwachsender Verwandte in der Natur: Dadurch kann sich der genmanipulierte Raps mit Wildkräutern und verwilderten Rapssorten wie Rübsen, mehreren Senfarten oder Hederich kreuzen. Diese könnten dann ebenfalls das Bt-Toxin enthalten – oder, wenn herbizidresistenter Raps angebaut wird, selbst resistent gegen Unkrautvernichtungsmittel werden.

Sondermüll statt Blütenpollen

Viele Imker fürchten um ihre hochwertigen Naturprodukte und in weiterer Folge um ihre Existenzgrundlage. Zwar herrscht weitgehend Unklarheit über die Kennzeichnung, klar ist jedoch, dass sich im Falle eines Gentechnik-Anbaus auch gentechnisch veränderte Pollen im Honig befinden würden. Manfred Hederer, Präsident des Deutschen Berufsimkerbundes bezieht sich auf Aussagen von Instituten, die GVO-Untersuchungen (GVO-Screenings) machen.

Demnach soll sich der GVO-Anteil des Pollens auf den gesamten Pollenanteil und nicht auf den gesamten Honiganteil beziehen (Der Pollenanteil am Gesamtgewicht des Honigs beläuft sich auf 0,1 bis 0,5 Prozent). "Wenn ich 100 Pollenkörnchen habe, reicht ein gentechnisch verändertes", spielt er auf den Grenzwert von 0,9 Prozent an, ab dem das Produkt als "gentechnisch verändert" gekennzeichnet werden muss. "Honig mit GVO wird vom Verbraucher nicht akzeptiert", ist sich Hederer sicher und verweist auf den Fall, als im Jahr 2002 Langnese in Deutschland kanadischen Rapshonig sofort auslistete, als bekannt wurde, dass dieser einen hohen Anteil gentechnisch veränderter Pollen aufweist.

Noch weniger Spielraum hätten die biologisch arbeitenden Imker, deren Erzeugnisse überhaupt keine GVO enthalten dürfen. Nicht weniger dramatisch würde sich der Anbau gentechnisch veränderter Pflanzen auf den Verkauf von Pollen auswirken. Diese vitaminreiche Köstlichkeit ist eines der vielen Nebenprodukte der Imker, Hederer selbst ist sogar auf Blütenpollengewinnung spezialisiert: "Dann hätte ich nur noch Sondermüll."

Hederer kann die Vorgangsweise der Politiker und Wissenschaftler gegenüber den Imkern nicht verstehen: "Es ist allen egal, dass ein ganzer Berufsstand, der Tausende von Jahren alt ist, vernichtet werden könnte. Aber offensichtlich vertreten diese Leute nur die Patente und Lizenzen von Chemiegiganten."

Der Grund, warum manche Chemiemultis mit so einer Vehemenz die Gentechnik gegen den Willen der Bevölkerung auf die Äcker bringen wollen, sei in den Finanzmärkten zu suchen, meint Hederers Kollege Haefeker: "Die Gentechnik hat den wesentlichen Vorteil, patentierbar zu sein und diese Patente sind schwer anzufechten, solange Patente auf Tiere und Pflanzen überhaupt möglich sind.

Mit der Patentierung erfolgt die Umstellung des Geschäftsmodells beim Saatgut vom Verkauf von Produkten hin zur Vergabe von Lizenzen. Diese Lizenzen erlauben es, ein Abhängigkeitsverhältnis zu schaffen, das wiederum von den Finanzmärkten hoch bewertet wird.
Das magische Wort ist "Recurring Revenue". Weil ein solches Abhängigkeitsverhältnis viel attraktiver ist, bekommen Sie zum Beispiel das Produkt Handy fast geschenkt, wenn Sie einen Vertrag mit Ihrem Mobilfunkbetreiber unterschreiben.
Wenn ein Biotechkonzern nachweisen kann, dass er sein Geschäftsmodell erfolgreich von Produktverkauf auf Lizenzierung umgestellt hat, erhöht sch der Marktwert

des Unternehmens dramatisch. Die Firma, die diesen Sprung zuerst schafft, wird durch den hohen Kurswert ihrer Aktien in der Lage sein, die Nachzügler zu schlukken. Bei dem Kampf um "Shareholder Value" lässt man nichts unversucht und um dieses Rennen geht es wirklich."

Die Problemliste für die Imker lässt sich beliebig weiter fortsetzen: Genmanipulierte Pharma-Pflanzen könnten Pharma-Stoffe in den Honig bringen. Mit genmanipulierten Bienen, an denen gerade geforscht wird und die resistent gegen die Varroa-Milbe gemacht werden sollen, könnten Imker ebenfalls in eine Abhängigkeit der Gentechnikkonzerne geraten.

Verkehrte Gentechnikwelt: Aus nützlichen Bienen werden missachtete Genpollen-Überträger, gesunde Gaben der Natur wie Pollen werden zu Sondermüll und aus Freundschaften zwischen Bauern und Imkern werden Feindschaften. Ein ganzer Berufsstand kämpft um seine Zukunft und gleichzeitig auch um eine lebenswerte Zukunft für uns alle: "Ein etwas scherzhafter Imkergruß lautet "summ, summ". Wenn nur ein Teil meiner Befürchtungen eintritt, könnte es in Zukunft bald ausgesummt heißen", befürchtet der österreichische Imker Elsasser.

Für den deutschen Berufsimker-Präsidenten Hederer gibt es dementsprechend nur eine Lösung aus dem Dilemma: "Keine Gentechnik auf den Äckern!"

Hermann Elsasser

geboren 1951, hat sich, seit er sich erinnern kann, für Insekten und Reptilien interessiert.
Nach Abschluss der Schule lernte er den Beruf des Fotografen. 1974 hatte er die Möglichkeit eine Stelle im Institut für Naturschutz und Umweltschutz der Österreichischen Akademie der Wissenschaften anzutreten.
1994 wurde das Institut geschlossen und da Bienen sein Hobby waren, entschloss er sich die Imkerei zum Beruf zu machen. 2003 begann seine Tochter Erika und er mit einem Honig- und Naturproduktehandel.

7.3. Gentechnik und Schöpfungsverantwortung

ISOLDE SCHÖNSTEIN, Vorsitzende der ARGE Schöpfungsverantwortung

"Die katholische Kirche hat sich bisher zum Thema Gentechnik zu wenig zu Wort gemeldet" sagt Isolde Schönstein, Vorsitzende der ARGE Schöpfungsverantwortung, mit dem Ausdruck des Bedauerns. Gleichzeitig zeigt sie sich besorgt über die davoneilenden Entwicklungen bei der Anwendung der Gentechnik, die oft irreversible Folgen nach sich ziehen.

Seit Beginn der 1990er-Jahre setzt sich Schönstein mit ganzer Kraft dafür ein, "ihrer" Kirche in Österreich die Dimensionen der Umweltzerstörung vor Augen zu führen und in diesem Zusammenhang auch die Gefahren der Gentechnik aufzuzeigen. Ziel sei es immer gewesen – mit Hilfe anerkannter Wissenschaftler und Theologen - die kirchliche Umweltarbeit auf pfarrlicher und diözesaner Ebene zu unterstützen, erklärt sie.

1994 organisierte die ARGE Schöpfungsverantwortung ein Treffen der Bischöfe Christoph Schönborn und Paul Iby mit 20 namhaften österreichischen Wissenschaftlern zum Thema Umwelt – es sollte bis heute das letzte bleiben. 1996 sammelte die ARGE im Rahmen der Aktion "Leben ist keine Ware" 30.000 Unterschriften gegen die Patentierbarkeit von Lebewesen und begann als tragende Säule des Gentechnik-Volksbegehrens mit dessen Vorbereitungen. Doch obwohl sie im selben Jahr von der österreichischen Bischofskonferenz mit der Koordinierung kirchlicher Umweltarbeit betraut wurde und im Haus der Bischofskonferenz Wien ein Büro errichtet wurde, sei das Verhältnis zu den maßgeblichen Würdenträgern meist spannungsgeladen gewesen, erzählt Schönstein. "Dennoch konnten wir dazu beitragen, dass viele Christen die Forderungen des Gentechnik-Volksbegehrens unterzeichnet haben", freut sie sich.

Im Jahr 2000 trennte sich die Bischofskonferenz von Schönstein und ihren Mitstreitern: "Wir wissen bis heute nicht warum, es wurde nie begründet". Die Arbeit ging weiter, "wenn auch unter noch schwierigeren Bedingungen, da wir kein Budget und keine Niederlassung in zentraler Lage mehr hatten". Möglicherweise habe sie ihre Aufgaben zu aktiv wahrgenommen, mutmaßt sie. Trotz allem stellt Schönstein in manchen Bereichen Fortschritte fest: 2002 bekannte sich die Bischofskonferenz zur Biolandwirtschaft und 2003 sprach sie sich gegen die Patentierung von Leben aus.

Dennoch werde beispielsweise das Bekenntnis zur Biolandwirtschaft im kirchlichen Alltag nicht gelebt, weil weite Teile der Kirche darüber nicht informiert seien. "Biologische Lebensmittel sind in pfarrlichen Einrichtungen nach wie vor die Ausnahmen." Dabei sei es ein wichtiger Auftrag der Kirche, Position zu gesellschaftlich wichtigen Themen zu beziehen und damit das Kirchenvolk zu erreichen, meint Schönstein.

Aus christlicher Sicht könne die Einstellung zur Gentechnik in der Landwirtschaft – zumindest derzeit - nur strikt ablehnend sein, ist sie sich sicher. Anhand der geltenden ethischen Prüfkriterien, die Bestandteil der Moraltheologie sind, könne die Kirche klare Fragen an Wissenschaft, Wirtschaft und Politik zu diesem Thema stellen:

- *Fundierungskriterium: Der Schutz der Basis hat Vorrang vor jenen Dingen, die darauf aufbauen.* Auf die Gentechnik umgelegt: Der Schutz des Genpools kommt vor seiner Erforschung.
- *Vorsorgekriterium: Die Befriedigung der Bedürfnisse darf nicht in einer Form geschehen, die die Möglichkeit der künftigen Generation einschränkt, dasselbe zu tun.* Dass heißt, dass der Vielfalt der Arten der Vorzug vor der Reduzierung auf einige wenige zu geben ist. Eine Monopolisierung von Getreidearten steht im Widerspruch zum Grundrecht auf freien Zugang zu genetischen Ressourcen.
- *Verursacherkriterium: Globales Handeln erfordert globale Verantwortungsträger.* Wer und wo sind diese im Bereich der Gentechnik? Wer übernimmt die Verantwortung bei einem genetischen Super- GAU? Solange diese Fragen ungelöst sind, ist im Zweifelsfall für den Schwächeren einzutreten.
- *Reversibilitätskriterium: Bei unvermeidbarer Inkaufnahme von Schäden haben reversible Maßnahmen Vorrang vor solchen, die irreversible oder langdauernde Folgen bewirken.* Gerade die Frage der Umkehrbarkeit gentechnisch veränderter Lebenskreisläufe ist unzureichend geklärt bzw. höchst unwahrscheinlich.
- *Verteilungskriterium: Unter der Voraussetzung begrenzt zur Verfügung stehender Mittel sind diese im Sinne des größtmöglichen Wohls für die größtmögliche Gruppe zu verteilen.* Das heißt, dass bei begrenzten Kapitalressourcen Investitionen in die Forschung nur dann zu tätigen sind, wenn der jeweilige Bereich eine größtmögliche Akzeptanz einer größtmöglichen Gruppe besitzt. Das ist bei der Gentechnik – vor allem in armen Ländern – nicht der Fall.

Priesterausbildung zeitgemäß?

Doch warum setzt sich die katholische Kirche für Umweltanliegen weniger ein als für soziale Anliegen? "Es fehlt die pastorale Aufbereitung der Schöpfungstheologie in der Priesterausbildung" stellt Schönstein fest. So sei die Heilsverkündung von der Naturbewahrung getrennt worden und die Fixierung auf den Begriff "Umwelt" als sekundäre Welt habe Verwirrung in den eigenen Reihen gestiftet. Berührungsängste mit abtreibungsbefürwortenden Umweltschutzgruppen hätten das übrige getan. "Häufig wurden Maßnahmen zur Nachhaltigkeit ökonomischen Überlegungen untergeordnet.

Vielfach basierten Fehlhaltungen wie Stellungnahmen zur Atomkraft in den 1980er-Jahren oder zögerliche Stellungnahmen zur Biopatent-Richtlinie auf einem Mangel an Kenntnis von Lebenszusammenhängen und dem Fehlen von Schöpfungstheologie und Schöpfungsspiritualität im Alltag der Kirchen wofür u. a. Ausbildungsmängel eine bedeutende Rolle spielten."

Dabei existiert der Begriff der Nachhaltigkeit schon im Alten Testament: "Dieses ist voll von mitgeschöpflichen und landwirtschaftlichen Anweisungen und stets verweist es auf Maß und Ordnung, die der Schöpfung innewohnen" erklärt Schönstein.

Auch Papst Johannes Paul II, der 1979 Franz von Assisi zum Patron der Umweltschützer erklärte, wurde nicht müde, auf die drohenden Gefahren hinzuweisen und zu ermahnen – seine Aussagen zu Umwelt- und Schöpfungsfragen wurden 2004 von der ARGE Schöpfungsverantwortung auch dokumentiert. Die Umweltkrise habe er in einer Innenweltkrise des Menschen gesehen, fasst Schönstein zusammen.

Die Antwort auf den biblischen Auftrag einer "verantwortungsvollen Haushalterschaft" könne nur in einer gelebten Schöpfungsverantwortung gefunden werden, ist Schönstein überzeugt. Die "Handlungsempfehlungen" der II. Europäischen Ökumenischen Versammlung von Graz 1997 geben einen eindeutigen Auftrag: "Wir empfehlen den Kirchen die Bewahrung der Schöpfung als Bestandteil des kirchlichen Lebens auf all seinen Stufen zu betrachten und zu fördern", heißt es hier.

Dementsprechend wäre es eine Aufgabe der Christen - und nicht nur für diese - sich für artgerechte Tierhaltung, gesunde Ernährung, Arten- und Landschaftsschutz, gerechte Verteilung der Güter einzusetzen. "Es braucht eine Bildungsoffensive ebenso wie eine Deutung der Zeitzeichen auf dem Hintergrund des biblischen Auftrags - dies wird zur Überlebensfrage für lebende und künftige Generationen" sagt Schönstein. Das Gebet müsse mit einem engagierten Handeln einhergehen.

In diesem Sinne veranlassten die immer rascher voranschreitenden Umweltzerstörungen Vertreter der christlichen Kirchen Europas ebenfalls 1997 ein Netzwerk zu bilden. Die Handlungsempfehlungen der Europäischen Bischofskonferenzen und der Konferenz der Christlichen Kirchen befürworteten dies. Schönstein ist Mitbegründerin dieses "European Christian Environmental Networks" (ECEN) und trägt dieses im Leitungsteam mit. Sie leitet die Arbeitsgruppe zur Einführung des "Schöpfungstages". Für diesen Tag hat sie u. a. einen "Gewissensspiegel" für den Alltag in Kirche und persönlichem Leben herausgegeben.
Dieser beinhaltet die Bereiche Mobilität, Einkauf/Konsum, Verwirklichung konkreter Projekte, Einholung von Informationen, Betrachtung von Natur und "Unnatur", Ressourcenschonung und Abfallvermeidung, couragiertes Auftreten gegenüber Missständen und gefährlichen Entwicklungen, Studium von Literatur, Dialog mit anderen und Pädagogik: was können wir von anderen lernen?

In diesem Zusammenhang appelliert sie auch: "Der Verlust des Erkennens von Lebenszusammenhängen mag eine der Hauptursachen für den Verlust von ethisch gerechtfertigtem und verantwortungsvollem Handeln sein. Diesem Verlust zu begegnen ist Aufgabe auch der Kirchen in all ihren Wirkungsbereichen, in der Verkündigung, einem entsprechenden Alltagsverhalten, ihrem diakonischen Auftrag und in der Liturgie.
Dazu ist eine interdisziplinäre wissenschaftliche Auseinandersetzung ebenso notwendig wie die Zusammenarbeit mit Umwelt- und Entwicklungsorganisationen und

engagierten Vertretern der Politik und Wirtschaft."

Schönstein hofft weiter, gemeinsam mit österreichischen Wissenschaftlern und Theologen, in Zukunft bei den kirchlichen Würdenträgern ein offenes Ohr zu finden. Denn die Aufklärung über die Risiken der Gentechnik aller sei von Nöten, um im Sinne der Schöpfungsverantwortung handeln zu können. Dazu bedürfe es, bezogen auf Ernährungssicherheit und Ernährungssouveränität, einer "naturnahen, kleinstrukturierten, den regionalen Gegebenheiten angepassten, vielfältigen Landwirtschaft".

Stellungnahme der Kirche

Die katholische Kirche steht der Gentechnik in der Landwirtschaft keineswegs generell ablehnend gegenüber. Das kommt auch in einer offiziellen Stellungnahme einer Anfrage zum Ausdruck, die an den Kärntner Diözesanbischof und Referatsbischof für Umwelt und Landwirtschaft Alois Schwarz gerichtet war und von Michael Rosenberger[1] im Namen der katholischen Kirche (Österreichs) wie folgt beantwortet wurde:

Frage: Welche Einstellung hat die Kirche zur Gentechnik, insbesondere zur Gentechnik in der Landwirtschaft und in den Nahrungsmitteln?

Rosenberger: *Zunächst einmal möchte ich der Klarheit halber sagen, welche Einstellung die Kirche zur grünen Gentechnik **nicht** hat, auch wenn die beiden dieser Einstellung zu Grunde liegenden Argumente immer wieder auftauchen.*

Das erste Argument beruft sich auf die Natur und wird z.B. so formuliert: "Der Gentransfer über Artgrenzen hinweg ist widernatürlich." Dem ist jedoch entgegen zu stellen, dass es den Gentransfer über Artgrenzen hinweg in der Natur sehr wohl gibt, etwa bei Viren und Bakterien, seltener auch bei höheren Lebewesen. Gentechnik macht sich in diesem Sinne einen Mechanismus zunutze, der sehr "natürlich" ist. Zudem ist das, was wir als "die Natur" bezeichnen, keine objektive Größe.

Vielmehr weist die Natur eine Vielfalt einander entgegengesetzter Dynamiken auf, deren Bewertung und Deutung der Mensch vollzieht. Ein Beispiel kann das verdeutlichen: Im Falle einer Blinddarmentzündung stehen zwei natürliche Strebungen gegeneinander: Diejenige des die Entzündung verursachenden Erregers und diejenige des überleben wollenden Menschen. Welcher der beiden Strebungen der Mensch nun recht gibt, ist eine Frage, deren Antwort sich nicht mehr aus der Natur selbst ablesen lässt.

Neben dem Verweis auf die Natürlichkeit taucht hin und wieder der Rekurs auf die alleinige Schöpfermacht Gottes auf: "Gott allein ist der Herr des Le-

bens!" oder "Mit dem Eingriff in das Erbgut spielt sich der Mensch zum Schöpfer auf!" Wieder gibt es mehrere Einwände: Zunächst ist darauf hinzuweisen, dass eine derartige Argumentation nur unter Glaubenden kommunikabel wäre. Nichtglaubende wird sie kaum berühren.

Die Kirche möchte aber ihre ethischen Forderungen an alle Menschen guten Willens richten. Hinzu kommt ein zweites Problem: Das Schöpferhandeln Gottes bezieht sich gemäß kirchlicher Lehre darauf, dass Gott aus dem Nichts etwas ins Sein ruft. Das kann kein Gentechniker. Er wird immer auf vorhandenes Leben zugreifen müssen, um gentechnische Veränderungen vorzunehmen. Damit aber ist er in einer anderen Weise schöpferisch als Gott.

Es ist also nach kirchlicher Überzeugung nicht möglich, die Gentechnik generell und in all ihren Anwendungsmöglichkeiten abzulehnen, aber ebenso wenig, sie generell gutzuheißen. Vielmehr muss jeder einzelne Fall ihrer Anwendung für sich bewertet werden.

Frage: Unter welchen Vorraussetzungen ist der Anbau gentechnisch veränderter Pflanzen gutzuheißen?

Rosenberger: *Der Ansatzpunkt einer ethischen Bewertung gentechnischer Entwicklungen ist die sorgfältige Abschätzung und Bewertung ihrer Folgen. Wenn sich mit hinreichender Wahrscheinlichkeit (denn absolute Sicherheit gibt es bei Prognosen nie!) gewichtige negative Folgen ausschließen lassen, dann kann die Anwendung einer gentechnischen Entwicklung verantwortet werden.*

Was der Kirche dabei am Herzen liegt, ist, darauf zu achten, dass wirklich alle Folgen einer gentechnischen Entwicklung berücksichtigt werden - also neben den ökonomischen Vorteilen für die Agrarindustrie auch die ökologischen Folgen einer Freisetzung für Ökosysteme, die sozialen Folgen für die Landwirtschaft sowie die gesundheitlichen Folgen für die VerbraucherInnen.

Nun werden negative Gesundheitsfolgen durch die aktuellen EU-Richtlinien sehr wirksam ausgeschaltet. Die ökologischen Folgen werden schon weniger eingedämmt, da die vorgeschriebenen Risikoabschätzungen auf Versuchen beruhen, die nur wenige Jahre dauern - das ist in der Natur nicht viel. Insbesondere aber nach den sozialen Folgen für die Landwirtschaft fragt die EU-Richtlinie wenig.

Deshalb greifen an dieser Stelle in Österreich und Deutschland zurecht nationale Regelungen ein, die v.a. Haftungsfragen im Blick auf Ökolandwirte regeln, deren Ernte durch Einkreuzen veränderter Gene nicht mehr den Bestimmungen des Biolandbaus entspricht und daher zu geringeren Preisen verkauft werden muss. Das scheint mir der entscheidende Punkt zu sein: Dafür zu sorgen, dass unse-

re Landwirtschaft nicht immer weiter zur Agroindustrie verkommt, sondern in überschaubaren Familienbetrieben artgerechte Tierhaltung und umweltverträglichen Ackerbau in einer Weise durchführen kann, die unsere vielfältige und wertvolle Kulturlandschaft pflegt und erhält.

Viele Entwicklungen der grünen Gentechnik sind eher dazu angetan, eine solche naturnahe Landwirtschaft zu verhindern. Und darauf weisen die Kirchen wie auch etliche kirchliche Verbände zunehmend deutlicher hin. Freilich, es wird einzelne gentechnische Entwicklungen geben, die einer solchen Form des Wirtschaftens förderlich sind. In ein bis zwei Jahrzehnten werden wir sie kennen, und es spricht nichts dagegen, sie dann auch anzuwenden. Doch gilt es sorgfältig zu prüfen. Langsamkeit und Vorsicht haben Vorrang vor kurzsichtigem Profitdenken der Konzerne.

Auf die dritte Frage: "Warum hat die österreichische Bischofskonferenz die Zusammenarbeit mit der ARGE Schöpfungsverantwortung, die die kirchliche Umweltarbeit unterstützen sollte, im Jahr 2000 abgebrochen?", wurde nicht eingegangen.

---

[1] Michael Rosenberger ist Institutsvorstand der Katholisch-Theologischen Privatuniversität Linz, Mitglied der österreichischen Gentechnik-Kommission und Umweltsprecher der Diözese Linz.

Isolde Schönstein

geb. 1941, beteiligte sich 1964 erstmals an einer ökologischen Bürgerinitiative und wirkte fortan in vielen Aktivitäten mit (z.B.Anti-Atom-Volksbegehren). 1989 ergriff sie unmittelbar nach der I. Europäischen Ökumenischen Versammlung von Basel die Initiative zur Umsetzung der kirchlichen Erklärungen, für „Friede - Gerechtigkeit - Bewahrung der Schöpfung", welche 1992 in Gründung der Arbeitsgemeinschaft Schöpfungsverantwortung mündete. Mit zahlreichen Aktivisten und unterstützt von einem Wissenschafterteam gelangten seither unter dem Titel "Was zählt, ist die Tat" zahlreiche Projekte zu nachhaltiger Energie, Lebensstil, ökologischer Landwirtschaft, Gesundheitsvorsorge, Bildung und Ausbildung, im In- und Ausland zur Verwirklichung. Sie trug die Kampagne „kein Patent auf Leben" ebenso mit wie das Gentechnik-Volksbegehren 1997. 1998 legte Isolde Schönstein mit Vertretern der europäischen Kirchen den Grundstein für das European Christian Environmental Network (ECEN) und ist seither auch mit der weltweiten Initiative zur Einführung einer Schöpfungszeit, als Impuls zur Selbstverpflichtung der Kirchen, beauftragt.

Am 22.03.2005 erhielt sie den Konrad Lorenz Preis 2005.

7. 4. Ein Film fürs Leben

BERTRAM VERHAAG, Filmemacher

"Leben außer Kontrolle – Von Genfood und Designerbabies": Innerhalb weniger Monate schaffte es die 90-minütige Dokumentation von Bertram Verhaag und Gabriele Kröber, zum filmischen Standardwerk über die Gentechnik zu werden.

In einer Rundreise um den Erdball wird dem Zuschauer vor Augen geführt, dass es sich bei der Gentechnik in der Landwirtschaft nicht um eine Weiterentwicklung der konventionellen Züchtung, sondern um ein hochriskantes Unterfangen ohne demokratische Legitimation handelt.

Verhaag zeigt den Kampf der Physikerin und Umweltaktivistin Vandana Shiva, die sich in Indien für die Erhaltung der biologischen Artenvielfalt und die Rechte der Kleinbauern einsetzt, unter anderem auch gegen Monsanto. Viele konnten infolge einer katastrophalen Ernte gentechnisch veränderter Baumwolle ihre aufgenommene Kredite nicht zurückzahlen und standen vor dem Ruin – manche sahen Selbstmord als letzten Ausweg.

Besonders heftig tritt Shiva gegen die Patentierung traditioneller Pflanzen wie dem Basmati-Reis ein und fordert die Verantwortlichen auf, diese rückgängig zu machen. "Mein Kampf für das Saatgut ist der gleiche wie Gandhis Kampf für die Wahrheit", ist sie sich ihrer schweren Aufgabe bewusst.

In Kanada wird anhand des Schicksals eines Biobauern die Unmöglichkeit eines Nebeneinanders von Gentechnik- und traditioneller Landwirtschaft dargestellt. Schweine, denen in den USA menschliche Wachstumsgene eingepflanzt wurden, lassen ebenso erschaudern wie die sterilen, genmanipulierten Lachse der kanadischen Firma "Aqua Bounty", die in der Hälfte der Zeit sechsmal so groß werden wie ihre wildlebenden Artgenossen.

Nicht viel rosiger sind die Aussichten aus den USA, sich künftig "perfekte" Kinder aus dem Labor zusammenbasteln zu lassen. Und in Island ist eine große Datenbank entstanden, die im Besitz einer privaten Firma ist und für die Blutproben, DNS-Analyse sowie vorliegende Patientendaten aller Einwohner des Landes gesammelt werden sollen. Als Finanzier fungiert der Pharmariese Hoffmann-La Roche, der im Gegenzug die Daten bekommt.

Trotz der vielen eindrucksvollen wie niederschmetternden Beispiele wird im Film stets die Kraft des entschlossenen Widerstands vieler Gentechnikkritiker spürbar. Wie zum Beispiel die des norwegischen Biotechnologen Terje Traavik, der als einer der wenigen seines Faches unabhängig von der Industrie forschen kann. Für ihn besteht kaum ein Zweifel daran, dass 95 Prozent aller Wissenschaftler im Bereich der Gentechnik für die Industrie arbeiten. Oder Köche von US-Restaurants, die sich bewusst gegen die Verwendung genmanipulierter Fische aussprechen.

Doch der Umstand, dass sich 200 Millionen Amerikaner schon seit Jahren mit Gen-
technik-Nahrungsmitteln ernähren, ohne dass diese gekennzeichnet sind, ist für
Verhaag ein Skandal ersten Ranges: "Ein gigantischer Menschenversuch ohne
Kontrollgruppe."

Interview mit Bertram Verhaag

"Der Bürger wurde nie befragt"

*Was war der Grund, eine so aufwendige Dokumentation über die Gentechnik
zu drehen?*

Verhaag: Bereits 1992 wurde ich gefragt, ob ich etwas über die "Genmaus"
machen will, für die damals das Europäische Patentamt erstmals ein Patent
auf ein Säugetier erteilte. Ich sagte mit der Begründung ab, dass ich kein
Naturwissenschafter und Biologe sei und von der Materie nicht nichts verstün-
de. Erst als ich einige Jahre später einen kleinen Zeitungsartikel über das
Terminator-Saatgut las, verstand ich die Tragweite des Ganzen.

Ein Saatgut, dass nur einmal keimfähig ist, weil ein genetischer Schalter das
Korn nach der Ernte unfruchtbar macht, soll den Bauern zwingen, jedes Jahr
neues Saatgut zu kaufen.Mir wurden die Augen geöffnet und ich empfand es
als schockierend, dass die Industrie nur um des Profites Willen am Samenkorn,
der Urform des Lebens, herumexperimentiert und ihm die Keimfähigkeit nimmt.

Ich wollte dem Bürger die Thematik verständlich machen und zeigen, dass
hier eine Technologie ohne jegliche demokratische Kontrolle eingeführt wurde. Der Bürger wurde nie befragt, obwohl zu befürchten ist, dass die Genmanipulation größere Auswirkungen auf unser Leben haben wird als die sogenannte friedliche Nutzung der Atomenergie. Die Politik hechelt nur hinterher,
um die von der Industrie geschaffene Realität in hilflose Gesetze zu fassen.

Welche Informationsdefizite sind in der Bevölkerung besonders groß?

Die meisten Leute wissen beispielsweise nicht, was bei einer gentechnischen
Veränderung passiert. Sie wissen nichts über das Denken und Handeln der
Industrie, wie sie mit Leben umgeht. Ein Gen aus einem Organismus her-
auszunehmen und ein anderes einzusetzen und zu glauben, dass sich dadurch nicht auch die Zelle als Ganzes verändert, entspricht einem über-
holten mechanistischen Denken. Aber das Leben ist keine Maschine und
es wird dabei nicht bedacht, dass damit das gesamte Lebewesen in seiner
Struktur und im Zusammenspiel seiner Millionen oder Milliarden Zellen möglicherweise grundlegend verändert wird. Wir wissen viel zu wenig darüber,
wie das Gen gesteuert wird und wie die Interaktionen in der Zelle und im
Organismus wirklich ablaufen.

Was auch nicht bekannt ist, sind die Methoden, mit denen Gene verändert werden. So werden zum Beispiel mit einer Genkanone eine Vielzahl kleiner Goldpartikelchen, die mit Genen besetzt sind, blind in die Zelle hineingeschossen. Dabei hofft man, dass bestimmte Teilchen an der richtigen Stelle landen, um die Eigenschaften der Pflanze wie gewünscht zu ändern.

Doch was passiert beispielsweise mit den anderen Genen, die vom Schuss getroffen werden? Wie wirken sich die neuen, gentechnisch veränderten Organismen auf unsere Gesundheit aus, wenn wir sie essen? Forschungen unabhängiger Wissenschafter wie die von Arpad Pusztai weisen darauf hin, dass bei der Genmanipulation etwas Neues, möglicherweise Gefährliches entsteht. Doch auch wenn zunächst alles gut geht: Wir wissen nicht, was in der nächsten und übernächsten Generation passiert, denn es gibt keine Untersuchung mit gesicherten Erkenntnissen.

Befinden sich die Gegner der Gentechnologie also in der Rolle des David gegenüber Goliath, wenn man ihren Einfluss gegenüber der Agrarindustrie einschätzt?

Vordergründig ist es natürlich ein Kampf David gegen Goliath, wenn sich der Bürger als machtloses Individuum sieht. Die Konsumenten in ihrer Gesamtheit sind aber sehr wohl ein Goliath, der die Industrie über den Markt zu entsprechendem Verhalten zwingen kann.

Das Ungeheuerliche allerdings ist, dass inzwischen schon ein Teil unserer Welt durch die Einführung von Gentechnik verseucht und die Industrie – zusammen mit der US-Regierung – versucht, mit Gewalt diesen Prozess weiterzuführen und Fakten zu schaffen, die sprichwörtlich nicht wieder aus der Welt zu schaffen sind. So z.B. durch kostenlose Hungerhilfe in Afrika mit genverändertem Mais, der dann möglicherweise nicht gegessen, sondern ausgesät wird und dann das eigene alte Saatgut verseucht. Eine solche biologische Umweltverseuchung ist viel anhaltender und gefährlicher als eine chemische Verschmutzung, denn sie vervielfältigt sich von selbst.

Welche Reaktionen hat es auf den Film bisher gegeben?

Der Film wurde am 14. Juli 2004 im ARD um 23.00 Uhr ausgestrahlt und trotz der späten Sendezeit von enorm viele Menschen gesehen. Bis eine Woche danach stand das Telefon bei uns nie still. Inzwischen hat er riesige Kreise gezogen und fast täglich erfahre ich von öffentlichen Vorführungen, die vor allem im landwirtschaftlichen und bäuerlichen Bereich stattfinden. Er wurde weltweit zu 15 Festivals eingeladen und erhielt 5 internationale Preise. In Deutschland, Frankreich, Kanada und Japan strahlte das Fernsehen den Film aus.

Werden Sie den Themen Lebensmittel und Gentechnik filmisch treu bleiben?

Ja, aber nach 4 Jahren intensiver Beschäftigung mit Gentechnik zog es mich zunächst wieder zu positiveren Themen. Ich entwickle gerade eine Serie von 3x45 min. über die innere Qualität von biologisch erzeugten Lebensmitteln: und zwar über Eier, Brot und Fleisch.
Erzählt werden die Filme jeweils über Unternehmer und deren jeweilige Geschichte vom "Saulus", der industrielle Erzeugung von Nahrungs-Mitteln zum verantwortungsbewussten "Paulus", einer nachhaltigen, biologischen Erzeugung von Lebensmitteln.

Aber auch zur Gentechnik beschäftige ich mich mit einem neuen Thema: "Scientists under attack" (zu deutsch: "angegriffene Wissenschaftler") wird der Film heißen und beschäftigt sich mit Wissenschaftlern, die im Bereich der Gentechnik forschen aber aufgrund der Veröffentlichung "unliebsamer Ergebnisse" abgestraft wurden.

Verlust der Anstellung und Forschungsmittelentzug waren die Folge.
Einerseits geht es um das Thema Forschungsfreiheit und die Kontrolle der Forschung durch die Industrie. Andererseits werde ich natürlich auch die konkrete Arbeit dieser Wissenschaftler beleuchten.

Ein wichtiger Punkt in diesem Film ist der Paradigmenwechsel im Denken: Weg von der Anschauung, dass die Welt eine Maschine wäre, hin zum vernetzten Denken, indem wir erkennen, dass alles mit allem zusammenhängt. Dieses nicht zu beachten ist die skandalöse Verantwortungslosigkeit der Gentech-Industrie.

„LEBEN AUSSER KONTROLLE - von Genfood und Designerbabies" ist als VHS oder DVD bei Denkmal Film GmbH, Schwindstrasse 2, 80798 München, Tel.: +49-89-526601, Fax: +49-89-5234742, Email: sales@denkmal-film.com, Internet: www.denkmal-film.com zu bestellen.

Bertram Verhaag

wurde in Sosnowitz (Oberschlesien) geboren und absolvierte das Studium für
Soziologie und Volkswirtschaft.
Drei Jahre freie Mitarbeit im Stadtentwick-
lungsreferat München. Von 1972 bis
1975 Besuch der Münchner Hochschule für Film und Fernsehen. 1976 Gründung der DENKmal-Film Produktion zusammen mit Claus Strigel. In gemeinsa-
mer Arbeit als Produzenten, Autoren und Regisseure entstanden seither mehr als
100 Filme für Kino und Fernsehen.

Mit dem 2004 vollendeten, bereits preisgekrönten Film "Leben außer Kontrolle" ist
es Bertram Verhaag und seinem Team gelungen, die weltweiten Risiken und Gefahren von Gentechnik ungeschminkt aufzuzeigen. Für Bertram Verhaag bedeutet die mediale Aufklärungsarbeit im Zusammenhang mit dem Schutz von Leben,
Gesundheit und Umwelt nicht nur Business sondern in erster Linie auch ein sehr
persönliches Anliegen.

Festivals: Internationale Filmfestivals: New York, Amsterdam, Aarhus (Dänemark),
Cork (Irland), Sao Paulo (Brasilien), Sedona (Arizona), Palm Springs (Kalifornien), Ber-
lin, Duisburg, Freiburg, München, Edinburgh, Florenz, Helsinki, Hongkong, Leipzig,
Moskau, Trivandrum (Indien).

Preise: Herausragende Dokumentation des Jahres/Academy of Motion Picture Arts
and Science USA, Certificate of Creative Excellence USA, Best Film of the Festival
Orlando USA, Findling Leipzig, CIVIS Preis, Publikumspreis Festival Amsterdam, Publikumspreis Festival Palm Springs, Nominierung IDA Award, Chris Award, Das Golde-
ne Kabel, Adolf-Grimme-Preis, Dt. Jugend Video-Preise, Preis d. dt. Filmkritik, Silber-
ne Taube Leipzig, Film des Monats (epd), Hauptpreise Ökomedia, Förderpreis der
Städte Freiburg, München, Salzburg, Troféu Carmo Bernardes.

8. BAUERN III

8.1. Der Fall Percy Schmeiser gegen Monsanto

Percy Schmeiser, Landwirt aus Bruno, Provinz Saskatchewan, Kanada

Um zu sehen, was Bauern blühen kann, wenn die Gentechnik ins Land Einzug hält, lohnt sich der Blick über den Atlantik. In Kanada wehrte sich der Landwirt Percy Schmeiser gegen die Praktiken des Chemie- und Gensaatkonzerns Monsanto und machte es zu seiner Aufgabe, die Welt vor den Folgen der Gentechnik in der Landwirtschaft zu warnen – so wie er es beim nachfolgenden Vortrag am 10. Dezember 2003 in der Zentralbibliothek Vancouver tat, der vom "Council for Canadians" gesponsert wurde.

Bereits 1947 hatte Schmeiser die Landwirtschaft seiner Eltern übernommen, bewirtschaftete sie von da an und wurde gemeinsam mit seiner Frau als Saatgutentwickler und - erhalter von Canola, einer Rapsart, bekannt. Sein ganzes Leben setzte er sich für den Bauernstand ein, sei es in vielen landwirtschaftlichen Komitees oder als Bürgermeister seiner Gemeinde Bruno, der er von 1966 bis 1983 vorstand.

Der kleine Ort Bruno liegt mit ein paar hundert Einwohnern abgelegen in der kanadischen Prärie der Provinz Saskatchewan. Benannt wurde der Ort nach dem Benediktiner-Pfarrer Bruno Dörfler, der im Herbst 1902 gemeinsam mit 17 deutschstämmigen amerikanischen Familien in Kanada einwanderte. Die heute hier lebenden Menschen haben mehrheitlich deutsche, französische oder ukrainische Wurzeln, die vielfach einen engen Bezug zur Landwirtschaft haben – so wie Schmeiser, der seine Felder bereits in dritter Generation bewirtschaftete.

Doch im Jahr 1998 sollte sein Leben schlagartig eine Wendung erfahren: Schmeiser erhielt eine Klageschrift von Monsanto, obwohl er nach eigenen Aussagen bis zu diesem Zeitpunkt weder je etwas mit gentechnisch verändertem Monsanto-Canola-Raps zu tun gehabt noch einen Mosanto-Repräsentanten gekannt hatte.

Schmeiser erzählt, dass in der Klageschrift unter anderem behauptet wurde, er hätte Monsanto-Canola ohne Lizenz angebaut und somit gegen das Patent des multinationalen Konzerns verstoßen. Ein weiterer Vorwurf habe gelautet, dass der straßenseitige Graben entlang eines seiner Felder mehrheitlich von genmanipulierten Canola-Pflanzen durchzogen sei, erzählt Schmeiser:

Als meine Frau und ich angeklagt wurden, war uns auf der Stelle klar, dass unser reines Canola-Saatgut, an dem wir 50 Jahre lang geforscht und entwickelt hatten und das für gewisse Bedingungen in der Prärie, wie Klima und Erdreich gut geeignet und anpassungsfähig gedieh, nun endgültig verseucht war.
Damals sagten wir zu Monsanto: `Wenn Sie irgendetwas von Ihren GVO in unse-

rem reinen Canola-Saatgut finden, sind Sie für die Zerstörung unseres Landbesitzes und reinen Saatgutes verantwortlich.´ Auf diese Weise boten wir ihnen die Stirn.

Vor allem zwei Gründe veranlasste das Ehepaar, sich aufzulehnen: Der Verlust von 50 Jahren an eigener Forschung und Entwicklung sowie das Gespür, dass, wenn Farmer jemals das Recht verlieren, ihr eigenes Saatgut zu verwenden, die künftige Entwicklung von neuem Saatgut und Pflanzen, die für ihr lokales Klima und ihre Erdbeschaffenheit geeignet sind, gestoppt werden würde.

Schmeiser erklärt im Vortrag, dass Monsanto während des zweijährigen Beweisverfahrens alle Anschuldigungen widerrufen musste, dass er jemals illegal Saatgut erhalten hätte. Dennoch stellte der Konzern fest, dass Schmeiser das Patentrecht verletzt hätte, weil Monsanto seinerzeit im Graben entlang seines Feldes genmanipulierte Rapspflanzen gefunden hatte.

So wurde das Ganze zu einem Fall der Patentrechtsübertretung. Im Juni 2000 kam es vor dem kanadischen Gerichtshof zur Verhandlung. Schmeiser erzählte von der Einstellung des Richters, der meinte, dass es egal wäre, wie Monsantos gentechnisch veränderte Pflanzen auf das Feld des Landwirtes gekommen seien, die Feldfrüchte zerstörten oder kontaminierten - sie würden einfach zu Monsantos Eigentum. *"Du bist nicht mehr Besitzer deines Getreides"*, fasst Schmeiser diesen Umstand zusammen, der die Menschen weltweit aufhorchen und aufschrecken ließ. Und weiter:

"Wie kann ein Bio- oder konventioneller Farmer über Nacht Ernte, Saatgut oder Pflanzen verlieren? Bei der Verhandlung gegen Monsanto ging der Richter sogar so weit zu behaupten, dass alles Saatgut und alle Pflanzen, die meine Frau und ich über ein halbes Jahrhundert hinweg gezüchtet hatten, in das Eigentum von Monsanto übergehen.

Das bedeutete, dass 1998 meine ganze Ernte von all unseren Canola-Feldern an Monsanto überging. Man verbot mir auch die künftige Weiterverwendung meines Saatgutes und meiner Pflanzen. Somit war all unsere Entwicklungs- und Züchtungsarbeit dahin und Monsanto bekam alles umsonst."

Das Ehepaar Schmeiser wandte sich an das Berufungsgericht, das das Urteil bestätigte. Danach blieb nur noch der Weg zum Obersten Gerichtshof von Kanada, der im Mai 2003 entschied, sich mit dem Fall zu befassen. Noch vor dem endgültigen Urteil im Mai 2004 hielt Schmeiser diesen aufrüttelnden Vortrag, der hier in großen Teilen wörtlich abgedruckt ist.

Darin sprach er über Praktiken von Monsanto, das stetig wachsende Misstrauen der Bauern untereinander, die Unmöglichkeit von Koexistenz, die Rolle der Regierung bei GVO, die Gefahren durch Pharma-Pflanzen und vieles andere mehr. So ist beispielsweise das "Verfügungsrecht über Verträge in Bezug auf GVO" für

Schmeiser so schlimm, dass "man meinen sollte, dies könne in einem freien Land wie Kanada nicht passieren, aber es passiert und passiert noch immer":

"Neben der Umwelt-, Nahrungsmittel-, Gesundheits- und Kontaminationsfrage gibt es noch Fragen bezüglich der Verträge. Für mich ist es einer der teuflischsten Verträge auf der ganzen Welt, den Bauern ihre Rechte wegzunehmen.

Hier einige der Hauptpunkte aus einem Vertrag mit Monsanto:
1. *Ein Farmer darf niemals sein eigenes Saatgut verwenden.*
2. *Du musst dein Saatgut bei Monsanto kaufen.*
3. *Du darfst deine Chemikalien (Spritzmittel) nur von Monsanto kaufen.*
4. *Wenn du diesen Vertrag auf irgendeine Weise verletzt und du deswegen bestraft wirst, musst du eine Vertraulichkeitsvereinbarung unterzeichnen, die dir verbietet, mit Medien oder deinen Nachbarn darüber zu sprechen, was Monsanto dir angetan hat.*
Monsanto behauptet zwar immer wieder, es habe nur einige wenige Fälle diesbezüglich gegeben, das ist aber ungewiss, da die Farmer ja dieses Stillschweige-Abkommen unterzeichnen mussten.

Eine weitere Sache: "Für das Privileg, GVO pflanzen zu dürfen, musst du jährlich $15/acre (Anm.: ein acre = ca. 4.046,86m² = 0,4047 ha) Lizenzgebühr an Monsanto bezahlen. Im Jahr 2003 wurde von Monsanto noch eine weiterer Punkt in den Vertrag aufgenommen: Du darfst Monsanto nicht mehr verklagen - aus welchem Grund auch immer - und du darfst Monsanto niemals vor Gericht bringen, so steht es in deren Vertrag."

Das sind auch die Ängste vieler heimischer Bauern: Jegliche Selbstbestimmung über das Saatgut aufgeben zu müssen und einem multinationalen Konzern ausgeliefert zu sein, der die Regeln nach seinem Gutdünken aufstellt.

Noch etwas Wichtiges: "Du musst den Monsanto-Detektiven den Zutritt auf deinen Grund und Boden erlauben und sie nach Vertragsabschluss drei Jahre lang in deine Kornspeicher schauen lassen - auch wenn du ihr Produkt nur ein Jahr lang angebaut hast. Wer sind nun diese Monsanto-Polizisten? Es sind ehemalige RCMP-Beamte (Anm.: Royal Canadian Mounted Police).

Sie agieren unter dem Namen Robinson Investigation Services of Saskatoon und arbeiten Kanada-weit. In den USA sind es die Pinkerton Investigation Services.In ihrer Werbung fordert Monsanto die Leute zum Petzen auf, wenn man glaubt, der Nachbar würde gentechnisch veränderte Canola oder Sojabohnen ohne Lizenz anbauen.Für derlei "Spionage" erhält man als Belohnung eine Gratis-Lederjacke von Monsanto.

"Gen-Polizei" zerstört Bauernfrieden

"Was geschieht also, wenn Monsanto einen diesbezüglichen Tipp bekommt oder ein Gerücht hört? Man entsendet sofort zwei ihrer Detektive, auf der Prärie nennt man sie "Gen-Polizei." Diese geht zum Farmhaus oder zum angegebenen Ge-

höft und sagt zum Farmer oder dessen Frau, dass sie diesen Tipp bekommen hätten. Sie erklären, sie seien "EX-RCMP", sehr oft überhören die Farmer aber dabei das "ex" und hören nur das Wort "Polizei" und werden dadurch eingeschüchtert.

Wenn der Farmer sagt, dass er nie etwas mit GVO zu tun gehabt hat und nichts dergleichen angepflanzt hat, wird ihm oft gesagt, er würde lügen und wenn er das nicht zugeben würde, werde ihn Monsanto vor Gericht bringen und er würde seine Farm verlieren. Auch damit werden die Farmer bedroht und eingeschüchtert.

Und was glauben Sie, passiert, wenn die Detektive das Farmhaus verlassen haben? Die Farmer grübeln darüber nach, welcher Nachbar sie wohl in diese Schwierigkeiten gebracht haben mag. Und somit hat man Misstrauen gesät, die Farmer trauen einander nicht mehr und fürchten sich, miteinander zu sprechen.
Wir erleben dadurch den Untergang unserer ländlichen Farmkultur und unserer Gesellschaft, indem die Farmer nicht mehr zusammenarbeiten und sich nun gegenseitig misstrauen.

Um 1890 wanderten meine Großeltern aus Europa nach Kanada ein. Ich bin in dritter Generation Farmer und unsere Familien mussten stets zusammenarbeiten, um unsere Gesellschaft, unsere Infrastruktur, unsere Schulen, unsere Straßen und unsere Spitäler aufzubauen. Und nun erleben wir den Untergang dieser Zusammenarbeit und ich glaube, dies ist eines der schlimmsten Dinge, die mit der Einführung von GVO passiert sind.

Aber damit hat Monsanto noch nicht genug. Glauben Sie mir, ich habe viele weinende Farmersfrauen am Telefon gehabt, nachdem ich meine Sache durchgemacht hatte. Frauen, die anriefen, nachdem die Monsanto-Polizei bei Ihnen gewesen war und mich fragten: Was können wir dagegen tun, sie haben uns bedroht?

Ich versuche dann immer diesen Menschen einen ordentlichen rechtlichen Beistand zu vermitteln, damit etwas gegen diese gezielte Angstmacherei unternommen werden kann."

"Als eine andere Art von Schikane könnte man ruhig auch jene Erpresserbriefe bezeichnen, die überall in Amerika von Monsanto verschickt wurden. Man weiß nicht, wie viele Tausende es sind, ich selbst habe etliche davon.
In diesen Briefen steht: Wir haben Anlass zu glauben, dass Sie Monsantos gentechnisch veränderte Canola oder Sojabohnen ohne Lizenz angebaut haben. Nach unserer Schätzung besitzen Sie 200, 300 oder 500 acres. Damit wir Sie nicht vor Gericht bringen, überweisen Sie uns 100.000 oder 200.000 Dollar.

Ich selbst besitze einen Brief mit einer Forderung von 190.000.- Dollar. In einem anderen werden 30.000.- Dollar verlangt, weil man annimmt, dass jemand gen-

technisch verändertes Canola angebaut hat.
Können Sie sich die Angst einer Farmerfamilie vorstellen, die einen Brief von einer Milliardendollar-Firma bekommt, in dem viele Tausend Dollar gefordert werden, damit sie von dieser Firma nicht vor Gericht gebracht wird?

Ein weitere Klausel dieses Briefes lautet: Es ist nicht erlaubt, diesen Brief herzu-zeigen oder jemandem davon zu erzählen, dass man einen Brief von Monsanto bekommen hat. Das ist eine totale Unterdrückung der Rechte von Farmern, der Freiheit von Sprache und Ausdruck.

Wer den Erzählungen des Kanadiers folgt, glaubt von der Vorgangsweise eines totalitären Regimes zu hören. Nur dass Schmeiser nicht über eine politische Dikta-tur spricht, sondern über ein privatwirtschaftliches Unternehmen, das den Welt-markt von gentechnisch veränderten Pflanzen beherrscht.

"Wenn ein Farmer nicht zu Hause angetroffen wird oder seine Adresse nicht genau ermittelt werden kann, geht man zum Gemeindeamt und besorgt sich den Lageplan des betreffenden Grundbesitzes. Dann nehmen sie ein kleines Flug-zeug oder einen kleinen Helikopter und werfen eine Monsanto Roundup Herbi-zid-Spraybombe auf das Feld des Farmers. Diese besprüht ca. 30 Fuß (Anm.: ein Fuß = 30,8 cm) im Durchmesser in der Mitte eines Canola- oder Sojabohnen-feldes.

Etwa zwölf Tage danach, nachdem sich Roundup aktivieren konnte, kann man erkennen, ob das vom Spray getroffene Getreide abgestorben ist. Ist es abge-storben, weiß man, dass der Farmer Monsantos Roundup nicht verwendet hat, wenn es aber nicht abgestorben ist - dann Gnade Gott dem Farmer.
Das sind die Praktiken in Kanada und den USA und das, was ein multinationaler Konzern dort mit uns treibt.

Ich habe bereits darüber gesprochen, dass unser ländliches soziales Netz zerstört wird und wie unsere Freiheiten als Farmer bedroht werden. Daraus ergeben sich zwei weitere wichtige Einzelheiten.

Gefahr: Alles wird GVO

Erstens darf man niemals vergessen, dass es mit der Einführung von GVO keine Sicherheit mehr gibt. Sobald man eine Lebensform, eine Leben-gebende Form in die Umwelt eingebracht hat, gibt es kein Zurück mehr. Man kann den Wind nicht aufhalten und man kann die Aussaat nicht vor Fremdbestäubung durch Vögel, Bienen oder andere Tiere schützen. Niemand kann sie aufhalten und sie wird sich ungehindert überallhin ausbreiten.

Zweitens gibt es keine Koexistenz.

Glauben Sie mir als einem, der über ein halbes Jahrhundert Farmer war. Ich weiß, dass mit der Einführung von GVO-Gens in die Umwelt, in ein Saatgut oder eine Pflanze ein dominantes Gen freigesetzt wird. Dieses wird schließlich jede Spezies und jede Pflanze übernehmen, mit der sie in Berührung kommt. Es ist unmöglich, gleichzeitig GVO und Bio- oder konventionelle Farmer in einem Land zu haben.

Schlussendlich wird alles zu GVO , das ist die große Gefahr. Bio-Farmer können auf der Prärie keine gentechnikfreien Sojabohnen oder Canola mehr anbauen, ohne dass diese Felder verseucht werden. Unser ganzes Saatgut ist bereits mit GVO kontaminiert. Jede Art von freier Wahl wurde den konventionellen Farmern und Bio-Farmern damit genommen.

Man muss weiters beachten, dass Canola aus der Brassica-Familie (Anm. Brassica = Kreuzblütler) stammt und sehr eng mit Radieschen, Rüben und Karfiol verwandt ist. Dadurch kommt es zu einer Fremdbestäubung mit diesen nahen Verwandten und wir zerstören damit wiederum viele Pflanzen, die von Bio-Farmern nicht mehr länger angebaut werden können.

Ein anderes Problem ist der Weizen. Falls gentechnisch veränderter Weizen jemals behördlich freigegeben wird, bedeutet dies das totale Ende für Bio-Farmer, weil Weizen zur Familie der Gräser gehört und deshalb wiederum die nahen und auch weiter entfernten Verwandte, wie Canola und wilden Senf mit Fremdpollen bestäuben wird. Also gibt es weder ein Zurück noch eine Koexistenz.

Wenn Monsanto oder andere Firmen, die GVO bewerben, behaupten, es werden ohnehin Pufferzonen von einer halben Meile oder einem Kilometer eingebaut, ergibt dies überhaupt keine Sicherheitsdistanz. Ein Wirbelwind oder im Besonderen die Gänse und Enten, die wir in der Prärie haben, machen dieses Unterfangen zunichte. Diese Vögel fressen kontaminiertes Getreide und nachdem sie 50 oder 100 Meilen geflogen sind, kommt es in die Erde zurück.

Ich wurde oft gefragt, warum Farmer überhaupt jemals mit dem Anbau von GVO begonnen haben, nachdem diese 1996 eingeführt wurden. Der Grund dafür dürfte sein, dass Monsanto den Farmern damals erklärt hatte, dass es größere Erträge gäbe, dass alles nahrhafter wäre und dass man weniger Chemikalien benötigen würde.

Ich glaube, das dritte Argument war es im Besonderen, was in den Ohren der Farmer hängen geblieben ist, da die Bauern in der Prärie bereits nach dem zweiten Weltkrieg mit dem tonnenweisen Gebrauch von Chemikalien begonnen hatten. Einige waren hoch wirksam und die Farmer hatten den Schaden, der an der Umwelt, der menschlichen Gesundheit und an den Tieren angerichtet worden war, erkannt.

Es gab noch weitere Aussagen seitens Monsanto und man bekommt dasselbe auch heute noch zu hören: "Wir können eine hungernde Welt ernähren und

durch uns wird die Landwirtschaft ertragreich werden."
Ich sage Ihnen, um eine hungrige Welt ernähren zu können, brauchen wir keine Monsantos auf dieser Welt. Was für eine hungrige Welt in Wahrheit notwendig ist, ist kein gentechnisch verändertes Saatgut, sondern Politik, Logistik und Wirtschaft.

"Regierung mit Monsanto unter einer Decke"

Wenn ich heute auf meinen Reisen zu Bauern aus den Dritte-Welt-Ländern Afrikas, aus Indien, Bangladesch usw. spreche, sage ich ihnen, dass sie zumindest noch eine Chance haben. Wir haben in Kanada für viele unserer Getreidesorten keine Chance mehr, da diese alle verseucht sind.
Und wir hatten niemanden, der uns vorher gesagt hätte, was passieren würde. Wir glaubten Monsanto und was noch schlimmer ist, wir glaubten unserer eigenen Bundesregierung, die uns bei der Einführung von GVO völlig im Stich gelassen hatte.
Die GVO wurden in regierungseigenen, landwirtschaftlichen Forschungsstationen in der Prärie entwickelt. Also ist Ottawa dafür voll verantwortlich. Bei der Entwicklung von gentechnisch verändertem Weizen arbeitete man seitens der Regierung mit Monsanto auf regierungseigenen Testfeldern und Forschungsstationen zusammen.
Nun wurde auch bekannt, dass im Falle der behördlichen Zustimmung zur Einführung gentechnisch veränderten Weizens die kanadische Regierung von Monsanto für jeden Scheffel Weizen (Anm.: Maßeinheit, die 35,239072 Litern entspricht) Tantiemen erhalten wird.

Nun fragen wir uns: Wenn die Regierung von Monsanto Tantiemen für gentechnisch veränderten Weizen bekommen soll, wie viel hat sie dann vom Verkauf gentechnisch veränderter Canola während all dieser Jahre bekommen? Nun kommt zu Tage, dass die Regierung mit Monsanto unter einer Decke steckte, als diesem Unternehmen die behördlichen Genehmigungen erteilt wurden.

In einem Statement für die Medien erklärte Chris Jordan, Monsantos Kommunikationsmanager für Kanada mit Sitz in Winnipeg, dass man all die Millionen von Dollar, die von den Farmern einkassiert würden, nicht behalten wolle, sondern diese Gelder wohltätigen Zwecken zugute kommen. Daraufhin wurde Monsanto gebeten, wenigstens einen wohltätigen Verein zu nennen, der einen Teil der Strafgelder bekommen hätte - bis heute wurde seitens Monsanto darauf keine Antwort gegeben.

Innerhalb von zwei bis drei Jahren nach Einführung von gentechnisch veränderter Canola auf der Prärie wurde aus unseren bodenständigen Pflanzen durch Fremdbestäubung ein Super-Unkraut.
Monsanto war aber nicht die einzige Firma, die damals GVO verkauft hat. Es wurden die GVO von drei Firmen in einer Canolapflanze vereint, welche damit nun zumindest drei Chemikalien enthält, die alles vernichten. Monsanto meinte

*dazu: "Kein Problem. Wir bringen nun eine noch hochgiftigere Chemikalie her-
aus, die auch das neue Superunkraut vernichten wird."
Somit war alles, was man uns über den Einsatz von weniger Chemikalien gesagt
hatte, falsch und erfunden gewesen. Der Ertrag bei Canola ist heute bereits um
6,4 Prozent gesunken. Auch das US Department of Agriculture musste inzwischen
zugeben, dass der Ertrag bei Sojabohnen um mindestens 15 Prozent gefallen ist.*

*Weiters verschweigen die Gentechnikfirmen, dass die Qualität ungefähr um die
Hälfte schlechter ist als bei herkömmlichen Canola. Ich denke, dies liegt haupt-
sächlich am veränderten Säuregehalt, das es dadurch beim Kochen bitter wird..
Wir haben damit nun also weniger Ertrag, mehr Chemikalieneinsatz, ein neues
Super-Unkraut und eine wesentlich geringere Qualität."*

Insbesondere mit dem Argument der Wirtschaftlichkeit soll jetzt auch in Europa
den Bauern die Gentechnik schmackhaft gemacht werden. Um diesbezüglich
mehr Klarheit zu bekommen, lohnt sich ein genauer Blick in die Statistiken des US-
Landwirtschaftsministeriums: Demnach fiel der Spritzmitteleinsatz auf Feldern mit
gentechnisch veränderten Pflanzen in den ersten drei Jahren ab Bewilligung des
kommerziellen GVO-Anbaus 1996 tatsächlich wie versprochen ab. Doch ab 1999
mussten auf GVO-Feldern aufgrund der zunehmenden Resistenz von Unkräutern
im Schnitt deutlich mehr Pestizide verwendet werden als auf konventionell bewirtschafteten, gentechnikfreien Feldern.

*"Ich behaupte, dass, wenn es etwas gibt, das zum Verhungern oder Hungern in
der Welt führt, dies die weltweite Einführung von GVO ist.*

*Ich möchte auch noch die ökonomische Seite ansprechen. Wir als Kanadier kön-
nen keinen einzigen Scheffel Canola in die EU verkaufen. Somit ist ein Drittel unseres Marktes verloren. Nun will man auch noch gentechnisch veränderten Weizen
einführen, wo doch sogar seitens des Canadian Wheat Board (Anm.: größter ka-
nadischer Vermarkter von Weizen) bestätigt wird, dass wir dadurch 80 Prozent
unseres Marktes verlieren würden.*

*Vor ein paar Monaten war ich in Japan und bin im Besitze eines Statements der
dortigen Müller, Verarbeiter und Konsumenten von Japan und Südkorea, das auf-
zeigt, welche Verträge für diesen Fall mit uns gekündigt würden, falls wir GM-
Weizen einführen. So ernst ist es!"*

Gefahr Pharma-Pflanzen

Dann kommt Schmeiser auf das Thema "pharmazeutische Pflanzen" zu sprechen
– genmanipulierte Pflanzen, die verschreibungspflichtige Arzneimittel produzieren:

*"Das ist der böseste Fluch, der mit der Einführung von GVO einhergegangen ist.
Ich habe die ganzen 50 Jahre der Entwicklung von Chemikalien nach dem zweiten Weltkrieg miterlebt. Dann seit den 80er Jahren die Einführung von GVO und*

nun auch noch jene von verschreibungspflichtigen Arzneimitteln aus gentechnisch veränderten Pflanzen: Im letzten Jahr gab es davon ca. 300 Testfelder in ganz Nordamerika.

In den USA gibt es sechs bedeutende Arzneistoffe, die von Pflanzen erzeugt werden. Die pharmazeutischen Pflanzen sind hauptsächlich Sonnenblumen und Mais. Wissenschaftler der Universitäten von Indiana, Ohio und Nebraska haben mir erzählt, dass es bereits Fremdbestäubung mit Verwandten dieser Spezies gibt.

Einige der verschreibungspflichtigen Mittel, die von diesen Pflanzen produziert werden, sind Impfstoffe, industrielle Enzyme, Blutverdünner, Blutgerinnung auslösende Proteine, Wachstumshormone und kontrazeptive Mittel. All diese verschreibungspflichtigen Stoffe werden nun von Pflanzen produziert, die im Freien wachsen.

Ich kann mir nicht vorstellen, wie es von unserer Regierung gestattet werden kann, verschreibungspflichtige Stoffe unter freiem Himmel zu produzieren. Im Vergleich zu Laboratorien sind Pflanzen im Freien natürlich eine billige Art zur Herstellung von Pharmazeutika. Gesetzt aber den Fall, jemand steht in ärztlicher Behandlung und isst dann etwas, das mit einem Blutverdünnungsmittel durchsetzt ist, oder eine schwangere Frau verzehrt etwas, das mit einem Verhütungsmittel genetisch manipuliert ist. Was passiert dann?"
"Die Einführung von sogenannten Pharma-Pflanzen die verschreibungspflichtige Mittel enthalten, ist das Schlimmste, was auf uns zukommt. Egal ob es gentechnisch veränderter Weizen, gentechnisch veränderte Sojabohnen oder verschreibungspflichtige Drogen sind, das alles sollte uns sehr beunruhigen.

Was können wir dagegen tun? Ich glaube, jeder von uns sollte mit unseren zuständigen Parlaments- und Regierungsmitgliedern Kontakt aufnehmen, wie man es bereits in anderen Ländern, z.B. in Japan, gemacht hat. Wir haben das Recht zu wissen, was wir essen. Wenn die Leute in Kanada wirklich wissen würden, was sie alles essen, würden die meisten GVO-Nahrungsmittel nicht mehr anrühren."

Der neidische Blick vieler Genfood-Kritiker aus den USA und Kanada nach Europa ist verständlich, da hier noch nicht alle Schleusen für die Gentechnik geöffnet wurden.

"Die Canadian Food Inspection Agency (Anm.: CFIA, Kanadisches Bundesamt für Lebensmittelkontrolle) hat zum Unterschied von Japan und Europa keinen einzigen Test mit genmanipuliertem Saatgut oder Futtermitteln vorgenommen.
Man hat lediglich jene Daten verwendet, die man von Monsanto bekommen hatte.

Ich kann weiters eine ganze Menge von Beispielen aus den USA anführen, wo sich Schweine, die mit gentechnisch veränderten Sojabohnen gefüttert worden waren, nicht mehr vermehrten. Setzte man dieses Futter ab, begannen sie sich *nach einiger Zeit wieder fortzupflanzen.*

Eines meiner besonderen Anliegen ist es, die Rechte der Farmer zu schützen, ihr Recht, das eigene Saatgut Jahr für Jahr wieder verwenden zu dürfen. Der Richter in meinem ersten Prozess urteilte dahingehend, dass, obwohl die Farmer in Kanada das bundesgesetzlich verbürgte Recht zur Verwendung ihres eigenen Saatgutes von Jahr zu Jahr besitzen, das Patent von Monsanto trotzdem über allen Rechten der Farmer steht.

Eine andere Sache ist, dass ich niemals Monsantos Patentprodukte eingesetzt habe. Um deren Patente zu verwenden, hätte ich ihre Chemikalie Roundup® über mein Getreide sprühen müssen, und das habe ich niemals getan. Der Richter aber urteilte, dies wäre unwichtig. Er meinte, die Tatsache, dass im Graben entlang meines Feldes solche Pflanzen wachsen, bedeute bereits eine Patentsverletzung durch mich."

"Ich ließ daraufhin zwei Wissenschaftler Proben von allen meinen Canola-Feldern nehmen, von denen ich 1998 acht besaß. Die Samen wurden an die Universität von Montana gesandt und dort im Labor getestet. Das Ergebnis war, dass zwei von meinen Feldern nicht kontaminiert waren, andere zu einem Prozent, einige zu zwei Prozent und eines zu acht Prozent. Im Graben neben den Feldern, wo wir gentechnisch veränderten Canola zuerst entdeckten, betrug die Kontamination sogar 60 Prozent.

Der Richter meinte, das alles wäre nicht maßgeblich. Da ich ein Saatgutbewahrer sei und mein Saatgut von Jahr zu Jahr verwenden würde, bestehe die Wahrscheinlichkeit, dass einige von Monsantos GVO auch auf diese Felder gelangen könnten und damit würde das ganze Getreide zu Monsantos Eigentum.

Man kann also in Kanada schon durch "eine Wahrscheinlichkeit" über Nacht seine Rechte verlieren und das ist auch der Grund, warum mein Fall weltweit so bekannt wurde. Wir sollten niemals vergessen: Man versucht die weltweite Kontrolle über das gesamte Saatgut zu erlangen und wer auch immer dieses kontrolliert, wird die gesamte Nahrung weltweit kontrollieren.

Ich setze nun großes Vertrauen in den Obersten Gerichtshof von Kanada und bin mir sicher, er wird demnächst zu Gunsten der Rechte der Menschen, ihr Saatgut von Jahr zu Jahr verwenden zu dürfen, entscheiden.

Ich habe Fotos, die zeigen, wie Felder kontaminiert worden sind und solche von Monsantos Genpolizei in den Feldern der Farmer. Diese Detektive gehen in beliebige Felder und stehlen Samen oder Pflanzen, um sie zu überprüfen. Wenn ein Farmer sie dabei erwischt, lachen sie ihn aus oder bedrohen ihn.

Wenn andere Farmer hören, was meine Frau und ich während dieser fünf Jahre an Rechtsstreitigkeiten durchgemacht haben und von den ca. 300.000 Dollar an Gerichtskosten und Gebühren erfahren, die ich zahlen musste, haben sie Angst, dasselbe Schicksal zu erleiden.

Für einen Durchschnittsbürger gibt es keine Gerechtigkeit ,denn es ist sehr schwierig gegen einen Milliardendollar-Konzern gerichtlich vorzugehen. Und auch ich hätte es ohne die Hilfe von Menschen, Organisationen und Stiftungen aus aller Welt nicht gekonnt.

Als weiteres Beispiel für die Rücksichtslosigkeit seitens Monsanto steht die Tatsache, dass sie mich vor ca. einem Jahr wieder vor Gericht gebracht hatten, diesmal wegen ihrer Kosten.

Diesmal wurde eine Million Dollar eingeklagt und zwar, weil ich laut Monsantos Aussage arrogant und engstirnig sei und nicht tun wolle, was sie verlangen.

Und wie hat der Richter diesmal geurteilt? Ich wurde zur Zahlung von 153.000 Dollar an Monsanto zur Deckung der Gerichtskosten verurteilt."

Trotz aller Schwierigkeiten hat Schmeiser offensichtlich die Fähigkeit behalten, so manches mit einem Augenzwinkern zu sehen, was sicherlich seine allgemeinen Sympathiewerte weiter hebt:

"Die Sache hatte auch eine humorvolle Seite, da Monsanto zu Protokoll geben musste, woraus sich diese Million Dollar an geforderten Kosten zusammensetzt. Da waren z.B. 1.000 Dollar für eine Digitalkamera, die sie angeblich im Gerichtssaal verwendet hatten – das ist grotesk, denn in kanadischen Gerichtssälen darf man keine Kameras verwenden.

Weitere 1.500 Dollar wurden für ein "Unterhaltungsprogramm" gefordert, das die Monsanto-Anwälte während der Gerichtsverhandlung angeblich konsumiert hatten. Ich konnte nicht umhin zu fragen, um welche Art von "Unterhaltungsprogramm" es sich dabei gehandelt habe."

Doch wenn Schmeiser von der Zeit nach diesem Gerichtsurteil berichtet, vergeht ihm das Lachen:

"Was geschah, nachdem sie vom Richter zur Zahlung von 153.000 Dollar verurteilt worden waren?

Man belehnte unseren gesamten Grundbesitz und unser Haus mit einem Pfandrecht, sodass ich mir bei der Bank kein Geld mehr für meinen Kampf gegen diese Ungerechtigkeit borgen konnte. Man hat versucht, mich finanziell auszuschalten und mental zu zerstören. Man fuhr mit Fahrzeugen in unsere Einfahrt und parkte dort manchmal den ganzen Tag. Und man beobachtete uns Tag für Tag bei der Arbeit auf unseren Feldern.

Und man versuchte auch uns einzuschüchtern. Ein Farmer in North Dakota, gegen den sie ebenfalls gerichtlich vorgingen, erzählte, dass sogar seine Kinder auf dem Schulweg verfolgt worden waren, um die Leute durch Schikane und Einschüchterung klein zu kriegen.

Warum haben wir uns schließlich auf einen Rechtsstreit mit Monsanto eingelas-

sen? *Meine Frau und ich sind 72 und 73 Jahre alt. Wir wissen nicht, wie viele Jahre uns noch gegeben sind und sehen es so: Als Großvater frage ich mich, welches Vermächtnis ich meinen Enkeln hinterlassen kann. Meine Großeltern und Eltern hinterließen uns als Vermächtnis ein gutes, gesundes Land. Ich möchte meinen Kindern kein Land, keine Luft und kein Wasser hinterlassen, das mit Giften verseucht ist und ich bin sicher, viele Menschen denken genauso wie ich.*

Somit werden wir weiter für die Rechte der Bauern auf der ganzen Welt kämpfen, damit sie ihr eigenes Saatgut auch weiterhin verwenden können."

Am 21. Mai 2004 entschied der Oberste Kanadische Gerichtshof mit knapper Mehrheit von fünf zu vier Stimmen zugunsten von Monsanto und erklärte Monsantos Patent in Bezug auf das Roundup-Ready®-Gen für rechtsgültig und damit einklagbar. Allerdings entschied das Gericht auch, dass Schmeiser doch nicht den Verkaufswert der kontaminierten Ernte an Monsanto zahlen muss, nicht die Gerichtskosten von Monsanto von über 200.000 Dollar tragen muss und er wurde auch von den gegen ihn erhobenen Schadenersatzzahlungen freigesprochen.

Monsanto reagierte auf das Urteil "froh": "Mit dieser Entscheidung wurde weltweit ein Standard für den Schutz von geistigem Eigentum gesetzt und Kanadas Position als attraktiver Innovationsstandort gestärkt", erklärte Carl Casale, Executive Vice President des Konzerns. Percy Schmeiser kommentierte das Ganze mit "gemischten Gefühlen": Einerseits zeigte er sich erleichtert, dass das Gericht ihn bestätigte, keine Vorteile aus der Monsanto-Technologie gezogen zu haben und darüber, keine Zahlungen an Monsanto leisten zu müssen.
Er glaubt auch, dass es Monsanto nun schwerer haben würde, gegen Landwirte gerichtlich vorzugehen, da der Konzern nun beweisen müsse, dass diese vom Vorhandensein der Roundup-Ready®-Canola profitiert hätten. Andererseits bedauerte Schmeiser natürlich die Patent-Entscheidung des Obersten Gerichtshofes.

Scharfe Kritik kam hingegen vom Gentechnik-Experten von Greenpeace-Deutschland, Henning Strodthoff: "Mit dem Urteil werden Bauern Monsanto ausgeliefert: Ohne die Kontamination verhindern zu können, sollen Bauern plötzlich Gebühren für Gen-Pflanzen bezahlen, die sie nie auf ihren Äckern haben wollten."

Percy Schmeiser

Der erfahrene Farmer und Bio-Landwirt aus Bruno, in der kanadischen Provinz Saskatchewan, wurde mittlerweile zur kanadischen Legende für jene Art von Machenschaften, mit denen Genlobbyisten und Gesetzgeber in Kanada "Opfer zu Tätern" machen.

Seit 40 Jahren baute er Canola, einen besonders ölhaltigen Raps an; als erfahrener Züchter verwendete er stets Saatgut, das er von der Vorjahresernte zurückbehalten hatte. International bekannt wurde Percy Schmeiser, als der Biotech-Konzern Monsanto ihn im August 1998 vor Gericht brachte, weil er angeblich genmanipulierten Monsanto-Raps angepflanzt hatte, ohne die entsprechende Lizenzgebühr zu bezahlen.

9. HUNGER UND ENTWICKLUNGSLÄNDER

9.1. Keine Lösung des Hungerproblems

CRAIG HOLDREGE, Leiter des Nature-Institutes, New York

Eines der Versprechen, das Gentechnik-Befürworter am häufigsten tätigen, ist die Bekämpfung des Welthungers mit genmanipulierten Pflanzen. Craig Holdrege, der Leiter des Nature-Institutes in New York, das sich ganzheitlich mit der Natur und ihrer Weisheit beschäftigt, fasst zusammen:

"Von den fast sechs Milliarden Menschen auf unserem Planeten sind 840 Millionen unterernährt. Befürworter der modernen industriellen Landwirtschaft glauben, dass genmanipulierte Pflanzen eine neue grüne Revolution verheißen, eine Revolution mit höheren Erträgen und Pflanzen mit höherem Nährwert für die sogenannten Entwicklungsländer." [1]

Er verweist auf einen von der United Nations Food and Agriculture Organization (FAO) veröffentlichten Bericht aus dem Jahre 2004, in dem beschrieben wird, wie Biotechnologie "maßgeblich dazu beiträgt, die Nahrungs- und Existenzbedürfnisse einer wachsenden Bevölkerung zu befriedigen". Diese Befürwortung der Biotechnologie in der Landwirtschaft sei insofern überraschend gekommen, da "die FAO für ihre facettenreichen Bemühungen um die kleinen armen Bauern in der Dritten Welt bekannt ist", erklärt Holdrege.

Hunger in den Vereinigten Staaten

Doch um das Hungerproblem zu verstehen und letztlich auch lösen zu können, sei eine umfassendere Betrachtungsweise nötig als nur die der möglichen Ernteerträge:

"Im Jahr 2002 gaben in den USA 3,8 Millionen Haushalte an, dass Familienmitglieder während des Jahres Hunger leiden mussten. [2] *Ungefähr 12 Millionen Haushalte (bestehend aus 35 Millionen Menschen) berichteten 2002, dass es während dieses Jahres Zeiten gegeben hat, in denen sie kein Geld hatten, um genügend Nahrungsmittel zu kaufen. Diese Haushalte werden nicht als an Hunger leidend klassifiziert, sondern als "unsicher mit Nahrungsmitteln versorgt". So gab es im Jahr 2002 -- und die Zahlen sind in den letzten Jahren gestiegen – beinahe 16 Millionen amerikanische Haushalte (das sind ca. 45 Millionen Menschen), die laut eigenen Angaben zumindest zu gewissen Zeiten nicht genug zu essen hatten.*

Dies ist eine erstaunlich hohe Zahl für das größte Nahrungsmittel produzierende Land auf unserem Planeten. Im Jahr 2003 exportierten die USA 93 Millionen Tonnen Weizen, Mais und Sojabohnen. Offenbar steht die große Menge an produzierten Nahrungsmitteln in keinem Zusammenhang damit, ob Menschen hungern."

Holdreges Schlussfolgerung: "In den USA kommt Hunger und unsichere Nahrungsmittelversorgung vom Mangel an Geld für Lebensmittel." Das

Hungerproblem in den Vereinigten Staaten sei ein extrem komplexes Problem von Armut, Diskriminierung und sozialer sowie ökonomischer Politik und Praktiken. *"Der vermehrte Anbau von biotechnischen Pflanzen (im letzten Jahr mehr als 110 Millionen acres oder ca. 45 Mio. Hektar in den USA, das waren zwei Drittel der Sojabohnen und etwa ein Drittel der Maispflanzen) hat mit diesen Problemen absolut nichts zu tun. 70 Prozent des in den USA geernteten Getreides wird an Rinder, Schweine und Hühner verfüttert."*

Dieses Beispiel soll folgendes verdeutlichen: "Selbst wenn der fromme Wunsch, dass Biotechnologie die Nahrungsmittelproduktion in den Entwicklungsländern erhöhen könnte, wahr werden würde, ist das nicht das selbe wie die Versorgung der Bevölkerung mit Nahrung. Es bleiben noch immer die grundlegenden Probleme der Armut, Nahrungsmittelverteilung sowie Sozial- und Wirtschaftspolitik. Deshalb ist es lehrreich, auf ein reiches Land wie die USA zu blicken, wo Millionen von Menschen nicht adäquat ernährt werden. Es zerstreut die Illusion, dass durch eine Erhöhung der Nahrungsmittelproduktion mehr Menschen ernährt werden können."

Grüne Revolution und industrielle Landwirtschaft

Holdrege vergleicht die offensichtlichen Vorteile der Pflanzen der "grünen Revolution" mit deren Nachteilen: *"Die Technologie der grünen Revolution ermöglicht den Pflanzen eine größere Menge an Photosynthaten in die Kornproduktion zu leiten und durch die Zugabe von Dünger und Berieselung einen ungeheuren Ertragsanstieg.*
Aber sie verringert andere wertvolle Eigenschaften, wie kräftige, tiefe Wurzeln, robuste Stängel respektive Halme und die Widerstandsfähigkeit gegen Unkraut.
Bittet man afrikanische Farmer in die Technologie der grünen Revolution zu investieren, heißt das, sie investieren in fragile Pflanzen in einer rauen Umgebung. Während der letzten 30 Jahre haben die Getreideernten in Afrika kaum zugenommen und stehen bei einer mageren Tonne per Hektar; die per capita Nahrungsmittelproduktion ist stagnierend." [3]

Auf der anderen Seite gibt Holdrege zu bedenken, dass sich die Weizenernte in Indien zwischen 1965 und 2000 von 12,3 Millionen Tonnen auf 73,5 Millionen Tonnen versechsfacht hat[4], was einen "bemerkenswerten Anstieg" bedeute: *"Der Ernteanstieg konnte jedoch nur durch die Zugabe von Dünger und Bewässerung erreicht werden. Und da man auf einen hohen Ertrag hinaus züchtet und dabei andere vitale Eigenschaften verliert (wie das Konkurrieren mit dem Unkraut), muss man zugleich in großen Monokulturen anbauen und kommt nicht um einen gesteigerten Einsatz von Pestiziden (Herbizide, Insektizide und Fungizide) herum. In anderen Worten bedeutet die grüne Revolution in der Landwirtschaft, dass man eine Umwelt schafft, die höhere Erträge ermöglicht."*
Dennoch habe die Zahl der hungernden Menschen in einem noch größeren Ver- hältnis zugenommen[5]: *"Dies ist einer der eher grotesken ´Begleiterscheinungen´ der grünen Revolution. Indien steht vor einer unüberschaubaren Nahrungsmittel- schwemme. Von 10 Millionen Tonnen Getreideüberschuss im Jahr 1999 haben sich die Vorräte auf 42 Millionen Tonnen vervielfacht.*

Anstatt diesen Überschuss an diejenigen zu verteilen, die es dringend notwendig haben, sucht die Regierung entweder einen Exportmarkt oder gibt ihn frei für den offenen Markt. Pflanzen der grünen Revolution wurden mit "Zielrichtung größerer Nahrungsmittelexport" gepflanzt, um damit das nationale Einkommen zu vergrößern. Das Problem ist, dass diese Politik den Armen oder Hungrigen wenig oder gar nichts bringt. Laut einer Studie der American Association for the Advancement of Science von 1997 leben 78 Prozent aller unterernährten Kinder in Nahrungsmittel exportierenden Ländern[6]."

Holdrege zitiert abermals einen Report der FAO, diesmal aus dem Jahr 2002, wo es heißt, dass "die weltweite Agrarproduktion der Nachfrage entsprechend wachsen kann, wenn die nötige nationale und internationale Politik zur Förderung der Landwirtschaft in Einklang gebracht werden .... Die Agrarproduktion könnte wahrscheinlich den Bedarf bis 2030 decken und das sogar ohne größere Fortschritte in der modernen Biotechnologie". Daher könne Hunger keine Folge von inadäquaten Erträgen sein.

Doch wenn die Aufmerksamkeit hauptsächlich auf die höheren Erträge konzentriert ist, würden auch die Probleme ignoriert, die mit den höheren Erträgen selbst einhergehen:
- Pflanzenarten mit größerer Umweltabhängigkeit, d.h. weniger anpassungsfähig an örtliche Bedingungen;
- Abhängigkeit von "high-energy inputs", also von hoher Energiezufuhr;
- Unterstützung von großen Landwirtschaftsbetrieben zu Lasten kleiner, mit niedriger Energiezufuhr arbeitender Landwirtschaft ("low-input");
- Export orientierte Produktion;
- Anstieg von Pestizid-abhängigen Gesundheitsproblemen;
- Größere Wasserverschmutzung (Düngemittel- und Pestizid-Abfluss).

Dreimal zahlen für "billige" Nahrung

Diese gesundheitlichen Probleme und Umweltprobleme, die durch die industrielle Landwirtschaft hervorgerufen werden, verursachen Kosten, um sie zu behandeln oder zu beheben. In der ersten Studie dieser Art ordnet Jules Pretty, der Direktor des Centre for Environment and Society an der University of Essex, U.K., tabularisch die Kosten der industriellen Landwirtschaft, die die direkten Ausgaben wie Saatgut oder Maschinen überschreiten.[7]:

"Die Kosten (Anm.: für Großbritannien) beliefen sich auf mehr als 2.3 Milliarden Pfund pro Jahr (ca. 200 Pfund per Hektar Farmland). Diese riesige Summe deckt sich ungefähr mit dem gesamten Einkommen aus der Farmwirtschaft in Großbritannien im Jahr 1996.
Sie ist geringer als die 3 Millionen Pfund Fördergelder der britischen Regierung für die Landwirtschaft. Wie Pretty feststellt, zahlen wir dreimal für unsere Nahrung: Wir zahlen dafür auf dem Markt, wir zahlen dafür mit unseren Steuern, die für die Förderung der Bauern verwendet werden, und wir zahlen noch einmal, um die

ganze Schweinerei wieder wegzuräumen."

Es ist sicher naiv zu glauben, dass diese unhaltbare Vorgangsweise eine Langzeitlösung zur Ernährung der Welt verspricht, folgert Holdrege.

"Da die industrielle Landwirtschaft im Grunde genommen ein ganzes Paket aus zweckmäßigen Praktiken und unbeabsichtigten Folgen ist, kann sie sehr destruktiv wirken, wenn sie in eine bestehende Agrarkultur eingeführt wird. Der Ökologe Carl Jordan beschreibt ein Beispiel davon in der trockenen Sahelzone in Afrika[8].

Die Marka sind eine ethnische Gruppe, die seit prähistorischen Zeiten Reis anbaut. Sie pflanzen einheimischen Reis und haben verschiedene Arten entwickelt, die sie zu verschiedenen Zeiten und für verschiedenes Erdreich verwenden.

Das Wissen über den Reisanbau wird geheim gehalten und ein hierarchisches System priorisiert den Zugriff auf Land und die Regeln über den Zugriff auf gemeinsames Eigentum wurden in das örtliche islamische Gesetz codiert.[9] So wird der Reisanbau in ein ganzes ökologisches, historisches und soziales Gewebe eingeflochten. Wenn man den Reisanbau aus diesem Geflecht herausnimmt, beginnt sich das ganze Geflecht aufzulösen."

Es wurde eine neue Art von Reisanbau nach westlichen Wirtschaftsmodellen eingeführt. Die lokalen Reissorten wurden durch eine asiatische Reissorte ersetzt und das Wissen um dessen Anbau lag in den Händen von "Außenstehenden" und nicht mehr bei den Einheimischen. Die "unwissenschaftliche" Methode des Marka-Volkes wurde nicht mehr gebraucht, die Flächennutzung wurde dem agro-ökonomischen Modell angepasst.

Im Senegal führte diese Art von "Entwicklung" zur Degradation von 25,000 Hektar Reisanbaufläche mit schlecht konstruierten Bewässerungssystemen. Jordan fasst zusammen: "Der Wechsel zur Marktwirtschaft ignoriert die Eigenarten des Klimas und Erdreichs in der Sahelzone und nimmt den Marka-Gruppen die Möglichkeit zur Flexibilität bei umweltbedingten Belastungen."

Das zentrale Problem ist folgendes: Wenn etwas von außerhalb kommt und eine einheimische Praktik ersetzt, verbreitet es sich gerne als Fremdkörper und durchzieht auf zerstörerische Weise die Umwelt sowie die sozialen und wirtschaftlichen Strukturen und Prozesse des jeweiligen Landes."

Gentechnik in der Landwirtschaft – warum?

Holdrege analysiert die "Gentechnik-Landwirtschaft", wie sie vor allem in den USA und Argentinien betrieben wird und die eine neue Dimension der Abhängigkeit schaffe: So werde genmanipuliertes Saatgut zum Spitzenpreis verkauft, wobei die Farmer 15 bis 20 Dollar pro acre (= 0,404687 Hektar) als "Technologieabgabe" zahlen.

Die Farmer unterzeichnen einen Vertrag, in dem sie sich verpflichten, nicht das Saatgut von den gentechnisch veränderten Pflanzen zu verwenden, sondern Jahr für Jahr neues Saatgut zu kaufen und Abgaben zu leisten. Landwirte, die herbizidresistente Pflanzen anbauen, kaufen bei denselben Konzernen nicht nur das Saatgut sondern auch das Herbizid – und werden dadurch doppelt abhängig.

Zu allem Überdruss mussten die Farmer in der Vergangenheit immer mehr von den Totalherbiziden à la Glyphosat spritzen, um dem Unkraut Herr zu werden. Mit dem vermehrten Einsatz dieses Herbizides haben sich Herbizid-tolerante Unkrautpflanzen entwickelt – eine größere Anzahl von Unkrautpflanzen werden von diesem Herbizid nicht mehr angegriffen[10]. Farmer müssen zu neuen, oft noch giftigeren Herbiziden greifen, um die Superunkräuter los zu werden. "Das ist eindeutig keine nachhaltige Praktik" folgert Holdrege.

Doch auch die Erträge der genmanipulierten Sojabohnen würden im Vergleich zu den herkömmlichen zurückbleiben[11]. Diese "Ertragsverweigerung" könnte eher am Einsatz von Glyphosat als Herbizid als an den transgenen Pflanzen selbst liegen. Möglicherweise dämpfe Glyphosat die Fähigkeit der Pflanze Nitrogen zu fixieren[12] oder es vermindere die Fähigkeit, den wesentlichen Mikronährstoff Mangan zu verwerten[13].

Dennoch hat die herbizidresistente genmanipulierte Sojabohne sehr rasch die Felder erobert, obwohl mehrere Studien keine positiven finanziellen Auswirkungen für die Farmer feststellen[14] - was Holdrege zu einigen Erklärungsversuchen veranlasst:

"Also ist die am weitesten verbreitete gentechnisch veränderte Pflanze – im begrenzten Sinn - nicht unbedingt von Vorteil für die Farmer, die sie verwenden. Vielleicht gleicht der Wunsch nach einem makellosen, unkrautfreien Feld und die Verwendung von nur einem Herbizid den geringeren ökonomischen Gewinn aus. Außerdem sollten wir nicht das ´Fortschrittsstreben´ unterschätzen – Farmer sind stark in das industrielle Landwirtschaftsmodell investiert und biotechnische Nutzpflanzen gelten als neuestes Werkzeug für den Fortschritt.

Das Beispiel mit den gentechnisch veränderten Sojabohnen zeigt, wie die dominante heutige Anwendung von Gentechnik in der Landwirtschaft im Wesentlichen von der Industrie vorangetrieben wird. Das hat nichts mit der Ernährung der Welt zu tun, aber alles mit dem Profit der Unternehmen."

Genmanipulation – eine "Pfuscherei"?

Ob "Genpflanzen" der Gegenwart, die ein Insektengift produzieren oder die als Problemlösung angepriesenen Laborpflanzen der Zukunft, die dürreresistent, tolerant gegenüber Salzböden sein sollen oder einen "verstärkten Nährstoffgehalt" aufweisen - deren Forschung wurde und wird zumindest teilweise von Regierungen und Stiftungen wie die Rockefeller Foundation unterstützt.

Holdrege schildert, mit wie vielen Hindernissen die Übertragung von fremden Genen in eine Pflanze verbunden ist und fragt sich, ob wir die Grenzen bewältigen können, die der Technologie innewohnen:

"Gentechnik ist eine Methode, bei der DNS aus verschiedenen Quellen (Viren, Bakterien, Pflanzen, Tieren und Menschen) isoliert und die DNS aus diesen verschiedenen Quellen zu einem ´Genkonstrukt´ zusammengesetzt wird. Dann wird dieses Konstrukt in einen lebenden Organismus in der Hoffnung eingebracht, dass sie den Organismus auf eine bestimmte Weise umformt.

Eine erfolgreiche Verbindung des Genkonstruktes mit dem Organismus gelingt nur selten. Um eine Sojabohnen- oder Maispflanze genetisch umzuwandeln, muss man mit DNS überzogene Projektile ins embryonale Gewebe von hunderten oder tausenden Pflanzen schießen. Nur wenige werden auf die gewünschte Weise verändert, d.h. dass die Eigenschaft vererbbar ist und die Pflanze selbst durch die Manipulation keine merklichen "Nebeneffekte" erlitten hat.
Wie und wo das Genkonstrukt in das Genom der Pflanze eingebaut worden ist und ob mehrfache oder bruchstückhafte Kopien aufgenommen wurden, kann man, wenn überhaupt, erst nachher feststellen.[15]

Z.B. haben vier Jahre nachdem Monsantos Herbizid resistente "Roundup Ready" Sojabohnen auf den Markt gekommen sind, Wissenschaftler von Monsanto entdeckt, dass die Pflanzen zusätzlich Teilkopien des fremden Genkonstruktes enthielten. Das war eine große Überraschung.

Ich bin einmal von einem Virologen, der Genmanipulationen durchführt, folgendermaßen getadelt worden: ´Craig, nenn es nicht Genmanipulation, es ist Genpfuscherei.´ Man beeinflusst ein ganzes komplexes System, hat begrenzte Kontrolle über das, was in den Organismen vorgeht und versteht nur mehr oder weniger große Stücke vom Prozess.

Sobald ein paar erfolgreich umgewandelte Pflanzen gefunden worden sind, benutzen die Wissenschaftler die traditionellen Zuchttechniken, um eine brauchbare Sorte zu erhalten. Der ganze Prozess vom Anfang bis zum Ende ist sehr teuer. Wissenschaftler von der North Carolina State University schätzen die Kosten für die Entwicklung einer transgenen Maissorte auf 1.300.000 Dollar, während die traditionelle Züchtung einer neuen Sorte 52.000 Dollar kostet[16].

Außerdem sind gentechnisch veränderte Pflanzen mit vielen Patenten belastet: mit Betakarotin angereicherter "goldener" Reis hat insgesamt 16 wichtige Patente und 72 potentielle geistige Eigentumsbeschränkungen´[17]. *Selbst wenn wir uns vorstellen, dass das gentechnisch veränderte Saatgut von den Wissenschaftlern, die es produziert haben, umsonst hergegeben werden würde, würden die hohen Produktionskosten und das Immaterialgüterrecht immer noch als externe Faktoren übrig bleiben."*

Wie viele andere Gentechnikkritiker warnt Holdrege vor dem fatalen, im streng materialistischen Weltbild verwurzelten Irrglauben, dass einzelne Gene oder Genkonstrukte isoliert vom gesamten restlichen Organismus betrachtet werden können:

"Ein Genkonstrukt kann technisch auf einen bestimmten Platz in einem Chromosom platziert werden, physiologisch aber ist es Teil eines dynamischen und wechselhaften Systems. Man kann auch sagen, es wird Teil der Ökologie des Organismus, wie auch in jedem anderen Ökosystem jede Veränderung im Kleinen ihre Auswirkung auf das Ganze hat, genauso wie auch eine Veränderung des Ganzen die Einzelteile betrifft. Wenn wir also einem Organismus ein Genkonstrukt beifügen, können wir vielfache Wirkungen erwarten. Schauen wir uns ein paar Beispiele an.

Verschiedene Sorten (genetische Arten) von genmanipulierten Kartoffeln wurden kreiert, die auf verschiedene Weise die Saccharose abbauen. Das verursachte eine kleine genetische Veränderung, die mit der Produktion eines bestimmten Enzyms in jeder der transgenen Sorten zu tun hat.
Die Wissenschaftler wollten wissen, ob es zu zusätzlichen Veränderungen kommen würde, also erstellten sie ein sogenanntes metabolisches Profil. Sie untersuchten das Auftreten von 88 verschiedenen Substanzen (Stärke, verschiedene Zuckerarten, verschiedene Aminosäuren etc.), die in den Knollen produziert werden.

Überraschenderweise kam es nicht nur zu einer Veränderung in der Summe der Substanzen in dem durch die Genmanipulation betroffenen Abbauprozess, sondern in den meisten der 88 Substanzen.
Die transgenen Sorten unterschieden sich voneinander und von den nicht manipulierten Kartoffeln. Z.B. produzierten die transgenen Kartoffeln oft mehr Aminosäuren als die nicht manipulierten und in den transgenen Kartoffeln wurden neun Substanzen gefunden, die in den nicht manipulierten nicht entdeckt werden konnten.[18]

Eine Menge grundlegender Forschungsarbeit machen die Wissenschaftler mit dem kleinen Unkraut Arabidopsis, einem Mitglied der Senfgewächse. Die Pflanzen werden genetisch umgewandelt, um gegen das Herbizid Chlorosulforon resistent zu werden.

Überraschenderweise produzierte die Pflanze 34 Prozent weniger Samen und die Hälfte der Pflanzen war nicht so physiologisch- und umweltrobust wie ihre nicht-genmanipulierten Verwandten. In anderen Worten heißt das, die Genmanipulation verursachte viel mehr als nur eine Herbizid-Resistenz, sie veränderte die Vitalität der Pflanze[19]."

Auch wenn man von der - unrealistischen - Annahme ausgehe, dass Genmanipulation bar aller von Profit getriebenen Programme und der Verbindung zur industriellen Landwirtschaft betrieben würde, bliebe immer noch ein problematischer Kern übrig: Nämlich der Grundgedanke der Gentechnik, schlagkräftige, eindeutige Lösungen für Probleme zu finden, indem man diskrete, eindeutige Veränderungen an einem Organismus vornimmt[20] :

"Und diese Methode ist von Natur aus eine unökologische Weise, mit Leben umzugehen. Es ist diese Annahme von einem einlinigen Ursache-Wirkung-Mechanismus, der über die Technologie in den Organismus einfließt. Wir verändern kurzerhand Organismen, haben aber beinahe keine Ahnung davon, wie wir die interne Ökologie des ganzen Organismus beeinflussen.

Aber eines wissen wir ganz bestimmt: Wir beeinflussen auf eine mehr oder weniger subtile Weise diese Ökologie und der Organismus wird die Auswirkungen überall mit hinnehmen, wo immer er auch gedeiht.

Man muss aufhören, über die Welt in Form von Einzelfällen und Einzellösungen zu denken. Insofern als die Gentechnik aus einer mechanistischen, auf ein einziges Ziel ausgerichteten Denkweise entstanden ist, muss sie radikal geändert werden, bevor sie Teil einer von sich aus ökologischen pauschalen Vorgangsweise wird – wenn dies überhaupt möglich ist."

Ökologische Landwirtschaft

Eine zukunftsfähige Lösung des Hungerproblems liege in einer Fortsetzung der industriellen Landwirtschaft mit GVO sondern in einer umweltverträglicheren Landwirtschaft, ist Holdrege überzeugt. Dabei stützt er sich auf eine umfangreiche Studie von Jules Pretty und Rachel Hine[21] , die sich mit 208 Projekten in 52 Ländern in Afrika, Asien und Lateinamerika beschäftigten, die in irgendeiner Art und Weise umweltfreundliche Landwirtschaft betrieben. Die Studie umfasste 8,98 Millionen Farmer, die 28,92 Millionen Hektar (71,4 Millionen acres) Land bearbeiten. Die meisten der Farmer hatten kleine Farmen mit einem typischen Kleinbauernbetrieb von ca. 1,5 Hektar (3,7 acres) Land:

"96 der Projekte waren ausreichend über Nahrungsmittelproduktion informiert, deren Ergebnisse dann mit den Erträgen vor Einführung der umweltfreundlichen Methoden verglichen werden konnten. Kleine Getreidebauern, die Reis, Hirse, Sorghum (= Mohrenhirse), etc. anbauten, konnten ihre Produktion von 2,33 auf 4,04 Tonnen pro Haushalt und Jahr erhöhen.

Kleine Knollenbauern mit Kartoffeln, Süßkartoffeln und Maniok konnten ihre Produktion von 11.02 auf 27.5 Tonnen pro Haushalt pro Jahr mehr als verdoppeln. Das sind bemerkenswerte Zahlen und sie zeigen, dass relativ kleine Veränderungen in der Landwirtschaftspraxis – wie integrierter Pflanzenschutz oder Verbesserung der Bodenfruchtbarkeit durch Kompost – zu einem Anstieg der Produktivität führen können. Pretty and Hine sagen es so: "Jede Art von Verbesserung selbst kann einen positiven Beitrag ausmachen. Aber die tatsächliche Dividende kommt mit den passenden Kombinationen"[22] . Wichtig ist, dass bei einem Zusammenspiel des ganzen Systems von Bodenfruchtbarkeit bis Kreditfinanzierung, synergistische Effekte auftreten, die das Ganze produktiver und stabiler machen.

Erfolgreich gestaltete sich beispielsweise ein Reis-Fisch-Landwirtschaft in China:

"Während eines Dreijahresprojektes in der Provinz Jiangsu in China, wurden die Farmer beim Umstieg von Reis-Monokulturen auf Reis-Fisch-Landwirtschaft unterstützt[23]. Die Aufzucht von Fisch in überfluteten Reisfeldern ist eine alte Praktik, die in Südostasien beinahe ausgestorben ist.
Dies geschah zum Teil durch den vermehrten Anbau von kurzhalmigen, hoch ertragreichen Reissorten der "grünen Revolution" und dem damit verbundenen vermehrten Einsatz von Pestiziden und Düngemitteln. In diesen Feldern sind für den Gedeih von Fischen zu wenig Wasser und zu viel Gift enthalten

Li Kangmin, ein Wissenschafter, der die Bauern unterstützt, beschreibt die Vorteile der Reis-Fisch-Landwirtschaft wie folgt:

Ein Reisfeld ist ein kleines, künstliches, offenes Ökosystem. Die Interaktion von Reis und Fisch wurde passend zur chinesischen Philosophie "nichts vergeuden, nichts entbehren" genannt: Die Nebenprodukte oder Abfälle der einen Quelle müssen so gut wie möglich in eine andere Quelle eingebracht werden – das ist ein ökologisches Prinzip.

Die Haltung von Wassertieren in Reisfeldern kann den Verlust von Nährstoffen in den Feldern verringern. Fische und andere Tiere unterstützen die Schädlingskontrolle und lockern durch ihr Schwimmen und ihre Futtersuche den Erdboden auf, somit wird die Erde durchlüftet, die Zersetzung von organischen Stoffen gesteigert und die Abgabe von Nährstoffen aus der Erde gefördert. Die Exkremente der Wassertiere düngen auf direktem Weg das Wasser der Reisfelder.[24]

Während des Dreijahresprojektes wurden mit Reis-Fisch-Landwirtschaft 69.000 Hektar (170.000 acres) Land erschlossen. Am Ende dieser drei Jahre hatte sich der Ertrag im Vergleich zu den vorherigen Monokulturen 2,86-mal pro Hektar erhöht.

Die Bauern hatten nicht nur selbst Fisch zu essen oder auf lokalen Märkten zu verkaufen, auch die Reisernte stieg um 10 bis 15 Prozent. Ein willkommener Vorteil der neuen Praktik war auch die Abnahme von Malariafällen, da die Fische sich auch von Moskitos und deren Larven ernährten.

Dieses Beispiel zeigt, dass komplexeres Arbeiten zu Wechselwirkungen und ´unbeabsichtigten Folgen´ mit positivem Gesamteffekt führt. Und wenn wir im Gegenteil die Komplexität – wie bei Monokulturen, wo die Bodenfruchtbarkeit durch Kunstdünger erreicht wird - mindern wollen, schaffen wir ein System, das mehr einseitige negative unbeabsichtigte Effekte zur Folge hat, wie

Umweltverschmutzung und Krankheitsanfälligkeit."

In Afrika beschäftigten sich Projekte mit integriertem Pflanzenschutz, der versucht, so gut es geht mit der Umwelt zu arbeiten. Dabei soll der Schädling durch natürliche Bestände kontrolliert werden, anstatt ihn zu zerstören – wie es etwa bei Bt-Pflanzen der Fall ist.

Es soll nicht mehr die Landwirtschaft von der Umwelt getrennt, sondern in sie einbezogen werden. Dies vermindere auch die Gefahr von Schädlingsresistenzen. Der Arbeit mit der natürlichen Komplexität hat sich beispielsweise eine bemerkenswerte Forschungsorganisation in Kenia verschrieben, das International Centre of Insect Physiology and Ecology (ICIPE). Das Centre vereinigt Molekularbiologen, Insektenkundler, Verhaltensforscher und Bauern in ihrem interdisziplinären Bemühen um Kontrolle der verschiedenen Bedrohungen in Afrika:

"Die gefährlichsten Schädlinge für Mais und Sorghum auf diesem Kontinent sind der Stemborer und Witchweed (Striga asiatica), die, wenn sie gemeinsam auftreten, eine ganze Pflanze zerstören können. Forscher vom ICIPE entwickelten ein "push-pull"-System: ein außerhalb des Maisfeldes gepflanztes Gras zieht den Stemborer an; eine Hülsenfrucht im Maisfeld gepflanzt, vertreibt das Insekt und unterdrückt Witchweed zum Faktor 40 im Vergleich zum Mais-Monocropanbau — und das bei gleichzeitiger Zuführung von Nitrogen in den Erdboden und Erosionsverhinderung; und schließlich reduziert ein eingebrachter Parasit radikal die Stemborer-Population[25].

ICIPE-Direktor Hans Herren gewann 1995 den World Food Prize, nachdem das Centre die Mehlwanze, die die Maniokpflanze, ein Grundnahrungsmittel für 300 Millionen Menschen, bedroht hat, unter Kontrolle gebracht hat - eine kleine parasitische Wespe war beim Erfolg hilfreich.
Die Bauern mussten keine chemischen Mittel einsetzen und es entstanden ihnen keine Kosten. Trotzdem zweifelt Herren jetzt an der Aufbringung der Mittel für ein solches Projekt. "Heute," sagt er, "gehen alle Mittel in die Biotechnologie und Gentechnik." Biologische Schädlingsbekämpfung "ist nicht so spektakulär, nicht so sexy"[26].

Als drittes Beispiel nennt Holdrege Selbsthilfegruppen von Bauern in Kenia:

"Pretty and Hine (2001) beschreiben ein Projekt in Kenia, das sich Association for Better Land Husbandry (Verein zur besseren Landbewirtschaftung) nennt und armen Bauern bei der Bildung von Selbsthilfegruppen zur Entwicklung von umweltfreundlichen Landwirtschaftspraktiken hilft.

Die meiste Arbeit hat sich auf die Hausgärten konzentriert, wo die Bauern den Umgang mit Kompost und Dung lernen und eine Vielfalt an Früchten und Gemüse anbauen. Die Ernährung für die Familie ist nun gesicherter und es gibt maßgeblich weniger Hunger. Die Kinder sind unter den Hauptnutznießern.

Seit diese Familien mehr mit ihren eigenen Nahrungsmitteln versorgt sind, brauchen sie weniger Bargeld für den Nahrungsmittelkauf. Letzteres war einer der Hauptgründe, warum sie früher ihre Arbeitskraft verkaufen und oft für längere Zeit ihre Heimat verlassen mussten.
Damit ist nicht nur die Nahrungsmittelproduktion angestiegen, sondern auch die Gesundheit und Stabilität der Familien und Gemeinden."

Schnelle Umkehr ist lebenswichtig

Wenn wir so weitermachen wie bisher, indem wir lineare Bahnen isolieren und so manipulieren, als ob es den Rest des Systems gar nicht gäbe, würden wir zielgerecht in den Abgrund steuern, warnt Holdrege:

"Diese an Absurdität kaum zu übertreffende Ansicht – wenn auch auf kurze Sicht mehr Nahrung produziert wird – ist nichts anderes als, sagen wir, eine Farmfabrik mit tausenden Schweinen. Die Tiere leiden unter den einengenden Bedingungen und sind unfähig zur Durchführung vieler ihrer natürlichen Verhaltensweisen, wie z.B. die Verwurzelung.
Die Konzentration von Tieren fördert Gesundheitsprobleme und führt zu einem weit verbreiteten Einsatz von Antibiotika. Die Schweine produzieren riesige Mengen an Fäkalien und Urin, die als Abfallprodukte gelten. In Schlammteichen "gelagert" sind die Gerüche dieses Abfallproduktes ein Gesundheitsrisiko für Menschen in benachbarten Städten und die Abwässer verschmutzen Grund- und Trinkwasser.

Da eine große Menge an Futter auf Mais-Basis benötigt wird, wird der Mais, womöglich genmanipuliert, in einem anderen Teil des Landes angebaut und wird mit chemischen Düngemitteln gedüngt, die ebenfalls Flüsse und Grundwasser verschmutzen. Man kann sich kaum ein unökologischeres und umweltfeindlicheres System vorstellen. Das ist nicht der Weg, die Hungrigen zu füttern; das ist der Weg zur Zerstörung des Planeten."

Es gibt kein fixes Modell für umweltfreundliche Methoden in der Landwirtschaft, erklärt der Leiter des Nature-Institutes. Sie müssten den lokalen Bedingungen angepasst werden, das die Kultur und die Menschen, die dort leben, mit einschließe. Es bedürfe eines Lernens durch Beispiele, die wir unserer Situation gemäß modifizieren und dann weiterentwickeln:

"Unbedingt notwendig ist, dass diese Vorgangsweisen die notwendige ökonomische und politische Unterstützung erhalten – dass sie zumindest einen Raum für Erprobung und Entwicklung bekommen.
Wenn Regierungsgelder für die Bauern an Grundgröße und Massenware gebunden sind, wie es in den USA der Fall ist, unterstützen sie direkt die industrielle Landwirtschaft auf Kosten ökologischer Landwirtschaft.

Vieles behindert die weitere weit gestreute Entwicklung einer Landwirtschaft auf ökologischer Basis. Aber es gibt keinen Grund, daran zu zweifeln, dass wahre

Ernährungssicherheit und die ökologische Gesundheit des Planeten davon abhängen werden, ob diese Vorgangsweise weltweit Wurzeln fassen wird."

Der Originaltext ist abrufbar unter http://www.natureinstitute.org/txt/ch/ feed_the_world.htm .

Craig Holdrege Dr.

Der Biologe und Lehrer Craig Holdrege ist Leiter des Nature Institute in New York.

Das Nature Institute befasst sich mit der Erforschung und der Bildungsarbeit für die Anwendung von ganzheitlichen Methoden in Bezug auf Naturereignisse.

Craig Holdredge überprüft kritisch neue Entwicklungen der Gen- und Biotechnologie aus einer kontextabhängigen, ganzheitlichen Perspektive.

Er ist der Autor des Buches *Genetics and the Manipulation of Life: The Forgotten Factor of Context,* das die bekannte Biologin Lynn Margulis als «die zugänglichste Quelle nicht nur für Informationen sondern auch von Wissen und Weisheit» bezeichnet hat.

Craig Holdredge ist weit über die USA hinaus als seriöser, unabhängiger Wissenschafter bekannt, hält viele Vorträge und hat zahlreiche Artikel zum Thema Gentechnik verfasst.

[1] Food and Agriculture Organization of the United Nations (2004). *The State of Food and Agriculture: 2003-2004.* Rome: 2004. http://www.fao.org/documents/ show_cdr.asp?url_file=/docrep/006/y5160e/y5160e00.htm

[2] Nord, Mark et al. (2003). "Household Food Security in the United States, 2002." *Food Assistance and Nutrition Research Report*, Number 25. Washington D.C.: U.S. Dept. of Agriculture.

[3] Conway, Gordon and Susan Sechler (2000). "Helping Africa Feed Itself." *Science* vol 289, p. 1685.

[4] *Wall Street Journal, Dec. 6, 2000*

[5] Rosset and Mittal, *Wall Street Journal* Dec. 21, 2000 and Jan. 17, 2001

[6] zitiert in Lappé, Francis Moore et al. (1998). *World Hunger: Twelve Myths.* New York: Grove Press.

[7] Pretty, J.N. et al. (2000). "An Assessment of the Total External Cost of UK Agriculture." *Agricultural Systems* vol. 65, pp. 113-136 und Pretty, Jules (2001). "Counting the Costs of Industrial Agriculture." Chapter 4.2 in *Proceedings of the Soil Association's 12th National Conference on Organic Food and Farming,* January 2001. (http:/

/ w w w . s o i l a s s o c i a t i o n . o r g / w e b / s a / s a w e b . n s f / 0 / 80256ad80055454980256b1900592aa2/$FILE/SAconference2001.pdf)

[8] Jordan, Carl (2002). "Genetic Engineering, the Farm Crisis, and World Hunger." *BioScience* vol. 52, pp. 523-529.

[9] ebenda p. 527.

[10] siehe dazu: http://www.weedscience.org/in.asp .

[11] Benbrook, Charles M. (2002). "Economic and Environmental Impacts of First Generation Geneticallly Modified Crops: Lessons from the United States." *International Institute for Sustainable Development- Trade Knowledge Network* (www.biotech-info.net/first_generation_GML.pdf). und Bohner, Horst (2003). "What About Yield Drag on Roundup Ready Soybean? *Ontario Ministry of Agriculture and Food* Website (http://www.gov.on.ca/OMAFRA/english/crops/field/news/croptalk/2003/ct_0303a9.htm).

[12] Benbrook, Charles M. (2002). "Economic and Environmental Impacts of First Generation Geneticallly Modified Crops: Lessons from the United States." *International Institute for Sustainable Development- Trade Knowledge Network* (www.biotech-info.net/first_generation_GML.pdf).

[13] www.soygrowers.com, siehe dort: *ASA Leader Letter* 10/19/03.

[14] (Fernandez-Cornejo and McBride 2002, p. 24) und Duffy, Michael (2001). "Who Benefits from Biotechnology?" Talk at the American Seed Trade Association, December 2001. (http://www.newfarm.org/depts/gleanings/1203/duffybiotech_print.shtml)

[15] Makarevitch, I. et al. (2003). "Complete Sequence Analysis of Transgene Loci From Plants Transformed Via Microprojectile Bombardment." *Plant Molecular Biology* vol. 52, pp. 421-432.

[16] laut Bericht in Cox, Stan (2001). "The Emperor's New Chromosomes." *The Land Report # 70*, Summer, pp. 6-7.

[17] Beachy, Roger (2003). "IP Policies and Serving the Public." *Science* vol. 299, p. 473.

[18] Roessner, Ute et al. (2001). "Metabolic Profiling Allows Comprehensive Phenotyping of Genetically or Environmentally Modified Plant Systems." *The Plant Cell* vol. 13, pp. 11-29.

[19] Purrington, Colin B. and Joy Bergelson (1999). "Exploring the Physiological Basis of Costs of Herbicide Resistance in *Arabidopsis thaliana*." *The American Naturalist* vol. 154 Supplement (S82-S91).

[20] siehe auch: Cellini, F. et al. (2004). "Unintended Effects and Their Detection in Genetically Modified Crops." *Food and Chemical Toxicology* vol. 42, pp. 1089-1125 sowie Keller, David R. and E. Charles Brummer (2002). "Putting Food Production in Context: Toward a Postmechanistic Agricultural Ethic." *BioScience* vol. 52, pp. 264-271.

[21] Pretty, Jules and Rachel Hine (2001). *Reducing Food Poverty with Sustainable Agriculture*. Colchester, UK: University of Essex.

[22] Pretty, Jules and Rachel Hine (2001). *Reducing Food Poverty with Sustainable Agriculture*. Colchester, UK: University of Essex. *p. 48*

[23] Kangmin, Li (1998). "Rice Aquaculture Systems in China: A Case of Rice-fish Farming from Protein Crops to Cash Crops." *Proceedings of the Internet*

Conference on Integrated Bio-Systems (http://www.ias.unu.edu/proceedings/icibs/li/paper.htm).

[24] *(Kangmin 1998, p. 10)*

[25] *ICIPE, undatiert*

[26] zitiert in Koechlin, Florianne (2000). "Natural Success Stories—The ICIPE in Kenya" (http://www.blauen-institut.ch/).

9.2. Fehlschläge in Indien

VANDANA SHIVA, Bürgerrechtlerin und Trägerin des Alternativen Nobelpreises

Die indische Physikerin, Umweltschützerin und Frauenrechtlerin Vandana Shiva kämpft seit den frühen 80er-Jahren an vorderster Front für die Anliegen der unzähligen Kleinbauern in ihrem Land.

Kein Wunder, dass sie auch vehement gegen die Gentechnikindustrie auftritt und deren Versprechen anhand der in Indien gemachten Erfahrungen sowie anhand von Beispielen aus der ganzen Welt Schritt für Schritt als hohle Phrasen oder falsch enttarnt: Dass der Einsatz der Gentechnik in der Landwirtschaft Ernährungssicherheit biete, den Hunger bekämpfen könnte oder umweltfreundlich wäre, dass die Gentechnik nur eine neue Form der konventionellen Pflanzenzucht wäre oder dass es eine unabhängige Risikoforschung geben würde.

Shiva verweist diesbezüglich auf die Vergangenheit, um aus ihr zu lernen:

"Die Gentechnik wird oft als die zweite grüne Revolution bezeichnet. Es wird angenommen, dass die erste Agrarrevolution von Vorteil war und ohne sie die Welt nicht hätte ernährt werden können. Die zweite Agrarrevolution beruht wie die erste auf dem Mythos, dass durch sie die Hungrigen ernährt werden würden.

Sei's wie's sei, die grüne Revolution war weder "grün" noch "revolutionär". Sie brachte Indien das größte industrielle Desaster. Das Unglück von Bhopal am 2. Dezember 1984 forderte 8.000 Tote in einer Nacht und weitere 30.000 starben seitdem durch das Leck am Giftgastank der Union Carbide Pestizidfabrik. Millionen wurden für ihr Leben lang verkrüppelt. Gifte und Chemikalien waren der Kernpunkt der (grünen) Agrarreform. Sie töten und verkrüppeln. Und Bhopal lieferte die deutlichste Aussage über die Gewalt der sogenannten grünen Revolution.

Eine andere Form der Gewalt entfaltete sich in der Teilrepublik Punjab, wo das umweltfeindliche ´Wunder´ von Kapital- und Chemieintensivität zum Ausbruch von Terrorismus und Extremismus führte, als das Wunder nach einem Jahrzehnt zu schwinden begann – mit sinkenden Grundwasserspiegeln, erschöpfter Fruchtbarkeit des Bodens, steigenden Schulden der Bauern und fallenden Einkommen.

Im Juni 1984 befahl Indira Gandhi (Anm.: die damalige Ministerpräsidentin) einen Angriff auf den Goldenen Tempel, dem heiligen Schrein der Sikhs, in dem die ´Terroristen´ Zuflucht gesucht hatten. Im November wurde dann Indira Gandhi ermordet. Der teuflische Kreislauf von Gewalt wurde wegen des Terrorismus in Punjab durch ein die Natur und die Menschen zerstörendes Landwirtschaftsmodell entfesselt. 1984 begann ich mit einer Studie für die United Nations University, die als "Violence of the Green Revolution" (Zed Books, 1988, zu deutsch "Gewalttätigkeit der Grünen Revolution") veröffentlicht wurde.

Trotzdem erhielt diese kriegstreibende "Grüne Revolution" in den 1970ern den Friedensnobelpreis!"

Shiva spricht hier von Norman Borlaug, der als Begründer der „Grünen Revolution" 1970 den Nobelpreis erhielt. Der 1914 geborene Agrarwissenschaftler ist nach wie vor als Professor für Internationale Landwirtschaft an der Texas A&M Universität tätig und tritt vehement für die Gentechnik ein.

Neue Risiken ohne neue Vorteile

Viele irreführende Versprechungen (Shiva bezeichnet sie in Anlehnung an George Orwells Roman "1984") würden mit der Gentechnik ihre Fortsetzung finden. Insbesondere sieht Shiva eine ausreichende Versorgung mit Nahrungsmittel ebenso in Gefahr wie die Artenvielfalt:

"Das gebräuchlichste Argument der Industrie für Biotechnologie lautet, die Gentechnologie wäre der einzige Weg zur Ernährung der Menschheit. Eine Analyse der Trends und Wirkungen der Gentechnologie hat indes ergeben, dass die Gentechnologie in der Landwirtschaft ein Garant für Mangelerscheinungen und damit für zunehmende Lebensmittelknappheit ist, da sie aus dem Monokulturmuster entsteht, das sich auf einzelne Funktionen der einzelnen Arten konzentriert und die Erträge der verschiedenen Arten und die verschiedenen Funktionen der Arten nicht berücksichtigt.
Tatsächlich kann die Gentechnologie nur die verschiedenen Nahrungsmittel, die die Lebensmittelversorgung in den verschiedenen Lebensräumen sichern, verdrängen und zerstören.

Das Argument einer gestiegenen Ernährungsmöglichkeit durch industrielle Züchtungsverfahren inklusive Gentechnik ist aus vier Gründen illusionär:

1. *Die industrielle Züchtung richtet sich sowohl in der Gentechnologie als auch bei der grünen Revolution eher auf Teilaspekte einzelner Pflanzen als auf die Erträge eines ganzen Bereichs zahlreicher Pflanzen und integrierter Systeme.*

2. *Die industrielle Züchtung richtet sich auf die Erträge von einer oder zwei globaler und nicht auf die verschiedenen Pflanzen, die Menschen essen. Industrielle Züchtung zielt mehr auf die Quantität als auf die Nahrungsqualität pro Hektar. Tatsächlich ist als Folge der industriellen Landwirtschaft der Nährwert pro Hektar gefallen.*

3. *Industrielle Zucht inklusive Gentechnik verwendet natürliche Ressourcen auf intensive und verschwenderische Weise. Wenn die Produktivität auf der Basis des Einsatzes von Ressourcen definiert wird, bringt industrielle Landwirtschaft eine sehr geringe Produktivität und unterminiert die Sicherstellung der Nahrungsmittel, indem sie die Ressourcen aufbraucht, die direkt für die vermehrte Produktion von Nahrungsmitteln hätten genutzt werden können, wären sie nicht in einem umweltfeindlichen System verschwendet worden.*

4. *Ökologische Alternativen können die Nahrungsmittelversorgung durch eine Verstärkung der Artenvielfalt steigern und nicht ein erhöhter Einsatz von Chemie und Gentechnologie."*

Der Mythos von den "hoch ergiebigen Sorten"

Die industrielle Landwirtschaft ist gekoppelt mit einem hohen Bedarf an chemischen Spritz- und Düngemitteln, die für das Bodenleben und das Grundwasser oft problematisch sind. Außerdem müssen die Düngemittel mit einem hohen Energieaufwand aus Erdöl hergestellt und von den Bauern teuer von außen zugekauft werden. Der Preis, um dafür eine höhere Ernte einfahren zu können, ist hoch:

"Der Kernmythos, der zum Ersatz diverser bäuerlicher Sorten durch angeblich hoch ergiebige Arten (high yielding varieties = HYVs) geführt hat, ist der, dass erstere weniger ertragreich und letztere hoch ertragreich und von höherer Produktivität seien.

1. *HYVs sind nicht wirklich hoch ertragreich. Sie reagieren nur gut auf Chemikalien und sollten eher hoch reagierende Arten (High Respond Varieties =HRVs) genannt werden.*

2. *HRVs zeigen hohe Teilerträge, da diese Sorten nur zur ertragreicheren Getreideproduktion unter hoher Zugabe von Chemikalien gezüchtet wurden. Diese erhöhte Getreideproduktion für den Markt wird durch die Reduktion der Biomasse für den internen Gebrauch auf dem Bauernhof sowohl für Futter oder als Dünger erreicht.*

3. *HRVs zeigen eine niedrigere Produktivität des Gesamtsystems. In Ländern wie Indien ist die Menge des erhältlichen Strohs wichtig als Futter für das Vieh, HRVs produzieren aber nicht genug Stroh, das der geforderten Qualität und Quantität gerecht wird. Der Anstieg des vermarktbaren Getreideoutputs wurde auf Kosten einer Abnahme an Biomasse für Tiere und Boden erreicht und einer Minderung der Produktivität des Ökosystems aufgrund einer Überbeanspruchung der Ressourcen.*

4. *Bodenständige Arten übertreffen oft HRVs im Ertrag innerhalb des Gesamtsystems unter den realistischen Konditionen der Felder von kleinen Bauern. Wenn man die gesamte Biomasse mit einbezieht, sind traditionelle Landwirtschaftssysteme, auf bodenständigen Arten basierend, keineswegs ertragsarm. Tatsächlich bringen einheimische Arten höhere Erträge sowohl im Getreideoutput als auch beim Output der gesamten Biomasse (Getreide und Stroh) als die so genannten HYVs, die an ihrer Stelle eingeführt wurden."*

Vielfalt produziert mehr

Shivas kommt zu einem Ergebnis, das klar für die bäuerliche Landwirtschaft spricht:

"In der Landwirtschaft wurde die Vielfalt unter der Annahme zerstört, dass sie einer geringen Produktivität gleichkomme. Das ist eine falsche Vermutung sowohl hinsichtlich der einzelnen Pflanzen als auch hinsichtlich der Landwirtschaftssysteme.

Diverse einheimische Sorten sind oft genau so ertragreich oder sogar noch ertragreicher als industriell gezüchtete Sorten. Außerdem bringt die Vielfalt im Landwirtschaftssystem auf der Ebene eines Gesamtsystems einen höheren Output als bei eindimensionalen Monokulturen.

Die höhere Produktivität von auf Vielfalt basierenden Systemen zeigt, dass es eine Alternative zur Gentechnologie und industriellen Landwirtschaft gibt – eine Alternative, die ökologischer und fairer ist. Diese Alternative basiert auf Intensivierung der biologischen Vielfalt anstelle von Intensivierung von Chemikalien. Vielfalt produziert mehr als Monokulturen."

Gewinner von Monokulturen gebe es nur einen:

"Aber für die Industrie sind Monokulturen profitabel – sowohl hinsichtlich des Marktes als auch der politischen Kontrolle. Der Wechsel von hoch ertragreicher Vielfalt zu wenig ertragreichen Monokulturen ist möglich, weil die zerstörten Ressourcen den Armen weggenommen werden, während die höhere Massenproduktion denen mit wirtschaftlicher Macht die Vorteile bringt.

Der Umweltverschmutzer zahlt nicht für die industrielle Landwirtschaft, weder im Zeitalter der Chemie noch in dem der Biotechnologie. Während die Armen hungern, ist es ironischerweise der Hunger der Armen, der die Rechtfertigung der landwirtschaftlichen Strategien darstellt und sie noch mehr Hunger leiden lässt."

Besonders eindringlich tritt Shiva der Behauptung entgegen, die Gentechnik wäre in irgendeiner Form nachhaltig: Wiederum nennt sie drei Mythen, die es zu entzaubern gelte:

Der erste Mythos besage, dass die Gentechnologie "einen Stoff durch Information ersetzt" und verweist in diesem Zusammenhang auf einen Ausspruch des ehemaligen Monsanto-Chefs Hendrik Verfaillie. Nicht mehr ein stoffliches Insektizid müsse gegen den Schädling gespritzt werden, sondern der Schädling werde durch die Gift-Information in der Pflanze getötet – damit würde der materielle Bereich und das Problem der negativen ökologischen Auswirkungen verschwinden. Shiva entgegnet:

"Wie auch immer, Roundup® (Anmerkung: Totalherbizid von Monsanto), das ist "Stoff" und nicht Information. Roundup Ready Soya (Anmerkung: die dazugehörige Sojapflanze von Monsanto) ist ebenfalls Stoff, auch Bollgard Cotton ist Stoff, das darin enthaltene Bt-Toxin-Gen ist ein Stoff, und diese Stoffe haben ökologische Auswirkungen.

Die zweite Methode zur Schaffung der Illusion von Nachhaltigkeit ist die, dass man gentechnisch manipulierte Produkte als natürlich und ökologisch präsentiert. Das oft verwendete Argument lautet, Gentechnik wird uns zu einem redu-

zierten Gebrauch von Agro-Chemikalien führen. Wie aber die Analyse in diesem Abschnitt zeigt, wird die Gentechnik von der Chemieindustrie vorangetrieben und wird zu einem erhöhten Einsatz von gefährlichen Chemikalien in der Nahrungsmittelindustrie führen.

Drittens muss man das Gentechnikpaket eher mit einer intensiven groß angelegten chemisch-industriellen Landwirtschaft vergleichen als mit ökologisch klein angelegter vielfältiger Landwirtschaft. Dennoch ist die meiste auf der Welt betriebene Landwirtschaft nicht so wie die industrielle Landwirtschaft in den USA.

Viele Bauern auf der Welt sind kleine Bauern, die weniger als zwei Joch bewirtschaften, um einerseits ihren eigenen Nahrungsmittelbedarf zu decken, andererseits um einige ihrer Produkte zu vermarkten. Die Auswirkungen der Gentechnologie auf diese kleinen, auf Vielfalt basierenden Bauernhöfe wird die Zerstörung der Biodiversität sein, der Rückgang der Nahrungsmittelproduktion, der erhöhte Einsatz von gefährlichen Chemikalien, die zunehmende Abhängigkeit der Bauern von der chemischen und der Saatgut-Industrie und daraus folgend die Verdrängung der Bauern aus der Landwirtschaft.

Die zwei häufigsten Einsatzbereiche der Gentechnologie in der Landwirtschaft sind Herbizidresistenz und Schädlingsresistenz. Im Besonderen sind die am weitest verbreiteten transgenen Pflanzen Monsantos Roundup Ready Pflanzen, die gegen das Herbizid "Roundup" von Monsanto resistent sind und Monsantos Bt-Pflanzen, die dahingehend genmanipuliert wurden, dass sie Bt-Toxine produzieren.
Im Kontext der kleinen Bauern in der Dritten Welt, die ihre Landwirtschaft als Multikultur betreiben, sind diese Einsatzmöglichkeiten weder umweltfreundlich noch können sie ihren bäuerlichen Produzenten Nahrungsmittel-Versorgungssicherheit bieten. In Wahrheit werden sie den Einsatz von Agrochemikalien in der Landwirtschaft noch weiter steigern.

Nochmals betont Shiva, dass es auch falsch sei, die Gentechnik-Landwirtschaft mit der chemisch-industriellen Landwirtschaft zu vergleichen, da dies zur Illusion führe, dass genmanipulierte herbizidresistente Pflanzen zukunftsfähig seien. Stattdessen müsse man die Agro-Gentechnik der ökologisch-organischen Landwirtschaft gegenüberstellen:

"In der Landwirtschaft sind Unkrautpflanzen und Schädlinge Zeichen umweltfeindlicher Praktiken. Die "grüne Revolution" bzw. die chemische Landwirtschaft haben zu einem vermehrten Auftreten von Unkraut, Schädlingen und Krankheiten geführt. Herbizide und Pestizide sind giftige Chemikalien hinsichtlich der Unkraut- und Schädlingsbekämpfung bei Nutzpflanzen. Auch diese reduktionistischen "Lösungen" haben sich ebenfalls nicht als zukunftsträchtig erwiesen.

Herbizidrückstände im Boden haben zu einem rückläufigen Ernteertrag geführt und der Einsatz von Pestiziden zu einem vermehrten Auftreten von Schädlingen und zwar sowohl wegen des Tötens der (natürlichen) Feinde als auch durch das

Auftreten von Pestizidresistenz bei den Schädlingen. Die Gentechnologie verschärft nun das reduktionistische Paradigma von Schädlingskontrolle durch die Schaffung von herbizid- und schädlingsresistenten Nutzpflanzen.
Dies gilt für mehr als 80 Prozent der biotechnologischen Forschung in der Landwirtschaft."

Auf alle Fälle gibt es bereits den Beweis, dass die Gentechnik Superunkraut, Superschädlinge und Superviren schaffen wird, anstelle Unkraut, Schädlinge und Krankheiten zu kontrollieren."

Doch nicht nur hinsichtlich der Auswirkungen sei genau das Gegenteil eingetreten als von der Gentechniklobby prophezeit, sondern auch die Kühnheit, die Gentechnik als eine "weiterentwickelte Form der traditionellen Züchtung" zu bezeichnen, löst bei Shiva – und nicht nur bei ihr – energischen Protest aus:

"Die Förderer der Gentechnologie behaupten, dass sich diese nicht von der konventionellen Züchtung unterscheidet und deshalb keinerlei neues Gesundheits- oder ökologisches Risiko darstellen würde. Sie behaupten auch, dass sie präziser und prognostizierbarer wäre als traditionelle Züchtungen. Dieses jedoch transferiert keine Gene von Bakterien und Tieren auf Pflanzen. Sie fügt keine Fischgene in Kartoffeln oder Skorpiongene in Kohl ein, sondern kreuzt beispielsweise Reis mit Reis oder Weizen mit Weizen. Die Gentechnologie unterscheidet sich von konventionellen Züchtungsmethoden wie folgt:

1. *Im Gegensatz zu konventionellen Züchtungsverfahren setzt die Gentechnik genetisches Material von verschiedenen, nicht miteinander verwandten Arten, die sich in der Natur nicht untereinander kreuzen, neu zusammen. Dies hat unvorhersehbare Auswirkungen auf die Physiologie, Biochemie und ökologischen Funktionen der transgenen Organismen zur Folge.*

2. *Neue exotische Gene werden in unvorhersehbare Stellen des Genoms eingefügt, während konventionelle Züchtungsverfahren verschiedene Varianten desselben Genes, dessen Genomstruktur durch die Evolution entstanden ist, miteinander vermischen. Das Einführen exotischer Gene in unvorhersehbare Bahnen kann zu unkontrollierbaren Wirkungen auf den Stoffwechsel, die Physiologie und die Biochemie des transgenen Empfängerorganismus führen.*

3. *Die Gentechnik verwendet Vektoren, die von Krankheit-verursachenden Viren und Plasmiden stammen. Da diese Vektoren zur Vermischung der Gene innerhalb eines großen Artenbereiches entworfen sind, umfassen sie einen großen Bereich an Wirtsorganismen und können einen großen Bereich an Pflanzen und Tieren infizieren. Außerdem birgt die Gentechnik das Risiko gerin-*

*gerer Resistenz und Immunität in sich, da die Vektoren dahinge-
hend konstruiert sind, dass sie den Abwehrmechanismus des
Empfängerorganismus gegen das Eindringen fremder DNS über-
winden können. Somit macht sie Pflanzen anfälliger für Infektionen."*

Diese heraufbeschworene Gefahr von neuen Risiken durch neue Technologien
verlange eine intensivere öffentliche Forschung - zur Abschätzung der Risiken und
zur Information von Systemen für die Regelung von biologischer Sicherheit und
allgemeiner Gesundheit. Doch in der Praxis passiert weltweit genau das Gegenteil, wie die Alternativ-Nobelpreisträgerin eindringlich schildert:

*" Genau dann, wenn die Wissenschaft für die Sicherstellung der allgemeinen Ge-
sundheit wichtiger ist denn je, werden unabhängige Wissenschaftler, die unabhängige Forschung betreiben, zu Galileos.*

*Sie werden unter dem Druck engstirniger Interessensgruppen, die um jeden Preis
riskante Nahrungsmittel vermarkten und eine Umwelt schaffen wollen, in der Ignoranz als Garantie für Sicherheit gehandelt wird, aus Ihrem Job und ihren Institutionen gedrängt.*

- *Tyrene Hayes, ein Wissenschaftler an der Berkeley University of California,
  hatte in seinem Labor junge Frösche kleinen Mengen des Herbizids Atrazin
  ausgesetzt. Die Männchen wurden zu Hermaphroditen, weshalb er vermutet, dass Atrazin ein endokrines Spaltelement sein könnte. Die Firma
  Syngenta, die Atrazin herstellt, hatte daraufhin sofort versucht, seine Forschungen zu blockieren. Als er auf eigene Kosten weiter machte, boten
  sie ihm zwei Millionen Dollar, damit er seine Forschung "unter Ausschluss
  der Öffentlichkeit" weiter mache. Hayes lehnte das Angebot ab und veröffentlichte seine Arbeit in den Proceedings of the National Academy of
  Sciences. Syngenta hat die Studie daraufhin weiterhin angegriffen und
  ihre Verwendung in verschiedenen Verfahren "zum Schutz der Umwelt
  und allgemeinen Gesundheit" erstickt.*

- *Während seiner Zeit im Rowett Institute in Aberdeen, Schottland, war Arpad
  Pusztai als weltweit führender Phytagglutinin-Experte anerkannt. Er wurde
  von der britischen Regierung mit einer Studie über die gesundheitlichen
  Auswirkungen von genmanipulierten Kartoffeln beauftragt. Pusztai verfüt-
  terte die genmanipulierten Kartoffeln an Ratten. bei denen es dadurch
  zu Gewebe- und Immunschäden kam. Als er mit dem Einverständnis seines Instituts seine Forschungen der Öffentlichkeit präsentierte, wurde er
  gefeuert. Unter Beteiligung höchster Behörden begann daraufhin eine
  Kampagne, die seine gesamte Forschungsarbeit diskriminierte. Nachdem
  seine Ergebnisse im "Lance" veröffentlicht worden waren, wurde in sein
  Haus eingebrochen und seine Unterlagen gestohlen.*

- *In einem anderen führenden Institut, der Cornell University, beschäftigte sich John Losey mit der Wirkung von Bt-Mais auf Nicht-Zielsorten. Er fütterte die Larven des Monarch-Schmetterlinges mit Blättern der Seidenpflanze (Asclepias), die mit Pollen von Bt-Mais bestäubt worden waren. Die Larven, die die Blätter mit den Bt-Pollen gefressen hatten, starben in großer Zahl, während eine Kontrollgruppe, die mit nicht genmanipulierten Pollen gefüttert worden war, als Ganzes überlebte. Diese Studie erregte grossen Zorn von Monsanto und Novartis, weil sie behaupteten, dass Nicht-Zielarten von genmanipulierten Bt-Pflanzen, die zur Abtötung von Schädlingen wie die Baumwollkapselraupe in der Baumwolle und der Maisbohrer im Mais geschaffen wurden, nicht betroffen werden*

• *Ignacio Chapela, Wissenschaftler an der Berkeley University hat entdeckt, dass Mais in Mexiko, in einem Gebiet, wo er am artenreichsten vorkommt, von Pollen genmanipulierten Maises verunreinigt wurde und diese Studie im November 2001 in "Nature" veröffentlicht. Dies sollte ein Warnsignal dafür sein, dass die Kontaminierung von genmanipulierten Pflanzen die biologische Artenvielfalt womöglich für immer kontaminieren könnte. Sofort startete Monsanto eine massive PR-Kampagne über die Bivings Group, ein globales PR-Unternehmen, unter Verwendung von Namen fiktiver Wissenschaftler. Darauf tat "Nature Editors" etwas, was es in dieser Form in den 133 Jahren seines Bestehens als Wissenschaftsjournal noch nie gegeben hatte: sie veröffentlichten einen vorsichtigen Teilwiderruf von Chapelas Report. In der Folge wurde Chapelas Dienstvertrag an der Berkeley University nicht weiter „verlängert".*

Die Erfahrung mit Gentechnik in Indien: Der Fall Bt-Baumwolle

"Genmanipulierte Pflanzen sind in Indien illegal in Umlauf gebracht worden", schildert Shiva den Beginn der Freisetzung von Bt-Baumwolle:

"Am 24. April 1998 beantragte die Maharashtra Hybrid Seeds Company (Mahyco) Feldversuche beim Department of Biotechnology (DBT). Im Mai 1998 gründeten Mahyco und Monsanto ein Joint Venture. Der Freigabestempel für alle Versuche mit genmanipulierter Baumwolle kam vom Review Committee of Genetic Manipulation (RCGM) als Berater, in seinen Briefen vom 27. Juli 1998 und 5. August 1998 an Mahyco, mit der Erlaubnis zur Durchführung von multizentralen Versuchen mit transgener Baumwolle (Bacillus thuringiensis) - zuerst an 25 Standorten mit der Genehmigung vom 27. Juli 98 und dann für 15 Standorte mit der Genehmigung vom 5. August 98, das sind insgesamt 40 Standorte in 9 Bundesstaaten. Die Daten über die Aussaat, die von den einzelnen Bauern stammen, zeigen aber, dass die Pflanzen vor den Versuchsgenehmigungen im Juli 1998 ausgesät worden waren.

Die Feldversuche mit Bt-Baumwolle an diesen 40 Standorten in 9 Bundesstaaten sind total unwissenschaftlich und illegal. Die Genehmigung an Mahyco-Monsanto für die Versuche auf offenem Feld beziehen sich auf Organismen mit potentiellen ökologischen Risiken. Umweltrisiken dieser Kategorie müssen in Übereinstimmung mit den sogenannten "Richtlinien für die Herstellung, den Gebrauch, den Import, Export und die Lagerung von gefährlichen Mikroorganismen, genetisch manipulierten Organismen oder Zellen, 1989" im Rahmen der Klima(schutz)akte 1986 (im weiteren"Regeln" genannt) bewertet und reguliert werden.

Die Genehmigung für die Durchführung von multizentralen Feldversuchen wurde ohne Rücksicht auf die ökologische Wirkung auf Biodiversität, Umweltschutz, Gefahren für die Landwirtschaft und Gesundheitsrisiken für Menschen und Tiere erteilt.

Die besagte Genehmigung ist nicht nur unter Verletzung der Klauseln oben genannter Regeln erteilt worden, die klar und deutlich festlegen, dass eine solche Genehmigung nur durch das Genetic Engineering Approval Committee des Ministry of Environment and Forests (GEAC) erteilt werden kann, sondern sie verletzt auch die Richtlinien des Department of Biotechnology, die unter Wahrung dieser Regeln festgesetzt worden waren.

Sie stehen diesen Regeln entgegen und sind außerdem vollkommen ungeeignet für eine Handhabung der gegenwärtigen Gentechnologie, die zwingende Maßnahmen und Vorsichtsmaßnahmen bei solchen Versuchen verlangt. Die Genehmigung ist außerdem durch die neun betroffenen Bundesstaaten hinfällig gemacht worden, da diese vor der Erteilung einer solchen Genehmigung nicht konsultiert worden waren, da "Landwirtschaft" eine Staatsangelegenheit ist und ein solches Experimentieren direkte Auswirkungen auf die Landwirtschaft eines bestimmten Bundesstaates hat.

Tatsächlich waren die zwei Komitees, nämlich das State Biotechnology Coordination Committee (SBCC) und das District Level Committee (DLC) nicht vor Erteilung dieser Genehmigung informiert worden, obwohl diese Komitees für die Biosicherheit solcher gentechnischer Versuche sowohl im Staat als auch im einzelnen Distrikt zuständig sind.

Deshalb steht die erteilte Genehmigung im Gegensatz zu den Artikeln 14, 19 und 21 der Verfassung; sie widerspricht auch den Vorsorgemaßnahmen der Klima(schutz)akte von 1986 und den Regeln in Abschnitt 6, 8 und 25 der genannten Akte.

Im Mai 2000 suchte Mahycos brieflich um Genehmigung zur "Freigabe für groß angelegte Feldversuche und Produktion von hybridem Saatgut für die bodenständig entwickelten Bt-Baumwollhybriden" an. Im Juli 2000 macht das GEAC den Weg dafür frei.

Doch auch in der Folgezeit habe sich nichts zum Besseren gewandt:

"Neben ihrer Illegalität hat die von Monsanto eingeführte Bt-Baumwolle außerdem über drei Jahre hinweg kläglich versagt. Bt-Toxine sind eine Familie von verwandten Molekülen, die in der Natur von einem Bodenbakterium, Bacillus thuringiensis (Bt) produziert werden.

Bauern und Gärtner haben über mehr als 50 Jahre hinweg natürliches Bt als organisches Pestizid angewendet. Bt-Gene werden nun so in Pflanzen manipuliert, dass die Pflanze die meiste Zeit ihres Lebens Toxine produziert.

Bt-Pflanzen können nicht umweltfreundlich sein und drohen zudem, mit der Zeit ineffizienter zu werden, betont Shiva:

"Gentechnisch manipulierte Bt-Pflanzen werden als nachhaltige Schädlingsbekämpfungsmaßnahme angeboten. Die Bt-Pflanzen sind jedoch weder ökologisch noch umweltfreundlich. Sie sind nicht ökologisch, weil die internalisierte Toxinproduktion in Pflanzen keine schadstofffreie Strategie ist – sie macht vielmehr Schadstoffe zum Bestandteil der Pflanzen als dass sie äußerlich angewandt werden.

Die ökologischen Auswirkungen dieser Strategie der internalisierten Schadstoffe wurde nicht beachtet, obwohl Hinweise aufgetreten sind, dass genmanipuliertes Bt für nützliche Insekten, wie Bienen und Marienkäfer schädlich ist.

Die Bt-Pflanzen-Strategie ist keine nachhaltige Methode zur Schädlingsbekämpfung, weil Bt-Pflanzen laufend Toxine abgeben. Ein konstantes Aussetzen von Schädlingspopulationen an Bt fördert das Überleben individueller Schädlinge, die gegen das Toxin genetisch resistent sind. Margaret Mellon und Jane Rissler von der Union of Concerned Scientists konstatieren in ihrem Report "Now or Never" folgendes:

Über viele Generationen hinweg kann die Proportion resistenter Individuen in Schädlingspopulationen zunehmen, was die Effizienz des Bt-Toxins als Pestizid reduziert. Bt-Toxine werden ihre Wirkung sowohl für den Anwender als auch für die neuen transgenen Pflanzen verlieren und auch für die, die sich jahrzehntelang auf Bt-Spritzmittel verlassen haben.

Wissenschaftler schätzen, dass der weitverbreitete Einsatz von Bt-Nutzpflanzen schon in zwei bis fünf Jahren zum Verlust der Bt-Effizienz gegen gewisse Schädlingspopulationen führen könnte.1 [1]"

Geringe Erträge bei Bt-Baumwolle

Untersuchungsergebnisse deuten auf eine Reihe von Pannen rund um die Pflanze hin, die der Ausgangspunkt für eine "Gentechnik-Revolution" in Indien hätte werden sollen:

"Die Research Foundation for Science, Technology and Ecology (RFSTE) führte von Oktober bis November 2002 in den Bundesstaaten Maharashtra, Madhya Pradesh, Andhra Pradesh und Karnataka eine Studie durch, die zeigte, dass nicht nur Monsantos Baumwolle die Pflanzen nicht vor der amerikanischen Baumwollkapselraupe geschützt hat, es gab noch dazu einen Anstieg von 250 - 300 Prozent an Angriffen durch Nicht-Zielschädlinge wie Jassids (Leafhopper, Aphids (Blattläuse), Weiße Fliegen (Vaporariorum Trialeurodes) und Fransenflügler (Thysanoptera)). Zusätzlich wurden die Bt-Pflanzen Opfer von Pilzkrankheiten wie Wurzelfäule oder Fusarium (eine Gattung der Schimmelpilze).

Die Bt-Baumwollarten brachten sehr geringe Erträge. Die Faserlänge war so kurz, dass die Baumwolle auf dem entsprechenden Markt nur einen sehr geringen Preis erzielen konnte.

Der Misserfolg der Bt-Baumwolle veranlasste den Agrarminister von Andhra Pradesh, Mr. V.S. Rao, zu seiner Aussage: "Nach unseren Informationen haben die Bauern (mit Bt.-Baumwolle) keine sehr positiven und ermutigenden Ergebnisse erzielt". Die Staatsregierung gab auch bekannt, dass die Bauern nicht die ihnen versprochenen Erträge erhielten und dass die schlechte Qualität der Pflanzen einen niedrigeren Preis auf dem Markt erzielt hat.

Sogar der Geschäftsführer für Landwirtschaft, Mehboobnagar, aus Andhra Pradesh, berichtete in einem Brief über die Umsetzung von Bt.-Baumwolle im Mahaboobnagar Distrikt an den Beauftragten und Leiter für Landwirtschaft in Andhra Pradesh, dass die Bt.-Baumwolle in seinem Bezirk aus folgenden Gründen versagt habe:

1.   Austrocknen und flächenweise keine Kapselbildung;
2.   verminderte Kapselbildung;
3.   kleine Kapseln;
4.   sehr kurze Faserlänge;
5.   sehr geringe Resistenz gegen die Baumwollkapselraupe, erfordert 2- bis 3-maliges Spritzen zur Bekämpfung der Baumwollkapselraupe;
6.   nicht widerstandsfähig bei Durststrecken;
7.   geringe Erträge (nur 2-3 Doppelzentner für MECH 162);
8.   geringer Marktwert;
9.   Kosten-Nutzen-Verhältnis nicht gleich Non-Bt.-Baumwolle;

Der Geschäftsführer für Landwirtschaft von Andhra Pradesh, Mr. M. Laxman Rao, hat hinsichtlich der Erfahrungen der Bauern mit Bt.-Baumwolle in Andhra konstatiert: "Das Saatgut brachte nicht das versprochene Ergebnis. Es hat sowohl bei den guten Erträgen als auch bei der Schädlingsbekämpfung versagt."

Andere leitende Assistenten des Departments beobachteten ein höheres Schädlingsaufkommen im Bollgard-Saatgut als bei anderen Sorten. Einer von ihnen kommentierte es so: "Der lautstarken Propaganda Monsantos zufolge, sollte das Bt-Saatgut sehr resistent sein, in Wahrheit ist aber das Gegenteil der Fall."

Im Jahr 2004 beobachtete das Research Foundation-Team wiederum einen Misserfolg der Bt-Baumwolle. Mein Kollege Afsar Jafri berichtet:
Mr. Chinapen, der Sohn von Mr. Iyaswami Gounder aus dem Dorf Greynagar in Chinna Veera Sangli tehsil of Erode hat am 18. August 2004 die RCH-2-Sorte von Bt-Baumwolle zum ersten Mal auf einem Joch seines am besten bewässerten Landes angebaut und als ich seine Bt-Baumwollfelder am 24. November 2004 besuchte, war dies genau 100 Tage nach der Aussaat.
Bis zu diesem Tag hatte er noch nicht einmal einen Kilogramm Baumwolle von

seinen gentechnisch veränderten Pflanzen gepflückt, obwohl die Pflanzen genügend Regenwasser und auch viermal eine natürliche Beregnung erhalten hatten. Die Bt-Pflanzen waren in einem welken Zustand und auch ein Abfallen der Kapseln konnte auf diesem Feld festgestellt werden, während diese Tendenz bei den restlichen, an den Rändern angebauten Nicht-Bt-Pflanzen nicht festgestellt werden konnte.

Es gab hier im Durchschnitt 15 bis 20 Kapseln auf jeder Pflanze und die Lage war ähnlich derjenigen, die ich auf dem Bt-Baumwollfeld in Andhra Pradesh gesehen hatte. Die Ausgaben des Bauern für ein Joch Bt-Baumwolle waren wie folgt:

Saatgut (RCH-2) 450 Gramm Bt & 120 Gramm Non Bt.	Rs. 1.605
Grate ziehen für die Aussaat	Rs. 600
Säen	Rs. 300
Jäten	Rs. 1.400
6 Traktoranhängerladungen Mist vom Bauernhof	Rs. 2.400
Pflanzenschutz	Rs. 510
Gesamtausgaben bis 28. Nov 04 auf einem Joch	**Rs. 6.815**

Nach der Anzahl der Kapseln auf jeder Pflanze lässt sich abschätzen, dass der größtmögliche Ertrag an Bt-Baumwolle vier Doppelzentner beträgt.
Wenn wir die Ausgaben für das Pflücken mit zwei Rupien per kg hinzurechnen, sowie den Transport und die Marktausschussabgaben, belaufen sich die Ausgaben auf 8.500 Rupien für ein Joch Bt-Baumwolle.

Der Preis für Baumwolle liegt in dieser Region bei ca. 2.000 Rupien per Doppelzentner, was bedeutet, dass der Bauer bei dieser Berechnung einen Verlust von bis zu 1.500 Rupien mit Bt erleiden würde. Dabei sind in dieser Rechnung seine eigene Arbeit und die Wasserkosten noch gar nicht enthalten. In diesem Jahr ist es generell nur zu einem geringen Befall mit der amerikanischen Baumwollkapselraupe gekommen und es war schwierig, die Effektivität von Bt bezüglich Schädlingsresistenz abzuschätzen.

Im Vergleich zu der von Mr. Chinaypen gepflanzten Bt-Baumwolle hat ein Bauer aus dem benachbarten Dorf, Mr. Balasubramanium, Sohn des Mr. Namchimatu Gounder aus Mylampalam während derselben Zeit auf einem halben Joch seines beregneten Feldes normale LRA–5166 Baumwolle gepflanzt.

Aufgrund des basischen Charakters seines Bodens war das Wachstum der Baumwolle nicht sehr gut und er hatte sich auch nicht besonders um seine Baumwollpflanzen gekümmert. Seine Gesamtausgaben beliefen sich bis 28.

Nov 04 wie folgt:

Saatgut (LRH-5166) 2 kg.	*Rs. 120*
Grate ziehen für die Aussaat	*Rs. 200*
Säen	*Rs. 060*
Jäten	*Rs. 200*
Gesamtausgaben bis 28. Nov 04 für ein Joch	**Rs. 580**

Die Bauern erwarten sich einen Ertrag von drei Doppelzentnern pro halbem Joch, was Ausgaben von ca.600 Rupien für das Pflücken bedeuten würde. Damit würden sich die Gesamtausgaben bis zu 1.800 Rupien für ein halbes Joch ergeben. Der Marktpreis für LRA-5166-Baumwolle beträgt ca. 1.600 Rupien per Doppelzentner.

Trotz des geringen Ertrages und des niederen Marktpreises kann er mit einem Profit von 3.000 Rupien pro halbem Joch rechnen. Bei einem vollen Joch hätte der Bauer einen Gewinn von 6.000 Rupien erzielt, und damit wesentlich mehr, als mit der Bt-Baumwolle. Mr.Chinaypen hatte ursprünglich vorgehabt, Bt-Baumwolle auf seinem Feld anzubauen, beschloss dann aber vorerst das Geschehen auf den Feldern seiner Nachbarn zu beobachten. Heute ist er ein glücklicher Mann, weil er sich selbst vor einem Desaster bewahrt hat."

Wie wissenschaftliche Untersuchungen aussehen können, schildert Shiva in folgendem Beispiel:

"Trotz wiederholter Fehlschläge bezeichnet Monsanto die gentechnisch veränderten Pflanzen in Indien als ein Wunder. Martin Qaim von der Bonner Universität und David Zilberman von der University of California at Berkeley, die zu Zeiten des kommerziellen Anbaus keine Äcker besucht hatten, veröffentlichten ein Papier im "Science"(Anm.: Wissenschaftsmagazin), in dem sie behaupten, dass die Erfahrungen mit Bt-Baumwolle in Indien positiv wären und die Erträge um 80 Prozent gestiegen seien. Qaim und Ziberman haben von Mahyco-Monsanto beigestellte Daten verwendet, anstatt eigene Bewertungen vorzunehmen. Die Wissenschaft wird auf Informationen "durch das Unternehmen, vom Unternehmen und für das Unternehmen" reduziert. Ohne Freiheit und Unabhängigkeit gibt es keine Wissenschaft, sondern nur PR und Propaganda."

Internationale Erfahrungen mit der Gentechnologie

"Als die meisten Länder der Welt im Jahr 1992 die Unterzeichnung der Convention on Biological Diversity (CBD, = Übereinkommen über die biologische Vielfalt) unterzeichneten, beschlossen sie laut Artikel 19.3 der Vereinbarung auch die Erstellung eines Protokolls über Biosicherheit.
Ich war Mitglied der von der UNEP aufgestellten Expertengruppe zur Ausarbei-

tung der Rahmenbedingungen. Zehn Jahre lang versuchte die Biotechnikindustrie das Protokoll auszubooten. Trotzdem führten die mit der Gentechnik verbundenen Risiken zur Aufnahme des UNEP Cartagena Protocol on Biosafety in die CBD.

Sowohl die CBD als auch das Cartagena Protokoll basieren auf einer strengen Interpretation des Vorsorgeprinzips. Mitgliedsstaaten dürfen den Import von gentechnisch verändertem Saatgut auch ohne umfangreiche wissenschaftliche Rechfertigung verbieten, wenn sie dies als Bedrohung für die Umwelt erachten.

Am 13. Mai 2003 haben die USA zusammen mit Kanada und Argentinien den vorübergehenden Stopp Europas für gentechnisch veränderte Pflanzen und Nahrung angefochten. Dass man diesen Fall vor die WTO bringt, ist eine weitere Ausrede für die Attacke auf eine vorsichtige Umgangsweise der internationalen Gesetzgebung.

Hinsichtlich der Verpflichtungen von Importeuren beachten die neuen EU-Regelungen die internationalen Handelsabkommen der EU und die Anforderungen des Cartagena Protokolls über Biosicherheit. Das Regelungssystem der EU für die Zulassung von GVO läuft konform mit den Prüfbelangen der WTO.

Um die Befangenheit im Streit der WTO und der USA hervorzuheben, haben wir einen globalen Aufruf an die Bürger gegen GVO ins Leben gerufen, der einerseits die öffentliche Meinung mobilisiert und andererseits Bürgerinitiativen zum GVO-Disput in der WTO erleichtert.

Während die Biotechnikindustrie nationale und internationale Agenturen zur Verbreitung der GVO manipuliert, organisieren die Bürger GVO-freie Zonen.
Die Zahl der Regionen in der EU, die den Anbau gentechnisch veränderter Pflanzen verbieten wollen, ist ständig im Wachsen. In zumindest 22 europäischen Ländern wurden Initiativen gestartet. In Frankreich sind über 1000 Bürgermeister von Städten für GVO-freie Zonen und in Großbritannien haben mehr als 44 Regionen um speziellen Schutz ihrer Gebiete angesucht. In Italien haben sich auch mehr als 500 Städte gegen den Einsatz von GVO in der Landwirtschaft ausgesprochen.

Die weltweite Bilanz der Geschichte der Gentechnik in der Landwirtschaft fällt für Shiva eindeutig aus: "Nach zwei Jahrzehnten falscher Propaganda, Manipulation von Wissenschaft und Politik, hat die Gentechnik nicht mehr viel aufzuweisen", sagt sie und bringt dafür einige Beispiele:

- *"Vier Nutzpflanzen stehen für 95 Prozent aller genmanipulierten Nutzpflanzen und zwar Sojabohnen, Mais, Baumwolle und Canola. Fünf Länder – USA, Argentinien, Kanada, Brasilien, China stehen für 99 Prozent (Anm.: nach den neuesten Statistiken kommt Paraguay noch dazu) des gesamten GVO-Anbaues.*

- *Nur zwei Eigenschaften sind in einem wesentlichen Ausmaß kommerzia-*

lisiert worden: Herbizid resistente und Bt.-Toxin-Pflanzen. Beide erhöhen die Toxinwerte in den Nahrungsmittelsystemen. Keine ist gut für die Umwelt oder die Gesundheit, für die Produzenten und die Konsumenten.

- *Nur eine Firma und zwar Monsanto steht für 95 Prozent der kommerziell angebauten GVO.*

Dies sind Zeichen einer Nahrungsmitteldiktatur. Freisein von GVO ist ein Ausdruck unseres Grundrechtes auf freie Nahrungsmittelwahl

Vandana Shiva Dr.

Die Trägerin des alternativen Nobelpreises und Indiens ökologisches Gewissen. Vandana Shiva engagiert sich für den Aufbau eines Netzwerkes lokaler indischer Umweltgruppen und gab eine internationale wissenschaftliche Karriere als Quantenphysikerin auf, um zu helfen: zum Beispiel den Bäuerinnen aus der Himalaja-Provinz Garwhal, die um den Erhalt der Wälder ihrer Heimat kämpfen.

Für ihre Arbeit mit nationalen und internationalen Umweltorganisationen erhielt Vandana Shiva 1993 den alternativen Nobelpreis der „Right Livelihood"-Stiftung - ein Preis, der seit 1980 vergeben wird.

Vandana Shiva kam in der nordindischen Stadt Dehra Dun am Fuß des Himalaja zur Welt. Dort ist sie heute Direktorin des Forschungsinstituts für Wissenschaft, Technologie und Rohstoffpolitik.

„Der Schutz des Saatguts wurde buchstäblich zu meiner Leidenschaft", sagt die Öko-Feministin, die ihren Kampf mit dem Mahatma Gandhis vergleicht, dem es in den 30er Jahren gelang, die britische Monopolisierung der indischen Textilindustrie zu unterlaufen.

1[1] Fred Gould & Bruce Tabashnik "Bt. Cotton Resistance Management" in Mellon and Rissler "Now or Never", UCS 1998.

10. WIRTSCHAFTLICHKEIT

10.1. Auf Dauer unwirtschaftlich
KLAUS FAISSNER

Ein Hauptargument der Gentechniklobby für den Einsatz ihres Saatgutes ist die Wirtschaftlichkeit von GVO. Tatsächlich sind viele Landwirte in den USA, Kanada oder Argentinien der kurzfristig möglichen billigeren Bewirtschaftungsweise von "Gentechnikfeldern" erlegen – fallen doch etwa bei den herbizidresistenten Pflanzen arbeitsintensive mechanische Arbeitsgänge weg und kann ein einziges Total-Unkrautvernichtungsmittel nach Belieben eingesetzt werden.
Dennoch geben mehr und mehr Untersuchungen berechtigten Anlass, um an der langfristigen Wirtschaftlichkeit grob zu zweifeln. Vor allem zwei Studien des amerikanischen Agrarexperten Charles Benbrook lassen die gebetsmühlenartig wiederholte Aussage eines generell deutlich verminderten Spritzmittelbedarfes bei genmanipulierten Pflanzen als kaum noch haltbar erscheinen.

In der ersten, im Oktober 2004 erschienenen Studie [1], wertete Benbrook die offiziellen statistischen Daten des US-Landwirtschaftsministeriums über den Pestizideinsatz bei Soja, Mais und Baumwolle für die US-Organisation BioTech InfoNet aus. Dabei verglich er den Spritzmitteleinsatz auf Feldern mit Gentechnikpflanzen mit Feldern, auf denen konventionelle, gentechnikfreie Pflanzen angebaut wurden. Die zweite Arbeit, die im Auftrag von Greenpeace im Jänner 2005 publiziert wurde, befasst sich mit den Folgen des Gensoja-Anbaus in Argentinien.

Benbrook dokumentiert, dass von 1996 bis 1998, in den ersten drei Jahren des kommerziellen GVO-Anbaus in den USA, die Menge der eingesetzten Pestizide tatsächlich um insgesamt mehr als 9.000 Tonnen zurückgegangen war. Doch im Jahr 1999 wurden auf den "Gentechnik-Äckern" erstmals mehr Pestizide verwendet als auf den gentechnikfreien - und dieser Wert stieg ab dem Jahr 2001 rasant an: Verursachte der Anbau von GVO 1999 noch einen Pestizid-Mehrverbrauch von knapp 1.000 Tonnen, so waren es 2001 bereits mehr als 9.000 Tonnen und 2004 24.000 Tonnen – wobei es sich bei dem Wert von 2004 um eine (eher niedrig angenommene) Schätzung handelte.
Zwischen 1996 und 2004 wurden um 55.000 Tonnen mehr Pestizide eingesetzt als wenn es keinen Gentechnik-Anbau gegeben hätte. Zum Vergleich: In Deutschland werden jedes Jahr rund 30.000 Tonnen Pestizide verspritzt.

Superunkräuter = hoher Spritzmitteleinsatz

Als Hauptgrund für den enorm angestiegenen Gifteinsatz auf Gentechnikfeldern nennt Benbrook das Aufkommen von Superunkräutern. Unterschiede gab es jedoch beim Ausbringen von Herbiziden (Unkrautvernichtungsmitteln) und Insektiziden (Schädlingsbekämpfungsmitteln): Während der Herbizideinsatz zwischen 1996 und 2004 um 62.000 Tonnen höher war als bei vergleichbaren konventionellen

Feldern, ging der Insektizideinsatz in dieser Periode um 7.000 Tonnen zurück. Bt-Pflanzen wurden ja gentechnisch so verändert, dass sie das Insektengift gegen die Schädlinge selbst produzieren können. Das in den Pflanzen selbst enthaltene Gift ging aber nicht in die Berechnungen ein.

Beim Mais lag 2004 der (geschätzte) Pestizideinsatz auf Gentechnikfeldern um 2,9 Prozent höher, bei Baumwolle um 12,6 Prozent und bei Sojabohnen, wo nur herbizidresistente und keine Bt-Genpflanzen zum Einsatz kommen, um 42 Prozent.

Gensoja war auch das Thema der zweiten Benbrook-Studie [2]. Darin geht er genau auf die Wirtschaftsprobleme Argentiniens ein, zeigt die Exportabhängigkeit von Gensoja auf und die damit zusammenhängenden Rückgänge in der sonstigen Nahrungsmittelproduktion: Während die Arbeitslosigkeit zwischen 1996 – dem Beginn des kommerziellen Gensoja-Anbaus – und 2004 konstant um die 20 Prozent pendelte, stieg die Zahl der hungernden Menschen von rund sieben auf 25 Prozent und die Zahl der unter der Armutsgrenze lebenden verdoppelte sich von gut 25 auf über 50 Prozent.

Laut nationalen Statistiken sanken zwischen 1997/1998 und 2001/2002 die Ernteerträge von Erdäpfel von 3,4 auf 2,1 Mio. Tonnen, grünen Bohnen von 35.000 auf 11.200 und Linsen von 9.000 auf 1.800 Tonnen. Auch die Erzeugung tierischer Produkte ging merklich zurück, wie sich anhand der beispielhaften Darstellung der Jahre 1999 und 2002 zeigt: Milch von zehn auf acht Mrd. Liter, Eier von 5,7 auf 4,6 Mrd. Stück, Rindfleisch von 12,8 Mio. (1997) auf 11,3 Mio. Tiere, Schweinefleisch von 214.583 auf 165.292 Tonnen, und Puten von 940.246 auf 699.440 Tonnen. Dafür verdoppelte sich zwischen 1996 und 2004 die Anbaufläche von Soja von 6,7 auf 14,2 Mrd. Hektar. Und auch in Argentinien zeigte das jahrelange Spritzen mit einem Hauptwirkstoff – nämlich Glyphosat – Wirkung: Der Verbrauch pro Hektar dieses Herbizides vergrößerte innerhalb von acht Jahren um 58 Prozent.

Obwohl der Einsatz von Gentechnik in der Landwirtschaft in vielen Teilen der Welt auf Widerstand stieß und beispielsweise in Europa alles andere als eine Erfolgsgeschichte ist, verschlingt die Forschung der wenigen Chemie- und Saatgutkonzerne enorme Summen.
Erstmals gibt es aber auch offizielle Andeutungen von Verantwortlichen, dass diese Ausgaben zu groß werden könnten.

Syngenta: "Mit Gentechnik-Experimenten oft gescheitert"

So gab der Forschungschef des weltgrößten Agro-Chemiekonzerns Syngenta, David Lawrence, in der Ausgabe vom 29.11. 2004 der "Welt" den Stopp aller Feldversuche mit genveränderten Pflanzen und Saatgut-Sorten in Europa bekannt – als Grund gab er den Widerstand der Öffentlichkeit, hohe Genehmigungshürden und fehlende Märkte bekannt.
Besonders interessant sind aber folgende Aussagen bezüglich der Züchtung: Für sein Unternehmen habe sich aber erwiesen, dass klassische Methoden "ohnehin

häufig effektiver" seien als die Biotechnologie, zitiert "Die Welt" Lawrence. Der Forschungschef setzt fort: "Wir haben bei Saatgut und Pflanzenschutz schon viel mit der Gentechnik experimentiert und sind oft gescheitert."

Im Gegensatz dazu gebe es oft hervorragende Ergebnisse mit dem traditionellen Züchtungsansatz. In diesem Zusammenhang bezog er sich auf die handliche Wassermelone „Pure Heart". Die Syngenta-Züchtung ist nicht nur kleiner als die herkömmliche Melone, sondern hat auch eine dünnere Schale, ist kernlos und schmeckt am Rand genauso süß wie in der Mitte. Sie soll 2005 in Europa auf den Markt kommen, in den USA wird sie bereits verkauft.

Wohin die Landwirtschaft auch von der wirtschaftlichen Komponente aus betrachtet gehen soll, zeigt der Report des Independent Science Panel (ISP) [3] auf. Bei dieser 2003 erschienenen, von Mae-Wan Ho und Lim Li Ching verfassten Arbeit, beteiligten sich mehrere Dutzend unabhängige Wissenschaftler aus der ganzen Welt.

Das Resultat war "ein Plädoyer für eine gentechnikfreie zukunftsfähige Welt": "Eine Landwirtschaft ist zukunftsfähig, wenn sie ökologisch einwandfrei, ökonomisch tragbar, sozial gerecht, kulturell angemessen, menschlich ist und auf einem ganzheitlichen Ansatz basiert", heißt es hier. Als Beispiel wird die biologische Landwirtschaft genannt, wo synthetische Pestizide, Herbizide und Düngemittel weitgehend ausgeschlossen sind.

Vor allem sei es falsch, die geringeren Erträge ökologischer Landwirtschaften als Indiz für deren "Unwirtschaftlichkeit" einzustufen: Zum einen würden hier die Kosten für degradiertes Land, Wasser, Biodiversität infolge Monokulturen nicht berücksichtigt.
Zum anderen würden immer nur die Erträge einzelner Pflanzen angeschaut, andere Indikatoren der Zukunftsfähigkeit vernachlässigt. Außerdem sei hier die Produktivität pro Einheit Land, die oft durch eine vielfältige Mischung aus Pflanzen, Bäumen und Tieren resultiert, meist höher.

Eine vom Schweizer Bodenökologen Paul Mäder vom Forschungsinstitut für biologischen Landbau in Frick, Kanton Aargau, geleitete, im US-Wissenschaftsmagazin "Science" 2002 veröffentlichte Studie fand, dass bei der Öko-Landwirtschaft der Input von Düngemitteln und Energie um 34-53 Prozent und der Input von Pestiziden um 97 Prozent geringer waren.
Zeitgleich waren die mittleren Ertragsraten über 21 Jahre nur um 20 Prozent geringer. Kleine Bauernhöfe produzieren pro Einheit weit mehr als große Landwirtschaften, die zu Monokulturen tendieren. Die Bodenqualität stellte sich im Vergleich zu konventioneller Bewirtschaftung in jeder Hinsicht als weit besser heraus.

Nur ein fruchtbarer Boden mit einer Vielzahl an Mikroorganismen und Regenwürmern garantiert langfristig konstante, gute Erträge. Genau diese Bodenfruchtbarkeit wird durch den durch Gentechnik-Pflanzen bedingten enormen Spritzmitteleinsatz auf Dauer zerstört, von den möglichen negativen Auswirkungen der Gift-produzierende Bt-Pflanzen ganz zu schweigen.

Wenn die Gentechnik ins Land zieht verursacht sie eine Vielzahl von Kosten, die nur durch sie anfallen: Kosten der Trennung von "sauberer" und "verschmutzter" Ware, Analysekosten, Überwachungskosten, bei problematischer Ware enorme Rückhol-kosten, wie der Fall Star Link™ zeigt und bei noch nicht vorhersehbaren Gesund-heitsschäden Kosten im Gesundheitswesen – ganz davon abgesehen von der Frage, ob es sich ein Land wirklich leisten kann, den biologischen Landbau zu ruinieren – was natürlich auch mit enormen Kosten verbunden ist.

Dazu kommt, dass kein Versicherungsunternehmen die Risiken der Gentechnik ver-sichert. So erklärte Daniel Schanté, der Sprecher des Europäischen Versicherungs-verbandes (Comité Européen des Assurances - CEA) auf einer Bürger-Konferenz der EU-Kommission zum Thema "Risikowahrnehmung" am 4.12.2003 in Brüssel, dass die durch Gentechnik hervorgerufenen Schäden nach Art und Ausmaß nicht einschätzbar seien - egal ob es sich um Gesundheitsschäden oder die Schäden in Kulturen gentechnikfrei wirtschaftender Bauern handle.

---

[1] Die Studie "Genetically Engineered Crops and Pesticide Use in the United States: The First Nine Years" ist abrufbar unter: http://www.biotech-info.net/Full_version_first_nine.pdf

[2] Die Studie wurde von Greenpeace in Auftrag gegeben: http://www.greenpeace.org/multimedia/download/0/714177/0/Benbrook-StudieEngl

[3] Der von Mae-Wan Ho und Lim Li Ching verfasste Report ist abrufbar unter: http://www.keine-gentechnik.de/bibliothek/anbau/studien/isp_plaedoyer_gentechnikfreie_landwirtschaft_dt_030501.pdf

11. RISIKOFORSCHUNG

11.1. Ausgeblendete Risiken

WERNER MÜLLER, unabhängiger Risikoforscher, Wien
ALBERTA VELIMIROV, Verfasserin eines Gentechnik-Reports im Auftrag der "Bio-Austria"

Gentechnisch veränderte Pflanzen haben das Image, vor der Zulassung besonders umfangreich untersucht worden zu sein. Dieses Bild kommt nicht von ungefähr, wird die Öffentlichkeit doch immer wieder davon unterrichtet, dass es sich um die "bestgetesteten Nahrungsmittel der Welt" handelt. Doch bei näherem Hinsehen tun sich große Mängel in der offiziellen Risikoforschung auf.

Besonders erschütternd ist die Tatsache, dass es bis dato weltweit keine Langzeittests gibt, in denen mögliche gesundheitliche Auswirkungen der Verfütterung gentechnisch veränderter Futtermittel über ausgedehnte Zeiträume von über zwei Jahren - und damit auch auf Folgegenerationen – untersucht wurden. Ebenso unglaublich wie das Fehlen jeglicher Langzeittests ist die Tatsache, dass bisher so gut wie alle Untersuchungen für die Zulassung von gentechnisch veränderten Pflanzen von den Antragstellern selbst durchgeführt wurden.

Der Bock wurde somit zum Gärtner gemacht: Die Versuche stammen von den Gentechnikunternehmen Monsanto, Syngenta, Bayer, etc. selbst oder von Firmen, die von den Konzernen beauftragt wurden. Die Behörden überprüfen lediglich die Unterlagen auf Plausibilität und führen keine eigenen Studien durch. Von einer unabhängigen Prüfung kann somit keine Rede sein. Dazu kommt, dass viele Studien unter Verschluss bleiben.

Allein wegen des Fehlens von Langzeitversuchen handelt die für die europaweite Risikobewertung gentechnisch veränderter Futter- und Lebensmittel zuständige Europäische Behörde für Lebensmittelsicherheit (EFSA) gegen EU-Vorschriften: Gemäß der EU-Verordnung 178/2002 ist sie nämlich verpflichtet, Langzeitrisiken und Risiken auf zukünftige Generationen zu erfassen.

Stattdessen gilt als zentrales Entscheidungskriterium für die Marktzulassung von genmanipulierten Nahrungs- und Futtermitteln die "substanzielle Äquivalenz", was soviel bedeutet wie wesentliche Gleichwertigkeit. Ist diese nach Meinung der EFSA gegeben, wird der GVO als sicher eingestuft.

Zur Feststellung der Gleichwertigkeit dient die Analyse der für das jeweilige Lebensmittel charakteristischen Inhaltsstoffe (Eiweiße, Fette, Stärke) und eventuell enthaltener unerwünschter Komponenten, wie z.B. Allergene oder Toxine. Als Vergleichsbasis wird das entsprechende herkömmliche, nicht gentechnisch veränderte Lebensmittel herangezogen. Weicht keiner der gemessenen Inhaltsstoffe des "neuartigen" Nahrungsmittels wesentlich von seinem konventionell hergestellten Pendant ab, geht man davon aus, dass kein Sicherheitsrisiko für den Konsumenten besteht.

"Substanzielle Äquivalenz" alleine nutzlos

Dieses Konzept der substanziellen Äquivalenz wird von vielen Experten auch deshalb heftig kritisiert, da es einen breiten Spielraum für Interpretationen freilässt und nicht klar umrissen ist, auf welcher Grundlage die Äquivalenzfeststellung getroffen wird. Doch selbst bei der theoretischen Annahme einer optimalen Durchführung aller Untersuchungen kann die Feststellung der substanziellen Äquivalenz Fütterungsversuche nicht ersetzen, da Wechselwirkungen im organischen Verband ebensowenig berücksichtigt sind wie die Tatsache, dass bereits geringste Änderungen unerwartet tiefgreifende Effekte haben können, es zu einer möglichen Bildung neuer toxischer Verbindungen kommen kann und Lebensmittel mehr sind als die Summe aller Inhaltsstoffe.

Darüber hinaus werden noch Sequenzanalysen des eingeführten Proteins (wie zum Beispiel des Bt-Toxins) und Futterverwertungsstudien durchgeführt. Die Sinnhaftigkeit von Sequenzvergleichen zur Identifikation von allergenen oder toxischen Substanzen wurde bereits von Rudolf Valenta, Allergologe an der medizinischen Fakultät der Uni Wien, in Frage gestellt. Allergene Proteine unterscheiden sich von nichtallergenen Proteinen häufig nur um wenige Basenpaare. Der Nachweis fehlender Sequenzidentität mit bekannten Allergenen kann also nicht als Beleg für das Fehlen eines Allergiepotentials dienen.

Die nur wenige Tage oder Wochen dauernden Futterverwertungsstudien werden mit landwirtschaftlichen Nutztieren durchgeführt, wobei keine toxikologischen Parameter wie Gewichte der Organe, Blutbild, Gewebsveränderungen und anderes mehr untersucht werden. Bei diesen Studien werden Gewichtszunahmen der Tiere, Anteil des Muskelfleisches und andere landwirtschaftlich relevante Daten erhoben.

Im Grunde geht es darum, zu erkennen, ob das Futter aus transgenen Pflanzen das Leistungspotential der Nutztiere verringert, wodurch die Vermarktungschancen des Produktes geschmälert würden. Die Versuche sind von kurzer Dauer und ohne toxikologische Relevanz, wie auch die Antragsteller vermerken. Sie dienen als Nachweis der substantiellen Äquivalenz des gentechnischen Futtermittels mit einem konventionellen Futtermittel.

Zur weiteren Absicherung werden in letzter Zeit auch 90 Tage-Fütterungstests bei Ratten durchgeführt. Hier werden die Effekte der GVO-Variante einer Kontrollvariante sowie sechs weiterer Referenzvarianten auf Leber, Niere, Blut usw. miteinander verglichen.

Die Kritik an der Art der Überprüfung der Unterlagen richtet sich auf die falsche Methodenwahl, ein wissenschaftlich nicht sauberes Methodendesign sowie die kreative Form der Dateninterpretation.
 Mit einer chemischen Analyse kann man nur sagen, ob die Inhaltsstoffzusammensetzung im Groben stimmt oder nicht. Die toxikologische Sicherheit der Pflanze lässt sich damit nicht beweisen. Die durchgeführten 90 Tage-Tests bei Ratten sind subchronische Studien, mit denen Kurzzeiteffekte, jedoch keine Langzeitwirkungen

- wie z.B. Einflüsse auf das Immunsystem und das Potential, Krebs auszulösen - festgestellt werden können.

Bei Pflanzenschutzmittel sind zu dieser Abschätzung 720 Tage-Tests vorgesehen, doch diese werden bei GVO nicht durchgeführt. Aus Sicht des Tierschutzes sollte man auf Kurzzeit- und subchronische Studien verzichten und lediglich Langzeittests durchführen. Diese sollten bis zum natürlichen Ableben der Tiere durchgeführt werden (bei Ratten bis zu 4 Jahren).

Schon Kurzzeit-Untersuchungen zeigen Nachteile

Obwohl die Behörde für Lebensmittelsicherheit falsche Methoden in der Risikoabschätzung und Abschätzung von Langzeitrisiken durchführt, zeigen sich auch schon bei den – von den Gentechnikkonzernen vorgelegten - Kurzzeituntersuchungen, dass GVO anscheinend doch Nachteile für den tierischen und deshalb wahrscheinlich auch für den menschlichen Organismus haben.

So wurden in bisher allen Kurzzeituntersuchungen von GVO, bei 90 Tage-Tests, statistisch signifikante Abweichungen zwischen GVO und der Kontrollvariante gefunden. Diese Unterschiede werden von der Behörde großzügig toleriert und sind ihrer Meinung kein Anzeichen für ein Risiko.

Große Aufregung und kontroversielle Diskussionen löste beispielsweise ein Fütterungsversuch mit einer gentechnisch veränderten Maissorte aus, die ein Bt Toxin gegen den Maiswurzelbohrer enthält. Laborratten wurden 90 Tage lang mit einer Diät aus MON863-Mais, mit der "Elternlinie" – also die für die gentechnische Veränderung verwendete konventionelle Ausgangssorte - und 6 weiteren konventionellen Maissorten gefüttert. Bei den MON863-gefütterten Tieren wurden folgende Abweichungen festgestellt:
- Die Lymphozytenzahl (Zahl der weißen Blutkörperchen) war leicht erhöht.
- Die Zahl der Reticulozyten (junge rote Blutkörperchen) war bei den weiblichen Versuchsratten etwas kleiner.
- Die Nieren der männlichen Versuchsratten waren geringfügig leichter.
- Geringfügige Unterschiede in der Mineralisierung von Nierentubuli wurden festgestellt.
- Die Gehalte an Albumin und Globulin, im Blut vorkommende Proteine, waren leicht reduziert.

Die europäische Behörde für Lebensmittelsicherheit EFSA (European Food Safety Authority) sah in diesen zahlreichen Veränderungen kein Risiko und auch kein Anzeichen für ein potentielles Risiko und keine Notwendigkeit, einen Langzeittest durchzuführen.

Unabhängige Risikoforscher werden gekündigt

Eine unabhängige Risikoforschung, die nicht von den Firmen selbst durchgeführt wird, gibt es fast gar nicht. Die wenigen Wissenschaftler, die sich diesem Thema zugewandt haben und die Effekte gefunden haben, die ein Gesundheitsrisiko nahe legen oder vermuten lassen, haben bald nach der Veröffentlichung der Daten ihren Job verloren.

So geschehen mit Angelika Hilbeck, die Nebenwirkungen von Bt-Mais auf Florfliegenlarven gefunden hatte: ihr Vertrag wurde an der schweizerischen Forschungsanstalt nicht verlängert. Igancio Chapela hatte auch keine Chance auf Vertragsverlängerung an der Universität von Berkeley als er nachwies, dass traditionelle mexikanische Maissorten – trotz eines strikten Anbauverbotes von Genmais in Mexiko - mit Konstrukten von Genmais kontaminiert waren.

Am dramatischsten ist die Geschichte von Arpad Pusztai, der mit seinen Rattenfütterungsversuchen über Nacht zwar weltberühmt wurde, jedoch auch über Nacht seinen Job verlor. Pusztai fütterte Ratten mit Kartoffeln, denen ein Gen vom Schneeglöckchen (Galanthus nivalis) eingebaut wurde, das Lektin erzeugt (EWEN & PUSZTAI 1999). Dieses Lektin ist – im Gegensatz zu anderen Lektinen - für Ratten und Menschen grundsätzlich ungefährlich, was in vorhergehenden Untersuchungen mit Ratten bereits nachgewiesen werden konnte.

Je sechs Ratten wurden in drei Gruppen zehn Tage (!) lang mit rohen und gekochten Kartoffeln gefüttert: Eine Gruppe erhielt gentechnisch veränderte Kartoffeln, bei einer wurden nicht veränderte verfüttert und die dritte bekam nicht veränderte Kartoffeln, denen aber das Lektin beigemengt war.

Die mit GV Kartoffeln gefütterten Ratten zeigten Wandverdickungen im Dünndarm sowie signifikant längere Darmzotten und signifikant mehr intraepitheliale Lymphozyten. Intraepitheliale Lymphozyten sind im Darm gleichmäßig verteilt und kommen bei Darmschädigungen vermehrt vor. Die Darmwand war jedoch nicht vergrößert, wenn in der Versuchsdiät die gentechnikfreie Kartoffel mit dem Lektin nur gemischt war. Damit konnte das Lektin als Ursache für die krankhaften Veränderungen ausgeschlossen werden. Es wird vermutet, dass die Darmwandverdickung mit dem Promotor oder dem Plasmid aus Agrobaktium tumefaciens der genmanipulierten Kartoffeln zusammenhängt.
Diese Arbeit unterstreicht auch die Bedeutung von Fütterungsversuchen, bei denen das ganze gentechnisch veränderte Produkt geprüft wird und nicht nur das isolierte Protein (Toxin).

Pusztai wandte sich damals, im August 1998, über die Ergebnisse besorgt an die Öffentlichkeit und wurde zwei Tage später vom Rowett-Institut in Aberdeen nach 35 Jahren Dienst und 270 wissenschaftlichen Erstveröffentlichungen entlassen – und bis heute nicht rehabilitiert. So sehr die Versuchsanordnung Pusztais von der Gentechnik-Fachwelt – teilweise zurecht - auch kritisiert wurde, so sehr lässt sich nicht leugnen, dass die Verfütterung der gentechnisch veränderten Sorte zu den krankhaften Veränderungen führte.

Auch bei Roundup Ready® Sojabohnen fanden Wissenschaftler nach 120 Tagen

Fütterung unter anderem signifikante Veränderungen in den Pankreas-, Leber- und Sertolizellen der mit Gensoja gefütterten Mäuse. Die irreguläre Form und Verkleinerung der Leberzellkerne bei GV-Futter lässt auf höhere Zellkernaktivität schließen (MALATESTA et al. 2002; VECCHIO et al. 2004). Laut MALATESTA sind Zellkernmodifikationen auf Grund von veränderter Nahrungsaufnahme bekannt.

Bei Fütterungsversuchen mit der sogenannten Anti-Matsch Tomate (der Flavr-Savr-Tomate) starben 7 von 40 mit gentechnisch veränderten Tomaten gefütterten Laborratten innerhalb von 14 Tagen nach dem Versuch aus unspezifizierten Gründen, in den Vergleichsgruppen gab es in diesem Zeitraum keine Todesfälle. Abgesehen von den nicht geklärten Risiken entwickelte sich die Tomate zu allem anderen als zum Renner: Aufgrund geschmacklicher Schwächen wurde das Produkt wieder vom Markt genommen (LANG & HASLBERGER 1999).

Tiere sind schlauer

Eine interessante Frage ist, ob man auch dem instinktiven Fressverhalten von Tieren bei der Auswahl bzw. Verweigerung von GVO trauen kann. Abgesehen von Erzählungen und Beobachtungen, die bestätigen, dass sowohl Wildtiere (Mäuse, Waschbären, Rehe) als auch Haustiere (Schweine, Rinder) gentechnisch veränderte Futtermittel wie Bt-Mais oder gentechnisch veränderte Soja meiden (NOVOTNY 2002), gibt es erst zwei Futterwahlversuche mit kontrollierten Ergebnissen.

HOGENDOORN (2000) gab 30 jungen weiblichen Mäusen die Wahl zwischen GV-Soja und GV-Mais und den nicht gentechnisch veränderten biologisch angebauten entsprechenden Varianten. Die Ergebnisse von neun aufeinander folgenden Tagen ergaben eine signifikante Präferenz für die nicht gentechnisch veränderten Produkte (61% zu 31%). FOLMER et al (2002) stellten bei einem Futterwahlversuch mit Stieren eine Tendenz zu Gunsten von Nicht-gentechnisch-verändertem-Mais im Vergleich zu Bt-Mais fest (52,5% zu 47,5%).

Unbekannte Risikoqualität bei transgenen Pflanzen

Ergebnisse von Fütterungsversuchen mit Mäusen, Ratten lassen darauf schließen, dass fremde DNS-Fragmente in Zellen des Immunsystems integriert werden können. Weiters wurden sie noch mehrere Stunden lang in verschiedenen Organen nachgewiesen (SCHUBBERT et al.).

Man könnte berechtigterweise anmerken, dass Fremd-DNS immer schon mit der Nahrung aufgenommen wurde und sich fragen, wo hier das Problem ist. Ein Problem könnte sich ergeben, wenn freie synthetische microRNS mit unbekannter regulatorischer Funktion in den Organismus gelangt.

Es sind diesbezüglich noch keine Ergebnisse vorhanden, aber der Mensch hat den höchsten Anteil an nicht Eiweiß codierender DNS, die micro RNS produzieren, und viele wichtige Steuerungsfunktionen übernehmen. Eine Interaktion synthetische RNS aus den Pflanzen mit der micro RNS aus dem Menschen, könnte hier viele Regulationsabläufe stören. Auf Grund des Vorsichtsprinzips müssen alle vorstellbaren Risiken angedacht und mittels entsprechender wissenschaftlicher Methoden untersucht werden.

Auch ökologisches Risiko vernachlässigt

Es wäre zu erwarten gewesen, dass bei Freisetzungen gentechnisch veränderter Pflanzen ein wissenschaftliches Monitoring aller ökologischen Effekte durchgeführt worden wäre. Aber außer wirtschaftlich wichtiger Daten wie Ertrag und Absatz wurde nur in ein bis zwei Prozent der Fälle eine weitere Begleitforschung durchgeführt. Erst 2004 wurde die Firma Syngenta von dem Amtsgericht in Gießen zu einer Geldstrafe von 1.500 Euro (!!) verurteilt, da der Anbau von Bt 176-Mais in Mittelhessen 2000-2001 illegal war und nicht ordungsgemäß überwacht wurde.

Beim Anbau von gentechnisch veränderten Pflanzen wird der Boden zum Sammelbecken für gentechnisch veränderte Organismen, transgene DNS, Bt-Toxinen u.s.w.. Freie DNS-Stücke, die durch die Verrottung von GV-Pflanzenteilen in den Boden kommen und sich in den interstiziellen Bodenräumen sammeln, können von Viren, Bakteriophagen (Viren, die Bakterien befallen) und Bakterien aufgenommen und verbreitet werden. Ebenso können sie von den Darmbakterien der Bodentiere (z.B. Springschwänze) aufgenommen werden. Hier ist die Ausbreitung von Resistenzgenen, die einen ökologischen Vorteil verschaffen, möglich. Da man nur etwa 20 Prozent der Bodenbakterien überhaupt kennt und nur ein bis zwei im Labor kultivierbar und damit einer Beobachtung zugänglich sind, kann man bei 80 Prozent der Bakterien nicht abschätzen oder überprüfen, an wen und mit welcher Geschwindigkeit bedenkliche Erbgutinformationen weitergegeben werden.

Gentechnik und Biolandbau unvereinbar

An Hand verschiedener Beispiele aus dem Bereich der Gentechnologie konnte gezeigt werden, dass

- Gentechnik mit ökologischen Prinzipien nicht vereinbar ist, da keine Nachhaltigkeit gegeben ist.

- Der produktbezogene Qualitätsnachweis v.a. basierend auf Inhaltsstoffzusammensetzungen, in-vitro Tests und Akuttoxizitätstests nicht ausreicht, die Qualität gentechnisch veränderter Nahrungsmittel umfassend zu definieren bzw. eine bessere Qualität dieser Produkte nachzuweisen

- die derzeit angewandte Risikokontrolle mangelhaft und revidierungsbedürftig ist

- Prozessqualität, die Nahrungsmittel aus Biologischem Anbau definiert, überhaupt nicht in Betracht gezogen und daher die Qualität des Verfahrens an sich nicht berücksichtigt wird. Ein "case-to-case" Ansatz kommt für die biologische Landwirtschaft nicht in Frage, da es prinzipiell um die Unverträglichkeit der neuen Biotechnologiemethode mit biologischen, ethischen und sozialen Grundsätzen geht, auf denen die Biologische Landwirtschaft basiert.

- Obwohl das Bt-Toxin auch im Biolandbau verwendet wird, bestehen zwischen dem Bt-Präparat, das als organisches Insektizid zugelassen ist und dem Anbau von gentechnisch verändertem Bt-Mais, der dieses Insektizid selbst produziert, ganz grundlegende Unterschiede. In der Bt-Pflanze wird das Gift von einem veränderten Bt-ToxinGen - ein synthetisches Gen, das die Löslichkeit des Giftes fördert - unter der Einwirkung eines allgemein wirksamen und daher aggressiven Promotors aus dem Blumenkohlmosaikvirus u.U. in allen Pflanzenteilen erzeugt, wobei die Expression noch zusätzlich durch mitinserierte DNA-Teile (Introns) verstärkt wird. Die Anwendung von Bt-Protoxinmischungen im Bio-Landbau hingegen erfolgt gezielt über einen kurzen Zeitraum, wobei das UV-empfindliche Mittel innerhalb weniger Stunden abgebaut wird.

Es wird nicht bedacht, welchen Einfluss die gentechnische Veränderung auf die gesamte Pflanze hat, wenn sie gezwungen wird, über Fremdgene neue Proteine zu expremieren (erzeugen). Das trifft sowohl auf das Allergiepotential als auch auf mögliche Abwehrreaktionen zu.

Es konnte in Fütterungsversuchen nachgewiesen werden, dass selbst "chemisch gleiche" Produkte, bezogen auf Makro/Mikronährstoffe, signifikante Unterschiede in der Überlebensrate der Nachkommen sowie in der Futterpräferenz bewirkten. Dazu wird angemerkt, dass 95 Prozent aller auf diesem Gebiet arbeitender Wissenschaftler auf Seiten der Industrie und nur 5 Prozent unabhängig arbeiten (Zitat TERWJE TRAAVIK, TV-Sendung am 14.07.04, SWR). Das Fehlen von Risikoforschung darf nicht mit dem Fehlen von Risiken verwechselt werden.

Das am häufigsten zitierte "Pro-Argument", gentechnische Veränderung passiere auch in der Natur, ist nicht haltbar. Natürliche DNS entsteht über sehr lange Zeiträume im lebenden Organismus, gentechnisch veränderte DNS wird innerhalb kürzester Zeit im Labor synthetisiert, wobei zweckorientierte Genkombinationen ohne Rücksicht auf natürliche Barrieren (Reproduktion) konstruiert werden.

Die Warnungen der Gegner der Gentechnik in der Nahrungsmittelproduktion beziehen sich nicht auf akut auftretende Massenerkrankungen, es wird immer vor Langzeitwirkungen gewarnt. Epidemiologischen Studien zu Folge nehmen v.a. in Amerika ernährungs- und umweltbedingte Zivilisationskrankheiten zu, wobei aufgrund der mangelnden Kennzeichnung der anteilige Einfluss von gentechnisch veränderten Produkten nicht einmal erhoben werden kann!

99 Prozent aller gentechnisch veränderten Pflanzen sind designiert, um entweder Biozide zu tolerieren (75 Prozent) oder zu erzeugen (24 Prozent). Sie repräsentieren Werkzeuge der Agrarindustrie mit dem Ziel der Intensivierung und stehen somit im

Widerspruch zu einer nachhaltigen Nahrungsmittelproduktion

Werner Müller DI

geb. 1966.

1.1.1996 - 30.09.1998 wissenschaftlicher Mitarbeiter am Institut für Ökologischen Landbau (IfÖL) Universität für Bodenkultur, Wien (Schwerpunkt: Risikoabschätzung von GVO aus der Sicht des Ökologischen Landbaus) ab 01.01.1999 freiberuflich tätig

ab 01.09.2000 Sachverständiger für die Akkreditierung von Biokontrollstellen

Mitarbeit/Mitglied in Kommissionen und Arbeitsgruppen ab 1997 Mitglied der Österreichischen Gentechnikkommission und im "wissenschaftlichen Ausschuss für Freisetzungen der Gentechnikkommission" (ab 1999)

ab 1998 "Expert group on monitoring for insect resistance to Bt-toxins." EU Commission.

ab 1999 Expertenkommission Gentechnik des Landes Oberösterreich

ab 2003 Mitarbeiter bei GLOBAL 2000, Risikoforschung und Gentechnikexperte.

12. WISSENSCHAFT SPEZIAL

12.1. Agro-Gentechnik und unterbliebene Gesundheits-forschung: Ein Einblick in die Arbeitsweise der Wissenschaft

Terje Traavik, Wissenschaftlicher Direktor, GENOK-Norwegisches Institut für Gen-Ökologie, Professor für Gen-Ökologie, Medizinische Fakultät, Universität Tromsö, Norwegen

Jack Heinemann, Direktor, NZIGE-Neuseeländisches Institut für Gen-Ökologie Ass. Prof., Fakultät für biologische Wissenschaften, Canterbury Universität, Christchurch, Neuseeland *(wissenschaftliche Langfassung mit 11 Seiten und Literatur bei anton.moser@chello.at)*

Text: Terje Traavik und Jack Heinemann mit Professor Anton Moser

Überblick:

Bereits vor ca. 20 Jahren wurden entscheidende wissenschaftliche Fragen bezüglich der Auswirkungen von Gentechnik und GVO (gentechnisch veränderte bzw. genmanipulierte Organismen) auf die Gesundheit gestellt[1] .

Die meisten davon sind noch immer unbeantwortet oder nur unbefriedigend beantwortet. Wie Mayer und Stirling[2] es ausdrückten: "letztlich sind es oft diejenigen, die die Fragen aufstellen, auch diejenigen, die sie beantworten."

Die Zeit für eine neue wissenschaftliche Kultur mit Arbeitshypothesen nach dem Vorsorgeprinzip (PP)[3] ist gekommen, um andere, möglicherweise noch wichtigere Fragen bezüglich Sicherheit zu entdecken.

Die Basis des Artikels ist die "Gen-Ökologie", ein neues, transdisziplinäres, wissenschaftliches Gebiet, das ganzheitliches Wissen auf Basis des Vorsorgeprinzips erarbeitet[4] .

Die angesprochenen Prozesse können sowohl in einem Ökosystem im Großen als auch in den Ökosystemen von Säugetierorganismen stattfinden..

Dieser Artikel beschränkt sich hauptsächlich auf die mutmaßlichen Gesundheitsrisiken bezüglich genmanipulierter Pflanzen, die als Nahrungs- oder Futtermittel verwendet werden, mit einigen kurzen Bemerkungen zu Gentechnik-Impfstoffen u.a.m. Es werden auch die indirekten Bedrohungen für die Gesundheit durch soziale, kulturelle, ethische, wirtschaftliche und rechtliche Belange behandelt.

Die hypothetischen, bisher erkannten Risiken von genmanipulierter Nahrung fallen in einige wenige, aber breit gestreute Kategorien: sie gehören entweder zur zufälligen Integration von Transgenen in die Genome der Empfängerpflanzen, zur Frage direkter oder indirekter Auswirkungen auf das Polypeptid-Produkt des Transgens, oder den Umständen, die die Aufnahme und Einnistung von fremder DNS aus dem Magen-Darm-Trakt von Säugetieren fördern[5] .

Im Zusammenhang mit Gesundheit von Mensch und Tier sind zahlreiche

wissenschaftliche Bedenken aufgetreten. Im Folgenden werden einige davon näher behandelt. Es gibt auch exzellente, aktuelle Übersichtsartikel.[6]
Der Artikel behandelt 9 Fragen im Detail, um dann zu Schlussfolgerungen zu kommen.

1. Ist irgendeine Art von Gentechnik- Nahrungs-/Futtermitteln zum Konsum geeignet?

Für ein komplexes Material wie Nahrungs-/Futtermittel sind reduktionistische Vorgangsweisen wie das Testen einzelner Komponenten *in vitro* höchst unbefriedigend und können damit keine wichtigen Sicherheitsfragen klären.

Trotz des evidenten Bedarfs wurden jedoch nur sehr wenige Studien, die zur Erforschung mutmaßlicher Auswirkungen von Gentechnik-Nukleinsäuren oder Nahrungs-/Futtermittel auf potentielle tierische oder menschliche Konsumenten durchgeführt wurden, in Fach-Journalen veröffentlicht[7]. Allgemein ist man sich einig, dass die in einigen Studien beobachteten Auswirkungen[8] experimentell weiterverfolgt werden müssen, was bisher jedoch noch nicht geschehen ist.

Es gibt nur ganz wenige Studien über physiologische oder pathologische Auswirkungen und diese zeigen einen ziemlich Besorgnis erregenden Trend[9] :
i) von der Industrie durchgeführte Studien geben keinerlei Hinweise auf Probleme
ii) Studien von unabhängigen Forschungsgruppen decken im Gegensatz dazu aber oft Auswirkungen auf, die einen sofortigen Nachvollzug zur Kontrolle verdienen würden. Diese nötigen Nachfolgestudien wurden jedoch aus zweierlei Gründen nicht durchgeführt:
i) das Geld für unabhängige Forschung ist nicht zu bekommen
ii) die Gentechnik-Firmen stellen kein Gentechnik-Material für weitere Analysen zur Verfügung[10].

2. Wie vertrauenswürdig sind transgene DNS-Sequenzen, die von den Gentechnik Nahrungs- /Futtermittelproduzenten angegeben werden?

Neueste Studien zeigen, dass Gentransfer bei Gentechnik-Lebensmittel viel komplizierter abläuft als gedacht: die Natur des Gentransfers variiert stark, Rekombinationen u.ä.m. passieren!

Auch löst der exogene DNS-Transfer in Pflanzen "Wunden" aus, sodass Reparaturenzyme aktiviert werden, was zu einem Ausschalten oder Stilllegen der Fremdgene führt *("gene silencing")*.
All dies kann unvorhersehbare Auswirkungen auf die langzeitliche Gen-Stabilität der GVO haben, auch auf deren Nährwert, die Allergenität und eventuell enthaltene Giftstoffe.
Damit ist hier der Bereich unterbliebener Forschung hinsichtlich der gesundheitlichen Auswirkungen von GVO zu orten!

3. Werden transgene DNS und Proteine vom Magen-Darm-Trakt bei Säugetieren aufgenommen?

Wenn DNS und Proteine von GVO im Magen-Darm-Trakt von Säugetieren verbleiben und aufgenommen werden, könnte dies theoretisch zur Entwicklung chronischer Krankheiten führen. Die Folgen von DNS-Verbleib und Aufnahme sind allerdings weitgehend noch nicht erforscht und sind deshalb ein weiteres Gebiet offener Fragen in Bezug auf genmanipulierte Pflanzen.

Generell wird von den Gentechnik-Firmen behauptet, dass DNS und Proteine in den Magen-Darm-Trakten von Säugetieren wirkungsvoll abgebaut werden. Dies basierte auf Vermutungen, die unglaublicherweise niemals systematisch überprüft worden sind[11] !

Eine beschränkte Anzahl neuerer Publikationen haben gezeigt, dass fremde DNS und auch Proteine ihrem Abbau entgehen können, im Magen-Darm-Trakt verbleiben und sogar von den Eingeweiden aufgenommen und mit dem Blut in biologisch bedeutsamen Versionen zu inneren Organen transportiert werden können (lit.17 im Artikel).

Diese Ergebnisse sollten eigentlich nicht sonderlich überraschen, haben doch Artikel aus den Jahren um 1990 deutlich darauf hingewiesen, dass dies ein Bereich unterbliebener Forschung ist[12]. Der Fall der bitteren Erfahrungen des Bauern Glöckner in Hessen beweist diesen Tatbestand (s. Artikel Glöckner).

Kurz zusammengefasst bedeutet dies im Fall von mit Nahrung aufgenommener DNS:

1. DNS findet sich in Fäkalien, in Darmwänden, in peripheren weißen Blutkörperchen, in der Leber, der Milz und den Nieren und im Empfängergenom integriert

2. Werden trächtige Tiere mit fremder DNS gefüttert, findet man Fragmente davon in kleinen Zellverbänden in Föten und Neugeborenen

3. Der Zustand des Magen-Darm-Trakt-Inhaltes und die Zusammensetzung der Nahrung können den DNS-Verbleib und die Aufnahme beeinflussen. Komplexbildungen von DNS mit Proteinen oder anderen Makromolekülen können gegen den Abbau schützen.

Bislang haben nur zwei veröffentlichte Berichte die Folgen von fremder/transgener DNS im Menschen untersucht (lit.19 im Artikel). Die Folgen von DNS-Verbleib und Aufnahme repräsentieren also noch immer einen Bereich unterbliebener Forschung.

Hochgerechnet aus einer Anzahl von Experimenten mit Zellkulturen von Säugetieren und mit Versuchstieren ist es denkbar, dass in einigen Fällen die Einbringung von fremder DNS zu Veränderungen in den Methylierungs- und Transkriptionsmustern des Empfängerzellgenoms führen kann, was dann unvorhersehbare Folgen bei Gen-Ausdruck und den Produkten ergibt.

Außerdem können schon kleine Einlagerungen einen sogenannten

"Destabilisations-Prozess" ergeben, an dessen Ende bösartige Krebszellen stehen könnten (lit. 20 im Artikel).

4. Verändert sich der Proteingehalt von Gentechnik-Nahrung auf unvorhersagbare Weise?

Transgene Pflanzengene können Giftstoffe, Anti-Nährstoffe, allergene und vermutlich auch karzinogene oder co-karzinogene Substanzen zunehmen lassen. Detaillierte Studien dieser Phänomene sind nicht vorhanden, es ist also ein weiteres Gebiet unterbliebener Forschung.

5. Können Allergien durch Gentechnik-Nahrungs-/Futtermittel verursacht werden?

Eine der Hauptgesundheitsfragen bezüglich genmanipulierter Pflanzen ist die, ob das transgene Produkt selbst, z.B. ein Bt-Toxin (Bacillus thuringiensis) zu Allergie auslösenden Verbindungen führen könnte. Allergietests werden normalerweise mit bakteriell und nicht in planta-produzierten Varianten des transgenen Proteins durchgeführt. Glycosylation findet aber nur in Pflanzen statt und nicht in Bakterien, also würden Tests zu keiner Aussage führen. Allergieauslösende Eigenschaften von Proteinen können durch Glycosylation aber beeinflusst werden. Es können auch andere Proteinmodifikationen stattfinden, was transgene Produkte unvorhersehbar macht[13].

6. Problem: Bt-Toxine in Bt-transgenen genmanipulierten Pflanzen

Es ist von vornherein sehr wichtig zu wissen, dass die in genmanipulierten Pflanzen ausgedrückten Bt-Toxine niemals sorgfältig analysiert worden sind und daher ihre Eigenschaften nicht bekannt sind. Es sollte aber von Anfang an klar sein, dass sie sich erheblich von den bakteriellen Bacillus thuringiensis Protoxinen, die seit Jahrzehnten in der organischen und traditionellen Land- und Forstwirtschaft verwendet werden, unterscheiden (lit. 28 des Artikels).
Bei Extrapolation zeigen diese eine Anzahl potentieller ungewollter biologischer Charakteristika der Löslichkeit des Proteins unter natürlichen Bedingungen und Auswirkungen auf Zellen von Insekten und Säugetieren bis zur Ablagerung und ungeplanten Folgen in der Natur (lit. 29 des Artikels). In den letzten Jahren ist in der Literatur eine Anzahl von Beobachtungen erschienen, die man als "frühe Warnung" vor potentiellen Gesundheits- und Umweltrisiken bezeichnen kann (lit. 30 im Artikel). Es gibt aber kaum ausgedehnte Studien.

7. Problem: Transgene, Glyphosat-tolerante genmanipulierte Pflanzen (z.B. "Roundup Ready")

Diese genmanipulierten Pflanzen haben ein eingesetztes Transgen (cp4 epsps), das nach einem Enzym kodiert ist, welches Herbizid-Glyphosphat abbaut. Die Idee dahinter ist natürlich die kombinierte Anwendung von genmanipulierten Pflanzen und Herbizid.

Neuere Studien zeigen, dass in einigen Fällen solche genmanipulierten Pflanzen einen höheren Einsatz von Glyphosphat verlangen als die konventionellen Gegenstücke (lit.31 des Artikels). Nur eine geringe Anzahl experimenteller Studien widmete sich den Auswirkungen der genmanipulierten Pflanzen oder der Herbizide selbst auf Gesundheit und Umwelt. Einige davon können als "Frühwarnung" bezeichnet werden und ihre Ergebnisse sollten so rasch wie möglich untersucht bzw. bestätigt und erweitert werden (lit.32 im Artikel).

Daraus folgt: es handelt sich um ein weiteres Gebiet verabsäumter Forschung.

8. Ist der Blumenkohl-Mosaik-Virus-Promotor in Säugetierzellen inaktiv?

Das Blumenkohl Mosaik Virus (Cauliflower Mosaic Virus = CaMV) ist ein DNS-enthaltendes Para-Retrovirus, das sich durch reverse Transkription repliziert (Poogin et al., 2001). Einer der Viruspromotoren namens 35S ist ein allgemeiner, starker Pflanzenpromotor. Er wurde eingesetzt, um die Expression der Transgene in den meisten bislang kommerzialisierten GVO zu sichern. Befürworter der Industrie haben 35S bedingungslos als exklusiven Pflanzenpromotor gefordert, kann also nicht einmal theoretisch eine Nahrungs-/Futtermittelsicherheit darstellen. Trotzdem hat sich keine veröffentlichte Studie damit *in vivo* befasst; ergo: dies ist ein klarer Bereich verabsäumter Forschung!

9. Ist der Einsatz von Antibiotika resistenten Marker-Genen ein Gesundheitsrisiko?

Das Antibiotikum Kanamycin wird in der Pflanzengenmanipulation oft als selektiver Marker eingesetzt, unter anderem in genmanipulierter Rapsölsaat (z.B. MS1Bn x RF1Bn und Topas 19/2.

Ein selektiver Marker ist ein Gen, das in eine Zelle oder einen Organismus eingebaut wird, damit die modifizierte Form wahlweise erweitert werden kann, während nichtmodifizierte Organismen eliminiert werden. Trotzdem viele Gentechniker glauben, dass Kanamycin nicht mehr in der Medizin eingesetzt wird, ist das Gegenteil aber der Fall! In der Gentechnik für Nutzpflanzen wird der selektive Marker in den Labors zur Identifizierung von Zellen oder Embryos eingesetzt, die die genetischen Modifikationen in sich tragen, die der Techniker kommerzialisieren möchte.

Das Auswahlgen wird im Labor nur einmal kurz verwendet, danach aber trägt die genmanipulierte Pflanze das ungebrauchte Marker-Gen in jeder einzelnen Zelle.

Schlussfolgerungen: Wohin gehen wir?

Es wurde eine Handvoll ausgewählter, unbeantworteter Risiken angesprochen, die die erste Generation transgener genmanipulierter Pflanzen betrifft. Es gibt noch viele weitere Risikofragen z.B.: horizontaler Gentransfers (HGentechnik), neue Generation multi-transgener GVO für pharmazeutisch-industrielle Zwecke, Sicherheitsfragen bezüglich genmanipulierten Impfstoffen, Vorstöße der neuen Nano-Biotechnologien, Applikationen von small inhibitory si-RNS für diverse medizinische Zwecke.

Weiters gibt es noch die bislang nicht gestellten Fragen und das Problem, ob brauchbare Methoden die vermuteten Risiken überhaupt erkennen können, sobald sie Realität werden.

Neuere Publikationen haben gezeigt, dass gegenwärtige Sampling- und Erkennungsmethoden beim Aufspüren von Gentechnik-Stoffen in Nahrungs- und Futtermitteln scheitern können. Auch, dass HGentechnik-Events, die eventuell ernste Konsequenzen für die allgemeine Gesundheit mit sich führen, nicht rechtzeitig zum Einsatz von Vorsorgemaßnahmen erkannt werden können. Und, dass die si-RNS-Techniken nicht so "chirurgisch zielorientiert" sind, wie anfangs vermutet.

Wir bleiben mit einer großen Anzahl unbeantworteter Fragen bezüglich Risikofällen zurück, die sich zu einem weiten Bereich unterbliebener Forschung summieren, und dies fällt zeitlich mit der starken Tendenz zur unternehmerischen Übernahme von öffentlich finanzierten Forschungsinstitutionen und Wissenschaftlern zusammen[14].

Als Bürger und Professionelle müssen wir zusammen die gegenwärtige Lage umkehren:
1. Öffentlich finanzierte, unabhängige Zuwendungen für die Forschung müssen zum heißen politischen Thema werden. Das wäre das wirksamste Mittel gegen ungeklärte offene Fragen und die unternehmerische Übernahme der Wissenschaft. Man kann hoffen, dass nicht noch einmal 20 Jahre vergehen!
2. Und als Abschluss zitieren wir Mayer und Stirling[15]: "Die Entscheidung über die zu stellenden Fragen und notwendigen Gegenüberstellungen muss ein allumfassender Prozess in der Gesellschaft sein und nicht die allein innerhalb von Experten und/ oder Politik."
3. Aber dann erhebt sich wieder die Frage: "Wem soll die Gesellschaft hinsichtlich Antworten und Ratschlägen vertrauen, wenn die Zeit kommt, in der das gesamte wissenschaftliche Personal direkt oder indirekt für die GVO-Produzenten arbeitet"?
4. Das Vorsorgeprinzip 16 wird demnach der zentrale Punkt: Vorsorge heisst aber nicht, den Anbau von genmanipulierten Pflanzen mit raffinierten Gesetzen zu erschweren, sondern nach dem Prinzip "was-wenn?" vorzugehen, was vorausdenken & forschen verlangt! Das ist der öko-soziale Weg, in Norwegen mit dem vorbildlichen GenAct schon 1993 Realität (www.bion.no)!

Zusammengefasst bedeutet diese hier im Detail vorgestellte wissenschaftliche Analyse der Probleme von GVO für die Gesundheit, dass jede Freisetzung von GVO ein unverantwortliches Risiko für das Leben der Menschen und die Natur darstellt, solange all diese Fragen nicht restlos d.h. langzeitlich und ganzheitlich geklärt sind: GVO müssen wie ein Medikament getestet werden. Erst die volle

Befolgung des Vorsorgeprinzips vor jeder Anwendung kann grünes Licht für GVO geben, falls dies überhaupt jemals möglich sein wird. Jedenfalls ist die Freisetzung von GVO zurzeit ganz klar unverantwortlich!

Terje Traavik Dr. Univ.- Prof.

Autor von mehr als 180 wissenschaftlichen Beiträgen und Buchkapiteln.
Gründete die Abteilung für Virologie an der Universität Tromsö, Norwegen, und lehrte dort von 1983 bis 2003 als Professor.

Zur Zeit ist er Vorsitzender des Exekutivkomitees für das GE/GMO Biosafety Capacity Building Program unter dem MoU (Memorandum of Understanding = Vereinbarung für die Zusammenarbeit) zwischen dem GENOK, dem norwegischen Institut für Genökologie und dem UNEP, dem Umweltprogramm der Vereinten Nationen.

1992 erhielt er den Erna und Olav Aakre Foundation Preis für hervorragende Krebsforschung.
In den frühen 1990ern war er Vorsitzender des Aufsichtsrates des nationalen Forschungsprogrammes "Environmental effects of biotechnology".

1997 initiierte er das GENOK-Norwegian Institute of Gene Ecology (Norwegisches Institut für Genökologie) und wurde dessen erster Direktor. Seit 2003 arbeitet er als Professor für Genökologie an der Universität Tromsö.

Jack Heinemann Dr.

arbeitet zur Zeit als außerordentlicher Professor an der School of Biological Sciences (Schule für biologische Wissenschaften) an der Universität Canterbury, Christchurch. Er ist Direktor des NZIGE-New Zealand Institute of Gene Ecology (Neuseeländisches Institut für Genökologie) und außerordentlicher Professor am GENOK-Norwegian Institute of Gene Ecology (Norwegisches Institut für Genökologie).

Er ist Mitarbeiter im Umweltprogramm der Vereinten Nationen, dem ENOK Biosafety Capacity Building Executive Committee.

2003 erhielt Dr. Heinemann die Forschungsmedaille der New Zealand Association of Scientists (Neuseeländische Vereinigung der Wissenschaftler).

Er ist Autor zahlreicher wissenschaftlicher Beiträge, Rezensionen und Buchkapitel.
Er war einer der wahren Pioniere innerhalb der HGT (horizontal gene transfer)-Forschung und hat sowohl auf diesem als auch in benachbarten Gebieten innerhalb der bakteriellen Genetik und der Molekularbiologie bedeutende Beiträge geleistet.

jack.heinemann@canterbury.ac.nz

[1] Siehe z.B.: Freese, W. and Schubert, D. Safety testing and regulation of genetically engineered foods. Biotechnology and Genetic Engineering Reviews 21: 299-324, 2004, oder Pusztai, A. Can science give us the tools for recognizing possible public health risks for GM food. Nutrition and Health 16: 73-84, 2002

[2] Mayer, S. and Stirling A. GM crops: good or bad. EMBO Reports 5: 1021-1024, 2004

[3] Myhr AI and Traavik, T. The precautionary principle: scientific uncertainty and omitted research in the context of GMO use and release. JAGE (Journal of Agricultural and Environmental Ethics) 15: 73-86, 2002

[4] Zur weiteren Information siehe die Homepages von GENOK-Norwegian Institute of Gene Ecology, www.genok.org, und NZIGE-New Zealand Institute of Gene Ecology, www.nzige.canterbury.ac.nz

[5] Für eine neue, maßgebliche Review siehe: The Royal Society of Canada. 2001. Elements of Precaution: Recommendations for the regulation of food biotechnology in Canada. An expert panel report on the future of food biotechnology prepared by the Royal Society of Canada at the request of Health Canada, Canadian Food Inspection Agency and Environment Canada (ISBN 0-920064-71-x), www.rsc.ca/foodbiotechnology/index/EN.html

[6] Siehe Fußnote 1, und z.B. Pusztai A, Bardosz S und Ewen SWB. Genetically modified foods: potential human health effects, pp. 347-371, in Food Safety: Contaminants and Toxins, edited by JPF D'Mello. CAB International, 2003.

[7] Jose L. Domingo (2000). "Health Risks of GM Foods: Many Options but Few Data". Science, vol 288 Issue 5472, 1748-1749, 9 June 2000

[8] Z.B. Fares und El-Sayed, 1998; "Leichte strukturelle Veränderungen im Ileum von Mäusen, die mit Endotoxin-behandelten Kartoffeln und transgenen Kartoffeln gefüttert worden sind. Natural Toxins, Vol. 6, Issue 6, pages 219-233; Ewen und Pusztai, 1999; "Effect of diets containing genetically modified potatoes expressing *Galanthus nivalis* lectin on rat small intestine". The Lancet, Vol. 354, 16 October 1999.

[9] Pryme and Lembcke, 2003. " In vivo-Studien über mögliche Folgen für die Gesundheit durch genmanipulierte Nahrungs- und Futtermittel – mit besonderem Blick auf Inhalte, die von genmanipulierten Pflanzenstoffen stammen". Nutr Health. 2003;17(1):1-8.

[10] Zur Dokumentation und zum Weiterlesen siehe Fußnoten 1,2 und die darin angeführten Referenzen.

[11] Palka-Santani et al., 2003. "The gastrointestinal tract as the portal of entry for foreign macromolecules: fate of DNA and proteins". Mol Gen Genomics (2003) 270:201-215

[12] zahlreiche Artikel zitiert in Traavik T, 1999. "An Orphan in science". Research Report for DN No. 1999-6,

www.naturforvaltning.no/archive/attachments/01/05/Vacci006.pdf

[13] Schubert, D. A different perspective on GM food. Nature Biotechnology 20: 969, 2002

[14] Mayer S and Stirling A. GM crops: good or bad? EMBO Reports 5: 1021-1024, 2004; Martin, B., 1999, in Science and Technology Policy Year Book. Washington DC, USA: American Association for the Advancement of Science, www.aaas.org/spp/yearbook/chap15.htm; Graff GD et al. The public-private structure of intellectual ownership in agricultural biotechnology. Nature Biotechnology 21: 989-995, 2003

[15] Mayer S and Stirling A. GM crops: good or bad? EMBO Reports 5: 1021-1024, 20

[16] Myhr A. And Traavik T.(2003) GM-Crops: Precautionary sciences and conflict of interests, Journal of Agricultural and Environmental Ethics 16, 227-247

(Die in Klammern angeführten Literaturzitate beziehen sich auf den Originalartikel)

12.2. Das wahre Gesicht des Herbizids Glyphosat

Roland Pechlaner, ehemaliger Vorstand des Institutes für Zoologie und Limnologie an der Universität Innsbruck

Text: Roland Pechlaner

"Roundup®" heißt das aus Glyphosat bestehende Unkrautvernichtungsmittel (Herbizid) von Monsanto, das jede grüne Pflanze tötet, und "Roundup Ready" die dazugehörige gen-manipulierte Saat, die resistent gegen das Pflanzengift ist. So wurden Soja-, Baumwoll-, Raps- und Maispflanzen richtiggehend für den Einsatz des Herbizids geschaffen. Solche Entwicklungen zeigen auf, wie eng Saatgut und Chemie in der industriellen Landwirtschaft - und erst recht in der "Gentechnik-Landwirtschaft" - gekoppelt sind.

Um die wahren Dimensionen des Glyphosat-Problems zu ermessen, muss bedacht werden, dass es sich bei Roundup & Co schon vor dem ersten kommerziellen Gentechnik-Anbau um ein weltweit häufig eingesetztes Gift handelte:1970 wurde Glyphosat vom Monsanto-Wissenschaftler John Franz entdeckt, 1974 als "Roundup"-Herbizid patentiert.

Noch im selben Jahr brachte es Monsanto in Malaysien sowie Großbritannien auf den Markt, 1976 startete der Verkauf in den USA. Sehr bald wurde das Mittel rund um die Welt für die verschiedensten Zwecke eingesetzt: Ob zur Unkrautbekämpfung an Bahndämmen oder Wegrändern, bei der "Umstellung von Grünland" von unerwünschten in erwünschte Grassorten, zum Niederspritzen einer winterlichen Gründecke, in Wein- und Obstgärten, in Baumschulen, aber auch in Wäldern, um Unterholz oder "nur" den Adlerfarn radikal abzutöten.

Seit der Entwicklung von Mais- oder Rapssorten, die durch Gentechnik gegenüber Glyphosat-hältigen Herbiziden unempfindlich sind, können Totalunkrautvernichter auf Glyphosat-Basis beliebig oft während des Wachstums solcher Naturpflanzen eingesetzt werden. Recherchen für das Jahr 2002 hatten ergeben, dass in Österreich Glyphosat-hältige Herbizide unter 8 verschiedenen Handelsnamen zugelassen waren, während weltweit in 119 Ländern fast 150 derartige Produkttypen (davon 90 durch Monsanto) vertrieben wurden.

Im Vorwort zur Glyphosat-Monographie von Grossbard & Atkinson (lit.) war im Stile einer Jubelmeldung über den neuen Wirkstoff zu lesen: "It is projected that by 1986 it will be the first "one-thousand-million-dollar-herbizide-molecule". Die Begeisterung derer, die an Glyphosat verdienen, hat angehalten. Kidd & Casely nannten Glyphosat 1999 in einem Tagungsbericht aus England: "the world´s biggest selling and fastest growing agrochemical".

Die Probleme mit Glyphosat

Heute hat das Glyphosat-Problem drei Gesichter, die alle betörende Masken tragen, hinter denen sich jedoch ausgesprochen fratzenhafte Züge verbergen.

Fratze 1 übt ihre Verstellungskunst schon seit 3 Jahrzehnten. Sie gehört zu einem Ungeist, der sich tückisch - und schon viel zu lange - über die Sorglosigkeit freuen kann, mit der *Roundup, Roundup Ultra, Touchdown* und andere Totalunkrautvernichter auf Glyphosat-Basis gelobt und zugelassen, gekauft und als hilfreich empfunden werden. Ohne dass das Risiko für vielfache Kollateralschäden, die der Wirkstoff Glyphosat aus naturwissenschaftlicher Sicht verursachen kann, jemals angemessen recherchiert wurde!

Fratze 2 blickt voller Gier auf die Marktausweitung, die sich aus dem Anbau von genmanipulierten Pflanzen (z.B. Mais, Raps) mit Glyphosat-Resistenz ergeben muss. Es ist selbstverständlich, dass Herbizid-Resistenz neuer Nutzpflanzensorten, die (nur) gegenüber Glyphosat als Totalunkrautvernichter unempfindlich gemacht wurden, vermehrte Anwendung Glyphosat-hältiger Spritzmittel nach sich zieht. Die schöne Maske flötet von Arbeits- und Herbizid-Einsparung, aber der diabolische Geist dahinter grinst über die Naivität und Verantwortungslosigkeit der Behörden in Wien und München, Berlin und Brüssel, deren Passivität gegenüber dem wissenschaftlich unbestreitbaren Schädigungspotential von Glyphosat für agrarische Böden und benachbarte Land-Lebensräume, für Oberflächengewässer und gefährdete Grundwässer immer unerträglicher wird.

Fratze 3 ist besonders tückisch und muss baldigst demaskiert werden. Der Verzehr von Nahrungs- oder Futtermitteln, die aus Glyphosat-resistentem Mais oder Raps hergestellt wurden, birgt ein hohes, mit verfügbaren Methoden messbares, aber von Österreichs Regierung und Verwaltung konsequent ignoriertes Gesundheitsrisiko!

Gentechnisch verursachte Belastung durch Glyphosat in Nahrungs- und Futtermitteln hat im Bereich der Tierfuttergewinnung einen schandhaften Vorläufer: Ich zitiere zur Erläuterung aus dem Syngenta-Produktkatalog für Pflanzenschutz 2003 (betone aber, dass sich analoge Anwendungsempfehlungen für Totalunkrautvernichter auf Glyphosat-Basis auch in den Katalogen anderer Konzerne finden): Unter der Überschrift "Hinweise zur sachgerechten Anwendung" (S.188) über "Stilllegungsflächen (Rekultivierung): Vor der Saat von Folgekulturen; vor der Bodenbearbeitung 5 l/ha".

Daneben die Anweisung: "Behandelten Aufwuchs (Abraum vor der Neueinsaat) nicht zur Heugewinnung verwenden, er kann der direkten Verfütterung oder der Silierung dienen".
Dann S.189: "Wiesen, Weiden (Umbruch) Mai bis August; Spätsommer 5 l/ha" mit nebenstehender Anweisung: "Spritzen mit nachfolgendem Umbruch. Behandelten Aufwuchs (Abraum vor der Neueinsaat) nicht zur Heugewinnung verwenden, er kann der direkten Verfütterung oder der Silierung dienen".

Gefahren für Pflanzen und Mikroorganismen

Wie ich im Folgenden näher erläutere, ist Glyphosat lebensbedrohlich für Pflanzen und Mikroorganismen.

Was da von Syngenta auf den Seiten 188/189 für einen Totalunkrautvernichter mit dem Produktnamen *Touchdown®Quattro* (Formulierungsbeschreibung: wasserlösliches Konzentrat mit 360 g/l (28,3 % Gew.) Säureäquivalent Glyphosat) ausgesagt wird, heißt nichts anderes, als dass mit der Direktverfütterungsempfehlung den symbiotischen Mikroorganismen im Pansen von Rindern, Schafen und Ziegen, sowie der Darmflora in Blinddärmen und anderen Darmbereichen von Pferden, Eseln und Kaninchen Glyphosat als Gift in Konzentrationen zugemutet wird, die zur Abtötung der ober- und unterirdischen Organe von Gräsern, Blumen und Stauden der behandelten Stilllegungsflächen oder der zur Umstellung anstehenden Wiesen und Weiden ausgereicht haben.

Es ist beim aktuellen Stand des Wissens über die molekularbiologische Wirkungsweise von Glyphosat undenkbar, dass die mit solchem Futter bedachten Nutztiere (aber auch Wiederkäuer und andere Pflanzenfresser unter den Wildtieren, die auf Glyphosat-behandelten Flächen äsen) ohne schwere Verdauungsstörungen davonkommen, aber bisher wollte keine der von mir in Österreichs Veterinär- und Pflanzenschutzwesen konfrontierten Personen diese offenkundige Konsumententäuschung aufgreifen.

Auch der vorläufig letzte Versuch, einschlägigen Verantwortungsträgern angemessenes Problembewusstsein zu vermitteln, schlug fehl:

Fallbeispiel Schönbrunner Tiergarten

Ich zitiere dazu aus einem Brief, den der Direktor des Tiergartens Schönbrunn, Dr. Helmut Pechlaner, am 12. Juni 2003 an die Österreichische Agentur für Gesundheit und Ernährungssicherheit GmbH (AGES) in Wien geschrieben hatte: "… anlässlich der Beobachtung eines Fütterungsexperimentes an der Panda-Bärin Yang-Yang im Schönbrunner Zoo hat mich kürzlich mein Bruder Dr. Roland Pechlaner mit der Frage überrascht, ob sichergestellt sei, dass die …. zugefütterten Karotten kein Glyphosat enthalten….".

Nach einer fachlich fundierten Erläuterung des Problems hat Helmut Pechlaner drei Fragen gestellt:

1) *"Kennt (oder betreibt) man seitens der Ernährungsagentur Studien, in denen die Wirkung (vor allem die Dosis-Wirkungs-Beziehungen) von Glyphosat auf Cellulase-produzierende (und andere für Pflanzenverdauung wichtige) Mikroorganismen (Bakterien, Pilze, Ciliaten, u.a.) untersucht wurden oder werden"?*

2) *"Inwiefern ist (oder wird) seitens der AGES vorgesorgt, dass Futtermittel mit für Symbionten bedenklichen Glyphosat-Konzentrationen nicht erzeugt werden bzw. nicht in den Handel kommen"?*

3) *"Ist Ihre Agentur für Futtermittel-Analysen hinsichtlich Glyphosat-Rückstän-*

den schon jetzt gerüstet, oder bis wann könnten wir Ihnen Proben zur Qualitätskontrolle übersenden"?

Dieser Brief wurde mit 17.7. 2003 (Doc ID AGES: GF 1560-2/03) zwar ausführlich, aber keineswegs hilfreich beantwortet. Hier sei nur die Stellungnahme zur Frage 1 wörtlich zitiert: "Die AGES betreibt keine Studien, die die Wirkung von Glyphosat auf Cellulose-spaltende Mikroorganismen untersuchen. Diese Verdachtsmomente wurden mit Ihrem Bruder Roland auch bei seinem letzten Besuch im März in der Agentur diskutiert. Ansprechpartner bei konkreten Verdachtsfällen sind hier der Zulassungsinhaber und die deutsche Behörde als Berichterstatter im Rahmen des EU-Verfahrens (Richtlinie 91/414/EWG) für diesen Wirkstoff."

Derartigen Tendenzen, einer wissenschaftlich fundierten Erfassung und Berücksichtigung von Fragen der Verantwortung für Ernährungssicherheit gegenüber Glyphosat auszuweichen bzw. diesbezügliche Leistungsdefizite an die EU-Zentrale abzuschieben, sind folgende Fakten gegenüberzustellen:

- Wie für alle grünen Pflanzen, so sind auch bei der überwiegenden Mehrzahl heterotropher Mikroorganismen für bestimmte Schritte zur Eiweißsynthese die Funktionen des Enzyms EPSP-Synthase lebenswichtig. Weil aber Glyphosat gerade durch Hemmung der EPSP-Synthase für Pflanzen und Mikrooorganismen tödlich wirkt, muss gründlich und dringendst untersucht werden, wie viel bzw. wie wenig Glyphosat in Nahrungs- und Futtermitteln ohne Störung der Darmflora tolerierbar ist.
- Bei Gentechnik-Mais- und -Rapssorten mit Glyphosat-Resistenz ist zur Unkrautbekämpfung die Behandlung mit Glyphosat-hältigen Herbiziden die Methode der Wahl. Dadurch muss es zu Einlagerungen von Glyphosat in alle Organe der betreffenden Nutzpflanze kommen.
- Der Abbau von Glyphosat in den Zellen und Geweben von Pflanzen ist bekanntermaßen ein überaus langsamer Prozess.
- Wie viel Glyphosat sich in den verschiedenen Ernteprodukten befindet, hängt einerseits von der Glyphosat-Aufnahme (die je nach Häufigkeit und Intensität der erforderlichen Unkrautbekämpfung variieren wird) ab, andererseits vom Ergebnis der Glyphosat-Verteilung und Anreicherung innerhalb der kultivierten Pflanze.
- Toxikologische Studien über die Gefährlichkeit von Rückständen aus Herbizid-Anwendung können nur dann wissenschaftlichen Ansprüchen genügen, wenn sie einer Besonderheit von Glyphosat gerecht werden: bei diesem Wirkstoff ist zusätzlich zu Direktfolgen für Mensch und Tier von einer indirekten Toxizität durch Schädigungen und Ausfall der Darmflora auszugehen.
- Ohne Wissen über die Empfindlichkeit symbiontischer Miroorganismen gegenüber Glyphosat kann es keine fundierte Prüfung und Beurteilung der Toleranzgrenzen für Glyphosat-Rückstände in landwirtschaftlich erzeugten Nahrungsmitteln geben. Das mit Glyphosat verbundene Risiko für das Gedeihen und für Auswirkungen auf die menschliche Darmflora sowie für

lebenswichtige mikrobielle Symbionten im Pansen von Wiederkäuern oder in den analogen Voraussetzungen für Pflanzenverdauung bei Pferden, Hasen, Kaninchen und anderen Pflanzenfressern besteht zweifellos. Es bedarf dringend einer seriösen wissenschaftlichen Betrachtung und einer angemessenen Berücksichtigung.

Fratze 3 kaschiert ihre Tücke u.a. mit der Behauptung, die gesundheitlichen Folgen von Nahrungsmitteln einer Gentechnik-Saat und Glyphosat-Resistenz hätten in Staaten mit großflächigem Anbau von Roundup-Ready-Mais und anderen GVO bzw. mit dementsprechend hohem Konsum derartig erzeugter Nahrung zu Tage treten müssen.

Aber solange keine wissenschaftlich glaubwürdigen Untersuchungsergebnisse zu dieser Frage vorliegen bzw. publiziert und diskutiert wurden, muss derartige Argumentation als zumindest naiv und leichtsinnig, fallweise sogar als betrügerisch und unverantwortlich eingestuft und bekämpft werden. Das oben zitierte Schreiben der Österreichischen Agentur für Gesundheit und Ernährungssicherheit bietet keinerlei Hinweis, dass seitens AGES die Gewichtigkeit des Glyphosat-Problems bedacht und erkannt wurde.

Ich verbinde deshalb mit dem vorliegenden Artikel die Hoffnung, dass eine diesbezüglich besser informierte Öffentlichkeit jenen Rechtfertigungsdruck gegenüber Regierung und Beamtenschaft aufbaut, der Umdenken und zielführendes Reagieren zu bewirken vermag.

Dem öffentlichen Interesse an unschädlichen Nahrungs- bzw. Futtermitteln wird seitens der für Österreich zur Überprüfung und Gewährleistung von Ernährungssicherheit eingerichteten Agentur für Gesundheit hinsichtlich des Glyphosat-Risikos jedenfalls bisher nicht angemessen Rechnung getragen.

Diese Beurteilung lässt sich durch einen weiteren Aspekt aus dem oben genannten Schriftverkehr aufzeigen. Das vom Tiergartendirektor erläuterte Glyphosat-Problem wird zwar im Antwortbrief als nicht existent behauptet, aber zum Abschluss wird zur Abschiebung von institutioneller Verantwortung folgendes empfohlen:
"Als zusätzliche Absicherung für die Sicherheit ihrer Zootiere erlauben wir uns vorzuschlagen, eine Vereinbarung mit den Lieferanten der Futtermittel zu treffen, in der diese sich verpflichten, auf den Einsatz von Glyphosat gänzlich zu verzichten. Die Einhaltung dieser Vereinbarung wäre über Stichprobenkontrollen sicherzustellen. Für diese Untersuchungen könnten wir von Ihnen beauftragt werden..." (GF 1560-2/03, S.3).

Abgesehen davon, dass Direktor Pechlaner in seiner Anfrage mitgeteilt hatte, dass der Schönbrunner Zoo pro Jahr rund 100 Tonnen an getreidehaltigen Futtermitteln und etwa 112 Tonnen Karotten und anderes Wurzelgemüse beschaffen muss, was diesen Vorschlag schon wegen der Menge und Vielfalt von Ware und Lieferanten ad absurdum führt, schicke ich von hier aus in Vertretung der an Gesundheitssicherheit für Mensch und Tier interessierten Leserschaft folgende Anfragen an die AGES:

1) Werden Risikoabschätzung und Risikovermeidung gegenüber Glyphosat-Rückständen mittlerweile als Aufgabengebiet von AGES gesehen und ernst genommen?

2) Wie rasch können Zulassungen für Glyphosat-hältige Produkte, deren anwendungsspezifische Schädlichkeit bisher zu wenig berücksichtigt wurde, entzogen werden?

3) Wer trägt dafür Verantwortung, dass nachvollziehbar überprüft und sichergestellt wird, dass z.B. Untersuchungen über die Auswirkungen von Glyphosat-Rückständen auf wichtige Komponenten der Darmflora naturwissenschaftlichem Forschungsstandard entsprechen und international zugänglich publiziert werden?

4) Werden konkrete Verwendungsempfehlungen, die in Gebrauchsanweisungen für zugelassene Agrochemie-Produkte (z.B. auf S. 188-189 des Produktkataloges 2003 von Syngenta bezüglich Verwendbarkeit von Glyphosat-hältigem Mähgut ("Abraum") als Grünfutter für Nutztiere (lt. Zitaten auf Seite 203) publiziert werden, seitens der Zulassungsbehörde überprüft? Wer haftet bei Handlung gemäß solchen Empfehlungen für daraus resultierende Schäden an Nutztieren, wie verschlechterte Nahrungsausnutzung, Krankheit, oder evtl. Tod?

Falsche Behauptungen

Im Rahmen von Produktinformationen und Werbung werden - die wahren Gesichter des Glyphosat-Problems maskierend – dreierlei unwahre Behauptungen aufgestellt, gegen die es korrigierend vorzugehen gilt:

1) Mit der ersten und folgenschwersten "Glyphosat-Lüge" wird die toxikologische Harmlosigkeit von Glyphosat für Mensch und Tier aus der Tatsache abgeleitet, dass die Wirkung (Tötung durch EPSP-Synthase-Hemmung) über einen zellphysiologischen Prozess erfolgt, den es weder bei Wirbeltieren noch bei wirbellosen Tieren gibt.

Es ist und bleibt eine blamable Tatsache, dass das hohe Risiko "indirekter Toxizität" von Glyphosat-Rückständen für Mensch und Tier nicht vor dem 3. Jahrzehnt breitester Anwendung von Glyphosat erkannt wurde, und dass es offenkundig der vorliegenden Veröffentlichung vorbehalten blieb, jenes Problembewusstsein zu schaffen und jene Problemvermeidung einzufordern, zu der oben konkrete Fragen an die Österreichische Agentur AGES gestellt wurden.

Wenn im alten Rom in Sorge um das Staatswesen zum Tätigwerden der Regierenden mit "videant consules…" aufgerufen wurde, wird man hier und heute Frau Minister Rauch-Kallat in ihrer politischen Verantwortung für das Gesundheitswesen und für Gentechnik-Folgen zu rascher Abhilfe drängen müssen. Wenn sich durchsetzen lässt, dass die bisherigen Versäumnisse bei der Risikoerfassung bezüglich Glyphosat-Resistenz bei Mais, Raps und Soja gut studiert, richtig verstanden und mit wissenschaftlichem Tiefgang hinterfragt werden, müsste sich auf diesem Gebiet ein Gentechnik-Desaster für Österreich vermeiden lassen!

Es bleibt abzuwarten, ob sich z.B. durch die Einschränkungen von Roundup-Spritzungen bei Roundup-Ready-Mais die Glyphosat-Rückstände in gemahlenem Mais so absenken lassen, dass das Gesundheitsrisiko für Mensch und Tier vernachlässigbar gering wird.

Wenn aber nicht die von relativ wenig Pflanzengewebe begleitete Maisstärke zum Verzehr gelangt, sondern die ganze Pflanze zu Tierfutter verarbeitet wird, ist schwer vorstellbar, wie eine das Unkraut im Maisfeld erfolgreich tötende Glyphosat-Applikation – mit dementsprechend hohem Glyphosat-Gehalt im gesamten Futtermaisgewebe – die mikrobiellen Symbionten im Pansen von Rindern am Leben lassen kann.

Man darf gespannt sein, inwiefern, wie spät und wie gründlich diesbezügliche Verdachtsmomente bei der Überprüfung von Gentechnik-Nahrung und bei Anträgen auf Anbaugenehmigungen Berücksichtigung finden.

Ich möchte eine Beobachtung schildern, die von wenig Aufmerksamkeit für das geschilderte Problem bei Prüfbehörden und bei außerhalb der Verwaltung arbeitenden Wissenschaftlern kündet: Ich hatte im Mai 2002 für die internationale Tagung der SETAC (Society of Environmental Toxicology & Chemistry) in Wien einen Poster präsentiert, der die aus Herbizidanwendung zufolge Glyphosat-Resistenz bei Gen-Mais und -Raps resultierenden Risken für Symbionten und andere Miroorganismen thematisierte.

Dieser Poster, der mit Unterstützung je eines Ökotoxikologen der Universität Innsbruck und des Umweltbundesamtes in Wien vorbereitet worden war, erwies sich auf der genannten Tagung als ein isoliertes Einzelstück mit wissenschaftlicher Fragestellung zu Folgen der Gentechnik.

Er fand kaum Beachtung seitens Wissenschaft und Verwaltung, wurde aber von einem Forschungsleiter eines Agrochemie-Konzerns wegen einer "boshaften" Aufschrift ("here we have a particular challenge to ecotoxicologists, who take their prefix "eco" from ecology rather than economy") attackiert.

Er flüchtete auf die Frage nach den konkreten Bemühungen seiner Firma in Sachen Gentechnik, die ja das Thema der Tagung waren ("Challenges in Environmental Risk Assessment and Modelling: Linking Basic and Applied Research").

2)   Der zweite Werbetrick ist die Halbwahrheit von der raschen Abbaubarkeit und einer dementsprechend geringen Gefährlichkeit von Glyphosat in agrarischen und forstlichen Böden sowie in Gewässern. Zu diesem Problem erbrachten meine Nachforschungen die folgenden Fakten:

i)   Publikationen über Glyphosat-Abbauraten in Böden und Gewässersedimenten sind spärlich und zeigen in wissenschaftlicher Hinsicht durchwegs schlechte Qualität. Als besonders problematisch muss gelten, dass in sämtlichen verfügbaren Veröffentlichungen wegen methodischer Mängel die Frage offen blieb, ob das rechnerisch "verschwundene" Glyphosat wirklich abgebaut wurde oder nur mangels angemessener Analytik dem Nachweis am Ort der Akkumulation entging.

ii) Die Frage nach dem Ausmaß der zu erwartenden Schädigung mikrobieller Biozönosen in Böden durch Glyphosat wird unscharf gestellt und unzuverlässig beantwortet, wenn bei diesbezüglichen Experimenten nur Pauschalmaße bzw. Summenparameter für Lebensprozesse (Sauerstoffverbrauch, Stickstoffumsatz) erfasst werden. Bei derartig vereinfachter Untersuchungsmethodik mag eine unter Glyphosat-Stress stehende Bodenprobe für viele Stunden eine mit der Kontrollprobe vergleichbare Bodenatmung zeigen, obwohl die mikrobielle Biozönose stark an Diversität verliert und viele ihrer Leistungen einbüßt. Denkbar wäre z.B. dass sich EPSPS-Hemmung durch Glyphosat bei vielen Mikroorganismen nicht auswirkt, solange der Stoffwechsel dank Rücklagenbildung ohne Neusynthese der benötigten Eiweißverbindungen auskommt. Auch würden gewisse Spezialisten für Glyphosat-Verwertung mit starker Vermehrung reagieren, wodurch deren Sauerstoffverbrauch den Ausfall vieler sonstiger Arten bzw. funktioneller Typen kompensiert.

Das moderne methodische Rüstzeug für mikrobiologische Untersuchungen, die Auskunft geben könnten über die durch Glyphosat verursachten Veränderungen von Artenspektrum und funktioneller Vielfalt der Bodenbiozönose ist vorhanden. Es sind Versäumnisse der Prüfbehörden, dass vom Antragsteller auf Zulassung von agrarchemischen Produkten mit Glyphosat keine anspruchsvolleren Nebenwirkungsstudien verlangt werden, und dass von der Möglichkeit, die wissenschaftliche Qualität durchgeführter Untersuchungen durch universitäre Fachleute u.ä.m. verantwortlich nachprüfen zu lassen, viel zu wenig Gebrauch gemacht wird.

iii) Im Auftrag der Gemeinde Seefeld wurden aus Anlass potentieller Glyphosat-Schäden im Wildsee bei Seefeld zufolge des Roundup-Einsatzes der ÖBB zur Unkrautbekämpfung auf der Bahntrasse entlang des Sees vom Limnologen Ch. Arnold 42 wissenschaftliche Veröffentlichungen auf ihren Aussagewert zur Problembeurteilung untersucht. Das Ergebnis war erschütternd, weil keine einzige der wenigen Freilandstudien jene methodische Genauigkeit aufwies, die fundierte Aussagen über Art und Umfang von Glyphosat-Wirkungen auf Gewässer ermöglicht hätte. Auch bei den Laborexperimenten mit Glyphosat mangelte es durchwegs an einer klaren, auf ein definiertes Schädigungspotential ausgerichteten Fragestellung und an kritischer Interpretation der Messdaten.

3) Schlüssig widerlegbar ist auch die von Werbestrategen betonte und von Prüfbehörden leichtgläubig übernommene Beschränkung der Glyphosat-Akkumulation auf den unmittelbaren Spritzbereich. Weil sich zu Boden tropfendes Glyphosat adsorptiv an Tonmineralien sowie andere mineralische und organische Bodenbestandteile bindet, wird gerne behauptet, dass

- Glyphosat auf die alleroberste Bodenschichten beschränkt bleibt
- nicht in tiefere Bodenschichten gelangt
- keine Gefahr für Grundwasser bildet
- aber auch keine Bedrohung für Oberflächengewässer bedeutet.

Naturwissenschaftliche Überprüfung

Alle diese verharmlosenden Annahmen halten einer naturwissenschaftlichen Überprüfung keineswegs stand.

i) Tiefenverlagerung von Glyphosat ist schon deshalb unvermeidlich, weil sich der Wirkstoff - wie z.B. in der Monsanto-Werbung für Roundup Ultra anschaulich gezeigt wurde – sehr rasch mit dem Saftstrom in der ganzen Pflanze verteilt. Wenn aber Glyphosat als Folge seiner raschen und weitläufigen Ausbreitung das ganze Wurzelsystem erfasst und vergiftet, verbleibt der Wirkstoff nach dem Tod der Pflanze in allen jenen Tiefen, in die die Wurzeln gereicht hatten.

Ein zweiter Mechanismus der Verteilung von Glyphosat in alle durchwurzelten Bodenschichten hängt mit der Abgabe von Wurzelsaft an den jeweiligen Boden ab. Wenn sich schon bei Grossbard (1985)[1] der Satz findet: "Glyphosate is exuded by the roots and, therefore will be in close contact with the rhizosphere population before the chemical becomes absorbed", dann kann man sich nur wundern, wie sich die Mär vom oberflächlichen Verbleib dieses Wirkstoffes bilden und so hartnäckig halten konnte.

ii) Von bestimmten Regenwurm-Arten, die für eine gesunde Struktur, Durchlüftung und Durchfeuchtung landwirtschaftlicher Böden sehr wichtig sind, ist bekannt, dass sie Nacht für Nacht an die Bodenoberfläche kriechen, dort ihren Darm entleeren und neue Nahrung suchen.
Sie fressen absterbende Pflanzenteile und Erde von obersten Bodenschichten, weil dort der Gehalt an organischer Substanz reicher ist als in der Tiefe des Bodens.

Besucht so ein Regenwurm die Bodenoberfläche im Bereich einer Baumscheibe, wo Gras und Unkräuter zur Zeitersparnis mit Roundup niedergespritzt worden sind, wird er eine viel höhere Glyphosat-Dosis abbekommen als in einem EU-geregelten "Regenwurmtest".

Im Test wird der Boden umgerührt, um oberflächlich aufgespritzte Glyphosat-Mengen gewissenhaft zu homogenisieren, während ein Regenwurm im Obstanger vergiftete Pflanzen- und Bodensubstanz selektiv aufnimmt, wo Glyphosat stark konzentriert sein muss.

Regenwürmer werden vielleicht nicht vom Glyphosat direkt vergiftet, sie werden jedoch verhungern, weil ihnen ihre mikrobiellen Symbionten getötet wurden, sie aber ohne deren Zellulasen die Zellwände von Pflanzengewebe nicht verdauen können. Ins Grundwasser kann Glyphosat erstens überall dort gelangen, wo die Wurzeln Glyphosat-behandelter Pflanzen bis in das Grundwasser reichen. Zweitens sorgen ÖBB und die Deutsche Bahn überall dort, wo die Gleiskörper ohne ausreichende Isolierschicht in grundwasserführende Talschotter überleiten (oder Schuttkegeln von Seitentälern aufsitzen), für reichlich Glyphosat-Lieferung an das Grundwasser.

An der Universität für Bodenkultur war in einer Diplomarbeit und einer Dissertation bewiesen worden, dass zur Unkrautbekämpfung versprühte Herbizide auf Glyphosat-Basis den Gleisschotter ohne nennenswerte adsorptive Bindung oder mikrobiellen Abbau durchfließen.

Der Frage, inwiefern diese Glyphosat-Mengen Schaden stiften, wurde weder vom Doktoranden noch innerhalb der Zulassungsbehörde Augenmerk geschenkt, sie ist aber aus limnologischem Wissen über die ökologische Rolle von mikrobiellen Biofilmen, die alle Gesteinsstrukturen im Grundwasserbereich überziehen und für Selbstreinigungsprozesse sorgen, sehr kritisch zu beantworten.

Es gäbe ökologisch harmlose und billigere Alternativen zum Glyphosat-Einsatz auf Bahngleisen, aber die ÖBB war trotz mehrerer Urgenzen zur intellektuellen und technischen Umrüstung noch nicht bereit.

Wir stehen deshalb über weite Strecken des österreichischen Schienennetzes vor folgender Situation: die ÖBB entsorgt ganzjährig aus WC-Anlagen, die noch nicht mit Vakuum-Absaugung ausgerüstet sind, Fäkalmaterial in den Untergrund, torpediert aber die dafür wichtigen biogenen Reinigungsprozesse im Frühjahr oder Sommer durch den Mikroorganismen-Killer Glyphosat! Wie lange noch?

Glyphosat aus Sprüh- bzw. Giftzügen könnte auch eine Ursache sein für das Kümmern oder Absterben von Bäumen und Sträuchern im Nahbereich von Gleisanlagen.

Einerseits ist bekannt, dass manche Arten von Holzgewächsen ihr Wurzelwerk zu relativ weit entfernten Orten mit günstigem Wasser- und/oder Nährstoffangebot erstrecken können. Andererseits haben schon sehr frühe Experimente über die Glyphosat-Aufnahme bei Pflanzen gezeigt, dass radioaktiv markiertes Glyphosat am besten in hydroponischer Kultur über die Wurzeln in Versuchspflanzen gebracht werden kann.

Nach dieser Erkenntnis bedeutet es eine leichtsinnige Desinformation, dass Konsumenten durch die Angabe, Glyphosat könne nur über Blätter und Stängel, nicht aber über Wurzeln in Pflanzen gelangen und töten, dazu verleitet werden, beim Herbizid-Sprühen die Gefahr zu missachten, dass bloß liegende Wurzeln bzw. Würzelchen mit Glyphosat "bedient" werden.

iii) Dass nicht nur Spritzmitteldrift, sondern auch der Eintrag Glyphosat-hältigen Bodenmaterials sowie durch Wind und Wasser transportierter Abfall von Pflanzen, die durch Glyphosat getötet wurden, in Gewässern mehr oder weniger großen Schaden anrichten, steht außer Zweifel. Warum dies so ist, lässt sich für adsorptiv gebundenes Glyphosat nicht in kurzen Worten begründen, es kann aber bei Pechlaner (2002)[1] nachgelesen werden.

1) Lit.: PECHLANER, R. (2002): Glyphosate in herbicides: an overlooked threat to microbial bottom-up processes in freshwater systems.
Verh. Internat. Verein. Limnol. 28: 1831 – 1835

Roland Pechlaner Dr. Univ.-Prof.

Jahrgang 1934, studierte an der Universität Innsbruck Zoologie und Botanik (Dr. phil. 1956) und wandte sich dann der Limnologie, der Ökologie der Binnengewässer, zu. 1967 konnte er sich für die Fächer Zoologie und Limnologie habilitieren und anschließend im Rahmen des Internationalen Biologischen Programmes (IBP) die limnologische Ökosystemforschung vorantreiben. Von 1974 bis zu seiner Pensionierung als Leiter der Abteilung Limnologie am Institut für Zoologie und Limnologie der Universität Innsbruck waren ihm neben der Seenforschung im Tiroler Hochgebirge gründliche Studien zur Beurteilung und Restaurierung eutrophierter Badeseen sowie die Fließgewässerforschung wichtige Anliegen in universitärer Lehre (einschließlich Forschung) und Öffentlichkeitsarbeit. Seine grundlegenden Erkenntnisse über die Schädlichkeit von Herbiziden auf Glyphosat-Basis sowie bisher ignorierte Risikopotenziale gentechnisch veränderter Nutzpflanzen für Konsumenten und Umwelt hat sich Pechlaner als Pensionist erarbeitet.

12.3. Gene und Gentechnik

ALBERTA VELIMIROV

Text: Alberta Velimirov

Die Gentechnologie gehört in den weiten Bereich der Biotechnologie. Darunter versteht man alle Verfahren, die sich die belebte Natur zu Nutze machen (Wurst- und Käseerzeugung, Gewinnung von Enzymen aus Mikroorganismen, Bier- und Weinerzeugung, Zucht…..). Bereits vor 10.000 Jahren begann die Pflanzenzüchtung durch Auslese, seit etwa 5000 Jahren kennt man die Erzeugung von Bier und Brot. Diese alten Verfahren wurden immer weiterentwickelt und verfeinert. Die Manipulation des Erbgutes wurde erst in den 80er Jahren des vorigen Jahrhunderts möglich.

Gentechnische Verfahren werden oft als Weiterführung bisher angewandter Technologien in der Lebensmittelproduktion bezeichnet. Tatsächlich charakterisiert aber der Eingriff in die Integrität einer Art eine vollkommen neue Qualität in der Lebensmittelherstellung. Nun vermitteln Lebensmittel nicht nur Leben, sie sind selbst Lebewesen oder stammen von solchen.

Zu den allgemeinen Eigenschaften eines Lebewesens gehören die durch das Erbgut oder Genom vererbten Charakteristika und die erworbenen individuellen Ausprägungen.
Höhere Lebewesen bestehen aus Zellen mit Zellkernen, die innerhalb eines Organismus das gleiche Erbgut enthalten. Zu Beginn des 20. Jahrhunderts konnten Wissenschaftler zeigen, dass die langen dünnen Strukturen im Zellkern, als Chromosomen bezeichnet, die Träger des Erbgutes sind. Die Anzahl der Chromosomen hängt von den Lebewesen ab. So besitzt der Mensch 46 Chromosomen, die Fruchtfliege nur 8, der Karpfen hingegen 104, der Mais 20, der Weizen 42 u.s.w.

Die gesamte Information des Erbgutes ist auf diesen Chromosomen verteilt. Chemisch gesehen bestehen die Chromosomen aus DNS (= **D**esoxyribo**n**ukleins**ä**ure), die sich aus Nukleotiden zusammensetzt. Jedes Nukleotid wiederum ist ein Zucker, Deoxyribose, verbunden mit einer Phosphatgruppe an einem Ende und einer organischen Base am anderen Ende.

Die Nukleotide bilden eine lange Kette, wobei der Zucker und die Phosphatgruppe das Rückgrat bilden, von dem die Basen rechtwinkelig abstehen. Zwei DNA-Ketten liegen mit den entsprechenden Basen einander gegenüber.
Sie sind umeinandergewickelt zur Doppelhelix, mit den Basenpaaren zwischen den Ketten wie die Sprossen einer Leiter. Die 4 Basen sind Adenin (A), Thymin (T), Cytosin (C) und Guanin (G). A verbindet sich immer mit T, und C mit G. Jedes Chromosom bildet einen solchen langen DNA-Strang.

Bereiche der DNS mit der Information, zu einer bestimmten Zeit, in einer bestimmten Zelle, ein bestimmtes Protein zu bilden, werden **Gene** genannt.

Damit eine Zelle ein Gen lesen kann, muss im Zellkern eine Kopie des Gens hergestellt werden. Beim Kopiervorgang trennen sich die beiden Stränge des Gen-Fadens dort, wo sich das Gen befindet, sodass die Buchstaben freiliegen. Der Kopierer (RNS-Polymerase) schreibt dann Buchstabe um Buchstabe ab, bis schlussendlich eine Kopie des Gens vorliegt.

Die Gen-Kopie wird von den Fabriken der Zelle (Ribosomen) außerhalb des Zellkerns gelesen. In einem bestimmten Satz (Genkopie) steht geschrieben, wie die Fabrik ein gesundes Eiweiß herstellen muss. Die Bausteine der Eiweiße heißen Aminosäuren. Es gibt 21 Aminosäuren. Jeweils drei bestimmte Buchstaben stehen für eine Aminosäure.

Beim Durchlesen eines Satzes (Gen-Kopie) im 3-Buchstaben-Rhythmus fügt die Fabrik dann eine Aminosäure nach der anderen zusammen, bis schlussendlich das komplette Eiweiß vorliegt. Je drei dieser Buchstaben formen so etwas wie ein Wort. Die Sprache der Gen-Kopien (Buchstaben) wird in die Sprache der Eiweiße (Aminosäuren) übersetzt.

Dieser Vorgang der Eiweißbildung ist universell. Egal in welchem Genom, eine bestimmte DNS-Sequenz wird immer in dasselbe Eiweiß übersetzt. Spätere (translationale) Modifikationen der Eiweiße (Glykosilierung, strukturelle Änderungen) erfolgen in den Zellen entsprechend der Spezies.
Das bedeutet, dass sich z.B. ein Eiweiß aus einer Pflanzenzelle von einem Eiweiß aus einer Bakterienzelle strukturell und funktionell unterscheidet.
Das gesamte Genom umfasst Bau- und Funktionsplan und auch den Plan der zeitlichen Entwicklungsabläufe jedes Lebewesens.

An dieser Universalität des genetischen Codes setzt die Gentechnologie an. Nachdem es gelungen war, einzelnen Genen bestimmte Funktionen zuzuordnen, stellte sich die Frage, wie man Gene aus dem Genom entfernen und in ein anderes Genom übertragen könnte.

Viren machen genau das: sie sind in ihrem Stoffwechsel auf fremde Organismen angewiesen und schleusen ihr Erbgut in sogenannte Wirtszellen ein, die in der Folge das Virenerbgut produzieren. Bakterienzellen haben als Schutz gegen Vireninfektionen (hier ist kein Immunsystem wirksam) Enzyme entwickelt, die Fremdgene zerschneiden und so unschädlich machen.

Diese sogenannten Restriktionsenzyme sind ein wichtiges Werkzeug für die Gentechnik. Genauso wichtig sind auch "klebende" Enzyme, die das zu übertragende DNA-Stück im Wirtgenom verankern können. Solche Ligasen treten normalerweise auf, um Brüche an der DNA zu reparieren. Mit der Entdeckung dieser chemischen Scheren und Kleber in den Sechziger Jahren gelang der Durchbruch der neuen Technologie.

Innerhalb der Gene und zwischen den Genen befinden sich nicht-codierende

DNA-Bereiche, Introns, deren Bedeutung und Funktion stark unterschätzt wurde. Man sprach sogar von Müll -(junk) – DNA, obwohl diese Bereiche den überwiegenden Teil der gesamten DNA ausmachen.

Die Komplexität höherer Organismen ist nicht auf eine erhöhte Anzahl an Genen, sondern auf eine Ausweitung der Introns zurückzuführen. Beim Menschen sind 98% nicht-codierende und nur 2% codierende DNA (MÜLLER 2004). Neuen Untersuchungen zu Folge werden hier zwar keine Proteine codiert, dafür aber microRNA, die regulatorische Funktion haben. Nur eine einzige microRNA kann bis zu 26 Gene regulieren (WINKLER et al. 2003 zit. in MÜLLER 2004).

Gentechnisches Verfahren

Um eine gewünschte Eigenschaft von einem Organismus auf einen anderen zu übertragen, wird das entsprechende Zielgen ausgesucht, isoliert und in einigen Fällen verändert (modifiziert). Es kann aber nicht als Einzelgen in eine bestehende Genfolge eingeschleust werden.
Es wird ein **Genkonstrukt** (gene-expression-cassette) gebildet, das im einfachsten Falle einen Promotor, das **Zielgen** und einen Terminator enthält. Der **Promotor** ist der DNS-Abschnitt vor dem Gen, der die Transkription des neuen Eiweißes startet.

Es gibt Promotoren mit genereller Wirksamkeit, von welchen der des **Ca**(uliflower)**M**(osaic)**V**(irus) besonders aggressiv ist und daher bisher bei den meisten gentechnischen Veränderungen eingesetzt wird.
In über 80% der transgenen Pflanzen wird der Terminator aus dem *Agrobacterium tumefaciens* integriert (NOS - **No**palin **S**ynthase), der mittels einer spezifischen Sequenz das Ende eines Genes anzeigt und die Expressionsphase beendet.

Zur Übertragung dieses Genkonstruktes wird ein Transportmittel (Vektor) benötigt, meist ein **Plasmid** aus einem Bakterium. Plasmide sind zusätzliche ringförmige DNS-Moleküle in Bakterien, die sich unabhängig vom Erbgut vermehren und Gene auf andere Organismen übertragen können.

Das Bodenbakterium *Agrobacterium tumefaciens* besitzt ein solches Plasmid, das Ti-Plasmid (**T**umor-**i**nducing), das Zellwucherungen an Pflanzenwurzeln (Wurzelhalsgalle) verursacht. Bei der Infektion einer Pflanzenzelle wird die genetische Information aus dem Ti-Plasmid an beliebiger Stelle in das Pflanzengenom eingebaut. Diese natürliche Fähigkeit zum Gentransfer wird in der Gentechnik genutzt und funktioniert bei zweikeimblättrigen Pflanzen (z.B. Soja, Kartoffeln, Tomaten).

Da die tumorbildenden Gene für den Gentransfer nicht erwünscht sind, werden sie mittels Restriktionsenzymen aus dem Ti-Plasmid entfernt.

In dieses Plasmid von *Agrobacterum tumefaciens* wird das Genkonstrukt mit Hilfe von Ligasen eingesetzt. Dieser Vektor wird dann in die Pflanzenzelle abgeladen (Kartoffeln, Soja, Tomate) oder winzige mit Fremdgen beladenene Gold- oder

Wolframkügelchen werden mit einer Genkanone in die Zellen von einkeimblättrigen Pflanzen (Mais, Reis, Weizen) geschossen. Die Insertion des Genkonstruktes erfolgt zufällig an unvorhersehbarer Stelle.

Bei einer gentechnischen Übertragung werden nur bei einem Bruchteil der Pflanzenzellen die neuen Gene eingebaut. Um die erfolgreichen Transgene identifizieren zu können, werden **Markergene** mitinseriert.

Meist sind das Antibiotika- oder Herbizidresistenzgene, die es infolge ihrer Resistenz den transformierten Zellen möglich machen, in einem antibiotika- oder herbizidangereicherten Nährmedium zu überleben.
Aus diesen Zellen werden die transgenen Pflanzen herangezogen. Die Markergene werden nach der Identifikation nicht mehr gebraucht. Man ist daher bemüht, sie anschließend wieder zu entfernen (z.B. Bt11 Feldmais).

Alberta Velimirov Dr.

Geb. 1948 in Villach, studierte an der Wiener Universität Zoologie im Hauptfach. Einige Jahre in Afrika, an der Universität in Kapstadt bis zur Geburt der Tochter Tatjana (1977) als Junior Lecturer beschäftigt.

Seit 1987 am Ludwig Boltzmann Institut für Biologischen Landbau und Angewandte Ökologie angestellt.

Arbeitsbereich ist die vergleichende Produktqualitätsforschung, wobei die Entwicklung und Anwendung alternativer Qualitätsermittlungsmethoden das zentrale Thema ihrer wissenschaftlichen Arbeit darstellen.

Der drohende Einsatz von gentechnisch veränderten Organismen in der Lebensmittel-Produktionskette veranlasste mich, einen Beitrag zu diesem Buch zu leisten.

13. HINTERGRÜNDE

13.1. Welthandelsorganisation WTO und Gentechnik-Politik

WILLIAM F. ENGDAHL, freier Journalist

Text: William F. Engdahl mit Proffessor Anton Moser

Im Mai 2003, bevor das Bombardement im Irak abgeklungen war, überraschte George W. Bush die Welt mit der Attacke gegen die EU und gegen deren insgesamt sechs Jahre lang dauernden Zulassungsstopp (Moratorium) neuer gentechnisch veränderter Organismen. Nachdem er die EU zynisch beschuldigt hatte, den Hunger in Afrika zu fördern, indem diese die weltweiten Akzeptanz der Amerika-dominierten GVO verhinderte, drohte Bush, die EU zur Welthandelsorganisation WTO mit dem Vorwurf der "unfairen Handelspraxis" zu zitieren. Innerhalb eines Jahres gab die EU ihren Widerstand auf und sie fügte sich wieder einmal dem immensen Druck der globalen Agrarindustrielobby.

Um verstehen zu können, wie der deutliche Wille der Staaten Europas und des Großteils der restlichen Welt mit Füßen getreten wird, nur um den privaten Konzernen wie Monsanto, DuPont oder Syngenta zu mehr Profit zu verhelfen, ist es sehr wichtig, die Rolle der WTO zu betrachten, wie sie die Privatinteressen der globalen Agrarindustrie-Lobby forciert. Die Frage drängt sich auf: was ist denn die WTO und wessen Interessen dient sie?

Die GATT Uruguay Runde und die WTO

Ein kleiner geschichtlicher Rückblick zu den Wurzeln der WTO sei vorausgeschickt, bevor die entscheidende Frage beantwortet ist, wer die Entscheidungen der WTO bestimmt. Die Verhandlungen über den Welthandel seit der Etablierung des "Bretton Woods" Finanzsystems der Nachkriegszeit am Ende des 2. Weltkrieges, wurden durch eine Allgemeine Übereinkunft über Tarife und Handel, bekannt unter dem Kürzel GATT (General Agreement on Tariffs and Trade), beschlossen. Auf Grundlage des GATT-Vertrages von 1948 fand eine Serie von Handelsrunden statt. Die letzte GATT-Runde endete 1994, das GATT wurde Teil der nachfolgenden WTO. Washington begann 1980 Druck auszuüben, um weitreichende neue Bereiche in eine neue GATT-Runde durchzusetzen, wie z.B. TRIPS ("Trade in Intellectual Property", den Handel von geistigem Eigentum). Der Grund ist schnell erklärt: Die USA würden stark davon profitieren, wenn sie TRIPS durch eine internationale Gruppe kontrollieren könnten. Washington benützte 1982 die Schuldenkrise Lateinamerikas und speziell die Not Brasiliens sowie anderer Schuldner, die die finanzielle Hilfe der USA benötigten, sodass diese Länder dem TRIPS zustimmen mussten. Im September 1986 wurde die letzte GATT-Verhandlungsrunde, die GATT Uruguay-Runde, in Punta del Este in Uruguay, gestartet.

Gegen Ende des Jahres 1994 stimmte der US-Kongress dafür, sich dem permanenten Handelsgremium anzuschließen, das von der GATT Uruguay Runde gegründet wurde: der WTO. Darüber gab es kaum eine Debatte. In Washington war klar, wer dieses neue Gremium dominieren würde. Während das GATT keinen starken Druck ausüben konnte und nur ein zwischenstaatliches Netz für Handelsverträge war, verkörperte die WTO eine Gruppe mit besonders starker Möglichkeit, Druck auszuüben und Sanktionen zu erlassen. Wichtiger ist freilich, dass hier geheime Entscheidungen getroffen werden, ohne demokratische Aufsicht. Es zeigt sich, dass die wichtigsten Fragen des wirtschaftlichen Lebens auf unserem Planeten hinter verschlossenen Türen in Genf, dem Hauptquartier der WTO, oder in Washington oder Brüssel abgehandelt werden (lit.1).

GVO-Politik der WTO

1992 unterzeichneten 175 UN-Regierungen in Rio mit dem UN-Konvent über Biodiversität (CBD) ein Übereinkommen, in dem die sichere Handhabung und der sichere Handel mit GVO festgelegt wurden. Dies war eine wichtige Abstimmung der Weltgemeinschaft, um die gesundheitlichen und ökonomischen Auswirkungen der Gentechnik-Landwirtschaft bereits vor der Freisetzung von GVO in den einzelnen Ländern zu berücksichtigen. Die US-Regierung unter Präsident George Bush sr. opponierte dabei stark gegen den CBD mit dem Argument, dass ein "Biosicherheits"-Protokoll unnötig sei. Nach dem CBD-Übereinkommen konnte nämlich ein Land GVO-Importe verbieten, die strenge Trennung von natürlichem Getreide und GVO vorschreiben und GVO-produzierende Firmen für zukünftige Schäden rechtlich verantwortlich machen.

Die Gentechnik-Biotech-Industrie, angeführt von Monsanto, DuPont und Dow in den USA sabotierten dieses Abkommen, trotz der "offiziellen" Abwesenheit der USA, die sich weigerten, das CBD-Abkommen zu unterschreiben. Eine Gruppe von sechs Ländern, die die Biotech-GVO kontrollierte (USA, Kanada, Argentinien, Uruguay, Australien, Chile), erzwangen eine Klausel in dem CBD-Abkommen, die das "Biosicherheits"-Protokoll der WTO unterordnete. Das Argument war, dass ein durch "unbewiesene" Sicherheitsbedenken beschränkter Handel ein Hemmnis für die WTO-Regeln darstellt! Schließlich und unendlich zertrümmerten die USA das Protokoll, indem sie sich weigerten, Soja und Mais darin einzuschließen, die 99 Prozent aller GVO-Produkte verkörpern. Damit war das "Biosicherheits"-Protokoll wertlos geworden.

Die WTO diente als Waffe für eine machtvolle Koalition zwischen Washington und den privaten GVO-Giganten, die von Monsanto angeführt werden. Schon früher im Jahr 1992 war Bush sr. dem Wunsch von Monsanto und der aufkommenden Gentechnik-Multis nachgekommen und bestimmte, dass GVO "substantiell äquivalent" (also "im wesentlichen gleichwertig") zu natürlichem Mais und Soja seien. Für die Markteinführung der GVO war kein außertourlicher Test oder eine Gesundheitskontrolle nötig. Das war der entscheidende Vorteil für die Gentechnik-Lobby.

Der machtvollste Staat definierte damit GVO-Saatgut in der GATT als harmlos, das keiner Regelung für Gesundheit und Sicherheit bedarf! Die USA sorgten sodann auch, dass dieses Prinzip in der neuen WTO verankert wurde und zwar in der Form des "Sanitary and Phytosanitary Agreement" SPS (zu Deutsch: "Gesundheitsschutz- und Pflanzenschutzübereinkommen"). Darin steht geschrieben:

"Nahrungsmittelstandards und Maßnahmen um Menschen oder Tiere vor Gift zu schützen, können potenziell als absichtliche Handelsbarrieren verwendet werden (Anm.: Und können deshalb verboten werden!)."

Andere WTO-Regeln im "Agreement to Technical Barriers to Trade" (TBT, "Übereinkommen über technische Handelsbarrieren") verbieten den Mitgliedsstaaten, ihre nationale Standards für Sicherheitstests bei Lebensmitteln anzuwenden, indem diese als "unfaire" Handelsbarrieren abgestempelt wurden!

Die Auswirkung dieser beiden von den USA durchgesetzten WTO-Regeln war, dass Washington jeder Regierung drohen kann, die den Import von Gentechnik-Pflanzen aufgrund einer Gefährdung des menschlichen oder pflanzlichen Lebens beschränkt oder verbietet (obwohl sich die USA zugegebenermaßen nicht um eine unabhängige Forschung in Bezug auf GVO-Sicherheit kümmern). Eine derartige Regierung handelt illegal gegen die Macht der WTO-Regeln des freien Handels! Noch alarmierender sind US-Argumente in der TBT, dass eine Kennzeichnung von genmanipulierten Pflanzen nicht notwendig sei, da diese Pflanzen im Vergleich zu natürlichen Pflanzen substantiell nicht transformiert wurden! Eigentlich im Widerspruch dazu steht die Aussage der USA, dass GVO durch den genetischen Prozess genügend transformiert sind, um als "Originale" patentwürdig zu sein! Niemand kann Washington oder die GVO-Agro-Industrie-Lobby bezichtigen, offen und konsequent zu sein (lit.2).

"TRIPS"-Abkommen zwingt der Welt ungetestetes Saatgut auf

Das Herz der WTO-Maschinerie, das der unwilligen Welt die GVO aufzwingt, ist das oben bereits genannte TRIPS (*"Trade-Related Aspects of Intellectual Property Rights"* bzw. Abkommen über *"handelsbezogene Aspekte der Rechte des geistigen Eigentums"*) und das AoA ("Agreement on Agriculture"), das WTO-Abkommen über Landwirtschaft, das unter dem Schafspelz "freier Handel" den Wolf verbirgt, nämlich das Monopol der privaten Agrar-Geschäfte mit GVO. Seit 1994 wurden unter den AoA-Regeln die meisten der ärmeren Länder gezwungen, ihre Quoten zu eliminieren und die Schutztarife zu streichen, gleichzeitig mit dem Entscheid der USA, die Stützung der Agrar-Industrie um 80 Milliarden Dollar zu erhöhen!

Der Nettoeffekt dessen war, dass dem machtvollen Monopol der fünf Handelsgiganten – Cargill, ADM, Bunge, Andre und Louis Dreyfus – erlaubt wurde, das Dumping von Nahrungsmitteln global zu erhöhen, wodurch Millionen von Farmerfamilien weltweit ruiniert wurden, während der Profit der privaten Konzerne maximiert wurde! Sollte wie zu erwarten China die WTO-Regeln einmal übernehmen, würden 200 Millionen (!) Bauern ruiniert sein, die aber das menschliche Arbeitsreservoir mit noch billigerem Arbeitslohn in den Städten Chinas füttern, die mit

Arbeitern aus Europa und der USA im Wettbewerb stehen.

Das Dumping durch die riesigen Getreide-Kartelle unter den WTO-Regeln hat die Verschuldung und den Bankrott sowie den Ausschluss vom Rechtsanspruch von Millionen von Farmern als Folge. Durch das Wirken der WTO ist das Nettoeinkommen der Farmer zwischen 1995 bis 2002 um 16 Prozent gesunken. Die Unterstützung des US-Landwirtschaftsministeriums USDA und damit der US-Regierung geht hauptsächlich an die Großfarmer und die Agro-Industrie-Kartell-Interessen wie z.B. Cargill, ADM u.a.m. und nicht an die kleinen Farmer.

Das AoA der WTO ignoriert die Realität, dass der landwirtschaftliche Markt sich qualitativ deutlich von dem z.B. des Automarktes unterscheidet. Landwirtschaft und nationale Nahrungssicherheit repräsentieren das Herzstück der nationalen Souveränität mit der Verpflichtung der eigenen Bevölkerung gegenüber, die Lebensgrundlage sicherzustellen. Landwirtschaft ist demnach in dieser Richtung eine einzigartige Sache, vergleichbar höhstens mit den Wasserrechten.

Das AoA, das WTO-Abkommen über Landwirtschaft, das von den Giganten des US-Getreidehandels sowie den Kartellen des Agrar-Geschäftes - z.B. Cargill, ADM, Monsanto, DuPont - fixiert wurde, dient ausschließlich diesen supranationalen Privatfirmen und deren einzigem Ziel: Ihre Gewinne und ihren Profit zu maximieren, ohne Rücksicht auf die Konsequenzen für die Menschen. Ihr Blick richtet sich auf die Dominanz des globalen Landwirtschafts-Marktes, der 1.000 Milliarden Dollar wert ist. Hinzuzufügen ist nur noch, dass der eigentliche Verfasser des AoA der WTO Daniel Amstutz war, ehemaliger Vizepräsident von Cargill, der im US Trade Representatives Office in Washington saß, bevor er wieder zurück zum Getreidehandel ging (lit.3).

Das TRIPS-Abkommen der WTO, also das Abkommen über den Handel von geistigem Eigentum, ist das Herz der Übernahme der Weltnahrungsproduktion durch GVO. Unter TRIPS verlangt die WTO, dass alle Mitgliedsländer sich dem "Schutz intellektuellen Eigentums" mittels Patentrechten für Pflanzenvarietäten unterwerfen. Das ist etwas, das weit außerhalb normaler Patentrechte liegt. Auch wenn Indiens Regierung sich zunächst weigerte, diese TRIPS/GATT Klausel in Uruguay zu ratifizieren, erreichte später eine Forderung seitens der USA innerhalb der WTO, dass Indien diesen Passus akzeptieren musste, womit Patente von Monsanto und Syngenta auch hier geschützt wurden.

Ein privates Patent-Monopol für natürliche Pflanzen oder für das Leben ist absurd. Unter dem Druck durch Monsanto, Washington und der GVO-Agrar-Kartelle, wurde die WTO zum Polizisten, um GVO "in die Gurgel der Welt zu stopfen". Dies geschah unter Zuhilfenahme des TRIPS-Abkommens, durch das Länder gezwungen werden, ihre Grenzen für ungetestete GVO-Pflanzen zu öffnen. Ein Patent hindert jede Person, außer den Patentinhaber, das patentierte Produkt, also das GVO-Saatgut der weltweit den Saatgutmarkt beherrschenden Firmen wie Monsanto oder Syngenta, zu verwenden. Das ist die Kernaussage der Monsanto Gentechnik-Verschwörung, um der Welt ungewünschtes und ungetestetes Saatgut aufzuzwingen.

Bis Januar 2000 hatten 68 Entwicklungsländer dem GVO-Patentgesetz von TRIPS zugestimmt. Die 30 am schlechtesten entwickelten WTO-Länder müssen dies bis 2006 ebenso machen.

Monsanto und die Agrar-Monopol-Kartelle argumentieren, dass sie durch TRIPS/WTO nur ihre Investitionen zurückgewinnen wollen! Die enormen Zerstörungen für lokale Bauern werden gar nicht in Erwägung gezogen. WTO ist das Instrument, um die globalen Interessen der machtvollen Agrar-Industrie bei GVO zu sichern.

Wer kontrolliert die WTO?

Praktisch niemand fragt, wer die Welthandelsorganisation WTO kontrolliert - obwohl diese Frage von größter Wichtigkeit für die globale Nahrungssicherheit ist.

Die WTO-Entscheidungen haben die Macht des internationalen Gesetzes, womit nationale Regierungen gezwungen werden können, ihre lokalen Gesetze für Gesundheit, Sicherheit usw. zu widerrufen, falls die WTO die Verletzung des freien Handels - wie im Falle der GVO - urgiert. Diese Macht ist in Händen privater Interessen, nämlich der US-dominierten aber global agierenden Agro-Industrie-Kartelle!

Am Papier werden alle WTO-Regeln durch einen Konsens aller 134 Mitgliedsstaaten gemacht. In der Realität allerdings sind es vier Länder, angeführt von den USA, die alle wichtigen Agrar-Entscheidungen treffen. Analog zum Internationalen Währungsfonds und der Weltbank steuert Washington das Geschehen hinter den Kulissen - und macht es im Interesse des privaten Agrar-Industrie-Kartells!

Die 4 Länder, die die WTO kontrollieren, werden "QUAD-Länder" genannt und sind die USA, Kanada, Japan und die EU. Andererseits üben in den QUAD-Ländern die Giganten der Agro-Industrie-Multis die Kontrolle und den Einfluss aus, am deutlichsten in Washington.

Paradoxerweise wurde die WTO als Frankenstein-Monster erfunden, um die Wünsche der gigantischen Privatindustrie über die Anliegen des demokratischen Willens von ganzen Nationen und ihren Regierungen zu stellen. Die WTO forciert eine Mission, die Regeln des "freien Handels" durchzusetzen. Um 1840 war das British Empire der führende Proponent des freien Handels. Warum? Weil die Finanzen und Firmen Englands die Welt dominierten und so die anderen zwangen, sich dem britischen Einfluss zu öffnen. Die WTO übernimmt dieselbe Rolle, nur auf einem höheren Niveau mit dem Effekt, dass nationale Landwirtschaften und Ökonomien verwüstet werden.

Unter den geheimen WTO-Regeln können die Länder gegenseitig Gesetze anfechten, weil sie ihren Handel behindern. Jeder Fall wird von einem Gericht gehört, dem drei Handelsbürokraten angehören, die für gewöhnlich einflussreiche Unternehmens-Rechtsanwälte sind. Die Rechtsanwälte unterliegen keinerlei bindenden Regeln über Interessenskonflikte, sodass z.B. ein Monsanto-Rechtsanwalt über einen Fall, der für Monsanto von erheblichem Interesse ist, bestimmen kann.

Es ist unglaublich, aber die Namen der Richter werden geheimgehalten!
Zusätzlich ist zu vermerken, dass es keine Richtlinie gibt, dass die WTO-Richter irgendein nationales Recht irgendeines Staates respektieren. Die drei Richter treffen
sich im Geheimen, niemand kennt Zeit und Ort. Sämtliche Akten sind vertraulich
und können nicht publiziert werden. Alles zusammen handelt es sich also um eine
moderne Version der spanischen Inquisition, nur mit weitaus mehr Macht!

Die EU hatte früher den Import von Rinderfleisch aus den USA, das mit Wachstums-
und anderen Hormonen behandelt wird, verboten, woraufhin die USA bei der WTO
eine formale Klage einreichten. In einem langen Bericht unabhängiger Wissenschaftler wurde ausgesagt, dass derartige Hormone kanzerogen sind. Die drei WTO-
Richter jedoch kamen zum Schluss, dass die EU keine "gültige" Studie vorgelegt
haben, um den Import stoppen zu dürfen. Daraufhin wurde die EU zu Zahlungen
von 150 Millionen Dollar pro Jahr gezwungen, um den Verlust der US-Firmen auszu-
gleichen! (lit.4).

IPC – die Drehscheibe im Hintergrund

Die machtvollen Privatinteressen, die die Landwirtschaftspolitik der WTO kontrollieren, ziehen es vor, als kaum öffentlich bekannte NGO (Non Governmental Organisation; Nicht-Regierungsorganisationen) im Hintergrund zu bleiben. Eine der
einflussreichsten Gruppen bei der Gründung der WTO, ist eine Organisation, die
sich kurz International Policy Council (IPC) nennt, oder genauer gesagt die International Food & Agricultural Trade Policy Council. Das IPC entstand 1987 mit der
Absicht, bei den Uruguay-Verhandlungen die GATT-Landwirtschafts-Regeln der WTO
durchzusetzen, und zwar still und leise! IPC verlangt die Entfernung der "hohen
Tarife" in Entwicklungsländern, da sie nichts als Handelsbarrieren sind. Andererseits
verschweigen sie die massive Stützung der Agro-Industrie in den USA.

Ein Blick auf die Mitglieder der IPC zeigt klar auf, wessen Interessen dort vertreten sind:
- Vorsitzender ist Robert Thompson, ehemaliger stellvertretender US-Land-
  wirtschaftsminister, ehemaliger Leiter der Abteilung für Landwirtschaft und
  ländliche Entwicklung der Weltbank und ehemaliger Berater des US-Präsi-
  denten in Wirtschaftsangelegenheiten
- Bernard Auxenfans, früherer Vorsitzender von Monsanto Frankreich
- Allen Andreas von ADM/Toepfer
- Andrew Burke von Bunge / USA
- Dale Hathaway, früherer Mitarbeiter im US-Landwirtschaftsministerium USDA
  und Chef von IFPRI / USA
- Heinz Imhof, Verwaltungsratspräsident von Syngenta / CH
- Rob Johnson von Cargill / USA und Berater von USDA in Fragen der Land-
  wirtschaft
- Guy Legras aus Frankreich, früherer Generaldirektor für Landwirtschaft in
  der EU-Kommission
- Rolf Moehler aus Deutschland, auch früherer Generaldirektor für Landwirt-
  schaft in der EU

- Donald Nelson von Kraft Food / USA
- Joe O´Mara von USDA
- Hiroshi Shiraiwa von Mitsui & Co aus Japan
- Hans Joehr, Chef der Landwirtschaft bei Nestlé
- Jerry Steiner von Monsanto / USA
- Ann Veneman als Ehrenmitglied, Landwirtschaftsministerin bei George W. Bush 2001 bis 2005, nachdem sie Vorstandsmitglied bei einer Monsanto-Tochterfirma war.

Das IPC ist also in Wirklichkeit beherrscht von den US-Giganten der Agro-Industrie mit Cargill, Monsanto, Bunge, ADM; gerade diejenigen, die deutlich von den Regeln, die sie für den WTO-Handel entwarfen, profitieren.

In Washington repräsentiert das Landwirtschaftsministerium USDA nicht mehr die Interessen der kleinen Farmerfamilien, sondern stellt die Lobby der Agro-Giganten dar. Die GVO-Politik ist das beste Beispiel.

Die vielleicht einflussreichste "Farmer"-Organsiation ist die AFBF, die "American Farm Bureau Federation", die fünf Millionen "Mitglieder" zu zählen meint. Die meisten von ihnen werden automatisch Mitglieder, wenn sie eine AFBF Versicherungspolizze nehmen! Sie haben keine Verbindung zu einer Farm. Die AFBF berichtet von einem Versicherungsprofit von 6,5 Millionen Dollar.

Die AFBF ist heute ein Finanzgigant und keine Farmer-Lobby! Sie besitzt große Aktienbestände an Monsanto, ADM, dem Nahrungsmittelkonzern ConAgra, DuPont, Syngenta und Phillip-Morris-Kraft Food. Das darf niemand verwundern, wurde AFBF doch im frühen 20. Jahrhundert mit Geld von Rockefeller und Vanderbilt gegründet, um auf den Handel mit landwirtschaftlichen Produkten der Chicago Board of Trade für Landwirtschaft Einfluss zu nehmen.

Im Jahre 2000 hat der demokratische Senator von Minnesota, Paul Wellstone, eine Gesetzesvorlage eingeführt, die weitere Fusionen in der Agro-Industrie blockieren sollte. Dies wurde aber durch eine gut finanzierte Lobbying-Anstrengung der AFBF abgeschmettert. Der Präsident der AFBF, Bob Stallman, ist ein guter Freund von George W. Bush, der von ihm für das Texas State Committee in Sachen Erleichterungen bei Eigentumssteuern nominiert wurde. 1996 war er der Berater des Kongresses für einen Landwirtschafts-Gesetzesentwurf, der der Agro-Industrie diente. Sein texanischer Freund George W. Bush nominierte ihn dann 2001 für das Beratungskomitee von APAC (Agricultural Policy Advisory Committee for Trade). APAC ist wiederum eine geheime NGO (Nichtregierungsorganisation), bei der ein Zutritt nur mit Sicherheitskontrolle möglich ist! So viel zur transparenten Regierung! Stallman sitzt auch im ACIEP, der wichtigsten Beratergruppe für Ökonomie des US State Departments, des Außenministeriums der USA.

Andererseits bildet die AFBF ein Kartell für die Interessen der Agro-Industrie mit den Großhandelsfirmen Cargill, ADM, Bunge, den Lebensmittelverarbeitungs- und Vertriebsgesellschaften Kraft, Wal-Mart, Smithfield, Tyson, ConAgra sowie auch Organisationen wie dem US Rinderbauern-Verein (US National Cattlemans´ Beef Association): Dieser benützt die WTO, um die Kennzeichnung von Fleisch je nach Herkunftsland (COOL) genauso zu verbieten wie nach GVO-Inhalten. So kontrollieren heutzutage z.B. in den USA drei Firmen 80 Prozent der Viehschlachtungen. Das US-Landwirtschaftsministerium USDA hat sich wiederholt geweigert, die Anti-Monopol-Gesetze gegen die Agro-Industrie anzuwenden. Mit dem einfachen Grund, dass das USDA die Lobby der Agro-Industrie ist und nicht die der Farmer! Sogar in Amerika wissen aber nur wenige davon. Die Steuern der Menschen in den USA tragen zur Zerstörung der qualitätsvollen Farmerfamilien bei!

Brüssel ist ebenso von der GVO-Lobby dominiert

Die Macht der GVO-Firmen und der Amerika-zentrierten Agro-Industrie erstreckt sich auch auf die Kontrolle der Schlüsselpolitik in Brüssel bei der EU-Kommission. Seit Jahren ist es allgemein bekannt, dass die Getreide-Politik der EU-Bauern-Experten nicht von nationalen Regierungen bestimmt wird, sondern von den "Großen 5" der privaten Getreide-Händler wie Cargill und ADM. Dazu kam dann das machtvolle Gewicht von Monsanto, DuPont und die vier bis fünf GVO-Giganten. Das kommt in dem vor kurzem angekündigtem EU-Programm SAFEFOODS klar zutage, dem Nachfolger des kontroversiellen Pro-GVO-Projektes ENTRANS-FOOD, das ins Leben gerufen wurde, um "die Markteinführung von GVO in Europa zu erleichtern und so die europäische Industrie in eine wettbewerbsfähige Position zu bringen." Die GVO werden aber von Firmen aus USA und der Schweiz dominiert, die gar nicht in der EU sind.

ENTRANSFOOD, jetzt neutraler SAFEFOODS genannt, nimmt für sich in Anspruch, verschiedene Sichtweisen über GVO zu kombinieren. In Wirklichkeit aber ist die Schlüsselstelle durch die Arbeitsgruppe 1 gegeben, die für "Sicherheitstests transgener Nahrungsmittel" zuständig ist, die aber nicht aus unabhängigen Konsumenten besteht, sondern aus Leuten von Monsanto, Unilever, Bayer AG, Syngenta und BIBRA International, einer Consulting-Firma, die ein Nahverhältnis zur Agro-Industrie und zur Pharma-Industrie aufweist.

So ist Harry Kuiper, ein niederländischer Wissenschaftler und Mitglied der Gruppe für Nahrungsmittel-Sicherheit bei GVO von SAFEFOODS in Brüssel, Koordinator von SAFEFOODS. Kuiper ist aber nicht neutral gegenüber den GVO: Er ist Vorsitzender des GVO-Panels der Europäischen Behörde für Lebensmittelsicherheit (EFSA) und war federführend bei der höchst aggressiven Verleumdungskampagne zur Diskreditierung des Genetikers Dr. Arpad Pusztai, der es gewagt hatte, die alarmierende Tatsache der Schädigung von Organen bei Ratten an die Öffentlichkeit zu bringen, die mittels GVO-Kartoffel gefüttert wurden. Pusztai wurde auf Intervention von Monsanto durch den Premierminister Tony Blair im Jahre 1999 gekündigt (lit.5). Die wissenschaftlichen Ergebnisse von Dr. Arpad Pusztai repräsentieren eine der wenigen Untersuchungen unabhängiger Wissenschaftler über die potentiellen Gefahren von GVO bis heute.

Die Aussagen des ganzen Artikels lassen sich wie folgt zusammenfassen:
"Die WTO ist nichts anderes als der globale Polizist für die mächtige GVO-Lobby und die dazugehörigen Agro-Industriefirmen!"

Literatur

(1) Abreu, Marcelo de Paiva, "Brazil, the GATT and the WTO: History and Prospects", September 1998, Department of Economics, PUC, Rio de Janeiro, No. 392.

(2) GVO and the WTO: Overruling the Right to say No,' By World Development Movement, November 1999, www.wdm.org.uk.

(3) Murphy Sophia, 'WTO Agreement on Agriculture: Suitable Model for a Global Food System?' Foreign Policy in Focus, v.7, no. 8, June 2002.

(4) Montague Peter, UAW Local 1981/AFL-CIO, The WTO and Free Trade, Environmental Research Foundation in www.garynull.com.

(5) PR Operation on GM Foods again exposes EFSA industry-bias," Press release, 29.12.2004. www.gmwatch.org

William F. Engdahl

Studierte Politik an der Princeton University/USA und Vergleichende Ökonomie an Universität Stockholm,
aktiv als freier Journalist,
schreibt über IMF Politik in der UdSSR und 3. Welt Fragen, auch in europäischen, amerikanischen und japanischen Zeitschriften.
Vorträge vor internationalen Gremien über Geopolitik, Ökonomie, Energie, Nahrungspolitik, GATT; Buchautor "A Century of War: Anglo-American Oil Politics and the New World Order" und schreibt an einem Werk über die Politik die Gentechnik in der Landwirtschaft".
Lebt zurzeit in Deutschland.

14. AUSWEGE

14.1. Gewinne(r) ohne Gentechnik
KLAUS FAISSNER

"Geht nicht, gibt´s nicht", sagten sich ein paar Unternehmer und zeigen eindrucksvoll, dass Gentechnik erfolgreich und komplett aus unseren Lebensmitteln entfernt werden kann – egal, ob es sich um die Futtermittel der Nutztiere, Hilfsstoffe bei der Nahrungsmittelherstellung oder um importierte Öle handelt. Spürbar ist vielfach die Kraft, die beim Beschreiten dieses ehrlichen, geradlinigen Weges mitschwingt. Obwohl der Weg mit vielen Hürden gepflastert sein kann, ist die Chance, nicht nur den Konsumenten zum Gewinner zu machen, groß.

Seit die Kennzeichnungspflicht für gentechnisch veränderte Nahrungsmittel im April 2004 schlagend wurde, nimmt die Diskussion um die fehlende Kennzeichnung von Produkten von Tieren, die mit genmanipulierten Futtermitteln gefüttert wurden, kein Ende. Im Schussfeld der Kritik von Umweltschutzorganisationen sind vor allem Milchkonzerne, die behaupten, dass eine gentechnikfreie Fütterung der Kühe nicht möglich ist. Dass dies und noch mehr sehr wohl möglich ist, zeigt eindrucksvoll die größte Schweizer Molkerei:

EMMI

Hier hat die Gentechnik absolut keinen Platz. "Die GVO-Richtlinie des Unternehmens besagt, dass weder Rohstoffe, Halbfabrikate, Zusatzstoffe noch Hilfsstoffe aus gentechnisch veränderten Organismen bestehen dürfen", erklärt der Leiter der Emmi-Konzernkommunikation Stephan Wehrle. Mit anderen Worten: Die unternehmensinternen Vorgaben schließen eine GVO-Fütterung der Milchkühe jener Bauern, von denen Emmi die Milch bezieht, ebenso aus wie jeglichen Einsatz von Gentechnik in der Verarbeitung der Milch und Herstellung der Milchprodukte. Seit 2004 ist Emmi komplett gentechnikfrei.

Mit zu diesem Schritt beigetragen hat sicherlich auch die entschiedene Ablehnung der Schweizer Konsumenten gegenüber der Gentechnik in der Landwirtschaft und in den Nahrungsmitteln. Diese bewirkte unter anderem, dass der Import von genmanipuliertem Sojaschrot von rund 50 Prozent im Jahr 1999 auf praktisch Null im Jahr 2003 fiel.

Um ganz sicher zu gehen, dass keine unerwünschten GVO-Futtermittel verfüttert werden, verpflichtete Emmi alle Milchlieferanten schriftlich, diese Vorgabe einzuhalten. Damit schaffte die Schweiz und Emmi etwas, was im übrigen Europa meist als "undenkbar" bezeichnet wird: Die Gentechnikfreiheit bei Futtermitteln. Im Vergleich dazu waren im landwirtschaftlich und landschaftlich ähnlich strukturierten Österreich 2003 rund 97 Prozent aller Soja-Futtermittelimporte gentechnisch verändert! Außerdem gibt es unter den Schweizer Käseherstellern ein "Gentlemen Agreement", kein gentechnisch verändertes Lab und keine Zusatzstoffe in der Käseerzeugung zu verwenden, erzählt Wehrle.

Dieses Beispiel zeigt einmal mehr, dass hohe Lebensmittelqualität und Gentechnik unvereinbar scheinen. Bei der Verbannung der genmanipulierten Zusatzstoffe gehe Emmi jedoch über den allgemein in der Schweiz gehaltenen Standard hinaus – was bisweilen auch mit Schwierigkeiten verbunden war, weil es "bei Aromen fast nicht mehr möglich ist, etwas anderes zu bekommen", wie Wehrle erklärt.

Zwei Gründe seien für Emmi maßgeblich gewesen, um in punkto Gentechnikfreiheit eine Vorreiterrolle einzunehmen:

- "Als größter Molkereikonzern des Landes steht das Unternehmen verstärkt im Blickpunkt der Öffentlichkeit". Die Arbeit solcher Unternehmen wird von Medien und Umweltschutzorganisationen strenger bewertet als die der Konkurrenz – ein anschauliches Beispiel dafür liefert der Dauerkonflikt zwischen dem größten deutschen Milchkonzern Müller-Milch und Greenpeace.
- "Wir sind im Premium-Bereich tätig. Im Unternehmen wird die Ansicht vertreten, dass eine gentechnikfreie Produktion auch ein USP (Anm.: Unique Selling Preposition = Alleinstellungsmerkmal eines Produktes) ist."

Dass Emmi die Gentechnikfreiheit am Futtermittelsektor in der Schweiz nicht als Hemmschuh sieht, beweist Wehrles Aussage zu diesem Thema: "Wir sind stolz auf diese Entwicklung."

Langsamer läuft die Entwicklung in Österreich, wo im Gegensatz zur Schweiz Gensoja bei der Tierfütterung (noch) nicht wegzudenken ist. Doch auch hier ist bereits etwas in Bewegung geraten: Kärntnermilch hat als erster heimischer Milchkonzern in der jüngeren Vergangenheit im September 2004 beschlossen, auf gentechnikfreie Fütterung umzusteigen. Die Umsetzung soll bei den knapp 2.000 Milchbauern bis 2006 vollzogen sein.

Bei TirolMilch hingegen wurde 2003 mit großem Werbeaufwand eine gentechnikfreie Milchcharge vorgestellt, die sich bei genauerem Hinsehen jedoch als nicht gerade überwältigend darstellt: Nur knapp acht Prozent der gesamten angelieferten Milch war kontrolliert gentechnikfrei.

Als komplett gentechnikfrei präsentieren sich jedoch eine Reihe anderer Unternehmen wie Rapso, Ölmühle Fandler, Bäckerei Hager, Rapunzel und:

TONI´S FREILANDEIER

Als Anton Hubmann 1988 mit der Freilandhühnerhaltung begann, war er nicht nur ein Pionier, sondern sah er sich auch einem Informationsdefizit der Bevölkerung gegenüber: "Die Konsumenten haben gar nicht gewusst, dass so gut wie alle Hühner in Käfigen sind." Daher sei es ihm auch darum gegangen, die Menschen über die wahren Zustände bei der Hühnerhaltung aufzuklären.

Dies dürfte mit Hilfe der Medien auch gelungen sein: Die Nachfrage nach Eiern aus Boden- und vor allem Freilandhaltung stieg immer weiter an und die Politik trug dem Trend Rechnung: Das 2004 beschlossene österreichische Tierschutzgesetz verbietet die Käfighaltung ab 2009.

1988 stand Hubmann mit 500 Hennen ganz alleine in der Freilandhaltung da. Die Marke "Toni´s" war geschaffen und sollte – trotz anfänglich großem Unverständnis unter den anderen Hühnerbauern – wegweisend sein: Inzwischen werden die Eier von rund 480.000 Hennen auf 300 Betrieben an fast alle Handelsketten Österreichs geliefert, namhafte Abnehmer gibt es auch in Bayern und in der Schweiz.

Doch Freilandhaltung alleine ist Hubmann nicht genug: Inzwischen stammen gut ein Drittel aller Eier von den etwa 180.000 Bio-Legehennen. Und auch bei den konventionellen Freilandhühnern leistete er Pioniertätigkeit: Seit April 2003 tragen auch alle nichtbiologischen Eier das Kontrollzeichen der ARGE Gentechnik-frei. Um dahin zu gelangen galt es, die Gensoja durch gentechnikfreie Soja zu ersetzen - was ein schwieriger Weg gewesen sei, wie Hubmann erzählt. Ununterbrochen hörte er den Spruch: "Das geht nicht."

Doch der Bauer und Unternehmer blieb beharrlich, setzte sich durch und schmunzelt heute darüber: "Bei einer solchen Äußerung habe ich immer von "Geht-nicht-Technik" gesprochen. Aber wenn man sich um gentechnikfreie Futtermittel bemüht, werden sie auch die Futtermittelhersteller erzeugen. Toni´s Freilandeier waren damit die erste große konventionelle Unternehmung bzw. Marke, die den kompletten Umstieg auf gentechnikfreie Produktion im großen Stil vollzogen hat.

Als ein Erfolgsrezept nennt Hubmann ein gutes Produkt von "glücklichen Hühnern", die neben einem guten Futter genügend Platz im Stall und unter freiem Himmel haben, zufriedene Bauern, akzeptable Bedingungen für den Handel und zufriedene Konsumenten, "die auch froh sind, dass Gentechnikfreiheit auch gelebt wird".

Die persönliche Überzeugung scheint Hand in Hand mit dem wirtschaftlichen Erfolg zu gehen. Dementsprechend sieht auch der Weg aus, den sich Hubmann für Österreich in Sachen Gentechnik wünscht: "In diesem Punkt brauchen wir sicher nicht zu den vermeintlich Fortschrittlichen gehören. Sollten sie alle benutzen, dann sind wir halt die letzten der Welt, die frei davon sind."

Anton Hubmann

Jahrgang 1957, übernahm nach einigen Jahren Studium der Betriebswirtschaft in Wien, den elterlichen landwirtschaftlichen Betrieb. Stellte 1988 die Käfighaltungsproduktion seiner Eltern auf Freilandhaltung um und vermarktete die Schafmilchprodukte und die

Marke Toni´s Freilandeier.
Mittlerweile produzieren 300 Bauern Toni´s Freilandeier in kleinstrukturierter Landwirtschaft.
Neben der Vision des gesunden Kreislaufes Bauer – Henne – Ei sorgt Toni Hubmann für die Erfüllung seines Markencredos "Nur das Beste für unsere Konsumenten".
Denn "Nur wenn es unseren Bauern und unseren Freilandhennen gut geht, können meine Bauern und ich die qualitativ besten Freilandeier an unsere Konsumenten verkaufen."

RAPSO

Mehr als 40 Prozent Umsatzsteigerung im Jahr 2004, Nummer 1 am Rapsölmarkt in Deutschland, meist verkauftes Speiseöl bei Deutschlands größtem Handelsunternehmen Metro und eine beachtliche Ausdehnung der Raps-Anbauflächen in Österreich: Die Zahlen von Rapso können sich sehen lassen.

"Wir haben 1995 mit Rapsöl eine neue Produktkategorie in Mitteleuropa kreiert", sieht Karl Fischer vom Rapso-Hersteller VOG – einem internationalen Handelshaus und Lebensmittelproduzenten – in Linz das Erfolgsrezept bereits mit dem Startschuss des Projektes begründet. Rapsöl hatte damals bei der älteren Bevölkerung einen schlechten Ruf, weil es als – gar nicht wohlschmeckend empfundener – Grundstoff für die Margarineherstellung bekannt war.

Doch mit der Einführung neuer Rapssorten in den späten 1970er Jahren hat sich das geändert: "Aufgrund des für die Gesundheit zuträglichen Fettsäurespektrums wurde Canola-Rapsöl in den USA 1987 zum ´Lebensmittel des Jahres´ gewählt", erzählt Fischer.
Doch dies sei nur ein Grund des Erfolges: "Zum einen ist das geschmacksneutrale Öl ein Allrounder in der Küche und auch zum Erhitzen sehr gut geeignet." Zum anderen habe man die Wahrheit deklariert – "wir waren von Anfang an total transparent in allen vertraglichen Vereinbarungen gegenüber den Partnern und auch gegenüber dem Konsumenten".
Der Konsument habe sich verlassen können, ein heimisches, gut kontrolliertes Produkt zu kaufen, "was uns unter anderem bei Lebensmittelskandalen wie BSE oder Schweinepest viel Verkaufsschub gebracht hat".

Unter anderem wird garantiert, dass Rapso ausschließlich aus gentechnikfreier Produktion stammt. Dafür sorgen die Saatbau Linz, die für die Bereitstellung des gentechnikfreien Rapssamens für die Bauern verantwortlich ist und die unabhängige Kontrollstelle agroVet, die vom Landwirt bis zur Ölmühle über die Einhaltung der Bestimmungen wacht.

"Die Gentechnikfreiheit hat eine Rolle für den Erfolg gespielt, war aber sicher nicht das Hauptverkaufsargument", so Fischer. 11,1 Mio. Flaschen zu je 0,75 Liter wurden 2004 abgesetzt – mit einem durchschnittlichen Ladenverkaufspreis von 2,49 Euro konnte die Marke Rapso zeigen, dass nicht immer das billigste Produkt auch das am meisten verkaufte ist. Ein Teil des Erfolgsrezeptes ist, dass jeder in der Kette profitiert: Der Landwirt bekommt einen Zuschlag von 30 Euro pro Tonne, was einem durchschnittlichen Mehrerlös von rund 15 Prozent entspricht. Die Lagerhalter erhalten den Mehraufwand für die getrennte Übernahme und Lagerhaltung gezahlt, die Saatbau Linz bekommt den gesamten Organisationsaufwand abgegolten, dem Handel wurden attraktive Spannen geboten und – ganz wichtig – der Konsument erhält ein Produkt mit einem guten "Preis-Leistungs-Verhältnis". Analyseergebnisse bescheinigen dem Rapsöl einen hohen Anteil einfach und mehrfach ungesättigter Fettsäuren, was es diesbezüglich sogar mit Olivenöl vergleichbar macht.

Als weiterer gesundheitlicher Vorteil gegenüber den meisten Billigölen führt Fischer auch den Verzicht auf die sonst übliche Extraktion des Öls mit Leichtbenzin an, was jedoch für die Ölmühle eine schlechtere Ausbeute von zirka neun Prozent bedeutet.

Auf inzwischen mehr als 10.000 Hektar bauen Vertragsbauern von Rapso Raps an – was einem Drittel der gesamten Rapsanbaufläche Österreichs entspricht. Große Hoffnungen setzt die VOG wie Fischer darauf, dass Österreichs Landwirtschaft weiter gentechnikfrei bleibt – zumindest beim Raps, "denn hier sind sich alle einig, dass eine Koexistenz nicht funktioniert". Und wenn dennoch gentechnisch veränderter Raps in Österreich angebaut werden würde? Fischer: "Dann würde man Rapso ein wesentliches Argument nehmen und der Konsument würde das in höchstem Maße bedauern."

ÖLMÜHLE FANDLER

Von den "Rennern" Kürbiskern- und Olivenöl über die traditionellen Spezialitäten wie Raps- oder Sonnenblumenöl, die Exoten Sesam-, Mandel und Erdnussöl bis hin zu wiederentdeckten Raritäten wie Walnuss- oder Hanföl: 17 verschiedene Ölsorten werden derzeit in der Ölmühle Fandler in Pöllau in der Steiermark hergestellt.

Dass die gesamte Produktion – 2004 waren es 180.000 Liter – aus gentechnikfreien Ölsaaten gepresst wird, ist für den Familienbetrieb klar: "Auch heute noch werden unsere Öle auf die gleiche Art und Weise hergestellt wie im Jahre 1926, als mein Großvater eine damals alteingesessene ´Ölstampf´ erworben hatte. Das Prinzip "Qualität vor Menge" wird auch in Zukunft unsere Firmenphilosophie prägen", erklärt Besitzer Robert Fandler.

Die weltweit am häufigsten genmanipulierten Saaten Soja und Mais hat er nicht im Sortiment und bei den derzeit einzigen "gefährdeten" produzierten Ölsorten Raps und Sonnenblumen werde bei kleinen, heimischen Bauern eingekauft, mit denen meist schon seit langem eine enge Geschäftsbeziehung bestehe. Von allen Ölsorten werden auch biologische Öle verkauft, wobei das Interesse danach "zunehmend wachsend ist", wie die ebenfalls im Betrieb leitend tätige Tochter Julia betont.

Die Ölgewinnung erfolgt in einem jahrhundertealten "Stempelpressverfahren": Dabei werden die Früchte zuerst gemahlen, dann werden sie in einer separaten

Wärmepfanne erwärmt, wobei hier der richtigen Temperatur- und Zeitregulation eine besondere Bedeutung zukommt. Zum Schluss erfolgt der Pressvorgang. Obwohl fast alle Öle als "kaltgepresst" eingestuft werden, müssen die Früchte vor dem Pressverfahren schonend auf 40 bis 65 Grad erwärmt werden, wobei die optimale Temperatur vor allem von der Frucht abhängig ist. Der Wärmevorgang ist nötig, um einerseits das Wasser aus der Frucht verdunsten zu lassen – sonst wäre das Öl binnen kurzer Zeit ungenießbar – und andererseits, um das Öl von den Faserteilen und Eiweißstoffen trennen zu können.

Bei dieser Art der Ölgewinnung bleiben hochwertige Inhaltsstoffe wie Vitamine und ungesättigte Fettsäuren unverändert erhalten. Lediglich die Oliven bedürfen überhaupt keiner Erwärmung, während die Kürbiskerne auf gut 80 Grad Celsius gebracht werden müssen. Deswegen wird das daraus entstehende "Kernöl" auch nicht als "kaltgepresst" verkauft, wie Julia Fandler erklärt. Die von dieser Ölmühle praktizierte Vorgangsweise steht im krassen Gegensatz zur gängigen Speiseölherstellung: Hier wird auch mit Temperaturen jenseits von 200 Grad Celsius gearbeitet und das Öl mit Hilfe von Leichtbenzin aus der Frucht extrahiert.

Doch neben der optimalen Temperaturregelung in der Wärmepfanne ist vor allem die Qualität der Früchte für den guten Geschmack des jeweiligen Öls verantwortlich. Nur ein Leben mit der Natur könne auf lange Sicht zum Ziel führen, ist sich Vater Robert Fandler sicher und warnt: "Wer die Natur vergewaltigt und in die evolutionären, sich über Jahrmillionen genetisch entwickelten Prozesse eingreift, setzt unser aller Leben und unsere Gesundheit aufs Spiel."

BÄCKEREI HAGER

"Wo liegt meine Zukunft als Bäcker?", fragte sich der Bäcker- und Müllermeister Karl Hager im Jahre 1999, als er sich in seinem Beruf nur mehr "als Handlanger der Lebensmittelindustrie" sah. Wie viele seiner Berufskollegen kaufte er Fertigbackmischungen zu, musste nur noch den Sack aufreißen, das Pulver mit Wasser und Hefe anrühren und das Ganze in den Ofen hineinschieben – und das bei den verschiedensten Brot- und Gebäcksorten.

Das Kneten von Sauerteig schien weitgehend der Vergangenheit anzugehören. "Ich muss wieder Lebensmittelproduzent werden anstatt zum Nahrungsmittelproduzenten zu verkommen", lautete sein Entschluss. Dieser Entschluss fiel ihm umso leichter, als er sich vergegenwärtigte, was sich des Öfteren hinter den so anmutig wirkenden Backwaren verbirgt und wie "Slowlife", die Zeitschrift des Slow Food Convivium Styria, in ihrer Ausgabe 2/2004 treffend schildert:
"Seit Hightech auch in Backstuben Einzug fand, geht ohne Enzyme, Emulgatoren, Haltbarmacher, Geschmacksverstärker und andere Zusatzstoffe nichts mehr. Die Knetmasse würde die Maschinen blockieren und der Teig die Düsen verstopfen. Kalziumsulfat (Gips) wendet man an, dass die Kruste schön resch wird. Damit es auch nach etwas schmeckt, hilft man mit allen möglichen Aromen nach. Erwäh-

nenswert auch die beiden Lebensmittelzusatzstoffe E 920 und E 921 (Cystein und Cystin): Gewonnen aus Schweineborsten und Menschenhaar, ermöglichen die beiden Helferlein einerseits das Aufarbeiten altersschwacher Teige, andererseits verbreiten sie Röstaromen. Ein köstlicher Duft nach frischem Brot und Gebäck liegt in der Luft, ahnungslosen Konsumenten läuft das Wasser im Mund zusammen."

Zusätzlich war Hager der versteckte Einsatz der Gentechnik ein Dorn im Auge: Ob in Form von Aromastoffen, Mikroorganismen, die als Hilfsstoffe für die Herstellung von Nahrungsmitteln verwendet werden oder in Form von beispielsweise Milch, die von einer mit Gensoja gefütterten Kuh stammt. Also stellte er seinen gesamten Betrieb um und ließ sich im Jahr 2000 als erster und bislang einziger konventioneller Mühlen- und Bäckereibetrieb Österreichs mit dem Zertifikat der "ARGE Gentechnik-frei" ausloben.

Zwei Jahre später erfolgte auch die Zertifizierung als "Bio Ernte Austia"-Betrieb, um auch Biowaren zu erzeugen – derzeit sind es rund fünf Prozent der gesamten Produktion. Neben mehreren Handelsketten beliefert Hager inzwischen auch einige Schulen und das LKH Stolzalpe mit gentechnikfreier Ware. "Wir achten generell darauf, gute Produkte und regional einzukaufen", zeigt sich Reinhard Petritsch, Betriebsdirektor des LKH Stolzalpe, mit seinem Zulieferanten zufrieden.

Doch Hager kann sich nicht nur über zunehmendes Interesse an seinen Produkten freuen, sondern auch – was überraschend anmutet - über teilweise sogar gesunkene Kosten in der Produktion: "Die von verschiedenen Zulieferern angekauften Rohstoffe kommen mir billiger als die fertigen Backmischungen." Was dazukomme sei das, was untrennbar mit dem Beruf des Bäckers verbunden ist: Das eigenhändige Mischen der Zutaten.

Jeder könne selbst den Test machen, ob er gerade ein Brot aus einer fertigen Backmischung oder ein "Naturbrot" – wie Hagers Dachmarke heißt – bzw. ein Biobrot im Mund hat: *Bei vielen Emulgatoren ist Gentechnik im Spiel. Sie können weder von den Enzymen im Speichel noch von den Enzymen im Magen aufgespalten werden. Durch den Speichel bildet sich ein Knödel mit Emulgatoren im Mund.*" Ansonsten bilde sich der "Knödel" im Bauch, der vergast werden müsse und für Blähungen sorge. *"Unsere Backwaren hingegen verflüssigen sich, wenn man sie länger im Mund lässt."*

Hager freut sich, den Umstieg geschafft zu haben und bietet all jenen, die es ihm gleich machen wollen, Hilfestellung an: "Ich gebe mein Wissen in Form von einer Lizenz weiter. Das beinhaltet unter anderem die Weitergabe von Rezepturen und eine Hilfe beim Einkauf." Hager hofft, dass sein Beispiel des gentechnikfreien Betriebes auch bei den Bauern Schule macht: "Wenn die Gentechnik in der Landwirtschaft Einzug hält, werden sie wegen der patentierten Pflanzen zu Sklaven", lautet seine Voraussage.

Deshalb ist es ihm ein großes Anliegen, auch Aktionen mitzutragen, die dies verhindern sollen. So wünscht er sich, dass in seinem Heimatbezirk Murau in der Steiermark sich alle Bauern verpflichten, auch künftig gentechnikfrei zu produzieren. Ziel sei es, eine komplette Bioregion zu schaffen.

Karl Hager

Der "Bäcker aus Leidenschaft" führt zusammen mit seiner Gattin das, bereits 1790 erstmals erwähnte Unternehmen seiner Vorfahren als derzeit einzigen Mühlen- und Bäckereibetrieb Österreichs, der sein gesamtes Warenangebot mit Gentechnik-freien Rohstoffen produziert.

Das bedeutet, dass vom Getreide über Hefe, Zucker, Ölsaaten, Topfen usw., nur Gentechnik-frei zertifizierte Rohstoffe zur Verarbeitung gelangen.

Da manche Zutaten in konventioneller Herstellung nicht mehr Gentechnik-frei erhältlich sind (z.B. Zucker, Topfen, Käse, Eier), bezieht Karl Hager diese Produkte aus registrierten Biobetrieben. Unter dem Motto "Lebensmittel sollen Lebensmittel bleiben" und dem Ziel, dem Bäckerhandwerk in seiner ursprünglichen Handwerkstradition gerecht zu bleiben, bemüht sich Karl Hager darum, seinen Kunden durch massive Aufklärung die Wichtigkeit der Qualität von Lebensmitteln nahe zu bringen.

RAPUNZEL

Ein Unternehmen, dass jegliche Art von Gentechnik immer schon ausgeschlossen hat, ist ein Biobetrieb, der inzwischen weltweit tätig ist:

Als Joseph Wilhelm 1975 mit seiner Partnerin Jennifer Vermeulen auf einem Allgäuer Bauernhof klein anfing, Müsli in einer Badewanne zu mischen, war er ein Pionier und biologische Ernährung in der Öffentlichkeit noch kein Thema. 30 Jahre später ist bei Wilhelm von "klein" keine Spur mehr: Seine Firma "Rapunzel" bewegt in ihrem Lager täglich mehr als 200 Tonnen Ware, bezieht Rohstoffe aus 32 Ländern und exportiert ihre erzeugte Ware in ebenso viele - allerdings von den Importnationen vielfach unterschiedliche - Staaten.

Der Exportanteil in die wichtigsten Länder Österreich, Schweiz, Frankreich und Italien, beläuft sich auf 30 Prozent, 2004 erzielte das Unternehmen mit rund 250 Mitarbeitern einen Umsatz von 67 Mio. Euro und ist nach eigenen Angaben der größte Hersteller biologischer Marken-Lebensmittel Europas. Das Sortiment umfasst rund 400 verschiedene Artikel, seit 2004 sind auch Demeter-Produkte darunter. Doch "Rapunzel" ist nicht nur Hersteller bzw. Großhändler kontrolliert biologischer Produkte, sondern lässt die Pflanzen dafür auch anbauen.

Die Bauern in den ärmeren Ländern erhalten von seinem Unternehmen "stabilere, weniger vom Welthandel abhängige Preise", erklärt Wilhelm. Außerdem wandert ein Prozent aller Gelder, die für Einkäufe "fair" gehandelter Produkte ausgegeben werden, in einen Fonds der deutschen Umwelthilfe, mit dem Entwicklungshilfeprojekte aus dem eigenen Warenzeichen "Hand in Hand", das auch für fairen Handel steht, finanziert werden. "Wir waren die ersten, die 1988 begonnen haben, die Bio- und fairen Handel miteinander zu verknüpfen", zeigt sich Wilhelm stolz.

Das Fundament seines Erfolges sieht er"im Vorhandensein unserer bäuerlichen Wurzeln und darin, dass es uns gelungen ist, diese auch weiterzuentwickeln. Ich stamme selbst aus der Landwirtschaft, habe mein bäuerliches Wesen und die damit verbundene Einstellung zur Bewahrung der Natur und der Achtung vor dem Leben nie verloren".

Der Griff zu "Rapunzel"-Produkten garantiert – wie sämtliche kontrolliert biologischen Waren im Handel – den Genuss gentechnikfreier Erzeugnisse. Der Einsatz von Gentechnik in der Landwirtschaft wäre genau das Gegenteil eines fairen, partnerschaftlichen Miteinanders, das einen Teil der "Rapunzel"-Unternehmensphilosophie ausmacht: "Gentechnik bedeutet den Wunsch, Einzelinitiativen zu unterbinden und den Weltmarkt unter Kontrolle zu bringen.

Auf Sicht gesehen hat die Veränderung unseres Saatgutes und unserer Lebensmittel keinerlei Vorteile, im Gegenteil: Die Wettbewerbssituation einzelner, vor allem kleinerer Länder, Regionen und Landwirtschaften wird untragbar, kleine Unternehmen verlieren ihre Existenzberechtigung, multinationale Unternehmen kontrollieren Anbau, Produktion, Handel und Vertrieb", sagt Wilhelm.
Er weist darauf hin, dass diese Technologie durch die viel zu kurze Zeit ihrer Erforschung noch keine sicheren Erfahrungswerte liefert. "Doch das wichtigste Argument dagegen ist, dass sie keiner braucht und sie der überwiegende Teil der Bevölkerung ablehnt."

Auch wenn bei einem zunehmenden weltweiten Anbau genmanipulierter Pflanzen die Gefahr für Biobauern steigt, selbst Opfer gentechnischer Verschmutzung zu werden, würden die Anbieter gentechnikfreier Waren in Zukunft dafür belohnt werden, glaubt der Rapunzel-Gründer und -Geschäftsführer: "Es wird zu einer großen Nachfrage nach diesen Produkten kommen und diese dadurch wesentlich besser vermarktet werden können. Wir wissen, dass wir das durch Jahrzehnte hindurch aufgebaute Vertrauen unserer Kunden nicht enttäuschen dürfen und diese von uns auch in Zukunft gesunde und natürliche Lebensmittel erwarten."

Wie ungerecht der Einsatz der Gentechnik für gentechnikfrei wirtschaftende Unternehmen ist, zeigt der Aufwand, der sich für "Rapunzel" ergibt, um die Sauberkeit seiner Produkte zu gewährleisten - gäbe es keine Laborpflanzen auf den Feldern, müsste sich niemand darüber Gedanken machen: "In unserem Betrieb stellen wir höchste Ansprüche in Bezug auf die Überprüfung unserer Produkte auf eventuelle Spuren gentechnisch veränderter Organismen.

Alle Lieferanten sind angewiesen, gentechnikfrei anzubauen und bei Produktion, Handling, Transport und Logistik sorgfältig darauf zu achten, dass es zu keinen Berührungspunkten mit gentechnisch veränderten Pflanzen, Samen oder Produkten kommt. Wir bemühen uns stets, unter den vorgeschriebenen Grenzwerten zu bleiben.
Alle Produkte werden sowohl durch anerkannte externe Labore als auch durch

unsere eigene Qualitätssicherung regelmäßig kontrolliert."

Besonders nachdenklich macht Wilhelm die allgemeine "Schnäppchen-Mentalität", die er auch für einen Grund der allgemein anhaltenden Wirtschaftkrise sieht, von der er selbst jedoch verschont geblieben ist:

"Die "Geiz-ist-geil-Werbung" vermittelt im Prinzip eine falsche und tragische Botschaft. Nach meinem Verständnis ist Geld eine Form der Energie, ein Tauschmittel für Waren und Arbeitseinheiten. Sparen ist in Ordnung, wenn es um die Verschwendung von Geld und um unsinnige Ausgaben geht. Wenn man beim Essen, bei Lebensmitteln und deren Qualität geizt, geizt man mit seinen Energien und beschreitet einen Weg in Richtung bedrohter Gesundheit. Gute, natürlich hergestellte Lebensmittel und Produkte haben ihren Preis.
Sie beinhalten viele Nährstoffe, Vitamine, Mineralstoffe, Enzyme und Spurenelemente und sorgen dafür, dass unser Körper klaglos funktioniert, in der gewünschten Balance erhalten wird und mit unserem Geist harmoniert. Billiglebensmittel, unbiologisch hergestellt und denaturiert behandelt sind nicht in der Lage, unseren Organismus auf Dauer mit allen notwendigen lebenswichtigen Stoffen zu versorgen.

Die Folge sind gesundheitliche Probleme, Krankheit und mangelnde Energie, die wir für unsere Arbeit aber auch im Privatleben dringend benötigen. Die ´Rapunzel-Philosophie´ baut auf diesen Erfahrungen auf. Unsere Produkte garantieren Naturnähe, sorgfältige Verarbeitung und erstklassige Qualität."

Übrigens: Der Firmenname stammt aus den unternehmerischen Anfängen von Joseph Wilhelm, als er seinen ersten, kleinen Laden aufmachen wollte.
Der Name sollte die Phantasie beflügeln und im Hinblick auf einen Bioladen und eine Gärtnerei passen. Was mit "Rapunzel" auch gelang: Als Name eines Feldsalates und als Assoziation zum allseits bekannten Märchen der Gebrüder Grimm.

Joseph WILHELM

Öko-Pionier, Forscher und Entdecker wurde als Bauern-sohn im bayrisch-schwäbischen Großaitingen geboren. Nach seiner frühen "Nestflucht" im Alter von 17 Jahren nach Belgien und seiner Heirat mit Jennifer Vermeulen zog er sich mit seiner Gattin einige Monate auf eine griechische Insel zurück. 1975 erfolgte die gemeinsa-me Gründung der Firma "Rapunzel" auf einem Bauern-hof in Nähe Augsburg, wo er mit seiner Frau Müsli in der Badewanne zu mischen begann.

1979 Umzug ins Allgäu und weiterer Aufbau von Rapun-zel mit Biogärtnerei und Holzofenbäckerei. 1997 erfolg-te der Aufbau der größten Biomandelplantage der Welt in Andalusien mit 85.000 Mandelbäumen auf 685 Hektar. Mit 47 gönnte sich Joseph Wilhelm eine "erste Auszeit" von viereinhalb Monaten mit rund 1.000 Kilometern "Jakobsweg" und dreieinhalb monatiger Weltumrundung der Südhalbkugel.

Ein weltweites Netzwerk von Lieferanten in 32 Ländern sorgt heute für die Lieferung stets frischer, biologisch angebauter Ware, die wiederum in ebenso viele Länder exportiert wird. Seine Vision von jeher, die "Bio-Bewegung" und die "Dritte Welt-Bewegung" zu vereinen, ist ihm als erstem deutschen Unternehmen gelungen. Das Lebensmotto von Joseph Wilhelm: "Das Leben hat immer recht".

14.2. Ein Rettungsanker: Die Arche Noah

BEATE KOLLER, Geschäftsführerin des Vereins "Arche Noah"

Ewigkeitsspinat, Herztomate, Haferwurz, Braunkohl – noch nie gehört? Gravensteiner, Schafnase und Speckbirne – schon lange nicht mehr gesehen oder gegessen? Über tausende Jahre haben sich unüberschaubar viele Obst- und Gemüsesorten entwickelt, diese wurden jahrhundertelang in unseren Breiten kultiviert und haben uns eine enorme Vielfalt an essbaren Pflanzen beschert.

Je nach Bodenbedingungen und klimatischen Gegebenheiten haben sich unterschiedliche Pflanzen etabliert, die zu einem wesentlichen Bestandteil der Kultur wurden. Sie prägten die regionale Küche ebenso wie die Landschaft - etwa in Form von stolzen, im Frühjahr prächtig blühenden Hochstamm-Obstbäumen. Doch mit dem Aufkommen der modernen Landwirtschaft sind viele alte Pflanzensorten in Vergessenheit geraten, zum Teil für immer: Gab es in Österreich vor 100 Jahren zum Beispiel noch über 3.000 verschiedene Apfelsorten, so sind es jetzt noch ein paar hundert, wovon im Handel wiederum nur einige wenige zum Kauf angeboten werden.

Beim Gemüse ist das Verhältnis sogar noch extremer. Mit der modernen Landwirtschaft stand nicht mehr die Ertragssicherheit im Mittelpunkt, die durch die an den jeweiligen Standort optimal angepassten Sorten weitgehend gewährleistet wurde, sondern die Ertragshöhe. Der Handel verlangte druckfeste, lagerfähige Sorten, der Geschmack geriet ins Hintertreffen. "99 Prozent aller Sorten erscheinen derzeit nicht marktreif und daher auch nicht nützlich.

Wir wissen aber nicht, welche Kulturpflanzen kommende Generationen benötigen. Es ist kurzsichtig, dies heute bewerten zu wollen", erklärt Beate Koller, Geschäftsführerin der "Arche Noah". Der im Waldviertel angesiedelte Verein hat es sich zur Aufgabe gemacht, diesen großen biologischen Schatz zu bewahren und die traditionellen Kulturpflanzensorten wieder zu verbreiten: Über 6.000 verschiedene Sorten befinden sich im Archiv, das interessierten (Hobby-)Gärtnern und Landwirten als großer Genpool zur Verfügung steht.

"Was wir machen, steht ganz im Kontrast zur Gentechnik", erklärt Koller. Der Unterschied könnte wahrlich nicht größer sein: Während sich die Arche Noah bemüht, eine möglichst große Vielfalt zu bewahren, wollen die Gentechnikkonzerne ihre jeweiligen, im Labor entwickelten Saatgutsorten möglichst global verbreiten.

Hier geht es um kleine Mengen für Liebhaber des Besonderen und Echten, dort um gigantische Absatzmärkte für die industrielle Landwirtschaft, die überall gleichförmige Produkte hervorbringt. Doch die geplante Einführung der Gentechnik könnte fatale Folgen haben, warnt Koller: "Ich sehe für die Erhaltung der genetischen Ressourcen eine große Gefahr, weil wir meist nur mit kleinen Mengen arbeiten – teilweise sind alle verfügbaren Samen einer Sorte in einem kleinen Flascherl zusammengefasst.

Wenn hier eine gentechnische Verunreinigung passiert, ist sie wohl kaum mehr herauszubekommen." So könnten sich beispielsweise gentechnisch veränderte Zuckerrüben in Mangold und andere Rüben einkreuzen.

Untersuchungen unbezahlbar teuer

Ähnlich verhält es sich auch beim Chicorée, dem Zichoriensalat: Hier wird bereits mit genmanipulierten Sorten gearbeitet, die sich durch Pollenflug in die Wegwarte, eine an Wegrändern wild wachsende Blume, auskreuzen könnte. Und von dort kann das veränderte Gen wieder über Wind- oder Bienenverfrachtung des Pollens in den traditionellen Zichoriensalat übertragen werden.

Zwar sei es schon bisher Teil der Arbeit der Arche Noah, ungewollte Einkreuzungen von herkömmlichen Pflanzen zu verhindern. "Wenn aber eine solche Einkreuzung passiert, ist dies kein Problem, weil diese anhand der Eigenschaften der Pflanze mit freiem Auge erkennbar ist", betont Koller.

Doch wenn die Gentechnik ins Spiel kommt, wird alles anders: "Bei genetischen Verunreinigungen kann man unmöglich ohne Laboruntersuchungen beurteilen, ob es zu einer Auskreuzung gekommen ist." Und diese – dann für die Sortenreinheit unumgänglichen - Laboruntersuchungen würden die Arche Noah vor schier un-überwindliche Probleme stellen: "Sollten tatsächlich hunderte oder gar tausende Sorten betroffen sein, würden die Untersuchungen unglaubliche Summen verschlin-gen. Wir könnten unsere Serviceleistung, Sorten zu verbreiten, in dieser Form nicht mehr anbieten, da wir die Kosten nicht über den Preis abwälzen können."

Auch die theoretische Möglichkeit, besonders wichtige Anbauorte von altem Saat-gut etwa mit pollendichten Fliesen aufwendig zu schützen - vor allem den pracht-vollen Schlossgarten im Vereinssitz in Schiltern - ist für Koller eine denkbar schlechte Lösung: "Das Wichtigste für die Erhaltung der alten Pflanzensorten, ist deren aktiver Anbau in Gegenden, wo sie am besten hinpassen. Deshalb arbeiten wir auch mit einem dezentralen Erhaltungsnetzwerk."

Das heißt, dass die Erhalter der genetischen Vielfalt in ganz Österreich verteilt sind und jährlich zigtausende Samen und Pflanzen hunderter verschiedener Sorten untereinander ausgetauscht werden. "Es wäre unmöglich, alle Prozesse zu kontrol-lieren", gibt Koller zu bedenken.

Ganz wichtig sei es, kleinere Saatgut-Züchtungsunternehmen zu unterstützen, be-tont Koller. Denn diese können und wollen gar nicht mit gentechnischen Metho-den arbeiten. Derzeit will die Arche Noah mit den Partnervereinen in Deutschland und der Schweiz eine gemeinsame Stelle einrichten, wo neue Strategien für die Zukunft beraten werden. Schließlich geht es um die Erhaltung unseres vielfältigen Kulturpflanzenerbes – und dies scheint nur möglich zu sein, wenn die Gentechnik in der Landwirtschaft nicht Einzug hält.

Beate Koller Mag.

Die gebürtige Wienerin ist Diplom-Biologin mit Schwerpunkten in den Bereichen Ökolandbau und Biodiversität von Kulturpflanzen.

1997 bis 2000 Vorstandsmitglied der Arche Noah, seit 2000 Geschäftsführerin der Arche Noah, einer privaten gemeinnützigen Organisation zur Erhaltung der Kulturpflanzenvielfalt mit über 6.000 Mitgliedern im In- und Ausland.

14.3. Hart aber lohnend: Der Weg zur GVO-freien Region

Adi Kastner

So schön ein auf Jahre hinaus geltendes Gentechnik-Anbauverbot für Österreich auch wäre, so ist diese Vision bisher an einem Faktor gescheitert: an der EU-Gesetzgebung, die ein landesweites Verbot für den Anbau genmanipulierter Pflanzen untersagt. Daher bleibt vielen Regionen nur die Wahl, über freiwillige Zusammenschlüsse die Ausbreitung der Gentechnik möglichst schon im Keim zu ersticken.

Ein Beispiel für so einen Versuch ist das Waldviertel, das sich in der Vergangenheit als eine der ökologischen Vorzeigeregionen Österreichs etabliert hat. Das ehemals am Eisernen Vorhang zum heutigen Tschechien gelegene und daher in der wirtschaftlichen Entwicklung über Jahrzehnte benachteiligte Gebiet hat sich inzwischen auch als Bio- und Ökoregion einen Ruf erarbeitet.

Ganz wesentlich zu dieser Profilierung beigetragen hat das Waldviertel-Management, das 1982 gegründet wurde und seither an über 1.000 Projekten beteiligt war. Im Herbst 2003 wurde die Initiative "Gentechnikfreies Waldviertel" gestartet, die sich dem Schutz der Landwirtschaft mit ihren regionaltypischen Feldfrüchten wie Roggen und Erdäpfel verschreiben sollte. Bis jetzt (Stand: März 2005) haben schon 1.300 Waldviertler der rund 7.000 Vollerwerbslandwirte fix ihre Unterstützung zugesagt und sich auf freiwilliger Basis für den Anbau von ausschließlich gentechnikfreiem Saatgut verpflichtet, viele sind aber noch ausständig.

"Ein mühsamer Weg" sagt Adi Kastner, Begründer der Initiative Waldviertel, "doch wir erhoffen uns durch die derzeit intensive Bewerbung sowie Aufklärung durch Bürgermeister und Bezirkshauptleute den Status der Gentechnikfreiheit auf den Waldviertler Feldern auch in Zukunft erhalten zu können. Unser Ziel ist es, das Waldviertel als "Marke Waldviertel" anzubieten und damit ein Synonym für intakte Landschaft und glaubwürdige Produktionsmethoden zu schaffen."

Gerade für die "gesündeste Ecke Österreichs", wie er diese Region bezeichnet, könnte eine erfolgreiche Initiative viel bringen, ist Kastner überzeugt: "Gemeinsam werden die Waldviertler Bauern - sowohl konventionelle als auch Bio-Betriebe - gute Chancen haben, wenn wir alle auf unseren Feldern mit gentechnisch unveränderten Pflanzen ein unverwechselbares Profil für das Waldviertel aufbauen!"

Ebenfalls an Profilierung denkt das steirische Vulkanland, das die Bezirke Feldbach, Radkersburg und Teile von Weiz sowie Fürstenfeld umfasst: "Wir wollen zur kulinarischen Region schlechthin in Österreich werden - und da gehört die Gentechnikfreiheit einfach dazu", erklärt der Obmann des Vulkanlandes Josef Ober.

Alle 74 Gemeinden wurden aufgefordert, GVO von vornherein keine Chance zu geben. Bereits 25 Gemeinden haben mit Stand Ende Februar 2005 derartige

Beschlüsse gefällt, bis Jahresende 2005 hofft Ober, alle an Bord zu haben. Weg von der Massenware, hin zu hoher Lebensmittelqualität laute das Motto: "Die Direktvermarktung hat in unserer Region enorm zugenommen und wir haben Rohproduzenten inspiriert, Veredelung zu betreiben und Lebensmittel-Veredeler dazu motiviert, Top-Veredeler zu werden. Wir haben es geschafft, Markenprodukte unter anderem bei Schinken-, Most- und Kürbiserzeugnissen zu entwickeln, wovon 20 auch exportiert werden", freut sich Ober. Um dieses Konzept erfolgreich weiterführen zu können, gehe es jetzt darum, in punkto Gentechnik Bewusstsein zu schaffen.

Auch Hausgärten bleiben gentechnikfrei

Genau dieses Bewusstsein hat Bürgermeister Helmut Buchgraber in der "Vulkanland-Gemeinde" Auersbach im Bezirk Feldbach geschaffen: in diesem knapp 1.000 Einwohner zählenden Ort haben alle Bauern und zusätzlich alle Grundstücksbesitzer eine Zustimmungserklärung für eine gentechnikfreie Landwirtschaft und einen gentechnikfreien Garten unterzeichnet. "Wir sind zu jedem Haus hingefahren und haben alle Leute über die Gentechnik informiert. Als sie hörten worum es geht, war es nicht schwer, sie zu überzeugen. Wichtig ist das persönliche Gespräch, denn eine schriftliche Ausschreibung wird nur von den wenigsten beachtet", erklärt Buchgraber. Obwohl die Unterschriften rechtlich nicht bindend seien, sei für ihn die Aktion ein größerer Erfolg als ein generelles Verbot für die Freisetzung von Laborpflanzen: "Denn am wichtigsten ist es, dass die Menschen von sich aus das Gefühl bekommen, dass die Gentechnik für sie persönlich nicht in Frage kommt."

Adi Kastner DI

Pionier der Regionalentwicklung und Vorreiter der "Initiative Gentechnikfreies Waldviertel."
Das nötige Rüstzeug für sein späteres Wirken holte er sich an Hochschule für Bodenkultur in Wien, Studienrichtung Forstwirtschaft. Von 1976 bis 1983 war er als Mathematikprofessor an der Handelsakademie in Zwettl tätig und wurde 1979 zum Direktor der landwirtschaftlichen Fachschule Edelhof bestellt, der er bis 1999 vorstand.

Die Gründung zahlreicher Organisationen und Aktivitäten zur Bewältigung des Alltags und Verbesserung der wirtschaftlichen Basis der Landwirtschaft sind auf seine Initiative zurückzuführen, wie z.B. Sonderkulturen, Tierhaltungsprojekte, die Gründung des "Waldviertel-Management" oder die "Initiative gentechnikfreies Waldviertel" Was 1982 als "Ein-Mann-Unternehmen" begann, hat sich als engagiertes 140-Mitarbeiter Team etabliert. Europaweite Anerkennung erntete DI Adi Kastner für die Bemühungen und Aktivitäten in seiner über 20-jährigen Funktion als Landesbeauftragter des Waldviertels.

14.4. Gentechnikfreie Sojabohne: Zukunft auch in Österreich?

MARIA KARL, österreichische Soja-Pionierin

Wann immer die Rede vom Sojaanbau ist, wird automatisch über Importe aus den USA, Argentinien und Brasilien, über Tierfutter sowie vor allem über Gentechnik gesprochen. Kein Wunder, handelt es sich doch um die am häufigsten gen-manipulierte Pflanze der Welt.

Die wenigsten wissen jedoch, dass Soja in Österreich recht gut gedeiht und auf 15.463 Hektar (Stand 2003) Ackerfläche angebaut wird – zu rund 90 Prozent kon-ventionell und zehn Prozent biologisch, ausschließlich zu Speisezwecken und na-türlich gentechnikfrei. Der Vergleich zeigt jedoch, dass Soja dennoch ein stiefmüt-terliches Dasein fristet: Die Ölsonnenblumenfläche beispielsweise belief sich 2003 auf 25.748 Hektar, die gesamte Getreideanbaufläche auf 809.800 Hektar.[1] Ähn-lich bescheiden ist der Sojaanbau in Europa: In den "alten" 15 EU-Mitgliedsstaaten wird weniger als ein Prozent der weltweiten Sojamenge geerntet.[2]

Der für ein pflanzliches Nahrungsmittel außergewöhnlich hohe Eiweißgehalt machte Soja für manche als Alternative bzw. Abwechslung zur tierischen Ernährung attrak-tiv. Sojaöl ist das am meisten verwendete Öl weltweit und der als "Abfallprodukt" der Ölgewinnung anfallende Sojaschrot hat als eiweißreiches Tierfutter ebenfalls weltweit eine entscheidende Bedeutung bekommen.

Die Sojabohne ist nicht nur in Ostasien wie China oder Japan seit jeher eines der Hauptnahrungsmittel, sondern verfügt auch über eine Reihe von gesundheitlich positiven Eigenschaften, wie Paul Stoschitzky, Facharzt für Frauenheilkunde und Geburtshilfe in Gleisdorf, beschreibt: "Soja enthält auch Magnesium, Kalzium, Ka-lium, Eisen, Selen, Folsäure, Vitamin A, mehrere B-Vitamine und Pantothensäure. Weiters beinhaltet es Ballaststoffe und Phytoöstrogene. Soja enthält auch Substan-zen mit antioxidativer Wirkung, was Altersprozesse verzögern kann."[3]

In unglaubliche rund 30.000 Produkte hat Soja inzwischen Eingang gefunden, u.a. als Öl, Bestandteil von Margarine, als Emulgator in Form von Sojalecithin, als Be-standteil von Medikamenten und Kunststoffen. So immens die Bedeutung dieser Pflanze weltweit ist, so wechselhaft ist ihre Geschichte in Europa im Allgemeinen und in Österreich im Speziellen[4] :

1873 führte Friedrich Haberlandt, Professor an der Universität für Bodenkultur in Wien, Sojasaatgut aus der Mandschurei ein, woraufhin es in der ganzen Monarchie an-gebaut wurde und Österreich zum Vorreiter für ganz Europa wurde.

Bereits wenige Jahre später führte Edmont Freiherr von Blaskovitcs die Arbeit von Haberlandt weiter und baute Soja im Burgenland großflächig für die Tiermast an. Um die Jahrhundertwende ging das Interesse an der Pflanze zurück, um im ersten Weltkrieg wieder aufzutauchen, weil dringend eiweißreiche Nahrungsmittel für die

Bevölkerung und die Armee benötigt wurden.

Anfang der 1920er-Jahre gelang Anton Brillmayer in Platt in Niederösterreich eine erfolgreiche Sojazüchtung, woraufhin sich der Sojaanbau in ganz Österreich verbreitete und je ein Sojaverarbeitungswerk in Wien und Graz entstand. Hier wurden Öl, Sojamehl, Sojagrieß, Lezithin, Sojaeiweißkonzentrat, Kindernährmittel und Diätprodukte hergestellt. Der Anbau wurde bis zum Ende des zweiten Weltkrieges ausgeweitet und belief sich zwischen 1930 und 1944 auf über 2.400 Hektar.

1945 war alles vorbei

Mit Kriegsende kam alles zum Erliegen. Die Werke wurden durch Kriegseinwirkung weitgehend zerstört, die Maschinen ins Ausland wie beispielsweise nach Rumänien verkauft und der Sojaanbau hatte ein jähes Ende. Von nun an wurden Sojaöl und Sojamehl fast ausschließlich aus Übersee importiert. Bis 1973 sollte es keinen Sojaanbau in Österreich geben. Immer wieder war von einem GATT-Abkommen die Rede, aufgrund dessen der Sojaanbau in Österreich verboten wäre.

Dies widerlegte der Wiener Pflanzenforscher Anton Wolf, indem er sich dieses Abkommen übersetzen ließ und feststellte, dass dies nicht stimme. 1973 war er es auch, der mit der Soja-Sortenselektion in den einzelnen Klimagebieten Österreichs begann. 1979 wurde mit dem "Österreichischen Soja-Ring" - nach 1920 das zweite Mal in der Geschichte - eine Arbeitsgemeinschaft österreichischer Sojabauern gegründet, wo bis zu 500 Bauern Mitglieder waren. Dennoch habe es aufgrund der hohen Importrate immer wieder Widerstände gegen eine Etablierung dieser Bohne in Österreichs Landwirtschaft gegeben: "Soja ist eine politische Pflanze", lautet sein Resümee, ohne näher ins Detail gehen zu wollen.

Pionierleistungen rund um den Sojaanbau und die Verbreitung von Sojaspeisen in Form von Kursen und Seminaren vollbrachte auch die Steirerin Maria Karl. Als ihre Familie Wege zur fleischlosen Ernährung und dementsprechend eiweißreiche pflanzliche Alternativen suchte, stieß sie auf die Sojabohne, von der sie wusste, dass diese im zweiten Weltkrieg in Österreich noch kultiviert worden war. "Sojaprodukte waren nur im Reformhaus erhältlich und Sojasamen gab es ohnehin nirgends zu kaufen", erinnert sie sich.

Also habe sie sich Bohnen im Reformhaus gekauft, diese angesetzt und festgestellt, "dass sie hervorragend wachsen". Sie ließ sich Samen aus Kanada kommen und weitete den Anbau aus. Besonders nach dem Reaktorunfall von Tschernobyl 1986 bemühte sie sich, möglichst großen Kreisen zu zeigen, "wie einfach man aus der Sojabohne Sojamilch und andere Gerichte herstellen kann" – denn Kuhmilch war unmittelbar danach aufgrund der hohen Verstrahlung ungenießbar. Sie verteilte Samen, machte Kochkurse und versuchte, das schlechte Image der Sojabohne als "Saufutter, Essen für kranke Leute und Spinner" zu vertreiben – und betonte die Eignung für Krisenzeiten: "Die Bohne ist jahrelang haltbar und kann daher bestens bevorratet werden."

Generell sei es ihr während der vergangenen Jahrzehnte darum gegangen, die Vielseitigkeit der Bohne aufzuzeigen: Zum Beispiel als pflanzliche Alternative bei Milchunverträglichkeit, hohem Cholesterinspiegel oder für jene, die kein Fleisch essen dürfen oder wollen, mit Produkten wie Sojamilch, Tofu oder den vielen Zubereitungsmöglichkeiten mit der ganzen Bohne. Nach wie vor gibt Karl in Kochkursen ihre Erfahrung weiter.[5]

Karl ist auch überzeugt, dass ein verstärkter Anbau der Sojabohne in Österreich sowohl die Abhängigkeit von Futtermittelimporten verringern als auch der Umwelt gut tun würde: "Gerade in Gebieten, wo Mais für die Schweinezucht angebaut wird, würde Soja sehr gut wachsen. Die negativen Folgen einer oft jahrzehntelangen Maismonokultur mit Wasserverseuchung, Humusschwund und fehlender Fruchtfolge könnten so vermieden werden." Außerdem könnte dadurch der heimische Landwirt eine höhere Wertschöpfung erzielen.

Ein Bauer, der Sojabohnen nicht für Fütterungszwecke sondern zur Verarbeitung für Lebensmittel anbaut, ist Leopold Pischinger, der nahe Retz in Niederösterreich tätig ist. 1979 begann er mit dem Sojaanbau, 1986 stellte er seinen Betrieb auf biologisch um. Seit 15 Jahren verwendet er ausschließlich Saatgut aus dem eigenen Betrieb und hatte damit bisher "keine Probleme". Einzig und allein der hohe Wildverbiss habe ihm solange zu schaffen gemacht, "bis die Jäger den Schaden zahlen und den Wildbestand verringern mussten".
Trotz des im internationalen Vergleich geringen Ertrages von etwa 2.000 Kilogramm pro Hektar, zeigt sich Pischinger mit "seiner" Pflanze zufrieden: "Sie ist Stickstoffsammler, absolut nicht krankheitsanfällig und ich bekomme mit 69 Cent pro Kilogramm plus Mehrwertsteuer Bohnen einen guten Preis."

Besonders die mechanische Unkrautbekämpfung würde aber viel Gefühl und Wissen erfordern, was sicherlich auch einige Landwirte vom Anbau abhalten würde, glaubt er. Interessant ist, dass die "normale" Sojapflanze sehr empfindlich gegen Unkrautvernichtungsmittel ist – genau im Gegensatz zur genmanipulierten Sojabohne, die gegen Herbizide resistent gemacht wurde.

Pischinger ist sich sicher, dass ein weitgehender Verzicht auf Futtermittelimporte und der selbstständige Anbau von Futterpflanzen von allgemein großem Vorteile wäre – nicht zuletzt deshalb, weil dadurch sich die Massentierhaltung weniger gut rechnen würde: "Wir hätten keine Überproduktion und gesündere Produkte."

---

[1] Grüner Bericht 2004, herausgegeben von der Republik Österreich
[2] Information von Gabriele Moder, agroVet
[3] Entnommen aus: Maria Karl "SO_JA – einfach faszinierend, faszinierend einfach", 2003, Eigenverlag, SO-JA-Verein, Resselgasse 6, A-8160 Weiz; ISBN 3-9501414-0-5

[4] Quellen: Maria Karl "SO_JA"; Aussagen von Anton Wolf; William Shurtleff und Akiko Aoyagi: *"History of Soybeans and Soyfoods: 1100 B.C. to the 1980s"*, Soyfoods Center, Lafayette, California http://www.fengshuitours.com/SFC/historys&s11p2.asp

[5] Die Kurse finden in der Resselgasse 6 in 8160 Weiz statt. Nähere Infos unter: sojaverein.weiz@gmx.at

14.5. Bodensee-Region macht mobil

ERNST SCHWALD

Was verbindet die Einwohner im Grenzgebiet von Deutschland, der Schweiz, Österreich und Liechtenstein? Die deutsche Sprache, der Bodensee und wie es aussieht seit kurzem auch eine Aufsehen erregende Initiative für eine gentechnikfreie Region - die Vorarlberg, Teile Baden-Württembergs und Bayerns, Liechtenstein sowie die Kantone Thurgau, St.Gallen, Appenzell, Schaffhausen, Zürich, Aargau, Glarus und Graubünden umfasst.

Knapp 20 Trägerorganisationen trafen sich am 19. März 2005 auf Einladung der Bodensee Akademie, einem wissenschaftlichen Verein für eine für eine kulturell nachhaltige Entwicklung, zu der Impulstagung in Dornbirn, wo der Grundstein für ihre Zusammenarbeit gelegt wurde.

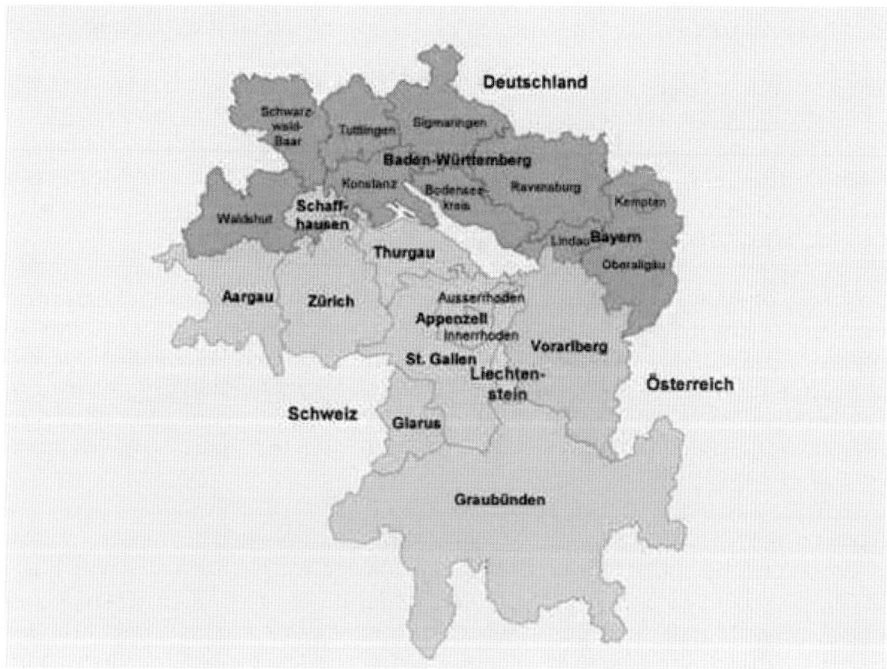

Die vor allem aus dem bäuerlichen Bereich und dem Naturschutz stammenden Organisationen konnten sich auch gleich über ihren ersten großen Erfolg freuen: Kündigte doch Bernhard Stoll, Geschäftsführer der Raiffeisen-Futtermittelwerke Kehl an, ab Mai 2005 Futtermittel aus gentechnikfrei zertifizierten Rohstoffen liefern zu können - auch "sauberen" Sojaschrot.

Die ZG Raiffeisen Karlsruhe, zu der dieses Unternehmen gehört, hat sich bereits auf dem Gebiet einen guten Namen gemacht hat: Sie ist mit 2.300 Landwirten die europaweit größte Kooperationsgemeinschaft für gentechnikfreien Maisanbau.

Eine Kooperation mit brasilianischen Partnerregionen soll die Bereitstellung der gewünschten Soja garantieren. Damit gibt auch Bernd Hagen, Geschäftsführer der Vorarlberger Mühlen und Mischfutterwerke GmbH, grünes Licht zu der Bodensee-Initiative:

"Darauf haben wir schon lange gewartet. Aufgrund dieser Vorleistungen steht jetzt einer flächendeckenden Belieferung des ganzen Landes und der Regionen um den See mit Futtermitteln aus gentechnikfreien Rohstoffen nichts mehr im Wege. Dazu kommt, dass die preislichen Unterschiede aus der alternativen Rohstoffbeschaffung kaum ins Gewicht fallen."

Anhand dieses Beispieles wird klar, dass es den Verantwortlichen um mehr geht, als "nur" um gentechnikfreie Äcker: Sie fordern als zweiten Punkt auch den völligen Verzicht auf Futtermittel aus genmanipulierten Rohstoffen und wollen darüber hinaus auch gentechnikfreie heimische Futtermittel-Kreisläufe gezielt fördern. Drittens verlangen sie eine transparente, einwandfreie Kennzeichnung aller Produkte – von tierischen Lebensmitteln bis hin zu den bei der Lebensmittelherstellung verwendeten Zusatzstoffen.

"Wir wollen aber nicht nur eine in die Irre leitende und Leben zerstörende Gentechnologie abwehren, sondern vor allem die biologische und kulturelle Vielfalt bewahren und weiterentwickeln", erklärt Ernst Schwald von der Bodensee Akademie das "übergeordnete Ziel der Initiative".

Bei den Futtermitteln wünscht er sich, dass der gesamte Bodensee-Raum dem Beispiel der Schweiz folgt, die es geschafft hat, genmanipulierten Sojaschrot zu nahezu 100 Prozent durch gentechnikfreien zu ersetzen. Was ein Verbot der Freisetzung genmanipulierter Pflanzen betrifft, sieht er den Kampf Oberösterreichs um das Selbstbestimmungsrecht der Regionen als Vorbild: "Am Mut eines Josef Pühringer können wir uns ein Beispiel nehmen", lobt er den das kompromisslose Vorgehen des Landeshauptmannes gegen die EU-Kommission.

Schwald hofft, dass rasch eine Bewegung entsteht, die nicht nur eine breite Zustimmung bei den über 1,5 Millionen Einwohnern der Region findet, sondern auch die Politiker zum Handeln veranlasst. Dafür gelte es alle Kräfte zu bündeln und es der Stadt Überlingen am Bodensee nachzumachen: Hier steht seit April 2004 das deutschlandweit erste öffentliche Hinweisschild, das auf eine "gentechnikfreie Landschaft" aufmerksam macht. Grundlage dafür war eine freiwillige Verpflichtung ausnahmslos aller Landwirte in Überlingen, Owingen und Sipplingen mit insgesamt 70 Betrieben und 200 Hektar Fläche, kein Gentech-Saatgut auszusäen.

Um die gesteckten Ziele erreichen zu können, sei allerdings ein breites Bündnis aller konstruktiven Kräfte vonnöten: "Im Jahr 1997 haben mehr als 1,2 Millionen Österreicher das Gentechnik-Volksbegehren unterschrieben. Wo sind sie denn jetzt?", fragt er sich. Hoffnung erwecke unter anderem das sehr starke Miteinander von konventioneller und biologischer Landwirtschaft in Deutschland, die "sehr guten und eingesessenen" Saatgutunternehmen à la Demeter und das bislang große Interesse der Medien.

Für die Zukunft geplant sind eine intensive Bewusstseinsbildung in allen Regionen um den See, eine große Tagung in Überlingen, nähere Kontakte zu den (Landwirtschafts-)Schulen sowie Journalisten und eine Eingabe der Initiative an die Internationale Bodenseekonferenz, in deren Rahmen sich die Regierungschefs der betroffenen Bundesländer und Kantone sowie Liechtenstein einmal pro Jahr treffen. "Schließlich steht das gesamte Leitbild der Euregio Bodensee unter dem Leitstern der Nachhaltigkeit!", betont Schwald.

Dabei wünscht er sich, dass sich viele Menschen – auch die Politiker - der ethischen Dimension des Themas besinnen: "Jeder ist aufgerufen, sich eigenverantwortlich für das Leben einzusetzen und mutig zu handeln. Niemand kann sich durch Nicht-Handeln seiner Verantwortung entziehen."

Anlaufstelle der Initiative:
Ernst Schwald, Bodensee Akademie, Steinebach 18, A-6850 Dornbirn;
Tel.: +43 (0)5572 33064; Fax: DW-9; Email: office@bodenseeakademie.at
www.bodenseeakademie.at

Ernst Schwald DI

Jg. 1950, verheiratet, 3 Kinder

Studium TU Graz, Wirtschaftsingenieurwesen/Maschinenbau.
11 Jahre Wirtschaftförderungsinstitut der Wirtschaftskammer Vorarlberg.
Initiieren/Begleiten von unternehmens- und branchenspezifischen Bildungs- und Beratungsaktionen wie z.B. Jungunternehmerservice, Energieberatungsdienste
3 Jahre Gründungshilfe und Mitarbeit beim Vorarlberger Energiesparverein.
6 Jahre Geschäftsführung des vbg. Energiesparvereines (jetzt Energie Institut):

Ausbau zu einem interdisziplinären und überregional tätigen Institut für sinnvollen Energieeinsatz, > Vorarlberger Energiesparhaus, Vbg. Solarbauschule, Forschungsprojekte "Strom sparen", Aufbau eines flächendeckenden Energieberatungsdienstes.
Gründungshilfen für regionalen Energieagenturen (Tirol, deutsche und slowenische Einrichtungen).

Seit 1995 Gründung und Aufbau der Bodensee Akademie – eine gemeinnützige und vorwettbewerblich orientierte Lern- und Arbeitsgemeinschaft für kulturell nachhaltige Entwicklung im Bodenseeraum.

Initiieren/ Begleiten der Plattformen: Zukunftsfähige Landwirtschaft, Interkultureller Dialog, Regionale Wertschöpfung, Heilwesen am Bodensee und Forum Lebendiges Lernen

Freiberufliche Projekt-Tätigkeit/ehrenamtliche Mitarbeit im Bereich der Organisationsentwicklung.

14.6. SEKEM - Ganzheitliche Entwicklung für Ägypten in Wirtschaft, sozialem Leben und Kultur.

Ibrahim Abouleish

Text: Ibrahim Abouleish

Sekems Hauptsitz ist in Kairo. Aufbauende Zusammenarbeit ist bei Sekem Firmenkultur, Synergien schaffen das Erfolgsgeheimnis: intern – lokal/regional – international.
Die Sekem Initiative wird 1977 von Dr. Ibrahim Abouleish ins Leben gerufen. Er kehrt nach langjährigem Aufenthalt und Studium in Österreich geführt von einer Vision aus Europa nach Ägypten zurück: er will in seinem Heimatland eine Initiative für ganzheitliche Entwicklung mit einem eigenen Betrieb beginnen.

Als Standort für die erste **Sekem-Farm** wählt er unberührtes Land am Rande des Nildeltas. Dürre und heißer Wüstensand prägen anfangs den Ort. Zum Schutz vor Wüstenstürmen und als Lebensraum für Tiere und Insekten werden Bäume gepflanzt. Kompost und der Anbau von Stickstoff bindenden Pflanzen dienen zum Aufbau der Bodenstruktur. Zur Bewässerung werden Brunnen gebohrt, die das kostbare Nass aus über 100m Tiefe heraufpumpen. Die Wüstenlandschaft wird in eine grüne, blühende Farm verwandelt, wo Menschen leben, lernen und arbeiten.
Sekem gründet **Firmen**, die die biologischen Rohstoffe aus der Landwirtschaft zu hochwertigen Produkten weiterverarbeiten. Wirtschaftliches Wachstum und die Förderung moderner Kulturimpulse gehen bei Sekem Hand in Hand. Um den Aufbau kultureller und sozialer Einrichtungen zu fördern wird die **"Society for Cultural Development"** gegründet. Gleichzeitig gründet Elfriede Werner mit anderen in Deutschland den "Verein zur Förderung kultureller Entwicklung in Ägypten" und unterstützt seitdem die Society.

Landwirtschaft

Moderne Landwirtschaft – die Basis für erfolgreichen Anbau. Die Firma **Libra** ist spezialisiert im Farmmanagement und ist verantwortlich für den Anbau auf den SEKEM-eigenen Farmen. Libra koordiniert die Anbauplanung der kooperierenden Farmer. Alle Farmen die mit Libra zusammenarbeiten, wirtschaften biologisch-dynamisch. Die biologisch-dynamische Wirtschaftsweise fördert natürliche Prozesse und verzichtet auf chemische synthetische Hilfsmittel und damit freilich auch auf den Einsatz von Gentechnik. Der kontinuierliche Aufbau der Bodenfruchtbarkeit ist besonders wichtig und wird durch Kompost erreicht. Hergestellt aus pflanzlichen Abfällen und Dung von Tieren wird Kompost als nährstoffreicher, natürlicher Dünger eingesetzt. Regelmässige Labor-Kontrollen des Komposts und des Bodens sichern den schadstofffreien Anbau.

Sekems Entwicklung einer biodynamischen Anbaumethode für Baumwolle im Jahre 1992 ist eine Revolution für Ägypten. Die Methode überzeugt. Seither verzichtet die Regierung auf das Ausbringen der 35.000 Tonnen Pestizide pro Jahr, mit denen sie die Baumwollplantagen aus der Luft behandelt hatte.

Das Interesse an der Sekem-Methode wächst. Rund 350 Landwirtschafts-Betriebe in ganz Ägypten sind heute Mitglied der „Egyptian Bio Dynamic Association" EBDA. Sie steht Landwirten in Rat und Tat zur Seite und treibt in wissenschaftlicher Arbeit die Weiterentwicklung der biologisch dynamischen Landwirtschaft für Ägypten voran.

Bedingt durch Klima und die Methode der biologisch-dynamischen Landwirtschaft hat Sekem drei Produkt-Bereiche entwickelt: natürliche Heilmittel, sogenannte Phytopharmaka, biologische Lebensmittel und Textilien. Aus der Sekem-Initiative hat sich eine Firmengruppe entwickelt. Sie ist mit Partnerunternehmen für biologische Produkte und fairen Handel in der „International Association of Partnership" IAP verbunden.

Heilmittel: Phytopharmaka

Seit über 20 Jahren produziert Sekem Phytopharmaka nach wissenschaftlichen Methoden und Standards. Die Firma **Atos** hat sich auf diesem Gebiet der Heilmittelherstellung spezialisiert. Ausschliesslich biologische Rohstoffe, welche internationale Qualitätsanforderungen erfüllen, werden zur Herstellung der Phytopharmaka zugelassen. Die Produktionseinheiten und die Laboratorien von Atos sind mit neuester Technologie ausgerüstet und werden von kompetenten Fachpersonen betreut. Atos entwickelt nach wissenschaftlicher Forschung und neuesten Erkenntnissen Medikamente aus natürlichen Substanzen. Diese helfen dem Körper seine gesunden Funktionen zu erhalten ohne ihn mit Nebenwirkungen zu belasten.Im Sortiment von Atos findet sich auch Viscum, ein pflanzliches Medikament zur Behandlung von Krebs.

Nahrungsmittel

Sonne, Wärme und gesunder Boden bringen mehrmals pro Jahr Gesundes und Schmackhaftes aus biologisch-dynamischem Anbau hervor. Durch die Firma Hator sorgfältig verpackt und transportiert, kommen Gemüse und Früchte erntefrisch in die Läden und Supermärkte in Ägypten. In den Sekem "Nature's Best" Läden sind sämtliche Produkte der Sekem-Gruppe erhältlich. Eine Spezialität sind auch die verschiedenen Kräutertees von ISIS. Frei von Chemikalien und aus biologischem Anbau ist ihr Aroma rein und von besonderer Qualität. ISIS Kräutertees sind die meistverkauften in Ägypten. Im Export sind optimale logistische Abläufe von der Ernte bis zum Kunden besonders wichtig. Qualifizierte Fachkräfte sorgen dafür, dass die Sekem-Produkte auf dem schnellsten Weg an ihr Ziel gelangen und höchste Qualitätsansprüche erfüllen.

Textilien

Die biologisch gewachsene Baumwolle wird nach der Ernte durch sorgfältige und umweltverträgliche Behandlung zu zarten und atmungsaktiven Stoffen verarbeitet.

Die Firma **Conytex** hat sich auf Kinder- und Babybekleidung spezialisiert, die unter verschiedenen Labels lokal und international geführt werden. Zur Basislinie aus Schlaf- und Unterwäsche kommt jährlich eine Sommer- und Winterkollektion. Farbenfroh und verspielt sind die Accessoires für Kinder, welche von geschickten Händen gefertigt werden.

Sekemgemeinschaft

Täglich treffen sich die Mitarbeiter jedes Betriebes von Sekem zum Arbeitsbeginn in einem Kreis, um kurz über ihre Werke des vergangenen Tages und ihre Aufgaben für den bevorstehenden Tag zu berichten. Der anschliessend gemeinsam gesprochene Spruch bringt die moralischen Werte, das Leitbild von Sekem zum Ausdruck. In SEKEM gilt der Grundsatz: lernend arbeiten und arbeitend lernen. Durch kontinuierliche professionelle Weiterbildung und die Teilnahme an Kursen in künstlerischen Fächern haben die Mitarbeiter die Möglichkeit, sich fachlich und persönlich weiterzubilden.

Die Mitarbeiter pflegen gegenseitige Wertschätzung in allen Stufen und Bereichen und das Bewusstsein, dass jeder seinen Teil zum Gelingen des Firmenerfolges beiträgt.

Die Sekem-Gruppe unterstützt die Projekte der „Society for Cultural Development" für Erziehung, Medizinische Versorgung und Forschung. Sie fördert die Ganzheitliche Entwicklung durch ihr vielfältiges Bildungsangebot. Das pädagogische Konzept beinhaltet Ausbildung in naturwissenschaftlichen, praktischen und künstlerischen Fähigkeiten. Dies prägt den Stundenplan der Sekem-Schule und die Erziehung der Kinder im Kindergarten. Auch der Unterricht im Berufsbildungszentrum und die Kurse der Erwachsenenbildung fördern die ganzheitliche Schulung.

Die ganzheitliche Entwicklungsarbeit von Sekem beinhaltet auch die heilpädagogische Betreuung von Kindern und Erwachsenen. Sie werden in den Farmbetrieb integriert und entsprechend ihrer Fähigkeiten gefördert.
Etwa 40 Kinder, die bedingt durch ihre soziale Lage keine Schule besuchen können, nehmen an einem besonderen Programm teil. Dabei verrichten sie halbtags leichte Arbeit auf der Farm. In der verbleibenden Zeit findet Unterricht statt, auf ihre Bedürfnisse abgestimmt.
Im Medical Center erhalten die Mitarbeiter der Sekem-Gruppe und Menschen aus der Umgebung medizinische Versorgung. Die Behandlung erfolgt durch ein Team von Fachärzten, die auch regelmässig für Aufgaben der Gesundheitserziehung und Präventionsarbeit im Einsatz sind.

Die **„Sekem Akademie"** für angewandte Kunst und Wissenschaft in Kairo ist seit 1999 das Zentrum der „Society for Cultural Development". Im internationalen Austausch mit Hochschulen treiben hier Künstler und Wissenschafter die Arbeit für ganzheitliche Entwicklung voran. Durch den Austausch zwischen Menschen aus ägyptischer und europäischer Herkunft ermöglicht und fördert Sekem moderne Kulturimpulse und ganzheitliche Entwicklung für Mensch, Gesellschaft und Umwelt.

(Ähnlich ist die gentechnikfreie **"Reisrevolution" in Madagaskar.** Ende der 1980er Jahre entwickelt der Jesuitenpater Henri de Laulanié zusammen mit Bauern das Anbausystem SRI (System of Rice Intensification): die Setzlinge werden sehr jung und einzeln statt in Gruppen zu vier gepflanzt, das Feld wird nicht geflutet sondern nur feucht gehalten, gedüngt wird mit Kompost statt mit Kunstdünger, das Unkraut wird händisch geharkt und nicht mit Herbiziden totgespritzt. Über 100.000 Bauern stellten ihren Anbau um: sie ernten seither mit SRI mehr als doppelt so viel! SRI wird inzwischen in 20 Ländern praktiziert).

Ibrahim Abouleish DI Dr.

Geb. 1937 in Ägypten, übersiedelt 1956 nach Österreich, Studium der Medizin und Chemie abgeschlossen mit Dipl. Ing.(MSc) und Dr. (PhD). Arbeit in Pharmaindustrie bis 1977, Rückkehr nach Ägypten, gründet die SEKEM Organisation (www.sekem.com) als eine Initiative für nachhaltige Entwicklung (jetziger Lebensstil so, dass zukünftige Generationen auch in Würde leben können), deren Präsident er seitdem ist, SEKEM als Gruppe von Firmen zur Produktion und Kultivierung diverser organisch gewachsener Medizinen, Lebensmittel, Pflanzen und Baumwolle., die weltweit vermarktet werden. Die Absicht von Dr. I. Abouleish ist es, den menschlichen Fortschritt durch soziale Entwicklung zu fördern. 1984 wurde die Gesellschaft für kulturelle Entwicklung (Society for Cultural Development SCD) gegründet, um Bildung, Forschung, Gesundheitsfürsorge und Ausbildungsprogramme zu fördern. Daneben hat die Vereinigung der SEKEM-Angestellten (Cooperative of SEKEM Employees CSE) moderne soziale Formen entwickelt, um Menschenrechte zu sichern und gleiche Chancen für jedermann.

Seine Vision hat ihm weltweite Anerkennung eingebracht und SEKEM bekam eine modellhafte Rolle nicht nur für den biodynamischen Landbau sondern auch für die Entwicklung der Menschen. Unter allen Preisen, die er erhielt, sticht der "Right Livelihood Award", der den Alternativen Nobelpreis darstellt, der ihm 2003 zuerkannt wurde, hervor.

Daneben erhielt er durch die SCHWAB Foundation 2004 die Auszeichnung als "Hervorragender Sozial-Unternehmer". Abouleish nimmt regelmässig an Symposien, Austauschprogrammen teil, auch am World Economic Forum.

14.7. European Center of Excellence (ECE)
Manfred Grössler et al.

Text: Manfred Grössler

Sehr geehrter Herr Bürgermeister!
Sehr geehrte Damen und Herren der Referate: Naturschutz, Umwelt, Soziales, Gesundheit und Landwirtschaft!

Der große Erfolg der Gentechnikkonferenz am 10. Feber 2005 in Graz, bei der über 320 Vertreter aus Gemeinden, Bauernschaft, öffentlichen Stellen und Politik in reger Diskussion über einen möglichen Verzicht auf Gentechnik in der Zukunft standen, erbrachte auch den Nachweis, dass das Informationsdefizit über Gentechnik und deren Risiken bei Lebens- und Futtermitteln in Österreich ungeheuer groß ist.

Das neu gegründete European Center of Excellence besteht aus einem Forum unabhängiger österreichischer Gentechnik-Experten, die zum Thema "Gentechnik" in den Bereichen Gesundheit, Umwelt, Landwirtschaft, Ernährung und Lebensmittel Stellung nehmen.

Die Experten des "European Center of Excellence" geben Antworten auf alle Fragen, die im Zusammenhang mit Problemen, Risiken, Umwelt -, Versicherungs- und Haftungsfragen bei gentechnisch veränderten Lebensmitteln oder beim Anbau gentechnisch veränderten Saatguts zum Tragen kommen können.
Der kompetenten Gruppe des "European Center of Excellence" gehören österreichische Wissenschafter und Experten folgender Gentechnik-Themenbereiche an:

Ernährung	Gesundheit	Umwelt
Biotechnologie	Landwirtschaft	Bio-Landbau
Saatgut	Pflanzenkunde	Veterinärmedizin
Versicherungsfragen	Rechtsberatung	Tourismus

Dieses Team steht Institutionen, Landesregierungen, Gemeinden, Schulen, Unternehmen, Landwirten und sonstigen öffentlichen und privaten Körperschaften in allen Fragen, die Gentechnik betreffend, zur Verfügung.

Je nach Wunsch und Anliegen kommt eine Auswahl dieser Experten, abgestimmt auf den jeweiligen Themenkreis, zu Ihnen.
Bestmögliche und aktuelle Information, Beratung und Aufklärung werden Ihnen dabei helfen, die optimale Lösung für ihren Problembereich zu finden. Setzen Sie sich mit uns in Verbindung und geben Sie uns Ihren Wunschtermin bekannt.

Warum ECE Experten?

Das komplexe Thema Gentechnik in Landwirtschaft und Lebensmitteln mit all seinen Risiken und Auswirkungen ist für Menschen, die nicht intensiv mit dem Thema befasst sind, schwierig zu bewerten.

So stellt die Ausbringung von GVO (gentechnisch veränderten Organismen) einen massiven und irreversiblen Eingriff dar, **dessen Risiko weltweit von Versicherungen nicht gedeckt wird**.

Um über "grüne Gentechnik" im Bereich der Landwirtschaft und Ernährung informiert zu sein, bedarf es des profunden Wissens von Gentechnik-Experten und Wissenschaftern, die zu diesem Thema über reiche Erfahrung verfügen und täglich damit befasst sind.

Zur Vermeidung von Schäden und Rechtsstreitigkeiten, sollte man sich über Fragen der Schadenswiedergutmachung und Haftung ausreichend im Klaren sein.

Ab sofort gibt es für Gemeinden, Betriebe, Institutionen und interessierte Gruppen diese Hilfestellung in Form eines kompetenten, österreichischen Expertenteams:

Ein Expertenteam hilft Ihnen und informiert Sie
beim Kampf gegen die Gentechnik !

Gentechnikfrei - Die riesengroße Chance für die Zukunft

Durch die weltweite Verunreinigung von Getreide, Lebensmitteln und Saatgut mit gentechnisch veränderten Organismen (GVO's) bietet sich für Unternehmen und Regionen in Österreich eine Riesenchance, sich gegen Großkonzerne und gentechnisch wirtschaftende Landwirtschaftsbetriebe abzugrenzen und damit einem neuen, zukunftsträchtigen und äußerst gefragten Marktpotential anzugehören.

Gentechnik-freie Produkte und gentechnisch nicht verändertes Saatgut werden bereits in einigen Jahren weltweit schwer zu erhalten sein und hohe Preise erzielen.

Diese Chance sollte Österreich unbedingt nützen, denn es eröffnen sich dadurch ungeahnte Perspektiven. Umfragen zu Folge lehnen mehr als Dreiviertel der Bevölkerung Österreichs gentechnisch veränderte Lebensmittel ab. Auch im übrigen Europa ist dieser Trend nachvollziehbar. Trotzdem strebt eine weltweit agierende Saatgut- und Lebensmittel-Lobby unter Einsatz von gigantischen Werbebudgets und unter Berufung auf EU-Recht die Bewilligung und die Verwendung von gentechnisch veränderten Lebens- und Futtermitteln an.

Anbau mit gentechnisch verändertem Saatgut, dessen vermeintliche Risikolosigkeit durch Gutachten unabhängiger Top-Experten längst widerlegt scheint, ist in manchen europäischen Ländern, wie z.B. Spanien und Holland, bereits gang und gäbe. Ein Bio-Landbau ist dort nicht mehr möglich.

Und nicht zu vergessen: Auch im Tourismus wird es in Zukunft bei der Argumentation den Gästen gegenüber und bei der Bewerbung einer Ferienregion, zu den triftigsten Argumenten gehören, eine gentechnikfreie Region anbieten zu können.

Gentechnikfreie, natürliche und gesunde Lebensmittel und Speisen vor Ort bieten zu können, wird ein wichtiges Qualitätsmerkmal.

Kein Tourist, welcher Wert auf Gentechnikfreiheit bei Lebensmitteln legt, wird seinen Urlaub in einer Region planen, die sich für den Einsatz von Gentechnik entschieden hat.

Darauf sollten Bürgermeister, Tourismusmanager und Fremdenverkehrs-Vereine in Zukunft ein besonderes Augenmerk legen.

Informationsdefizit zum Thema Gentechnik

Durch den grundlegenden Mangel an Informationen über "Grüne Gentechnik", die bewusst zurückgehalten werden, kommt es zu einer großen Verunsicherung aller Personen, die in Zukunft mit dem Thema Gentechnik befasst sein werden, wie z.B. Gemeinden, Landwirte, Lebensmittelerzeuger oder Tourismusmanager.

Viele meinen auch, "dass es ohnehin längst zu spät sei"! Dies stimmt aber keinesfalls. Wahr ist, dass wir gerade jetzt den gemeinsamen Kampf gegen eine unüberprüfte, risikoreiche und nicht mehr rückholbare Technologie unter Aufbietung aller Energien führen sollten, um in Österreich noch das Schlimmste zu verhindern.
Und, um Österreich wirklich als gesundes Land der Zukunft positionieren zu können. Dazu bedarf es unter anderem umfassender Aufklärung durch erfahrene Experten.

Nehmen Sie diese Chance zu Aufklärung und Information zum Wohle Ihrer Gemeinde oder Ihrer Tourismusregion im Sinne ihrer Bürger, Unternehmen und Urlaubsgäste wahr und kontaktieren Sie uns. Wir kommen gerne zu Ihnen!

Wertvolle Infos zum Thema

Die derzeit beste Information zum Thema Gentechnik bietet Ihnen das Münchner Umweltinstitut. Kontakt: Tel:0049/89/307749-0 www.umweltinstitut.org

Die beiden Umweltorganisationen Global 2000 und Greenpeace haben praktische Einkaufsführer herausgegeben, die unter www.global2000.at sowie www.greenpeace.at erhältlich sind. Interessante Informationen bietet auch die Internetadresse www.foodwatch.de .

Alle Infos über Biolandbau gibt's unter www.ernteverband.at .
Umfassende Informationen erfahren Sie im Film "Leben außer Kontrolle- von Genfood und Designerbabys".
Beides um je 24,90 (plus Versand) zu bestellen unter Tel:0316/32-39-32 sowie per E-mail unter: manfredgroessler@tele2.at

Information, Bestellung und Buchung:

"European Center of Excellence"″
Info: Manfred Grössler
 Dipl.Phytologe und Ernährungsberater,
Kreuzgasse 44
A-8010 Graz
Tel. 0316/32-39-32
info@gentechnik-expertenforum.at,

15. ENERGIEPFLANZEN

15.1. Den Teufel mit dem Beelzebub austreiben

KLAUS FAISSNER

Erdöl ist nicht nur preislich unberechenbar, sondern die Verbrennung heizt auch den Treibhauseffekt an und verschmutzt zudem die Umwelt auf vielfältige Weise. Dazu kommt, dass mehr und mehr Kriege um das früher als "schwarzes Gold" bezeichnete Gut geführt werden – kein Wunder, dass Bewohner von Erdöl-Krisengebieten zunehmend von "Exkrementen des Teufels" sprechen.

Aber auch in den westlichen, stark erdölverbrennenden Staaten nimmt die Skepsis gegenüber den fossilen Brenn- und Treibstoffen zu. Was bisher unumstößlich mit Wohlstand verbunden war, wird jetzt zum Symbol für bewaffnete Konflikte, Energieabhängigkeit vom Ausland und nicht zuletzt zahlreicher Umweltprobleme. Silberstreif am Horizont sind erneuerbare Energien, mit denen diese Abwärtsspirale durchbrochen werden kann. Die Nutzung von Wind, Wasser, Sonne und Biomasse soll den Weg zu einem nachhaltigen Umgang mit Ressourcen weisen, Versorgungssicherheit bieten, die Wertschöpfung im Land halten und dadurch heimische Arbeitsplätze sichern oder sogar neu schaffen.

Doch die Abhängigkeit von fossilen, nicht erneuerbaren Energieträgern wie Erdöl, Kohle oder Erdgas ist drückend, vor allem im Verkehr: Während es bei der Wärme- und Stromerzeugung durchaus gewichtige, klima- und umweltfreundliche Alternativen gibt, läuft hier ohne Benzin und Diesel (fast) gar nichts – egal ob bei Autos, Lkw, Bussen, Motorrädern oder Flugzeugen. Doch zumindest beim Straßenverkehr ist etwas ins Rollen gekommen, wie das Beispiel Deutschland am besten zeigt.

Dank hoher Mineralöl- und Ökosteuern sowie gestiegener Erdölpreise konnte der aus Raps erzeugte Biodiesel an den Zapfsäulen merkbar billiger verkauft werden als mineralischer Diesel. Hand in Hand mit dieser Entwicklung nahm der Rapsanbau stetig zu. Doch mit der größeren Rapsanbaufläche für Biodiesel erhöhte sich auch der Einsatz des Insektizides Imidacloprid, das vom Bayer-Konzern unter dem Markennamen "Gaucho" verkauft wird und mit dem das Saatgut gebeizt wird. Imkerverbände sehen einen engen Zusammenhang zwischen dem vermehrten Einsatz von Imidacloprid und einem rasant zunehmenden Bienensterben.

Trotz großer Steigerungsraten belief sich der Anteil des Biotreibstoffverbrauchs am gesamten Treibstoffverbrauch 2004 in Deutschland unter zwei Prozent und in den meisten anderen europäischen Ländern unter ein Prozent. Laut EU-Vorgaben soll der Anteil an Biotreibstoffen bis Ende 2005 auf zwei und bis 2010 auf 5,75 Prozent steigen. Neben Biodiesel, der aus Ölpflanzen wie Raps gewonnen und in Biodieselanlagen "fahrzeugtauglich" gemacht wird, zählen auch das aus Stärkepflanzen wie Zuckerrüben, Getreide oder Mais gewonnene Bioethanol sowie auch nicht weiterverarbeitete Pflanzenöle zu Biotreibstoffen.

Energiepflanzen als Hintertür für die Gentechnik?

Große Anstrengungen werden nötig sein, um diese Ziele zu erreichen. Und in diesem Zusammenhang wird – hinter mehr oder weniger vorgehaltener Hand – die Gentechnik ins Spiel gebracht. Schließlich wird hier vielfach die Chance gesehen, auf weniger Widerstand in der Bevölkerung zu treffen: Erstens sind diese Pflanzen weder für den menschlichen Verzehr noch für den Einsatz als Tierfutter bestimmt und zweitens sollen sie ja einem an sich positiven Anliegen – der Erzeugung erneuerbarer Energieträger – dienen.

Genau in diese Richtung ging auch eine Initiative der Plattform "Plants for the Future" ("Pflanzen für die Zukunft"), die von maßgeblichen Gentechnik-Unternehmen wie Bayer, BASF und Syngenta ebenso mitgetragen wird wie von gentechnikfreundlich eingestellten Vertretern aus der Lebensmittelindustrie, der Landwirtschaft und von Verbraucherorganisationen.

Im Juni 2004 stellte der damals für Forschung zuständige EU-Kommissar Philippe Busquin die von diesen Exponenten ausgearbeitete "langfristige Vision für die europäische Pflanzenbiotechnologie bis 2025" der Öffentlichkeit vor. Einen wichtigen Teil nahm darin auch das Thema "Nachhaltigkeit" und die Entwicklung neuer gentechnisch veränderter Pflanzen für die Treibstoffgewinnung ein.

Es macht für die Natur keinen Unterschied, ob genmanipulierte Pflanzen für die Energieproduktion angebaut werden oder als Tierfutter oder für den menschlichen Verzehr. Im Gegenteil: Gerade bei genmanipulierten Energiepflanzen muss nicht auf Pestizidrückstände in der Nahrung geachtet werden, was den Spritzmitteleinsatz eher in die Höhe treibt. Die Auskreuzungsproblematik bleibt dieselbe. Genraps für die Biodieselproduktion würde natürlich ebenso wie Genraps für Futter- oder Nahrungsmittel jeden bis dato gentechnikfreien Raps innerhalb kurzer Zeit verunreinigen.

Der Einsatz der Gentechnik bei Ölsaaten für den Treibstoffsektor würde eine Reihe unüberschaubarer Probleme aufwerfen – zumal niemand garantieren kann, auf diesem Weg dank intensiver Forschung ölreichere Sorten zu erhalten als in der konventionellen Zucht. Außerdem sind die Ackerflächen begrenzt und können auch bei einem intensiven und großflächigen Anbau nur einen sehr kleinen Teil des gesamten Spritverbrauchs für den Verkehr abdecken – Experten sprechen von maximal 15 bis 20 Prozent. Völlig andere, innovative Lösungen, die im Einklang mit der Natur stehen, sind daher gefragt.

Mit Biomasse Energiebedarf decken?

Eine solche hat August Raggam, ein österreichischer Biomasse-Pionier der ersten Stunde, entwickelt. Der langjährige Professor an der Technischen Universität Graz und Gründer des Biomassekesselherstellers KWB (Kraft und Wärme aus Biomasse) hat den Waldbestand und die Zuwachsraten von Biomasse eingehend studiert und ist zu einem sensationellen Ergebnis gekommen: Österreich kann sich leicht mit Energie selbst versorgen, wodurch die Schaffung von bis zu 300.000 zusätzlichen Arbeitsplätzen, vorwiegend in der Land- und Forstwirtschaft, möglich wäre (lit.).

"Wir zahlen jährlich sechs Mrd. Euro für Öl, Gas und Kohle ins Ausland und lassen im Gegenzug die eigene Biomasse verrotten und die Bauern verarmen", führt Raggam die enormen Summen vor Augen, die für den Einkauf von fossilen Energieträgern abfließen und die laut seinen Berechnungen mit einer geschickten – und dennoch nachhaltigen - Wald- und Feldbewirtschaftung im Land bleiben könnten. Größter Fehler sei aber die Unwissenheit darüber gewesen, "wie viel im Wald tatsächlich nachwächst", erklärt der Energieexperte.

Demnach könnte also der gesamte Energiebedarf für Wärme, Strom und Verkehr in Österreich alleine mit Biomasse gedeckt werden. Doch um den Verkehr - ohne Komfortverlust - von fossilen Brennstoffen zu befreien, wäre ein Umdenken nötig, erklärt Raggam: "Die jetzigen Fahrzeuge haben einen Gesamtwirkungsgrad von zehn Prozent. Bei einer Umstellung auf Schwungradautos oder batteriebetriebene Elektroautos würde sich dieser auf über 50 Prozent erhöhen." Die Technik werde es möglich machen, dass Haushalte den dafür nötigen Strom bald selbst erzeugen können, glaubt der Techniker. Voraussetzung dafür sei, dass Anlagen zur dezentralen Stromgewinnung aus Biomasse, die Strom über eine Wärme-Kraft-Kopplung als "Abfallprodukt" zur Heizung erzeugen, zur Serienreife gebracht werden. Mit dem guten, alten Stirling-Motor soll dies gelingen.

Dies ist nur ein Beispiel von vielen. Auch bei der Nutzung der Wind-, Sonnen- und Wasserkraft gibt es noch große, brach liegende und vor allem ökologisch verträgliche Potentiale. Was fehlt, ist der Druck der Bevölkerung und in weiterer Folge auch der politische Wille sowie genügend finanzielle Mittel, diese Potentiale umzusetzen. Raggam: "Haupthindernisse bei der Durchsetzung der Energie aus Biomasse sind eindeutig Trägheit und Unwissenheit." Genauso, wie Unwissenheit und Trägheit die größte Chance für den Einsatz der Gentechnik in der Nahrung und in der Landwirtschaft sind …

Literatur: August Raggam: "Klimawandel – Biomasse als Chance gegen Klimakollaps und globale Erwärmung", Graz 2004, Herausgeber: Ökosoziales Forum Österreich; ISBN:3-9501869-0-5

15.2. Zweisamkeit schenkt Energie

BIRGIT BIRNSTINGL, Leiterin der ARGE Kreislaufwirtschaften mit Mischkulturen

Es ist schon paradox: Seit Jahrzehnten wird über die Problematik riesiger Monokulturen sowie die damit zusammenhängenden Schäden für Boden, Trinkwasser sowie Artenvielfalt debattiert und dennoch kann sich kaum jemand verschiedene Nutzpflanzen auf ein und demselben Acker vorstellen.

Für Birgit Birnstingl ist jedoch genau das ein möglicher Weg aus der derzeitigen Misere der Landwirtschaft, die mit der Einführung der Gentechnik ihren Gipfel erreichen würde: "Mit ausgewählten Mischungen zweier oder auch mehrerer Kulturpflanzen entsteht am Acker eine biologische Vielfalt und eine bessere Kommunikation untereinander. Pflanzen mit unterschiedlichen Anlagen, wie zum Beispiel Tiefwurzler und Flachwurzler, wirken aufeinander positiv, ergänzen sich optimal und unterstützen sich gegenseitig im Wachstum.
Es ist wie in einer guten Ehe", schwärmt die selbst frisch verheiratete Bewirtschafterin einer biologischen Landwirtschaft. Mit dem Wissen, das wir aus der genauen Beobachtung der Natur gewinnen können, könnten wir uns unheilvolle Irrwege ersparen, ist sich Birnstingl sicher: "Es würden sich Pflanzenschutzmittel erübrigen und erst recht die Gentechnik. Die Gentechnik ist eine Perversion und reiner Egoismus unserer geistlosen Wohlstandsgesellschaft. Wir brauchen sie nicht!"

Vor allem eine Pflanze, die bis zum 1. Weltkrieg in Österreich heimisch war, dann aber vergessen wurde, hat es ihr angetan: Der Leindotter. Er verdrängt das Unkraut und führt zusätzlich bei Erbsen des öfteren zu höheren Erträgen und bei Getreide zu einer höheren Qualität.
Birnstingl knüpfte Kontakte zu Pionieren des Mischfruchtbaues in Ostdeutschland und Bayern, allen voran Ernst Schrimpff, Norbert Makowsky und Josef Braun, führte die alte Ölsaat wieder ein und gründete mit Gleichgesinnten die "ARGE Kreislaufwirtschaften mit Mischkulturen".

Mehr als 50 biologische und konventionelle österreichische Betriebe sind inzwischen Mitglied der ARGE, landesweit werden inzwischen auf rund 5.000 Hektar Ackerland Mischkulturen angebaut. Dabei ist insbesondere die "innige Liebe" zwischen Erbsen und Leindotter auffallend: "Die Erbse kann als Leguminose aus der Luft Stickstoff aufnehmen und gibt ihn über die Wurzel in den Boden ab. Dort kann ihn der Leindotter als Dünger optimal nutzen. Auf der anderen Seite bildet der Leindotter für die Erbsen ein Rankgerüst, stützt sie so in ihrem Wachstum und bewahrt sie letztlich vor dem Umfallen, was sonst oft zu Totalernteausfällen führt. Ein besseres, fruchtbringenderes Zusammenwirken kann man sich nicht vorstellen", freut sich Birnstingl.

Wie fruchtbringend diese Symbiose ist, zeigt der Umstand, dass auf den Feldern der österreichischen Mischkultur-Bauern – je nach Bewirtschaftungsweise und Bodenfruchtbarkeit - pro Hektar zwischen 700 und 1.400 Kilogramm Leindotter zusätzlich zu 2.000 bis 3.500 Kilogramm Erbsen geerntet werden.

Bei konventionell bewirtschafteten Erbsen-Monokulturen beläuft sich der Durch-schnittsertrag auf etwa 3.000 Kilogramm. Das bedeutet: Die Mischung aus Erbse und Leindotter führt – im Gegensatz zum reinen Erbsenanbau - zu einem sicheren Ertrag an Erbsen, manchmal sogar zu einem Mehrertrag und der Leindotter kommt "gratis" dazu. Ebenfalls vielversprechende Ergebnisse verzeichneten die Mischkul-tur-Bauern auch bei der Kombination Leindotter-Getreide, berichtet Birnstingl. Hier konnte beobachtet werden, dass der Leindotter die Getreideähre im Sommer in Zeiten hoher Ozonkonzentration vor Verbrennungen schützt: "Die Leindotterpflanze stellt sich zeitgerecht über die Ähre, als ob sie ihre Partnerpflanze vor Verbrennun-gen bewahren will", ist Birnstingl auch in dieser Hinsicht angetan.

Wofür soll der wiederentdeckten Leindotter verwendet werden? "Der Landwirt steht vor neuen Herausforderungen. Er wird zunehmend auch zum Energiewirt", ist Birnstingl überzeugt. Dementsprechend soll das aus der Pflanze gepresste Öl in erster Linie als Treibstoff verwendet werden - bei 900 Kilo Leindotter sind es immer-hin 300 Liter. Das ist auch der Punkt, an dem die Idee des "Kreislaufwirtschaftens" ansetzt: Was in der jeweiligen Region erzeugt wird, soll – in kleinen Kreisläufen - auch hier verbraucht werden.
Besonders beim Treibstoff bringt jeder Liter Pflanzenöl, der Erdölprodukte ersetzen kann, Segen: Das Geld fließt nicht in ferne Krisenregionen, sondern bleibt in der Region erhalten, Arbeitsplätze werden geschaffen und die Nutzung nachwach-sender Rohstoffe schont die Umwelt. "Unser Ziel ist die energieautarke Landwirt-schaft", weist Birnstingl darauf hin, dass der Bauer der Zukunft die von ihm benötig-te Energie künftig selbst erzeugen soll.

Doch auch bei der Verwendung des Öls als Treibstoff will die Kreislaufexpertin neue Wege gehen: Sie denkt nicht daran, es in großen Anlagen zu Biodiesel verarbeiten zu lassen, sondern will es unbehandelt in Motoren einsetzen, die speziell für den Betrieb mit Pflanzenöl umgebaut werden. So unwirklich für viele die Vorstellung ist, Salatöl als Sprit für Autos und Traktoren zu nutzen, so konkret und geschichtsträchtig ist dessen Umsetzung: konkret, weil es inzwischen eine Reihe von Möglichkeiten für einen derartigen Umbau gibt und geschichtsträchtig, weil der Motor, mit dem Rudolf Diesel 1900 auf der Weltausstellung in Paris eine neue Ära der Mobilität einleitete, ein Pflanzenölmotor war: er wurde mit Kokosfett betrieben.

Da derzeit noch zu wenige Erfahrungen und Kenntnisse über die ausschließliche Verwendung von Leindotter als Sprit vorhanden sind, wird das Öl meist noch ge-meinsam mit Raps verwendet. Aber nicht nur das Öl soll nutzbringend verwendet werden, sondern auch das "Abfallprodukt" der Ölgewinnung: Der Presskuchen eig-net sich sehr gut als hochwertiges Futtermittel.

Die wertvollen, oft wundersam anmutenden Fähigkeiten des Leindotters sind für Birnstingl eine Folge der bisher fehlenden züchterischen Behandlung – eine Pflan-ze mit Urinstinkten sozusagen.

Dennoch glaubt sie, durch eine behutsame, zielgerichtete, auf natürliche Auslese basierende Weiterzüchtung die Eigenschaften noch weiter verbessern zu können. Alle Anstrengungen kaputtmachen könnte hingegen der Einsatz der Gentechnik: "Raps und Leindotter gehören zur Familie der Kreuzblütler. Wenn gentechnisch veränderter Raps angebaut wird, könnten seine Pollen auch den Leindotter mitverseuchen", befürchtet Birnstingl.

Birgit Birnstingl

1994 Abschluss der Bundeshandels Akademie für Berufstätige - Graz, anschließend 1995 landwirtschaftliche Ausbildung in Form eines einjährigen Intensivlehrganges für Land- und Forstwirtschaft (Grottenhof Hart, Graz), Ausbildung zum "Landwirtschaftlichen Facharbeiter".
Landwirtschaftliche Praxis und Erfahrung aufgrund der Führung des elterlichen Hofes.
Seit Okt. 95 Studium an der KF-UNI Graz, der Studienrichtung "Umweltsystem-Wissenschaften mit Schwerpunkt Geographie".
Seit Juni 2000 selbständig, und maßgeblich für die LEA Oststeiermark. bzw. den Ökocluster im Bereich von *F&E für Biogas und Pflanzenöl* tätig.
2003 - 2005 im Projekt *(POEM 2)* Anbau und Erntetechnik, Rohstoffanbau und Ertragslagen, Mischkultursysteme auswerten, Öffentlichkeitsarbeit und Bewusstseinsbildung im Bereich ökologisch und ökonomische Pflanzenölproduktion, Erhebung lokaler Sortier-Verarbeitungsstellen.
Seit 2004 zusätzlich freie Mitarbeiterin des Landes Energie Vereins Steiermark und im Wesentlichen beauftragt mit dem Projekt *"Biogas – Machbarkeitsstudie Steiermark"*.

16. MEDIZIN

16.1. Gefahren der Gentechnik in der Medizin

THOMAS KENNER, ehem. Rektor der Karl-Franzens-Universität Graz und langjähriger Dekan der Medizinischen Fakultät Graz

Die Gentechnik in der Medizin, die sogenannte "Rote Gentechnik", findet bei der Bevölkerung eine weit höhere Akzeptanz als die Gentechnik in der Landwirtschaft. Kein Wunder – schließlich werden von dieser Seite neue Therapieverfahren schwerer Krankheiten wie AIDS und Krebs für die Zukunft versprochen.

Für Thomas Kenner, ehemaliger Rektor der Universität Graz und langjähriger Dekan der Medizinischen Fakultät, ist dies jedoch kein Grund, diesen Themenkomplex unkritisch zu sehen. Vielmehr weist er darauf hin, dass es bei einem unbedachten Einsatz ebenfalls zu unabsehbaren Folgen kommen kann:

So wendet sich Kenner vehement gegen die Präimplantationsdiagnostik (PID). Die PID ist ein Diagnoseverfahren, das nur an künstlich befruchteten Embryonen angewendet wird. Ab dem dritten Tag nach der künstlichen Befruchtung werden den Embryonen ein bis zwei Zellen entnommen und vor allem auf das Vorliegen genetischer Defekte untersucht. Embryonen, die den bestimmten Defekt, nach dem gesucht wird, nicht aufweisen, können in die Gebärmutter eingepflanzt werden, die anderen werden getötet.

Jedoch ist schon diese Zellentnahme für den Embryo alles andere als ungefährlich, denn dabei kann er stark geschädigt werden, was bis zum Absterben führen kann. Durch die PID sind einige vererbte Krankheiten und Chromosomenstörungen feststellbar. Der weitaus größere Teil schwerer Erkrankungen und Behinderungen kann von dieser Diagnosemethode jedoch nicht erfasst werden. "Erwartungen, dass mittels PID alle nur möglichen Gendefekte ausgeschlossen werden können, sind unrealistisch", stellte etwa die österreichische Bioethik-Kommission beim Bundeskanzleramt im Rahmen eines im Juli 2004 veröffentlichten Berichtes fest.[1]

Besonders Behindertenverbände laufen gegen dieses Diagnoseverfahren, das im Gegensatz zu einigen anderen EU-Ländern in Deutschland und Österreich verboten ist, Sturm: es wird befürchtet, dass lebensunwertes Leben "aussortiert" wird und Eltern von behinderten Kindern Vorwürfe gemacht werden könnten, dass sie dieses behinderte Kind auf die Welt kommen haben lassen. Die Befürchtungen reichen bis hin zur "Produktion" von Designerbabys, die möglichst viele erwünschte Merkmale aufweisen sollen.

Generell sei es eine Frage, wie man mit dem Thema "künstliche Befruchtung" umgeht, meint Kenner. "Die Versuchung ist groß, an Eizellen in externen Medien zu experimentieren – ohne zu wissen, welches Unheil man damit anrichtet. Unsere Kenntnisse sind zwar durchaus weit fortgeschritten, aber für derart diffizile Eingriffe noch ungenügend." Aus diesem Grunde schließe er sich der Meinung von Erwin Chargaff[2] an, der derartige Experimente als "unmoralisch" bezeichnete.

"Personen, die auf natürlichem Wege ein Kind bekommen würden, würden das teilweise dennoch mit künstlicher Befruchtung machen", fürchtet Kenner die Folgen einer Zulassung der PID und deren Umgang damit. "Aus meiner religiösen Überlegung und ärztlichen Überzeugung ist eine PID daher nicht zulässig", folgert der Mediziner. Kenner fürchtet aber vor allem eines: "Wenn die PID erlaubt wird, ist allen Stammzellenuntersuchungen Tür und Tor geöffnet."

Stammzellenforschung, therapeutisches Klonen

Stammzellen sind all jene Zellen, aus denen entweder ein ganzes Individuum entstehen kann oder jene Zellen, aus denen schließlich Organe oder spezielle Teile von Organen entstehen können. Stammzellen können aus Embryonen, dem Nabelschnurblut von gesunden und normal geborenen Babys sowie aus dem Fruchtwasser gewonnen werden. Um therapeutisch einsetzbare Stammzellen für bestimmte Personen gewinnen zu können, wird grundsätzlich das Klonen herangezogen. Wenn für den Gewinn von therapeutisch einsetzbaren Zellen ein menschlicher Embryo getötet werden muss, könne dieses Verfahren nur abgelehnt werden, sagt Kenner.

Die Versprechungen der Stammzellenforschung sind ein klassisches Beispiel, wie sehr auch hier das lineare Denken zu überwiegen scheint. Stammzellen würden die Transplantationsmedizin revolutionieren, wurde versprochen. Doch es kam anders, wie Kenner erklärt: *"Noch vor kurzem wurde die Meinung vertreten, dass die Erzeugung sogenannter transgener und geklonter Schweine, die Züchtung von Organen ermöglichen wird, die vom menschlichen Organismus nach Transplantation nicht abgestoßen werden.*
Transgen heißt hier, dass in die Zellen des Schweines menschliche Gene eingebracht wurden, die den Organen des Schweines menschliche Gewebeeigenschaften übertragen. Murphy´s Law (Anm.: Wenn etwas schief gehen kann, wird es schief gehen und alles geht auf einmal schief) trifft hierbei allerdings durch die Möglichkeit zu, dass aus dem Genom der Schweinezellen sogenannte Retroviren entstehen könnten, die dann durch Transplantation auf den Menschen übertragen werden. Dadurch könnte bei Transplantationen derartig präparierter Gewebe der Schaden größer als der Nutzen sein."

Das Gewinnen von Zellen, von denen man meint, therapeutisch einen Zellersatz für Personen mit defekten Organen zu bekommen, nennt man auch therapeutisches Klonen. Dies setzt voraus, dass man den Vorgang der Zellteilung zu einem Zeitpunkt unterbricht, zu dem sich die Zellen bereits für die Bildung von Organen zu spezialisieren beginnen.

Reproduktives Klonen

Kenner erklärt allgemein den Vorgang des künstlichen, reproduktiven Klonens: *"Das künstliche Klonen, wie es beispielsweise zur Entwicklung des Schafes Dolly geführt hat, geschieht durch einen Vorgang, der ein Individuum erzeugt, das ein identisches Genom wie irgendein bereits erwachsenes Individuum hat. Es wird der Zellkern einer Körperzelle in die reife Eizelle – aus der man vorher den eigenen Zellkern entfernt hat – eingebracht. Diese Eizelle muss in die Gebärmutter eines weiblichen Individuums eingebracht werden. Die Zahl der Versuche, die notwendig sind, dass diese Eizelle zu einem Embryo und dann zu einem Fötus heranwächst ist selbst bei Tieren sehr hoch. Beim Menschen ist das Stadium der Geburt noch nicht erreicht worden.*
Da das in die Eizelle eingebrachte Genom aus einem bereits gealterten Individuum stammt, sind in diesem Genom schon Vorgänge abgelaufen, sodass etwa tatsächlich geborene Individuen mit hoher Wahrscheinlichkeit krankhafte Defekte entsprechend einer höheren Altersstufe erwarten müssen.
Derartige Versuche beim Menschen sind deswegen als unmoralisch einzustufen, weil man derzeit viel zu wenig über die Schwierigkeiten und die zu erwartenden Konsequenzen weiß."

Kenner betont, dass es wichtig sei, Molekularbiologie oder Gentechnik nicht generell als etwas Schlechtes hinzustellen. Es müsse möglich sein, an für Medizin und Biologie segensreichen diagnostischen Testmethoden und an möglichen oder in Vorbereitung befindlichen therapeutischen Anwendungen und Entwicklungen zu forschen – jedenfalls dann, wenn dies den gesetzlichen Vorschriften entsprechend erfolgt - und sie verantwortungsvoll einzusetzen.

Der Mediziner mahnt jedoch eindringlich, besonders in diesem Bereich das Handeln generell mehr zu hinterfragen: *"Die großartige Entdeckung jener Mechanismen und Vorgänge, die im Zellkern alle Information über Baupläne und Abläufe im Organismus speichern, hat eine wahre Büchse der Pandora an Möglichkeiten zum Missbrauch geöffnet. Und immer wieder zeigt sich, dass wir auch bei gut gemeinten Vorhaben einfach noch zu wenig verstehen, um alle Konsequenzen oder Katastrophen vorherzusehen."*

Und leider sei sehr oft Geld- und Machtgier im Spiel:
"Es wird die Tatsache, dass leider alles was erfunden, auch verwirklicht und angewendet wird, als „technologischer Imperativ" bezeichnet. Man muss dazu sagen, dass solches umso mehr geschieht, je mehr Geschäft man damit machen kann. Es klingt dieser Imperativ auch ähnlich, wie eines der „Murphy´s Laws": Alles was schief gehen kann, geht früher oder später schief. Und ich müsste noch dazu ergänzen: alles was missbraucht werden kann, wird früher oder später missbraucht. Das trifft insbesondere dort zu, wo Prestige- und Profitsucht eine entscheidende Rolle spielen. - Und das ist bei den Bestrebungen zum Klonen von Menschen, sei es reproduktiv oder therapeutisch, der Fall!"

Wie viele andere hält Kenner Experimente zur Züchtung von Menschen für ein Verbrechen, weil "sich der Mensch in seiner grenzenlosen Hybris und Dummheit anmaßt, in einen Teilprozeß der Natur einzugreifen, dessen volle Gesamtheit wahrscheinlich überhaupt nie ganz von Wissenschaftlern verstanden werden wird". Generell könne eine gentechnische Veränderung nicht isoliert gemacht werden, da alles davon berührt sei: *"Langsam kommt man drauf, wie unglaublich die Wirkungen der Gene miteinander vernetzt sind. Daher kommt man jetzt mehr und mehr vom Denken weg, dass ein Gen das Gleiche sei wie ein Effekt bzw. Defekt - denn wenn man ein Gen verändert, ist man überrascht, was sich sonst noch alles verändert. Die Effekte von Genen sind mit anderen vernetzt. Solange man das nicht wirklich versteht, kann man nicht riskieren, so tollpatschig und grob Eingriffe zu machen.*

Die Entstehung eines Kindes und das Wachstum des Organismus, sind Vorgänge, in die man nicht mit den derzeit verfügbaren und im Verhältnis zu dem Wunder, das sich hier vollzieht, plumpen Methoden hineintappen soll. Selbst die feinsten modernen gentechnischen Methoden sind ja wirklich nur ein grobes Hineingreifen in einen umfassenden Prozeß, von dem wir nur Bruchstücke wirklich verstehen. Der gesamte Vorgang der Entwicklung eines Menschen umfaßt viel mehr als nur die von der Forschung ein wenig aufgeklärten Vorgänge. Das Ganze umfaßt nicht nur die Menschwerdung als Wachstumsprozeß, den wir wenig verstehen, es umfaßt auch all jenes, was Dichter und Musiker in ihren Werken zu beschreiben versuchen, wenn es um die Liebe zwischen zwei Menschen und deren Liebe zum Kind geht."

Der ehemalige Rektor der Universität Graz fürchtet sogar eine Wiederholung eines düsteren Flecks österreichischer und deutscher Geschichte:

"Nicht ganz 100 Jahre nach der Entdeckung der Vererbungsregeln (Anm.: von Gregor Mendel 1865) haben Wissenschaftler, die glaubten, sich gegenüber skrupellosen und verbrecherischen Politikern profilieren zu müssen, ungeheuerliche Morde an so genannten "Erbgeschädigten" begangen. Die Wahnsinnsidee einer "wissenschaftlichen" eugenischen Rassentheorie hat schließlich vielen Millionen Menschen den Tod gebracht. - Und hinter dem reproduktiven Klonen von Menschen steht die Absicht der perfektionierten künstlichen Eugenik!"

Gefährliche Keimbahntherapie

Besonders eindringlich warnt Kenner, dort gentechnisch einzugreifen, wo direkt die Nachkommen betroffen sein können: *"Wenn ein Defekt oder eine künstliche Änderung im Genom einer Keimzelle (Sperma oder Eizelle) auftritt bzw. durch eine gentechnische Maßnahme eingeführt wird, dann wird dieser Defekt auf das Genom aller Nachkommen übertragen, die durch etwaige Mitwirkung dieser Keimzelle bei einer Befruchtung entstehen.*

Der Defekt wird dann auch in den Keimzellen aller jener Nachkommen zu finden sein und demnach auch in deren Körperzellen, die aus der anfänglich defekten Keimzelle (unter Berücksichtigung der Vererbungsregeln) entstanden sind. Diese Einschränkung berücksichtigt die Tatsache, dass bei allen Nachkommen die Hälfte der Gene vom Vater, die andere Hälfte von der Mutter kommt.

Es bleibt die Tatsache, dass Mutationen oder künstliche Änderungen am Genom einer Keimzelle sozusagen auf ewige Zeit in der "Keimbahn" erhalten bleiben. Der Begriff Keimbahn deutet an, dass ein gentechnischer Eingriff oder eine spontane Mutation am Genom von Keimzellen Vorgänge sind, die wesentlich gravierendere Konsequenzen haben, als gleichartige Vorgänge an irgendeiner anderen Körperzelle."

Die Keimbahntherapie ist ebenso wie die Stammzellentherapie in Deutschland und Österreich verboten.

Industrie und Universitäten

Als nicht gerade beruhigend deutet Kenner den Umstand, dass – angesichts von Budgetkürzungen im Bildungsbereich – die Verknüpfungen zwischen Industrieunternehmen wie Pharmakonzernen und Universitäten immer enger wird:

"Je mächtiger und je stärker international verknüpft Industrieunternehmen werden, desto mehr tritt die Gefahr auf, dass mögliche Schäden bagatellisiert oder überhaupt ignoriert und abgeleugnet werden. Industriebetriebe, die gentechnische Verfahren zu Marktreife bringen, sind seit jeher auf Forschung angewiesen, die teils in eigenen Labors und teils auch in Universitäten stattfindet. Die neue Gesetzgebung in Österreich, die den Universitäten so genannte Vollrechtsfähigkeit und Autonomie und gleichzeitig einen finanziellen Mangelzustand beschert hat, macht eben diese Universitäten immer mehr abhängig von der Verfügbarkeit von "Drittmitteln".

Zu derartigen Drittmitteln gehören auch Zahlungen der Industrie für Forschungsaufgaben. Es ergibt sich daraus leider die Konsequenz einer beträchtlichen Hörigkeit, da man solche Geldquellen nicht gerne – etwa wegen ethischer Bedenken – verscherzen möchte.
Mit anderen Worten, diese vermutlich zunehmende Abhängigkeit von der Industrie ist eine katastrophale Konsequenz unserer Bundespolitik. Es besteht ja dazu auch die zunehmende Verstärkung internationaler Einflussnahmen durch den Vertrag GATS (General Agreement on Trade in Services), der eine direkte Einmischung von Unternehmen in universitäre Autonomiebereiche möglich erscheinen lässt".

Kenners Fazit: *"Man kann den Einfluss der Industrie gar nicht hoch genug einschätzen und muss im Sinne einer unabhängigen Forschung vorsichtig sein, um ihn hintanzuhalten."*

Ethik und "Rote Gentechnik"

Der Biotechnologe und Ethiker Anton Moser weist darauf hin, dass die Anwendung der Gentechnik bei der Diagnose in der Medizin ebenso weitgehend unbedenklich sei wie bei der Produktion von Pharmazeutika - wenn alle Nebenprodukte der Herstellung fein säuberlich abgetrennt werden.

Er warnt aber davor, dass bei der Anwendung der "roten Gentechnik" wie beim therapeutischen Klonen zwar im Gegensatz zur Agro-Gentechnik "nur" Einzelwesen erfasst werden, dafür die Anwendung in der Therapie einen tiefen Eingriff in das Wesen Mensch und in die Schöpfung darstellt.

Daher komme der Ethik auch hier große Bedeutung zu – schließlich "sind die Ziele zu rechtfertigen und die Folgen zu verantworten". Die Grenze sei immer die Gefahr der Beeinflussung der Menschenwürde, was wiederum freilich mit dem Menschenbild und daher mit Moral & Ethik zu tun habe.

"Solange nicht geklärt ist, ob es notwendig ist, z.B. Stammzellen aus Embryonen zu gewinnen, ist diese Politik äußerst fragwürdig. Denn solange es Alternativen für die embryonalen Stammzellen gibt, z.B. Tiermodelle, dem weitgehend unausgeschöpften Potential adulter Stammzellen oder gar den neu gefundenen Vorläuferzellen, die im Fruchtwasser vor kurzem gefunden wurden, bewegen sich Wissenschaftler und Politiker ethisch auf sehr schwankendem Boden", erklärt er. Auch sollte klar sein, dass es eine weltanschauliche Frage sei und bleiben werde, wann Leben beginnt: Mit dem Wachsen des Fötus oder bereits mit der Befruchtung einer Eizelle.

Ganz anders als bei der Anwendung der Gentechnik in der Landwirtschaft würden bei der Anwendung der Gentechnik beim Menschen immerhin - zumindest auf dem Papier - Konzepte bestehen, verweist Moser auf eine Aussage des steirischen Diözesanbischofs Egon Kapellari: "Der Mensch darf von Gott gegebene Grenzen nicht überschreiten, sonst zerstört dies den Menschen."

Moser zitiert auch den Präsidenten der deutschen Forschungsgemeinschaft Ernst-Ludwig Winnacker, der eindringlich davor warnt, etwas anzuwenden, von dem das Wissen über die Funktionsweisen oder Auswirkungen sehr begrenzt sei: "… die Wissenschaft hat nicht den geringsten Anhaltspunkt dafür, wie der Reprogrammierungsprozess bei Stammzellen gesteuert werden kann". Daher sei Vorsicht angesagt, da es um den Menschen geht.

Wie es aussieht, wurde vor kurzem eine neue Dimension der Genforschung erschlossen, die als "Epigenetik" bezeichnet wird. Demnach ist der bisherige Ansatz der Genetik, dass die Summe der Gene die Vererbung darstellen, überholt: "Es gibt nämlich eine noch kaum erforschte Ebene, die über den Genen liegt, aber das "Buch des Lebens" verkörpern dürfte und die erst sinnvolle Ordnung in die Gene, das heißt in die Vererbung bringt!", erklärt Moser.

Dies zeige, dass die Gentechnik als Wissenschaft noch in den Kinderschuhen steckt und es eines echten Prinzips der Vorsorge bedürfe: "Die Ehrfurcht, also Ethik, muss im Mittelpunkt stehen, um voreilige Anwendungen auf Lebewesen einzubremsen – nach dem Prinzip: Was ist zu tun, wenn etwas passiert?"

Thomas Kenner Dr. med. Univ.- Prof.

Geb. 1932 in Wien und Studium der Medizin (Dr. med. univ. 1956).
Assistent an diversen Univ-Instituten in Wien und Er-langen-Nürnberg, Associate Professor an Univ. of Virginia in USA.
1972: Univ. Professor am Physiologischen Institut an der KF-Uni Graz.
Rektor der KF-Univ in Graz 1989/91 und lange Dekan der Medizinischen Fakultät.
Wirkliches Mitglied der Österreichischen Akademie der Wissenschaften.
Ehrendoktorate: Uni Jena, Semmelweis Uni Budapest, Masaryk Uni Brünn.

Kämpft für ethische Rahmenbedingungen in Medizin und Staat.

---

[1] "Präimplantationsdiagnostik (PID)": Bericht der Bioethikkommission beim Bundes-kanzleramt, Juli 2004. Im Internet aufrufbar unter http://www.austria.gv.at/2004/11/25/bid_bericht_endfassung.pdf
[2] Der Forscher Erwin Chargaff war maßgeblich an der Entschlüsselung der DNS-Erbstruktur beteiligt.

17. Bauern IV

17.1. Klar sehen statt "Rot" bei Impfungen?

HANS SPITZL, Biobauer aus Straußdorf und Vorsitzender der Biolandgruppe Ebersberg, Bayern

Auch wenn sich der Blick beim Einsatz der Gentechnik vor allem auf die Landwirt-schaft richtet, soll auch Kritik gegen die sogenannte "Rote Gentechnik", die Gen-technik in der Medizin, erlaubt sein und auch ernst genommen werden.
Drei Bauern aus Bayern, die genau im Spannungsfeld zwischen Problemen mit dem Viehbestand und Problemen mit medizinischen Anwendungen – auch im Zusammenhang mit der Gentechnik – stehen, wagen den Schritt an die Öffent-lichkeit. Für ihre Verluste machen sie Impfungen sowie Impfvergiftungen mit gen-technisch veränderten Inhaltsstoffen verantwortlich und prangern die zuständigen Behörden an, sich nicht um diese Schäden zu kümmern.

"Viele weitere Bauern haben schier unlösbare Gesundheitsprobleme in ihren Ställen und werden von den Behörden und Tierärzten nicht über die primäre Ursache auf-geklärt, zu denen die Impfstoffe gehören", erklärt Hans Spitzl, Biobauer aus Strauß-dorf und Vorsitzender der Biolandgruppe Ebersberg, unweit von München.
Um die Schwierigkeiten bei der Wurzel packen zu können, müsse die Aufmerksam-keit generell auf Gifte, das heißt auf toxische Stoffe, gelenkt werden, mit denen die Landwirte konfrontiert seien: egal ob es sich um den Einsatz von Nervengiften bei der Bekämpfung der Dasselfliege, einem Rinderparasit, handelt, die mit der Entste-hung von BSE in Zusammenhang gebracht werden, oder um Bt-Gifte oder um Imp-fungen: "Es wird sehr viel geimpft und in diesen Impfstoffen befanden und befinden sich ebenfalls Nervengifte wie Thiomersal - eine Quecksilberverbindung, bei der zentralnervöse Störungen, eine teilweise Lähmung der Hinterhand des Rindes, Seh-schwäche und weitere Schäden bekannt sind." Ganz eindringlich warnt er vor gen-manipulierten Pflanzen, die Pharmazeutika – auch Impfstoffe - erzeugen sollen.

Spitzl erzählt von den Anfängen jener Ereignisse, die ihn zum hellhörigen Strategen und Mahner machen sollten: "Unser Hof war 14 Jahre anerkannt frei von BHV1, dem Bovinen Herpesvirus Typ 1. Seit ich denken kann, war der Hof frei von schwer-wiegenden Krankheiten. Ganz im Gegenteil: Die Tiere meines Betriebes wurden nach der Umstellung auf biologische Bewirtschaftung immer gesünder.
Ab Mai 2000 trat jedoch bei den Kühen Durchfall auf, immer wieder waren andere Tiere betroffen." Offiziell lautete die Diagnose nach einer Milchuntersuchung im Dezember 2000 "Verdacht auf BHV1" - einen der Haupterreger der Rindergrippe, bei der infizierte Tiere nach der Lehrmeinung lebenslang Träger von diesem Virus bleiben und daher eine potentielle Ansteckungsgefahr darstellen.

Auch der Verdacht auf Maul- und Klauenseuche (MKS) sei von einem Tierarzt im Dezember 2000 bei einem Tier geäußert worden, was ihn sehr verwundert habe, erklärt Spitzl: "Schließlich ist das doch eine meldepflichtige Krankheit, die dieser schon bei Verdacht hätte anzeigen müssen."

Stattdessen habe ihn Anfang Jänner 2001 der Amtstierarzt angerufen und ihm mit-geteilt, dass die Milch BHV1-positiv sei und er Einzelblutproben der Tiere untersuchen lassen und dann die positiven Tiere impfen müsse. "Ich sagte ihm, dass ich alle Infektionswege, also alle Möglichkeiten einer Infektion, schriftlich haben will, denn nur mit diesem Wissen ist eine Sanierung und der Schutz der Rinder möglich. Darauf-hin erwiderte er mir drohend: ´Ich kann auch anders!´, was für mich ein Horror war. Deshalb habe ich damals keinen Tierarzt mehr auf meinen Hof gelassen", so Spitzl. Seine Frau, eine ausgebildete Krankenschwester, erklärte ihm, dass infizierte Tiere, sogenannte Reagenten, nicht geimpft werden dürfen. Er besorgte sich den Impfstoffbeipackzettel, auf dem er die Aussage seiner Frau bestätigt sah.

So steht beispielsweise in der Gebrauchsinformation des gentechnisch veränderten BHV1-Impfstoffes "Rhinobovin® Marker inaktiviert" von Hoechst Roussel Vet, Novem-ber 1998: "Klinisch kranke, infizierte oder sich im Inkubationsstadium befindliche Tiere sowie Tiere mit schlechtem Allgemeinzustand, starkem Parasitenbefall oder Immun-suppression sind nicht zu impfen, da in diesen Fällen keine ausreichende Immun-antwort nach Impfung sichergestellt ist. Außerdem können in diesen Fällen unter Umständen klinische Symptome auftreten oder sich verstärken."

Außerdem studierte der Landwirt die vom Landratsamt Ebersberg erlassene Allgemeinverfügung des Jahres 1999 sowie aktuelle Verordnungen über BHV1 und holte sich fachkundigen Rat ein: "Die Bauern haben geglaubt, dass sie ihre Rinder impfen lassen müssen, dabei wird hier klar darauf hingewiesen, dass die Veterinär-behörde die Untersuchung und Impfung der Rinder anordnen kann. Für die recht-zeitige Probenahme und Impfung im Rahmen des Verfahrens soll der Tierhalter verantwortlich sein – daher muss er, wenn er die Impfung ohne Anordnung in Auf-trag gibt, was die meisten Bauern unwissend tun, alle daraus resultierenden Fol-gen auch selbst tragen."
Als weiteren Schritt forderte er die Infektionswege nochmals schriftlich an: "In den dann zugesandten Unterlagen fand ich, dass Tiere auch durch Kälbergrippe-impfstoff BHV1-infiziert werden können."

Dies alles bestärkte Spitzl im Entschluss, die Impfungen zu verweigern. Prompt kam er mit den Behörden mehrfach in Konflikt, gab aber keinen Millimeter nach: "Das Landratsamt und der Landrat forderten mich auf, die rechtlich unmögliche und Tierschutz-missachtende "Impfverpflichtung", die keine ist, umzusetzen. Das führte nicht nur zu einer Palette von Gerichtsverfahren mit nachweislich rechtsbeugenden Beschlüssen, die keiner ordentlichen rechtsstaatlichen Überprüfung standhalten, sondern alle Behörden führen bis heute einen Eiertanz auf, um meine konkret ein-gebrachten Fachunterlagen nicht zu berücksichtigen. Fragen werden nicht oder nur ausweichend beantwortet.

Da sowohl der Behörde als auch mir bekannt war, dass bereits infizierte Tiere gar nicht geimpft werden dürfen, wurde und werde ich zu einer Impfung auf übelste Weise genötigt", ist Spitzl empört.

Vermarktungsverbot nach Impfung?

Außerdem gab es für Spitzl einen weiteren Grund, seinen Rinderbestand nicht imp-fen zu lassen: "Das Landratsamt fordert von mir die Anwendung der gentechnisch veränderten Markerimpfstoffe. In meinem biologisch bewirtschafteten Betrieb sind gentechnisch veränderte Organismen aber verboten. Wer haftet denn für den daraus resultierenden Schaden an den Tieren, wer für ein aus dem gentechnisch veränderten Impfstoff resultierendes Vermarktungsverbot meiner Tiere?", lautete eine seiner vielen Fragen, auf die er "keine aufklärende konkrete Antwort" bekom-men habe.

Spitzl wies in mehrfachen Briefen die Behörden also darauf hin, dass die BHV1-Impfung nicht angeordnet und sogar kontraproduktiv ist und legte dementspre-chende umfassende Unterlagen vor: So sind in einigen Ländern wie auch in Öster-reich und der Schweiz, BHV1-Impfungen verboten - hier werden als Maßnahme gegen die Ausbreitung dieser Krankheit die infizierten Tiere gekeult, also getötet. "Diese Länder sind", wie Spitzl betont, "amtlich BHV1-frei".

Laut Tiergesundheitsbericht des Bundesministeriums für Verbraucherschutz nehmen seit Einführung des Markerimpfstoffes die positiven Nachweise in Deutschland zu. Auch die Aussagen von Martin Beer, dem Leiter der BHV1-Abteilung der Bundes-forschungsanstalt für Viruskrankheiten auf der Insel Riems, im Tiergesundheitsbericht 2002 würden klar zeigen, dass die BHV1-Impfung keine Lösung des Problems ist: "Die bekannten BHV1-freien Länder haben das Ziel der BHV1-Freiheit vorrangig durch Anwendung des ´Selektionsprinzipes´ erreicht. ... Das Impfkonzept befindet sich dagegen immer noch in der Bewährungsphase." Spitzl dazu: "Seit ca. 20 Jahren wird BHV1 geimpft, Länder, die BHV1 nicht impfen sind hingegen frei! Das sind Versuche an den Tieren der Bauern ohne deren Wissen. Und der Bauernverband, der mit dem Tiergesundheitsdienst Bayern verflochten ist – welcher wiederum mir für die untersuchten Blutproben den amtlichen Laborcomputerausdruck verwei-gert hat – machte Werbung für diese Impfungen!"

Die Behörden hätten ihm kein Entgegenkommen gezeigt, ein gemeinsames Sanierungskonzept zu erarbeiten, bei dem allen gesetzlichen Bestimmungen Rech-nung getragen werde: "Da bereits Fruchtabgänge, Missbildungen, lebensschwache Kälber und Ausschläge auftraten wollte ich in der Landesuntersuchungsanstalt Schleißheim ein sehr krankes, kümmerliches, ein halbes Jahr altes Rind auf alle in Betracht kommenden Krankheiten, auch auf MKS untersuchen lassen. Diese MKS - Untersuchung wurde mir mit der Begründung, ´diese sei verboten´, verweigert. Auch habe ich bis heute nicht den korrekten Nachweis bekommen, ob meine Tiere BHV1-infiziert sind oder nicht."

MKS-Impfungen führten zu Seuchen

Generell sei bei Impfungen zu überprüfen, ob sie nicht genau das Gegenteil des-sen bewirken könnten, was man sich davon verspreche. So berichtet der in Tübin-

gen ansässige, inzwischen pensionierte Arzt Karl Strohmaier, wie die Bundes-
forschungsanstalt für Viruskrankheiten (BFAV) 1990 dazu beitrug, die Impfung für
Maul- und Klauenseuche (MKS) zu beenden:

*"In der ehemaligen Bundesrepublik (BRD) war 1966 eine Verordnung erlassen
worden, wonach alle Rinder ab vier Monaten jedes Jahr gegen MKS zu impfen
waren. Der BFAV, in der ich arbeitete, mussten alle Ausbrüche, die trotzdem in der
BRD ausgebrochen sind, gemeldet werden. Mich interessierte, woher jedes Mal
die Seuche kam. Ich fand, dass von den 31 Primärausbrüchen in der Zeit von
1970 bis 1990 20 Ausbrüche durch infektiösen Impfstoff ausgelöst wurden, sechs
Mal wurde das Virus aus Impfstoffwerken verschleppt, zwei Mal waren es infizierte
Speiseabfälle, die Schweinen gefüttert wurden und drei Ausbrüche konnten nach-
träglich nicht mehr identifiziert werden. Der letzte Ausbruch in der BRD 1988/89
war eine Verschleppung aus einem Impfstoffwerk.
Seither ist die BRD seuchenfrei. Mit gentechnischen Methoden, ähnlich einem
Vaterschaftsnachweis, konnten wir zeigen, dass es in den übrigen europäischen
Ländern ähnlich war. Darauf verbot die EU das Impfen europaweit. Schon vorher
waren in den Ländern, in denen nicht geimpft wurde, deutlich weniger Ausbrüche
aufgetreten als in den impfenden Ländern. Die Philosophie, die hier zugrunde lag,
war die Bekämpfung der Seuche und nicht die Heilung einzelner kranker Tiere."*

Spitzl verweist darauf, dass mehrfach Zusammenhänge zwischen der "Rindergrippe"
BHV1 und der MKS beschrieben seien und daher Ähnlichkeiten bei den Schadbildern
berücksichtigt werden müssten. Außerdem liege der Anteil der Impfbestände, die
einen BHV1-Rückschlag erleiden, bei ca. 96 Prozent, zitiert Spitzl aus einer Statistik
des Landesuntersuchungsamt Rheinland-Pfalz aus dem Jahr 2003.

Nachdem Spitzl von den Behörden nur unzureichende Antworten auf seine Fragen bezüglich aller möglicher Infektionswege für BHV1 bekommen hatte, stellte er
selbständig Nachforschungen an: "Diese ergaben, dass auch die Infektion mit
Milch von geimpften Kühen möglich ist. Seither ziehe ich auch die Möglichkeit in
Betracht, dass meine Tiere über eine vor seinem Stall von dem
Milchsammelfahrzeug ausgeronnene Milch eines anderen impfenden Bauern infiziert worden sein könnten – eine Impfung meiner Kühe als Auslöser kommt insofern nicht in Frage, da ich diese Impfung nie habe durchführen lassen. "Dabei
stützt er sich unter anderem auf eine Informationsschrift von Bayer für Landwirte,
wonach das BHV1-Virus "über alle Körpersekrete und -exkrete (Milch, Urin, Kot, Sperma, Nasenschleim) ausgeschieden wird und auf diesem Wege empfängliche
(BHV1-negative) Tiere anstecken kann.

Das Virus bleibe überdies z. B. im Sommer bei 37 Grad 5-9 Tage stabil, genauso im
pH-Bereich von 6,0 - 9,0. Milch hat einen pH-Wert von ca. 6,3. Spitzl will Klärung:
"Wenn die Viren in der Milch nachgewiesen werden können und diese Milch verkauft werden darf, liegt dann nicht Verbrauchergefährdung vor?"

Aber: "Dementsprechende von mir gestellte Fragen vor allem zu geimpften Tieren beantwortet die Bundesforschungsanstalt seit 2002 nicht."

Weitere prinzipielle Möglichkeiten einer BHV1-Infektion seien durch einen massiven Hygienemangel des Tierarztes bei Infusionen und auch durch Impfungen selbst gegeben, meint der "Privatforscher": "Die Bayerische Landestierärztekammer gab unter Genehmigung von Dr. Martin Beer, Leiter der Bundesforschungsanstalt für Viruskrankheiten auf der Insel Riems bekannt, dass mit kontaminiertem Impfbesteck, 1:1000 verdünnt auch Tiere infiziert werden können. Ein Mitarbeiter des Tiergesundheitsdienstes Bayern erklärte mir, dass die Infusionsnadel die gravierendste Infektionsquelle sei. Außerdem werden die Impfviren als Primärinfektion nie berücksichtigt."

Rechtsbeugende Gerichte?

Hans Spitzl fasst zusammen:

"Die Infektionswege wurden von der Behörde nie ermittelt. Kein Veterinär war auf dem Hof, um sich sachkundig zu machen. Dürfen Veterinäre Ferndiagnosen stellen und die Impfung von infizierten Tieren, die laut Beipackzettel nicht zu impfen sind, anordnen - ohne den betroffenen Bauern ausführlich aufzuklären? Durch die Vorgänge in meinem Stall ging ein Drittel des Kuhbestandes ab - hauptsächlich an einem nur bei MKS beschriebenen Erscheinungsbild. Die meisten Tiere sind verendet oder wurden getötet. Den Schaden schätze ich auf grob 80.000 Euro und rund 50.000 Schaden wurde infolge unseriöser Belästigungen durch die Behörden hervorgerufen. Von den Auswirkungen auf meine eigene Gesundheit und auf meine Familie will gar nicht sprechen. Mich fragte sogar ein Veterinär, als ich ihm schilderte, dass ich selbst BHV1 infiziert wurde: ´Bekamen Sie Husten?´ Inzwischen wurde ich mehrmals durch rechtsbeugende Gerichtsbeschlüsse, die keiner ordentlichen rechtsstaatlichen Überprüfung standhalten und meine Fakten nicht berücksichtigen, verurteilt und mir Zwangszahlungen auferlegt. Vom Verwaltungsgericht München wurde aufgrund meiner Beschwerde über die Richter ein Verfahren durchgeführt, das ich nachweislich nicht in Auftrag gegeben habe. Ich soll für diesen Gerichtsunsinn auch noch bezahlen!

Mittlerweile habe ich bei der Oberfinanzdirektion München Generalbeschwerde, Generalsteueramnestie und Vollstreckungsschutz beantragt und werde dies durchsetzen, denn es kann nicht angehen, dass ich meine organisierten Peiniger noch finanziell mit meinen Steuern unterstütze. Da das Finanzamt bereits an der Zwangsgeldeintreibung schriftlich nachweisbar trotz laufendem Verfahren beteiligt war, ist mein Vorgehen berechtigt. Tierärzte und Pharmaindustrie profitieren von den Impfungen. Der Tierschutz wird nicht gewahrt."

Dennoch weigert er sich beharrlich, dem nachzukommen, weil er sich sicher ist, im Recht zu sein. "Wie ist es möglich, dass in einem Rechtsstaat von behördlicher Seite geltende bekannte Gesetze mir gegenüber in keiner Weise eingehalten werden?", fragt sich Spitzl.

Sein Tipp an die Bauern: "Der beste Schutz ist es, sich selbst über alles zu informieren, viel zu fragen und kritisch zu sein. Dann lernt man, Gefahren zu vermeiden, was besonders in Bezug auf die Gentechnik sehr wichtig ist. Auch darf man sich nicht von Haus aus auf die Behörden verlassen, weil diese teilweise gegen die Bauern arbeiten, und in diesen Fällen den Grundrechten und dem Tierschutz nicht nachkommen.

Außerdem gilt es zu bedenken, dass Tierärzte nur dann ein gutes Geschäft machen, wenn die Tiere krank sind." Dennoch streckt er den Tierärzten die Hand aus: "Wir werden sie dringend bei der Sanierung der jetzt entstandenen Schäden brauchen. Ein allgemeines Umdenken wird ihnen jedoch zuvor nicht erspart bleiben."

Spitzl kennt keinen Groll gegen Behörden. Sein Dank gilt ein wenig sogar ihnen, vor allem aber seinen Unterstützerinnen und Unterstützern, "in besonderem Helmtrud und Irmgard": "Sie alle ermöglichten es mir, die Wahrheit aufzudecken für eine lebenswerte Zukunft aller. Wir sind verpflichtet lebenswerte Grundlagen für die folgenden Generationen zu erhalten und zu schaffen – ohne Impfgifte und genmanipulierte Pflanzen. Nutzen wir die Möglichkeiten ohne Gentechnik!"

Ganze Herde verloren

Ein weiterer betroffener Bauer, Willi Arnold aus Bad Grönenbach im bayerischen Allgäu, hat seine komplette Herde verloren. Er ist sich sicher, dass gentechnisch veränderter Markerimpfstoff die Ursache war:

"Der Tierarzt war in meinem Betrieb und hat mir empfohlen, meine laut Untersuchungsbefund infizierten Tiere, sogenannte Reagenten, gegen IBR/BHV1 impfen zu lassen. Der Amtstierarzt sagte ebenfalls, dass ich impfen lassen soll. Obwohl meine Tiere äußerlich gesund waren, sagte ich schließlich zu. Ich erlaubte ihm aber nur die Injektion mit einem Lebendimpfstoff, da ich kurz zuvor eine Horrormeldung über Totimpfstoffe gehört hatte, nach der 1999 in Holland ca. 30 000 Tiere geschädigt worden waren. 7 000 Bauern hatten demnach Schäden angemeldet.

Der Tierarzt versprach mir, einen Lebendimpfstoff anzuwenden und belog mich, indem er trotzdem mit dem Totimpfstoff (Bayovac IBR-Marker inactivatum®) impfte. Über Impfrisiken wurde ich in keiner Weise aufgeklärt. Dies wäre zwingend vorgeschrieben, wie ich später erfuhr. Ebenso, dass laut den Beipackzetteln kranke und infizierte Tiere nicht zu impfen sind. Die geimpften Tiere bekamen an der Einstichstelle eine bis zu faustgroße eitrige Schwellung. Sie haben schlecht bis nichts mehr gefressen und nach zirka drei Wochen sind die ersten zwei Kühe tot umgefallen. Ich holte den Chef des impfenden Tierarztes und den Amtstierarzt, die die Schuld des impfenden Tierarztes äußerten.

Der Amtstierarzt war dessen überzeugt. Ich forderte eine Notimpfung vorzunehmen, um die geschädigten Tiere zu schützen. Beide sagten, dass der Tierbestand "versaut" sei und man nichts machen könne. Nach einiger Zeit waren schon acht Stück Vieh kaputt. Dieser Schaden wurde von der Tierseuchenkasse erstattet, die

KLAR SEHEN STATT „ROT" BEI IMPFUNGEN

das Geld angeblich wiederum vom Tierarzt zurückholte. Das Zurückholen des Geldes von der Tierseuchenkasse und die Äußerung des Amtstierarztes ist das indirekte Eingeständnis, dass die Impfgiftgabe verantwortungslos war.

Einige Zeit später waren erneut Kühe tot, weitere 38 Kühe in einem desolaten Zustand. Von ihnen ließ ich ihren tatsächlichen vorherigen Nutzwert schätzen. Plötzlich wurde mir von der Veterinärbehörde tierschutzwidrige Tierhaltung vorgeworfen, was aber überhaupt nicht gestimmt hat. Der Amtstierarzt kam und machte von den für mein angebliches Fehlverhalten in Frage kommenden Objekten wie dem Spaltenboden Fotos, ebenso von den Tieren.

Doch die Tiere waren wenn immer nur möglich im Freien. Schuld war nur die Impfung. Da auch die trächtigen Tiere geimpft worden waren, konnten Kälber nach der Geburt nicht aufstehen, waren deren Gelenke auch geschwollen bzw. entzündet und viele sind relativ rasch verendet. Von der impfenden Tierarztpraxis und der Veterinärbehörde kam keine Unterstützung, den mit der einmaligen Impfung ruinierten Tierbestand zu sanieren. Ich wurde mit dem desolaten Tierbestand alleine gelassen.
Auch der über alles Bescheid wissende Landrat hat mir nicht geholfen. Ich frage mich, ob es ein abgekartetes Spiel war: Der Impfstoff war verseucht, die Impfung verantwortungslos und niemand wollte das zugeben. Ich hatte von Tierarzt und Amtstierarzt die Herausgabe des Impfstoffes gefordert, doch sie haben ihn mir nicht gegeben. Obwohl ich ein paar Tage nach der Impfung den Schaden gemeldet habe, wurde zum Schluss alles - insbesondere die Impfung als Ursache - weggelogen.

Die vorgeschriebene Protokollierung des Impfschadens und Meldung an das Paul-Ehrlich-Institut als Zulassungsstelle für Impfstoffe erfolgte nach meinem Wissensstand von Tierarzt und Behörde nicht.
Es war ein Terror ohne Ende. Rund 150 Kälber und Kühe mussten in der Folgezeit "erlöst" werden oder sind gestorben. Wir waren gezwungen, die Landwirtschaft aufzugeben und haben die Kühe zum niedrigsten Preis verkaufen müssen. Sie sind direkt in den Schlachthof geführt worden. 2003 haben wir ganz aufgehört.
Laut Protokoll der Gerichtsverhandlung vom 01.09.2004 äußerte der Beklagtenvertreter, dass die Impfung vom Landratsamt Unterallgäu angeordnet sei, was nicht überprüft wurde. Der Amtstierarzt sagte aus: ´Es ist so, dass bei einem erkrankten Viehbestand in der Regel nur die kranken Tiere IBR (BHV1) geimpft werden.´ Makaber, wenn man bedenkt, dass im Beipackzettel eindeutig steht, dass kranke und auch infizierte Tiere nicht zu impfen sind! Was geht da vor?

Meine Zeugen haben mir in der Gerichtverhandlung bestätigt, dass die Tiere vor der einmaligen Impfung in einem guten Zustand waren. Weiter berichteten die beiden Gutachter über den protokollierten vorherigen Wert der geschädigten 38 Tiere.
Doch die Tiere wurden nach der Impfung an der falschen Stelle mit einem von mir nicht freigegebenen Impfstoff unter Missachtung der Anwendungshinweise krank. Mein Anliegen ist nach wie vor, dass mir mein - auch durch die Betriebsauf-

gabe - entstandener Schaden beglichen wird.
Doch laut Gerichtsprotokoll wird angedeutet, dass ich mich zu wenig um die kranken Tiere gekümmert hätte. Kann überhaupt jemand einen durch Impfung ruinierten Tierbestand ohne Schäden sanieren? Die Tierarztpraxis und die Veterinärbehörde kamen ihrer gesetzlichen Pflicht, mich als Bauer nach der sogar verbotenen Impfung die Tiere vor weiteren Schäden zu schützen in keiner Weise nach.

Mir will man die Schuld in die Schuhe schieben. Die Taktik der anderen war immer, auf Zeit zu arbeiten um die vorgeschriebene Ermittlung und Protokollierung der gesamten Schäden zu umgehen. Der Amtstierarzt ging in den vorzeitigen Ruhestand und sagte bei der Gerichtsverhandlung, dass er keine Unterlagen mehr hat. Diese müssten jedoch bei ordnungsgemäßer Behördenarbeit vorhanden sein! Wenn nach Wahrheit und Gerechtigkeit unter Wahrung des Tierschutzes geurteilt würde müsste der impfende Tierarzt oder die Tierarztpraxis den gesamten Schaden ersetzen.
Es kann sein, dass man mich als Versuchskaninchen benutzt hat."

Amtsveterinär wollte nicht in den Stall

Auch für Irmgard Schmid aus Wildaching, Gemeinde Bruck in Oberbayern, liegt, seitdem auf ihrem Hof BHV1-Impfungen durchgeführt wurden, vieles im Argen:
"Seit der Anordnung der Impfung meiner infizierten Rinder durch das Landratsamt Ebersberg am 8.9.1998 habe ich massivste Probleme mit den Behörden und auch die Gesundheit der Tiere in unserem Familienbetrieb wurde durch die veranlassten Impfungen mehr als genug beeinträchtigt.
Die ersten Blutuntersuchungen wurden erst nach einer Woche ins Labor gebracht, obwohl mir versprochen wurde, dass dies unverzüglich geschehen werde, um eine zuverlässige Analyse zu ermöglichen.
Ich meldete der Gesundheits- und Veterinärbehörde sehr viele Tierschäden (Missbildungen, verendete Kühe und Jungrinder, Fruchtbarkeits-, Durchfallprobleme usw.) nach den erfolgten Impfungen. Diese kümmerten sich jedoch überhaupt nicht um die Meldungen.

Der zu Rate gezogene Amtsveterinär hockte sich in die Stube und sagte nach der Aufforderung meiner Familie, die erkannten Schäden der Tiere im Stall zu besichtigen: ´Was soll ich in ihrem Stall?´ Laut Beipackzettel des angewandten Impfstoffes sind infizierte Tiere nicht zu impfen. Ich selbst bekam auch einen sehr juckenden Blasenausschlag an Armen und um die Bauchgegend.
Eine kleine Genugtuung ist, dass das Verwaltungsgericht München in der Verhandlung am 3.2.2005 das anordnende Landratsamt verpflichtete, die zu unrecht gegen mich verhängten Zwangsgelder zurückzunehmen.
Über die somit auch zu unrecht geforderten Impfungen wollte das Gericht nicht verhandeln, es drückte sich um die Verantwortung, damit nicht das Eingeständnis erbracht werden musste, dass die erfolgten Impfungen sittenwidrig und verantwortungslos waren. Keine Behörde kümmerte sich um den Schutz der vergifteten Rinder. Uns bescherten die Impfungen einen doppelten Pflegeaufwand für die Tiere."

Hans Spitzl Dipl.-Landwirt

geboren 1958 in Straußdorf in Bayern, schloss seine Lehre in Landmaschinentechnik als bester seines Jahrgangs in Oberbayern ab. Danach Besuch der Landwirtschaftsschule mit ebenfalls erfolgreichem Abschluss. 1986 pachtete er den elterlichen Hof, drei Jahre später schloss er die Landwirtschaftsmeisterschule als Landwirtschaftsmeister ab. 1993 stellte er den Betrieb auf Ökolandbau um. Eine Vergrößerung von 20 auf 38 Hektar folgte, der Betriebsschwerpunkt liegt bei Milchviehhaltung mit Nachzucht, Grünlandbewirtschaftung und Ackerbau. Seit 1998 ist Spitzl, der verheiratet und Vater von vier Kindern ist, Vorstand der Biolandgruppe Ebersberg. Seine intensiven Nachforschungen im Bereich der Auswirkungen von Umweltverseuchung, Gentechnik und vor allem Impfstoffen für Nutztiere machen ihn zum profunden Kenner der dabei auftauchenden Auswirkungen und Probleme.

Seine Leitsätze: Die Wahrheit ist oft hart, doch es gibt nichts besseres!
Das Naturgesetz ist nicht manipulierbar und käuflich!
Er lässt sich nicht von profitorientierten Konzernen und deren Handlangern zum Krieg gegen das Leben benutzen.

Von einem Insider wurde ihm geraten: "Es wäre besser, den Mund zu halten, sonst könnte es Dir wie Prinzessin Diana gehen."

17.2. Vom Reichtum des einfachen Lebens

Josef Gintersdorfer alias "Senner Joe", Senner im Bregenzerwald

"Am Morgenerwachen der Natur teilnehmen, die Kühe melken, die Milch am Vormittag zu Käse, Joghurt, Butter verarbeiten, untertags Grund und Boden pflegen, mit der Sense die Büschel mähen, damit die Tiere Jahr für Jahr gutes und frisches Gras haben. Am Abend die Kühe wieder melken, um am nächsten Tag wieder mit der Herstellung von Käse zu beginnen."

Das ist das Leben, wie es sich Josef Gintersdorfer wünscht – fernab von allen Vorstellungen, die jüngere Menschen haben. Den ersten Schritt zur Verwirklichung seiner Vision, einen kleinen Bergbauernhof sein eigen zu nennen, dort ständig zu leben und ihn mit einer Vielfalt zu bewirtschaften, hat der Mühlviertler bereits getan: Mit der Pacht einer Alpe im Bregenzerwald, die er in den Sommermonaten bewirtschaftet, während er im Winter den selbst erzeugten Käse verkauft.

Der "Senner-Joe", wie sich Gintersdorfer bewusst nennt, warnt vor großen Einheiten und der Oberflächlichkeit, durch die seiner Meinung nach das Verantwortungsbewusstsein immer mehr verloren geht. Nicht zuletzt durch den Kapitalismus treibe es auch den "suchenden Menschen" in den "Sog der Abhängigkeiten" hinein. Doch die schnelllebige Zeit und die vielen Angebote der heutigen Konsumwelt führen uns auf den falschen Weg, ist er überzeugt: "Es steckt etwas tief im Herzen, das Dich ständig daran erinnert. Es ist ganz einfach die Natur, die in uns steckt". Gintersdorfer zeigt sich dankbar, auf einem Bauernhof mit liebevollen Eltern aufgewachsen zu sein und nun selbst seinen Weg gefunden zu haben.

Dieser Weg soll nichts mit Turbokühen, immer größer werdenden Betrieben oder ´Genpflanzen´ zu tun haben: Immer mehr werde den Bauern suggeriert, dass ihr Überleben nur in großem Stil möglich wäre, bemängelt der "Senner-Joe".
Außerdem würden viele Bauern für den Massentourismus als "geförderte Landschaftsgestalter" ihren Grund und Boden zur Schau stellen, anstatt die Traditionen wahrhaft zu leben und diese mit dem sanften Tourismus in Einklang zu bringen. Doch Hand in Hand mit der Landwirtschaft gehe auch das Konsumverhalten in die falsche Richtung:

"Wir selbst leben in einer sehr verwöhnten Lebensform und bedienen uns zur kurzfristigen Befriedigung oder greifen nach billigen Wegwerfprodukten. Bei unseren guten Lebensmitteln aus der Region sparen wir, aber für alles andere sind wir zu haben. Ein Teufelskreis nimmt nicht nur in der Landwirtschaft seinen Lauf, die Vielfalt stirbt auch mit jedem Tischler, Bäcker, Metzger und anderem Nahversorger und wir fallen noch tiefer in eine Krise."

Das will der Senner jedoch nicht so einfach hinnehmen: "Wir sitzen doch alle in einem Boot. Jeder einzelne kann vorausahnen, wohin wir steuern und ganz ehrlich, fühlen wir uns wirklich dabei wohl? Wir alle sind es doch, die unsere vielgeliebte Natur und Kultur schätzen. Nehmen wir doch das Ruder in die Hand und helfen gemeinsam dagegenzusteuern, sonst werden wir einmal von einer ganz großen Flut überschwemmt."

Dann werde die Natur nach dem Motto "Was wir säen, das ernten wir" zurückschlagen, warnt Gintersdorfer vor allem im Zusammenhang mit der Gentechnik: "Vom Winde oder von der Biene getragen fliegt der genmanipulierte Pollen vom Nachbarn auf des anderen mit Liebe gepflegte Feld und bestäubt seine Blüten. Im guten Glauben stellen wir ein Naturprodukt her, bei näherer Betrachtungsweise haben wir dann auch dabei schon gegen die Natur gearbeitet."

Naturprodukte aus der Region

Aufgrund der Globalisierung sei es notwendig geworden, uns zu den guten und gesunden Produkten aus der Region zu bekennen, ist er überzeugt: "Wer hat heutzutage noch ein gutes Gefühl, wenn man beim Produkt nicht mehr weiß, welchen Weg es hinter sich hat?", fragt er. Egal, ob jemand Bio- oder Naturprodukte ohne "Bio-Deklaration" erzeugt: Der Bauer müsse mit Herz bei der Arbeit sein. Und man müsse ihn auch nach seinen eigenen Überlieferungen arbeiten lassen und dürfe nicht alles von oben vorgeben, sonst sei die Zukunft des ganzen Standes fragwürdig, meint der Senner-Joe.

Am Beispiel des Alpkäses erklärte er, was er damit meint: "Eine seit Jahrhunderten überlieferte Tradition, die Gott sei Dank noch in einer Region Bestand hat. Ein Naturprodukt und nicht als Bioprodukt deklariert - entsteht durch Rohmilch und ihrer natürlicher Reifung in Holz, ohne Chemie und gentechnisch veränderten Bakterien."

Doch auch hier seien bedenkliche Entwicklungen festzustellen:

"Mit einer einseitigen Kreislaufwirtschaft wie beispielsweise der Milchwirtschaft sind Überschüsse vorprogrammiert. Man muss alles unternehmen, um über die Region hinaus Marktanteile zu gewinnen. Moderne Alpen werden gebaut, dadurch entstehen wiederum viel höhere Kosten und das zu einer Zeit, wo der Milchpreis weiterhin fällt. Wege werden zu Straßen ausgebaut, auch um zusätzliches Futtermittel zu transportieren, damit die Milchleistung von Kühen gesteigert wird. Immer seltener kommen die Kühe mit den natürlichen Futterressourcen Gras und Heu aus - doch das ist auch eine Grundvoraussetzung, um aus einer unbehandelten Rohmilch ohne Zugabe fremder Bakterien Hartkäse herstellen zu können.

Immer öfter ist der Wirtschaftsdünger kontaminiert mit Stoffen wie Hormonen, Pestiziden, Antibiotika und auf Alpen sogar immer mehr mit Chemie und Abwasser vom Haushalt und der Reinigung des Milchgeschirrs. Nun antwortet man sogar schon mit Mikroorganismen, die durch Zugaben im Tierfutter und Dünger wieder ein Leben im Kreislauf bescheren sollen. Es stellt sich die Frage, wie lange es noch dauern wird, wann auch die letzten Alpen ein Opfer dieser Veränderungen werden und ein Naturprodukt somit im wahrsten Sinne des Wortes vom Aussterben bedroht ist."

Jeder könne durch bewusstes Leben etwas zur Erhaltung der Vielfalt in der Region beitragen: "Die Verantwortung liegt also in uns selbst: Wenn beispielsweise die Bauern und Nahversorger immer weniger werden, weil wir alle in den Supermarkt strömen, dann gibt es auch nicht mehr unsere naturbelassenen und gesunden Produkte.

Denke einmal drüber nach und auch darüber, ob man sich nicht von Mensch zu Mensch, von Bauer zu Bauer, von Nahversorger zu Nahversorger und Handwerker zu Handwerker, in einem regionalen Kreislauf untereinander unterstützen sollte, da sonst vielleicht auch Dein Arbeitsplatz gefährdet wird", appelliert Gintersdorfer an den Leser.

Gerade in den Bergen, wo er sich Gott sehr nahe fühlt, zeige sich die Vielfalt besonders deutlich: An den Gräsern und Kräutern, den vielen Bestandteilen in der Milch, die zu Käse heranreift sowie am eigenen Leben, das sich im Naturkreislauf mitbewegt. "Das Ziel ist, mit regionalen Kostbarkeiten in einer kleinen Gemeinschaft im Kreislauf zu wirtschaften, sich selbst, den Ort und seine nähere Umgebung mit vielen guten Produkten versorgen. Die Menschen schätzen diese bewusste Lebensform, die kostbaren Rohstoffe, die naturbelassenen und gentechnikfreien gesunden Produkte, weil sie in ihrem Umfeld gelebt wird."

Josef Friedrich Gintersdorfer – Senner Joe

Ein Bauernsohn, der einen nicht alltäglichen Weg geht, um wieder zurück zu seinen Wurzeln zu finden. Als Gemeindebedienstetem in seiner Heimat im Mühlviertel und im Rahmen seiner Arbeit in Produktion und Management an der FH Steyr wurde ihm deutlich bewusst, dass er die Erfüllung seines Lebens nur im Einklang mit der Natur finden könnte.

Ein "Abnabelungsprozess", der dazu diente, seinen Traum, einen Bergbauernhof für zu haben, zu verwirklichen. Nach Abschluss der Landwirtschaftsschule in Vorarlberg pachtete er als Landwirt und Senner eine Alpsennerei mit 40 Milchkühen im Bregenzerwald.

Mit dem Verkauf seines, mittlerweile in ganz Österreich als besondere Spezialität geschätzten Alpkäses setzt er sich in Zukunft mit der selbst entwickelten Marke "Senner Joe" neben einer besonderen Lebensform im Sinne der Kreislaufwirtschaft auch dafür ein, dass kleine und traditionelle Alp- und Talsennereien noch weiter in diesen Stil erhalten bleiben.

Um ganzjährig im Kreislauf mit der Natur wirtschaften zu können sucht Josef Gintersdorfer einen kleinen, eigenen Bergbauernhof in den Alpen. Dort ist er dann bereit, die Verantwortung für eine eigene Familie aber auch für die gesamte Region, die mit ihm zusammen im Verbund der Kreislaufwirtschaft arbeiten sollte, zu übernehmen.

17.3. Mit Permakultur zum Garten Eden

Sᴇᴘᴘ Hᴏʟᴢᴇʀ, Landwirtschafts-Pionier, Ramingstein, Salzburg

Text: Peter Steffen

Nach einem Besuch bei Agrar-Rebell Sepp Holzer im Lungau gerät für viele das herrschende Weltbild ins Wanken.
Ungebeugter Wille und Schaffensdurst prägen das Leben des heute 62-jährigen, in jedem seiner Worte und Gesten verspürt man die Ur-Kraft seines Willens, das Leben zu verändern und Neues zu schaffen und plötzlich wird klar, dass er den Beinamen "Rebell" nicht zu Unrecht trägt.

Bereits als Junge wurde "der Sepp" sehr zum Leidwesen seines Vaters nicht müde, einen Teich nach dem anderen zu graben. Heute sind es mehr als 70 Fischteiche, Biotope und Wassergärten die, untereinander vernetzt, den Ausgleich zwischen kühleren und wärmeren Gewässern selbst regulieren. Er wusste bereits in jungen Jahren, dass Fische zu züchten Erfolg hat, wenn man es richtig macht, das heißt: Qualitativ richtiges Wasser und die richtige Fütterung!
Aber nicht nur Fische bevölkern Sepp Holzers Bio-Teiche. Neben Forellen, Hechten, Karpfen Welsen und Schleien tummeln sich auch japanische Koi und Zander in Gewässern auf rund 1.500 Metern Höhe, eine weltweite ökologische Novität. Selbst Seerosen erblühen in dieser Region, es scheint, als hätte Sepp Holzer den "Garten Eden" in den Lungau versetzt.
Alle Teiche wurden ohne Folie angelegt und sind – durch ein besonderes, von Sepp Holzer entwickeltes Aushubverfahren – trotzdem dicht. Plastik und Kunststofffolien sind unnötig und verpönt.

Zu Beginn war Holzer mehr als umstritten. Hatte er doch mit seinem Agrar-Modell so ziemlich alle Thesen von Landwirtschaft, Ackerbau und Wasserwirtschaft widerlegt, die jahrzehntelang als ungeschriebenes Gesetz galten. Vorerst als "Spinner" und "narrischer Erfinder" abgetan gelang es ihm bald, Agrarier und Öko-Experten auf sein Projekt aufmerksam zu machen.
Denn was hier im Lungau, auf einem 40 Hektar großen Hof, in einer Höhe zwischen 1100 und 1500 Metern in der Bergbauernzone drei und vier gelegen, geschaffen wurde, ist einfach überwältigend.

Eine Fülle von Ideen, die sich teilweise gerade in Umsetzung befinden und zahlreiche gelungene Versuche verwandelten den Kramerhof nach Holzers Motto: "Wenig Aufwand – viel Ertrag" in eine fruchtbringende Symbiose aus den Elementen Wasser, Luft, Erde und dem, als viertes Element Feuer optimal genutzten Sonnenlicht.
Sepp Holzer stellt seine Pflanzen zu idealen Lebensgemeinschaften - die sich gegenseitig begünstigen - zusammen und lässt diese einfach wachsen ("Ich lasse die Natur für mich arbeiten").
Quer zur Windrichtung angelegte Hügelbeete und Erdwälle wirken als "Wärmespeicher". Ihr Innenaufbau setzt sich aus Erde, Laub und Ästen zusammen. Daher wirken sie wie Komposthaufen und erzeugen fruchtbaren Humus, heizen dabei

die Umgebung auf und lassen dadurch – vor dem rauen Bergwind geschützt - wärmebedürftige Obstsorten gedeihen.

Zu Wasser und zu Land ausgelegte Steine werden von der Sonne aufgeheizt und wirken abends als Wärmespeicher und "natürliche Kachelöfen". Hecken und Sträucher wirken als natürlicher Wildschutz, Klee und Ginster schützen als "Ablenkpflanzen" gegen Wildverbiss.

Der Boden wird von freilaufenden Schweinen, denen Antibiotikabeigaben fremd sind, aufgelockert und bleibt durch Regenwürmer und Mikroorganismen – die im natürlichen Humus leben – nährstoffreich und fruchtbar. Kunstdünger und Spritzmittel sind Fremdwörter am "Krameterhof".

Permakulturen (Mischkulturen) nennt Sepp Holzer sein Konzept, das auf der Wechselwirkung aller Lebewesen aus Fauna und Flora untereinander beruht.

Als Beweis für die Richtigkeit seiner Theorie gedeihen hier im Kälteloch Österreichs (wegen der nur 4,2 Grad hohen Jahresdurchschnittstemperatur und Frösten bis zu minus 25 Grad auch "Sibirien Österreichs" genannt) neben 14.000 Obstbäumen wider jeder ökologischen Vernunft Weinstöcke, Kirschen, Kiwis, Marillen, Kürbisse und Spargel. Dass hier im Winter, mitten im Wald Getreide wächst, scheint genau so unglaublich, wie die aus dem Schnee ausgegrabenen, frischen Radieschen.

Sepp Holzer züchtet aber auch Enzian und Waldpilze wie andere Leute Häuptelsalat und auch kranke, schädlingsgeplagte Kastanienbäume regenerieren sich und gesunden nach einem Aufenthalt am Krameterhof. Derlei wundersame Geschichten über seine, fast unglaublichen Erfolge haben Sepp Holzer auch weitere Beinamen wie "Crocodile Dundee der Alpen" (Spiegel) eingebracht, sein unbezähmbares Naturell und die völlig undiplomatische Direktheit in Gesprächen und Aussagen trugen ihm den Ruf eines "Sturschädels" ein - Titel, die er mit Gelassenheit trägt.

Mehrere wissenschaftliche Filme über sein Leben und Schaffen, ein Projekt auf der EXPO Hannover 2000 und eine, im Auftrag des katholischen Ordens der Clarentiner in Kolumbien errichtete Permakulturanlage, zeugen von der Popularität die Holzer mittlerweile zuteil wird.

Dort, im kolumbianischen Urwald stellte sich Sepp Holzer der großen Herausforderung, die Aussaat von Getreide in der Trockenzeit vorzunehmen, um trotz gegenteiliger Expertenmeinung zu beweisen, dass eine Keimung des Getreides auch während der Trockenzeit erfolgen kann. Bereits eine Woche nach der Aussaat stellte sich durch die Kapillarwirkung der in Form von Hügeln angelegten Beete der Erfolg ein, das Saatgut keimte und trieb aus. Reisen nach Kroatien, Brasilien, Thailand, Russland und Schottland, wo weitere Permakulturen von Holzer geplant und angelegt wurden, waren die Folge.

Dem Krameterhof angeschlossen wurde auch ein Ökodorf, dessen Bewirtschaftung im Rahmen langfristiger Vermietung (Pacht) von interessierten, naturverbundene Menschen erfolgt. Bedingungen sind ökologisches Bewusstsein und Interesse an natürlicher Landwirtschaft und Permakultur.

Das Ökodorf besteht aus der Waldgartenschule, der Bärenseealm, der Seemoosalm, sowie einigen weiteren Holzblockhäusern mit Natursteinkellern. Die Idee ist das gemeinsame Bewirtschaften und Leben in und mit der Permakultur. Der Begriff Permakultur leitet sich aus dem englischen „permanent agriculture" ab und wurde 1974 von den australischen Ökologen und Landschaftsplanern Bill Mollison und David Holmgren geprägt. 1981 wurde Mollison für sein Permakultur Konzept der Alternative Nobelpreis, gestiftet von Jacob Uexküll (Schweden), verliehen.

Obwohl man normalerweise zehn bis zwölf Mitarbeiter bei einer Betriebsgröße wie der des Krameterhofes vermuten würde, arbeitet Sepp Holzer mit seiner sympathischen Frau Veronika und findet trotzdem noch Zeit für Führungen, Auslandsreisen und Bücher schreiben.

Er verlässt sich bei allem was er tut, auf seinen untrüglichen, natürlichen Instinkt, das alles, was man zum Erfolg benötigt, in der Natur selbst zu finden ist. Mit der Natur zu leben und nicht gegen diese zu kämpfen ist die Formel. Man kann und soll sie effizient nutzen, aber nicht ausnutzen und missbrauchen, wie dies weltweit geschieht. Denn irgendwann schlägt die Natur zurück und Dürre, Stürme und Umweltkatastrophen lassen keinen Zweifel darüber, dass diese stärker ist, als jene, die sie täglich vergewaltigen.

Gentechnik und Genmanipulation lehnt Sepp Holzer in jeder Form aufs Entschiedenste ab.

"Das größte Verbrechen an der Menschheit"

Seine Meinung, dass biologischer Anbau im Einklang mit der Natur auf Sicht gesehen das geringste Risiko bei ausreichenden Erträgen darstellt wird am Krameterhof eindrucksvoll demonstriert. "Gentechnologie dient lediglich dazu, die Landwirtschaft in die Abhängigkeit zu treiben und herkömmliche, über Jahrhunderte hinweg erfolgreich betriebene Landwirtschaft zu vernichten". Holzer, der seine Projekte in der ganzen Welt in die Tat umsetzt, weiß wovon er spricht wenn er sagt: "Nirgendwo in der Welt konnte bis jetzt der eindeutige Nachweis erbracht werden, dass der Anbau von gentechnisch verändertem Saatgut ohne Risiko für Mensch und Natur möglich ist und der Welthunger damit beseitigt werden könnte. Gentechnik ist und bleibt das größte Verbrechen an der Menschheit" und hat kein Problem damit, diese Grundsatzeinstellung seinen zahlreichen Besuchern am Krameterhof wortgewaltig mitzuteilen.

Um in Zukunft bestehen und überleben zu können, wird ein gravierendes Umdenken vor allem im Bereich der Landwirtschaft von Nöten sein und es vieler "Agrar-Rebellen" bedürfen, eine Kehrtwendung herbeizuführen, um aus der geschundenen Scholle wieder eine gesunde "Mutter Erde" entstehen zu lassen.

Holzer: "Es ist mein Glück, dass ich die kindliche Gabe bewahrt habe, die Logik der Natur auch im Leben umzusetzen.

Ich halte meine Augen in der Natur immer offen. Durch ständiges Beobachten meiner Mitlebewesen entdecke ich Wege, ein erfolgreiches Leben in Harmonie miteinander zu führen. Zum obersten Prinzip wurde es mir, die Natur zu begreifen und sie nicht, wie in der Ausbildung anerzogen, zu bekämpfen. Jedes Tier und jede Pflanze hat ihre Aufgabe in der Schöpfung. Zu Problemen kommt es nur, wenn der Mensch die Geschicke falsch lenkt. Natur und sinnstiftendes, beglücken-

des Tätigsein in der Natur ist vielen Menschen wieder wichtig geworden."
Permakultur führt uns nach vorne und gleichzeitig zu unseren Wurzeln zurück, sie ist ein wohldurchdachtes Konzept, wie wir im Kleinen und im Großen der Zerstörung der Erde wirksam begegnen können, sie ist ein Stück Hoffnung für uns alle.

Sepp Holzer

wurde im Sommer 1942 am Krameterhof im Lungau (Bundesland Salzburg) geboren. Der Krameterhof wurde zu dieser Zeit als traditioneller Bergbauernhof (Zone III und IV) geführt. Schon als Kind sammelte er seine ersten Erfahrungen in Pflanzenzucht und Tierhaltung. Die Natur zu beobachten und zu experimentieren waren bereits damals sein höchstes Interesse.

Im Alter von 19 Jahren übernahm er den elterlichen Hof und begann, den Besitz seinen Ideen entsprechend umzugestalten. So entwickelte sich im Laufe der Jahre eine vielschichtige Terrassenlandschaft mit ausgedehnten Wassergärten und Teichen auf dem mittlerweile 45 Hektar umfassenden Betrieb. Ein Arbeiten in Harmonie mit der Natur ist das Credo des Bergbauern.

Holzer setzt auf natürliche Vielfalt - durch die große Diversität des Systems ist es möglich, völlig auf Kunstdünger und Spritzmittel zu verzichten. Er entwickelte verschiedene Techniken, um auch in exponierten und kalten Höhenlagen, wärmebedürftige Pflanzen zu ziehen. So gedeihen im Lungau – einem Kältepol Österreichs – nun Kiwi und Maroni.

Erst durch eine Exkursion von der Universität Wien erfuhr Holzer, dass es für seine Art der Bewirtschaftungen einen Namen gibt: Permakultur, vom englischen "permanent agriculture" – dauerhafte Landwirtschaft. Das Konzept der Permakultur stammt vom australischen Ökologen Bill Mollison und seinem Studenten David Holmgren. Es umfasst die Techniken einer dauerhaften und nachhaltigen Kreislaufwirtschaft. Holzer´s Permakultur beruht auf eigenen Erfahrungen und unterscheidet sich daher in einigen Punkten vom Konzept des Australiers.

Die Entwicklung seiner Methode hat er in seiner Biographie "Sepp Holzer – der Agrar Rebell" ausführlich beschrieben.

Holzer´s 30jährige Erfahrung in Pflanzenzucht, Tierhaltung und Landschaftsgestaltung in extremen Lagen wird mittlerweile weltweit geschätzt. Beratungen und Projekte führten Sepp Holzer nach Montana, Russland, Brasilien, Kolumbien, Thailand und Schottland.

Mehr Informationen zum Agrar Rebell Sepp Holzer unter:
Holzer'sche Permakultur und Agroforstwirtschaft
Sepp und Veronika Holzer
Keusching 13
A-5591 Ramingstein,
Bezirk Tamsweg im Lungau / Bundesland Salzburg
Internet: www.krameterhof.at
E-mail: office@krameterhof.at

18. ZUKUNFT

18.1. Im Widerspruch zur Ökosozialen Marktwirtschaft

JOSEF RIEGLER, Vizekanzler a. D., Präsident des Ökosozialen Forum Österreich und Europa

"Zukunft für die Bauern" hieß 1988 ein Manifest, mit dem alles begann: Mit dieser Denkschrift wollte Josef Riegler, damaliger Landwirtschaftsminister der Republik Österreich, den Weg in eine ökosoziale Agrarpolitik vorgeben. "Die Landwirtschaft und mit ihr die Agrarpolitik der Industriestaaten Westeuropas und Nordamerikas befinden sich in der Krise. Eine einseitig auf kurzfristige ökonomische Aspekte ausgerichtete Agrarpolitik könnte die bäuerliche Landwirtschaft Westeuropas zerstören", lautete die klare Warnung. Daher plädierte Riegler für eine Trendwende: Die ökosoziale Landwirtschaft sollte auch den kleineren bäuerlichen Familienbetrieben den Weg in die Zukunft weisen und der gesamten Gesellschaft durch eine "ökonomisch leistungsfähige, ökologisch verantwortungsvolle und sozial orientierte bäuerliche Landwirtschaft" dienen.

Wenig später weitete der inzwischen als Vizekanzler tätige Spitzenpolitiker sein Konzept von der Landwirtschaft auf die "Ökosoziale Marktwirtschaft" ÖSMW (lit.) aus: Mit ihr sollte es möglich sein, die bis in die 1960er-Jahre dominierenden wirtschaftlichen Erfordernisse mit der seit den 1970er-Jahren vermehrt berücksichtigten sozialen Fairness und dem nun ins Blickfeld gerückten Schutz der Umwelt in Balance zu bringen.

1991 schied Riegler aus der Bundesregierung aus. "Die Zeit war damals einfach noch nicht reif für solche Ideen", sagt er heute. Doch jetzt, rund 15 Jahre später, sind die Probleme in der Wirtschaft und Landwirtschaft sowie die Probleme, die sich aus dieser Wirtschaftsweise ergeben, nicht kleiner geworden. Ganz im Gegenteil: Die Balance zwischen Wirtschaft, Sozialem und Umwelt habe sich in der heutigen kapitalgetriebenen Wirtschaft zunehmend verschlechtert, stellt der nunmehrige Präsident des Ökosozialen Forum Österreich und Europa fest.

In der Wirtschaft seien die globalen Akteure gegenüber den kleinen Unternehmen klar im Vorteil, die soziale Fairness werde zunehmend durch Bevorzugung von multinationalen Konzernen ausgehöhlt, welche tendenziell mehr von der hohen Besteuerung der Arbeit und der niedrigen Besteuerung des Kapitals profitieren, oft gesetzliche Privilegien genießen, leichter vor der Steuer flüchten können und mehr Möglichkeiten haben, die Bilanzen zu ihren Gunsten zu gestalten.
"Dadurch leidet aber die Finanzierung der öffentlichen Aufgaben", nennt Riegler die negativen Folgen des neo-liberalen Kurses des "Turbo- Kapitalismus". Und ein ökologisch sinnvolles Handeln im Sinne der Nachhaltigkeit werde meist bestraft, da die für eine Ökosoziale Marktwirtschaft notwendigen Prinzipien der Kostenwahrheit, der Verantwortung (Verursacherprinzip) und der Vorsorge praktisch immer fehlen: "Ich bin felsenfest überzeugt, dass unter der strikten Anwendung dieser Prinzipien die Gentechnik im Pflanzenbau extrem unökonomisch wäre – genauso wie auch die Atomenergie", sagt Riegler.

Erst dann, wenn alle anfallenden Kosten nicht der Allgemeinheit sondern dem Verursacher, also zum Beispiel den Gentechnik- oder Kernenergiekonzernen, zugerechnet würden, könne man von einem gerechten Wirtschaftssystem sprechen. Müssten die Konzerne die vollen Kosten für die Forschung, Versicherung und Schäden tragen, die mit dem Einsatz ihrer Technologie zusammenhängen, dann wäre "das nachhaltig Richtige auch das ökonomisch Optimale".

Besonders das weitgehende Fehlen des Vorsorgegedankens ist für Riegler bedenklich: "Das Vorstoßen in den innersten Kern des Schöpfungsgeheimnisses wirft immer größere Gefahren und Risken auf. Sind in der Nuklearenergie die Risiken für verheerende Langzeitfolgen dramatisch, so ist bei der Gentechnologie das Gefahrenpotenzial viel leiser, jedoch viel unabschätzbarer, weil sie direkt in die Lebensbahnen hineinwirkt."

Um eine Ökosoziale Marktwirtschaft zu etablieren, müsse das Steuer- und Abgabensystem – vermehrte Besteuerung der Rohstoffe statt der Arbeit - modifiziert und das Fördersystem umgebaut werden. Voraussetzung sei auch eine größtmögliche Offenheit gegenüber der Öffentlichkeit und den Konsumenten: Keine Geheimniskrämerei sondern eine klare Information über die Herstellung des Produktes und eine genaue Deklaration der Inhaltsstoffe. So müsse für jedermann sofort und leicht erkennbar sein, ob das jeweilige Nahrungsmittel mit der Gentechnik in Berührung gekommen ist. "Bei der Ökosozialen Marktwirtschaft geht es darum, den Willen der Menschen ernstzunehmen", erklärt Riegler.

Dass diesem Willen – zumindest in Bezug auf die Gentechnik - nicht Rechnung getragen wird, habe mit globalen Geschehnissen zu tun: "98 Prozent der "Genpflanzen" stammen aus fünf Staaten – USA, Argentinien, Kanada, Brasilien und China. Mit Hilfe der Welthandelsorganisation WTO wollen sie ihre ökonomischen Interessen weltweit durchsetzen." Bei der WTO gelte nur das "nicht akzeptable" Prinzip des Freihandels. Dementsprechend sei der Handlungsspielraum der EU, Österreichs und der Bundesländer eingeschränkt, wobei Riegler den Bemühungen der Bundesländer, die Gentechnik möglichst hintanzuhalten, seine Anerkennung ausspricht.

Für den Präsidenten des Ökosozialen Forums müsste daher die jetzt bestehende Gewichtung der WTO umgedreht werden: "Der Freihandel muss vom Oberprinzip zur dienenden Funktion reduziert werden, indem soziale und ökologische Standards sowie die Produktqualität künftig als Prinzipien in der WTO gelten sollen." Weiters gelte es, die im Unterschied zu den USA viel kritischere Einstellung der Europäer etwa zur Gentechnik zu respektieren.
"Aber unsere wichtigste Chance ist die Bewusstseinsschärfung", begrüßt er alle Initiativen, die zur Aufklärung der Bevölkerung beitragen und zeigt auf, wie wichtig der mündige Konsument ist: "Wenn er sich mit seinem Einkauf klar gegen die Gentechnik entscheidet, setzt er ein wichtiges Zeichen". Daher komme den Konsumenten und deren Kaufverhalten die wichtigste strategische Bedeutung zu.

Imageverlust für Bauern

Riegler warnt die Bauern vor einer "falschen Botschaft, die mit der Gentechnik mittransportiert wird": Nämlich, dass diese problematische Technologie Probleme lösen könnte und es den Bauern dadurch wirtschaftlich besser gehen würde. "Gerade in der Landwirtschaft hat ein neuer Industrialisierungsschub schon bisher immer in eine Sackgasse geführt: Der Kosten- und Preisdruck hat sich weiter verschärft und das Image der Bauern dramatisch verschlechtert", verweist er auf Beispiele in der Vergangenheit.

So sei es zu neuen Marktproblemen, einer höheren Kostenbelastung und – aufgrund vermehrt aufgenommener Kredite – zu einer Finanzierungsabhängigkeit gekommen. Die Gentechnik würde diese Entwicklung verstärken und die Rolle des Landwirtes weiter schwächen: "Er kommt in die totale Abhängigkeit des agrarindustriellen Komplexes – von der Chemie bis zum Saatgut."
Besonders wichtig sei die Frage, wie die Landwirtschaft von der Bevölkerung wahrgenommen werde: "Anhand von Skandalen wie BSE oder anhand von nachhaltig wirtschaftenden Bauern?" fragt der selbst aus einer Bergbauernfamilie stammende Steirer.

Riegler betont, dass es ihm nicht darum gehe, die Gentechnik abzuschaffen. Es sei aber ein riesiger Qualitätssprung von der Anwendung in der Medizin oder unter Laborbedingungen hin zur Freisetzung von GVO in der freien Natur. Es könne zwar auch in der Landwirtschaft nicht generell ausgeschlossen werden, dass ein Einsatz von Gentechnik irgendwann einmal auch nach den Prinzipien der Ökosozialen Landwirtschaft bzw. Marktwirtschaft möglich sein kann.

Gerade eine "öko-soziale Gentechnik" würde nicht nur formal der EU entsprechen, sondern jede weitere Entwicklung erlauben, sofern die öko-sozialen Bedingungen erfüllt werden – wie dies in Norwegen bereits 1993 festgelegt wurde. Diese Art der Gentechnik müsste aber:

- sicher für die gesamte Natur mit ihren vielfältigen Ökosystemen sowie
- sicher für den Menschen in all seinen Aspekten der Gesundheit sein und
- einen wirklichen Nutzen für die Gesellschaft als Ganzes bringen.

Doch diese Punkte sind für Riegler absolut nicht erfüllt: "Leider ist die EU vom "Gentechnik-Moratorium" abgerückt und hat die Tür einen Spalt geöffnet. Das schuf für die Mitgliedsstaaten eine schwierige Rechtslage. Es ist nicht mehr möglich, einfach zu verbieten. Trotzdem sollten wir in größtmöglichem Umfang gentechnikfreie Zonen anstreben und das Vorsorgeprinzip strikt anwenden".

Literatur:
Riegler J., Moser A. (2001): Die Ökosoziale Marktwirtschaft, Leopold Stocker Verlag, Graz

Josef Riegler DI Dr.

geboren 1938 als Bergbauernsohn in Judenburg/Steiermark, studierte an der Universität für Bodenkultur in Wien, ab 1971 Direktor des Steirischen und dann des Österreichischen Bauernbundes, Abgeordneter zum Nationalrat,

Landesrat in der Steiermark für Land - und Forstwirtschaft und Umwelt, Vizekanzler der Republik Österreich bis 1991.

Präsident des von ihm gegründeten Ökosoziales Forum Österreich/Stmk/Europa. Ehrendoktor der Universität für Bodenkultur.

Buchautor "Ökosoziale Marktwirtschaft" (1996), "Konfrontation oder Versöhnung: Ökosoziale Politik mit der Weisheit der Natur" mit Anton Moser (2001) und "Global Marshall Plan" (2004).

18.2. Eine Frage der Ethik

Anton Moser, ehemaliger Vorstand des Institutes für Biotechnologie der TU Graz, Vizedirektor des Österreichischen Institutes für nachhaltige Entwicklung, Wien, Vizeobmann Naturschutzbund Steiermark

Bei Anton Moser tun sich selbst sonst sehr schnell urteilende Biotechnologen schwer, ihn der "Ahnungslosigkeit" zu bezichtigen: Moser war bis 2001 Vorstand des Institutes für Biotechnologie an der Technischen Universität Graz und ist einer der wenigen seines Faches, die die Gentechnik mit Argumenten kritisch beurteilen.

Er betont, dass die Gentechnik nur eine von acht Arbeitsweisen der Biotechnologie ist und es daher grob falsch ist, diese beiden Begriffe einfach gleichzusetzen – obwohl das meist so gemacht wird. Gerade die Gentechnik ist für Moser ein Paradebeispiel dafür, dass sich die Wissenschafter nicht anmaßen dürfen, "wertfrei" den Einsatz neuer Technologien zu forcieren – schon gar nicht, wenn es sich um Risikotechnologien handelt. Daher macht der Biotechnologie-Professor die Ethik zum zentralen Thema, da alle Technologien öko-soziale Auswirkungen beinhalten.

"Die Wissenschaft ist immer eine Frage des Könnens: Kann ich machen, was ich will?", postuliert Moser. Im Bereich der Gentechnik kann die Wissenschaft bereits sehr viel: Gene von Pflanzen, Tieren und sogar Menschen werden manipuliert und kaum etwas scheint unmöglich. "Doch wenn es um die Anwendung dieser wissenschaftlichen Erkenntnisse in der Praxis in Form einer Technik geht, dann muss die Gesellschaft mitreden.

Die Anwendung ist nämlich immer eine Frage der Ethik", steht Moser fest auf der Seite der Bevölkerung und hat damit "des Pudels Kern" gefunden. Die zweite und entscheidende Frage lautet daher: "Soll man machen, was man kann?", oder auf die Gentechnik umgelegt: "Soll man die Gentechnik überall dort zum Einsatz bringen, wo es möglich ist?"

Die Ethik beschäftigt sich mit den Grundlagen der menschlichen Lebensführung und will eine Theorie dazu liefern. Sie beschäftigt sich mit der Beschreibung, Begründung, Kritik und Bewertung von Werten und Normen. Sie soll die Moral erklären und sucht Antworten auf die Fragen: Was ist gut, was ist böse?
Was sollen, dürfen, müssen wir tun? Was ist sittlich gerechtfertigt, was ist problematisch, was ist verboten? Wie frei sind wir in unserer Entscheidung bzw. was beeinflusst sie? In welcher Weise sind wir für unser Handeln verantwortlich?

Moser sieht das Grundübel vieler Probleme in der neoliberalen Wirtschaftsform: "Sie beutet nicht nur die Natur, sondern auch den Menschen selbst immer stärker aus. Durch sie ist die zurzeit herrschende Ethik stark marginalisiert. Die inneren, nicht materiellen Werte der Gesellschaft sind verkümmert, weil wir seit der Aufklärung eine materialistische Weltsicht haben." Eine Ethik für den Menschen gibt es bereits, jedoch hat sie im Laufe der Zeit immer mehr an Bedeutung verloren.

Dagegen zeigt Moser auf, dass es eine Ethik für die Natur in den westlichen Kulturen kaum gibt: "Eine solche muss erst neu geschaffen werden, was am besten durch die "Weisheit der Natur" direkt geschieht und die auch als "Ethik des universellen Bewusstseins" für den Menschen gilt."

Genau hier sieht Moser einen ganz entscheidenden Schlüssel für eine lebenswerte Zukunft: "Die Weisheit der Natur zeigt mit ihren Prinzipien des Lebens klare Richtlinien nicht nur für die Gentechnik, sondern für die gesamte Welt auf."

Dementsprechend sieht Moser in seinem Werdegang eine Wandlung vom Biotechnologen zum "Ökosophen" (Lit. 1, 2) – jemand, der über die Weisheit der Natur philosophiert. Die ethischen Grundsätze sollen über die "Ökosoziale Marktwirtschaft" umgesetzt werden.

Obwohl Moser Chancen durch die Gentechnik in der Landwirtschaft prinzipiell nicht ausschließen will, meldet er deutliche Bedenken am wissenschaftlichen Konzept und den damit verbundenen Hypothesen und Annahmen rund um die Gentechnik an:

Annahme 1: Eine spezifische Eigenschaft wäre in einem oder mehreren Genen verankert: Diese Hypothese ignoriert die hochkomplexen Wechselwirkungen zwischen Genen untereinander und auch zur Umgebung und ist daher als genetischer Reduktionismus abzustempeln, mit zurzeit unabsehbaren Folgen für Natur & Mensch.

Auch sind erste wissenschaftliche Hinweise gegeben, dass es eine Ebene über den Genen gibt, die erst das "Buch des Lebens" ausmachen ("Epigenetik") bzw. dass Gene auch durch bioelektromagnetische Felder übertragen werden können ("Wellengenetik").

Annahme 2: Ein Genom wäre ein rein materieller Baustein: Tatsächlich stellt das Genom aber einen fluiden und nicht festen Zustand dar, sodass es bei Übertragungen oder innerhalb des Genoms zu unvorhersehbaren Effekten kommt. Moser beschreibt beispielhaft, wie sehr die Annahmen 1 und 2 ins Leere gehen können: "Man hat versucht, eine lachsrosa Geranie zu züchten und zu diesem Zwecke das Gen einer lachsrosa blühenden Pflanze in die Geranie transferiert. Obwohl sich die Wissenschaftler der Sache sicher waren, wurde die Blüte aber weiß."

Annahme 3: Die direkte Übertragung auf artfremde Organismen wäre problemlos: Das Gegenteil ist der Fall, derartiger Gentransfer ist besonders risikoreich, noch dazu wo kaum Erfahrungen über die Auswirkungen vorhanden sind. Beispiel: Das im genmanipulierten Bt-Mais eingebaute Toxin des Bacillus thuringiensis (Bt), eines Bakteriums, tötet Schadinsekten beim Fraß der Pflanzen.

Diese Technik basiert auf dem Wissen, dass direkt auf befallene Pflanzen aufgebrachtes Bt einen effektiven Schutz bietet. Dieses wird in relativ kurzer Zeit durch die Sonne wieder zerstört – ganz im Gegensatz zum gentechnisch eingebrachten Bt-Gift, das dann in den Pflanzen permanent vorhanden ist.

Die gentechnische Anwendung des Bt-Toxins ist daher besonders riskant: Schadinsekten können sich daran gewöhnen, auch Nutzinsekten werden abgetötet und erste Erfahrungen zeigen, dass das Toxin im Magen der Nutztiere nicht vollständig abgebaut wird, es bleibt auch im Kot, im Silomais und dann in der Erde vorhanden (siehe Kap. über Gottfried Glöckner). Diese Punkte sind insgesamt zumindest als ganz deutliche Indizien als Erfahrungen gegen diese jetzige Form der Gentechnik zu werten!

Annahme 4: Es gäbe keine negativen Auswirkungen auf Mensch und Natur: Die öko-sozialen Folgen der Gentechnik sind wenig bis gar nicht erforscht und werden beispielsweise von der österreichischen Plattform "Dialog-Gentechnik" als zu teuer bezeichnet, um sie zu erforschen.
Auch der von der EU und den Gentechnikfirmen strapazierte Begriff der "substanziellen Äquivalenz" muss in Frage gestellt werden: Hier wird zwar behauptet, dass gentechnisch veränderte Produkte gleich gesund und wertvoll sein sollen wie natürliche Lebensmittel, aber diese Behauptung wird nicht bewiesen.

Annahme 5: Die Koexistenz, also das Nebeneinander von traditioneller und Gentechnik-Landwirtschaft wäre möglich: Das ist wissenschaftlich und logisch nicht realisierbar, da sich Pollen durch Wind viele Kilometer und durch Insekten noch weiter verfrachten. Hinzu kommt noch die Ausbreitung durch den arbeitenden Menschen. Obwohl die Häufigkeit der Verfrachtung mit zunehmender Entfernung stark abnimmt, wird damit dem Biolandbau die Existenzgrundlage entzogen und die Gesundheit von Natur und Mensch gefährdet.

Moser nennt viele Fragen, die offen bleiben: Wie wirkt sich ein verändertes Gen auf die Eigenschaften der Nachbargene aus? Wie wirken GVO auf andere Mikroorganismen, auf die Artenvielfalt und die ökologische Nahrungskette der Natur? Wie beeinflussen veränderte Gene den eigenen Gesamtorganismus? Welche Folgen haben GVO für die Pflanzen- und Insektenwelt? Wie wirken sich veränderte Gene, die dadurch auch im Nahrungsmittel die Strukturen verändern, auf das Immunsystem von Tier und Mensch aus?
Sein Anliegen: "Bis zur Klärung dieser lebenswichtigen Fragen sollte das Prinzip der Vorsicht gelten. Am besten ist es freilich, dabei dem ethischen Prinzip der Vorsorge zu folgen." Und Vorsorge bedeutet einfach ausgedrückt, das Prinzip "was/wenn" zu befolgen d.h. vorauszudenken und zu forschen, was zu tun ist, wenn was passieren würde.

Aus den vielen aufgeworfenen Fragen ergeben sich für Moser zahlreiche Argumente gegen die Agro-Gentechnik, womit er die anhaltend große Skepsis in der Bevölkerung untermauern kann: In Europa herrscht zur Zeit kein wirklicher Bedarf, die Risiken für die Gesundheit sind nicht völlig auszuschließen, die Konsumenten laufen Gefahr, nicht mehr frei entscheiden zu können, die ökologischen Risiken beim Anbau von GVO sind unter anderem in Bezug auf die Artenvielfalt, die Insekten- und die Herbizidresistenz groß, der Konzentrationsprozess in der Landwirtschaft wird beschleunigt, die biologische Landwirtschaft ist in großer Gefahr, es droht eine Monopolbildung in der Nahrungsmittelerzeugung, die möglichen wirtschaftlichen Vorteile der Gentechnik werden falsch eingeschätzt, die Einsparungen beim

Einsatz von Pestiziden sowie Herbiziden wurden völlig falsch eingeschätzt.

Und schlussendlich: Der Hunger in der Welt kann kaum durch Gentechnik beseitigt werden, denn Hunger ist hauptsächlich ein Macht- und Verteilungsproblem – laut einer WHO-Studie stehen 840 Millionen Hungernde einer Milliarde Übergewichtigen gegenüber. "Es fehlt uns an Ethik", folgert Moser.

Ethik als Ausweg aus der Krise

Für Moser ist Ethik jedoch nie starr oder eindeutig, sondern einer ständigen Entwicklung ausgesetzt, die die herkömmliche Moral laufend in Zweifel zieht. Moser zitiert Lessing, nach dem die beste Art der Vermittlung der Ethik nicht Strafe oder Belohnung sind, sondern die "Einsicht in das Ganze". Dies bedeute einen Umbau in der geistigen Orientierung hin zu einem "Gefühl für die Natur", wie in Lit. 1 und 2 beschrieben.

Untrennbar mit der Ethik sind Werte verbunden: Die äußeren Werte sind zwar lebensbestimmend, aber die inneren Werte sind als Kern der Ethik anzusehen, wie Moser betont. Beispielhafte Fragen, die sich im Zusammenhang mit den inneren Werten stellen, sind: Wer bin ich, stehe ich zu meinen Gefühlen, wie stehe ich zu Gott, was bedeutet für mich Arbeit, das Gemeinwohl, die Familie? Zusätzlich kommen noch Werte, an denen wir festhalten wollen, wie zum Beispiel die Menschenwürde. "Wir sollten uns bewusst sein, dass die westliche Welt jetzt in eine "Ethik-Leere" eingetreten ist, nachdem sie im 20. Jahrhundert in Angst gelebt hat und wissenschaftsbestimmt war", beschreibt Moser den jetzigen globalen Zustand.

Besonders krass wirke sich der Mangel an Moral, der aufgrund der derzeit marginalisierten Ethik herrscht, auf die Gesetze aus: "Kein Gesetz kann besser sein als die herrschende Moral", will Moser Bewusstsein schaffen. In diesem Zusammenhang tätigte 1996 Sibylle Thönies, Vorsitzende des Obersten Gerichtshofes in Deutschland, folgende zwei Aussagen: "Die Menschenrechte als göttliche Gesetze stehen über allen menschengemachten Gesetzen der Gesellschaft".

Und: "Zur Zeit tritt kein Denker gegen den Materialismus, gegen den jetzt gängigen Wertrelativismus und für den Geist ein". Während im Urzustand aller Kulturen Wissen und Werte bzw. Ethik eins sind, wurde die Kluft zwischen Wissen und Werten seit dem Ende des Mittelalters immer größer. Dies ging so weit, dass Friedrich Nietzsche den Zustand der modernen Zeit mit "Gott ist tot" beschrieb. Moser weiter: "Das führte bald dazu, dass Jacques Monod in seinem berühmten Buch "Zufall und Notwendigkeit" die neue Sicht zumindest des Westens festlegte, die es dann 1943 auch möglich machte, dass der Bauer der Atombombe Edward Teller vor dem Senat der US-Regierung klar zum Ausdruck brachte: "Wir können die Bombe bauen, also müssen wir es tun". "Genau dieser Zeitgeist und eine fehlende Ethik für die Natur ermöglicht es der Gentechnik erst, Fuß zu fassen, ist sich Moser sicher - und warnt: "Blickt man zurück in die technologischen Fortschritte der Menschen, erkennt man sofort, dass der sogenannte Fortschritt mit immer mehr Eingriffstiefe in die Natur und in das Leben verbunden war. Diese steigert sich bei der chemischen Technik - zum Beispiel durch DDT - stark, bei der Atomkraft noch stärker und erreicht mit der Agrar-Gentechnik einen "wahnsinnigen" Höhepunkt. Sie ist irreversibel - mit unbekannten Folgen für Natur und Mensch auf ewige Zeiten!"

Moser macht mit einem neuerlichen Verweis auf die jüngere Geschichte darauf aufmerksam, was unter dem Deckmantel der Wissenschaftlichkeit alles schief laufen kann: "Das, was nach Tschernobyl passiert ist, darf niemals mehr geschehen: Dass nämlich die Folgen der Strahlenbelastung wohl von 700 Wissenschaftlern von Regierungen aus Ost und West 1990-91 untersucht wurden, im Abschlußbericht aber alles verharmlost wurde: "Es war psychischer Stress und die Angst", hieß es hier. Das ist die Erklärung, warum es keinerlei Hilfsprogramme seitens der UN für die Ukraine gab. Erst später kam die Wahrheit der unzähligen Strahlenopfer ans Sonnenlicht - sie wurde von wirklich unabhängigen Wissenschaftlern klar aufgezeigt"!

Doch warum lassen wir die Zerstörung der Umwelt, die unsere Lebensgrundlage ist, in einem solch verheerenden Ausmaß zu? "Weil wir in der westlichen Kultur - im Gegensatz etwa zu indigenen Kulturen - nie eine Ethik für die Natur gehabt haben", ist für Moser die Antwort klar. Bisher war alles auf den Menschen zugeschnitten, aber zur Lösung unserer Probleme könne nur eine gesamtheitliche Ethik führen, die auch die Natur mit einschließt. "Die Natur darf man nicht nur als Rohmaterial sehen, sie hat auch einen eigenen Wert." Der Mensch müsse endlich einsehen, dass er Teil des Ganzen ist und alles mit allem verbunden ist. "Dann", ist sich Moser sicher, werde der Einzelne in Weisheit erkennen: "Ich soll nicht alles tun, was ich kann."

Schönheit als Mutter der Ethik

Trotz aller Bemühungen der Weltreligionen, die Quelle der Ethik gemeinsam wiederzubeleben, glaubt Moser, dass nur eine Ethik weltweit allen Menschen zugänglich ist: Eine "Ethik des universellen Bewusstseins", die sich direkt von der "Weisheit der Natur" ableitet (Lit. 1, 2). Die Kernthese: Man muss danach trachten, vom ICH, das ist der Bereich, innerhalb dessen sich der Mensch entfalten darf und dem DU, das ist die Grenze, die einzuhalten ist, um den anderen nicht zu schädigen, zum WIR zu kommen.

Das WIR betrifft die weitere Entwicklung des Einzelnen in die Gesellschaft hinein, wozu ganzheitliches Verhalten zu fördern ist. Ziele sind hier Selbstorganisation, Weisheit, Verantwortung für das Ganze und Friede. "Diese Ethik ist im Prinzip identisch mit den Weisheitslehren aller Kulturen, leitet sich aber von für jedermann einsichtigen geistigen Funktionsprinzipien der Natur als Schöpfung ab", fasst Moser zusammen.
In diesem Zusammenhang scheut sich Moser nicht, einen Begriff hervorzuheben, der im Zeitgeist der Moderne oft nur mit Naserümpfen quittiert wird: Das Schöne, die Ästhetik, die Moser als "Mutter der Ethik" bezeichnet. "Schönheit geht zu Herzen und zur Seele, sie öffnet und gibt einem das Gefühl, die Welt umarmen zu können. Diese stillen Botschaften erreichen die Menschen, weil sie Teil der Natur sind", spricht der begeisterte Bergsteiger Moser aus eigener Erfahrung. Umgekehrt sei auch

Hässlichkeit im Spüren zu erfassen: "Zum Beispiel bei einer riesigen, technokratischen Gentechnik-Monokultur." "Ohne Schönheit kann der Mensch nicht leben" zitiert Moser aus dem Schönheitsmanifest von Günther Nenning und Jörg Mauthe.

Doch damit aus dem Schönen ein Ganzes entsteht, ist Versöhnung notwendig, betont Moser: Versöhnung zwischen Menschen untereinander (arm – reich; Sinnfindung des Einzelnen), zwischen Mensch und Natur (Ökonomie - Ökologie; Technik - Natur), und auch zwischen Mensch und Gott (Wissenschaft – Glaube; rational – spirituell; Materie – Geist).

Dazu bedarf es laut dem Wissenschaftler einiger Voraussetzungen: Das Leben in Unterschieden bei gegenseitiger Achtung, "Freude am Anderssein des Anderen", Interesse für das Andere, Eigenes zu relativieren und revidieren, Toleranz als Neugierde, diverse unterschiedliche Wahrheiten gelten zu lassen, Einssein in Vielfalt, eingebettet in ein Ganzes.

Nur ein systematisches Querschnittswissen könne integrieren und versöhnen, jedoch nie ein Spezialwissen, wie es in den jetzigen Wissenschaften vorliegt.

Moser fasst zum Thema Ethik zusammen:

- Es bedarf einer Wiederaufrüstung einer ganzheitlichen Ethik, die von unten her ("bottom up"), vom gesunden Menschenverstand, geleitet wird. Von oben ("top down") soll die Durchsetzung lediglich unterstützt werden.
- Der Mensch soll kreativ und flexibel orientiert sowie risikofreudig sein, er muss Neues zulassen und dafür sorgen, dass das Neue den Fluß des Lebens im Sinn des Ganzen fördert.
- Es genügt nicht, den marginalisierten Bereich der Ethik gleichwertig neben Wissen zu etablieren, sondern es bedarf der Integration von Wissen mit den neuen Werten.
- Ethik hat nicht zu bremsen, sondern auf ethisch akzeptable Möglichkeiten hinzuweisen.
- Wir sind wohl verpflichtet, Leiden zu lindern, aber nicht, ethische Grenzen zu überschreiten.
- Ethik wird nicht von Ethik-Kommissionen gemacht, sondern von der Bevölkerung und den Medien.
- Wir müssen die "Sportlichkeit" aufbringen, Fragen zu stellen, ohne sie gleich zu beantworten.
- Das ethisch Richtige wird sich in einer humanen, weisheitsorientierten Gesellschaft auf lange Sicht auch als das Nützlichste herausstellen.

Doch es gibt auch Länder, die den Vorstellungen Mosers nach der Einbindung von Bürgern in Ethikfragen, schon recht nahe kommen: Zum Beispiel Norwegen, wo 1996 eine 16-köpfige Laien-Konsens-Konferenz[1] zum Thema Gentechnik einberufen wurde, die aus Menschen aller sozialer Schichten, Regionen und Altersklassen bestand. Die Laien wurden von Experten zum Thema Gentechnik unterrichtet und sprachen sich nach Konfrontation mit Gentechnikfirmen und nach eingehenden Beratungen untereinander gegen das Inverkehrbringen von gentechnisch veränderten Nahrungsmitteln aus. "Diese Vorgaben werden von der Politik in Ländern mit "tiefer" Demokratie auch immer befolgt", blickt Moser diesbezüglich ein wenig neidisch in den hohen Norden.

Wissen + Werte = Weisheit

Auf der einen Seite steht heute die Wissenschaft mit einem enormen aber reduktionistischen Spezialwissen. Davon abgekoppelt stehen die Träger der überlieferten Werte, oft in Form von Religionsgemeinschaften und Weisheitslehren. "Wissen und Werte gehören aber zusammen", sagt Moser und nennt den Weg: "Weisheit integriert beides."

Der jetzige Weg, wie die Auswirkungen von Risikotechnologien bewertet werden, führt für den Ökosophen Moser hingegen genau in die verkehrte Richtung: "Es ist zu wenig, hintennach eine Ethikkommission einzurichten, wie es zur Zeit gemacht wird. Denn Ethik ist etwas, das man zuvor schon in sich trägt, um alle Handlungen des Menschen erst gar nicht in eine falsche Richtung entwickeln zu können. Insofern sollte die Entwicklung der Welt den Weg von der jetzigen Informations- über die wissensfundierte hin zur Erkenntnis-Gesellschaft erfolgen." Doch woher soll die Weisheit kommen? "Die neue Weisheit muss in Übereinstimmung mit dem wissenschaftlichen Wissen sein, den alten Weisheiten, aber auch mit dem gesunden Menschenverstand – mit jeweils nötigen Abstrichen. Die Antwort mag überraschend sein, ist aber einfach: von der Natur als Schöpfung!", so Moser.

Diese "Weisheit der Natur", auch als Ökosophie bezeichnet, resultiert laut Moser aus der Tatsache, dass alles durch das Prinzip der Schönheit vernetzt ist sowie aus einem ganz wichtigen "Öko-Prinzip": Die Natur ist effektiv und nicht effizient. Dabei ist es die Effizienz, die heute einen hohen Stellenwert hat.

Überall wird eine immer höhere Produktivität gefordert und soll das Maximum herausgeholt werden. Doch in vielen Bereichen ist sie fehl am Platz, wie Moser darstellt: So führt sie beispielsweise beim Gesundheitssystem und bei anderen öffentlichen Dienstleistungen, in der Landwirtschaft sowie im Leben überhaupt zu unerwünschten Fehlentwicklungen.
Ganz anders sieht es in der Natur aus: Sie ist ganzheitlich und umsichtig und strebt zu einem Optimum statt zu einem Maximum. Diese Effektivität lässt sich mit Hilfe des Gleichnisses vom Kirschbaum darlegen: Er produziert nicht die maximal mögliche Menge von Kirschen, sondern erfüllt neben dem Hervorbringen von Früchten noch viele andere Funktionen: Als Lebensraum für Vögel und Insekten, die Blätter des Baumes produzieren unter dem Jahr Sauerstoff und nach dem Abfallen im Herbst Humus. Zusätzlich wächst jedes Jahr Holz zu. "Die Natur als Schöpfung weist ein bisher übersehenes Potential auf, das als Weisheit zu bezeichnen ist".
Ein Durchleuchten der Natur auf Basis aller sechs Sinne bringt laut Moser eine "Dreifaltigkeit an Öko-Prinzipien" hervor: Vielfalt – Wechselwirkung – Evolution. Entscheidend seien folgende Zusammenhänge: Wenn diese Bedingungen erfüllt sind, kommt es zu einem nicht-schädigenden Handeln, das Übergriffe vermeidet: Die Suffizienz (das Erkennen der im Materiellen immer vorhandenen Grenzen) und die

Nicht-Eindringtiefe (ein Handeln ohne den Nächsten zu schädigen aufgrund des Wissens um die Vernetzung von Allem mit Allem). "Die Einsicht in das Ganze bringt die Erkenntnis des Einzelnen, der dann freiwillig im Sinne des Ganzen, also des Gemeinwohles inklusive der Natur handeln wird.

Ökosophie appelliert demnach entsprechend den alten Weisheitslehren an den gesunden Menschenverstand", erklärt der Wissenschaftler. Diese Erkenntnisfähigkeit des Einzelnen sei von der Gesellschaft im Bildungssystem durch ein entsprechendes Klima zu fördern, wobei die Machtausübung von oben passé sein soll. Dadurch wird diese Ethik auf breitester Basis zukunftsfähig, was einer "tiefen" Nachhaltigkeit entspricht.

Die Ökosophie unterscheidet sich von der historisch-klassischen Philosophie in wesentlichen Punkten:

- Das Leben selbst, zum Beispiel ein Baum, dient als Metapher und nicht - wie bisher - das Uhrwerk.
- Weisheit bringt Orientierung und nicht - ebenfalls wie bisher - die "harten" Wissenschaften.
- Qualität wird neben Quantität gelten gelassen, wobei Qualität übergeordnet ist.
- Intuitives lebt neben Rationalem, d.h. rechte und linke Gehirnhälfte sind gleichrangig.
- Schönheit existiert überall, nicht nur Chaos. Schönheit ist der "Glanz des Ganzen".
- Das Subjektive gilt neben dem Objektiven, wobei "objektiv" als rein kollektiver Konsens definiert ist.
- Innerliches steht neben Äußerlichem, Innen- & Außenwelt sind untrennbar verknüpft.

"Die Ökosophie ist sozusagen eine tief-wissenschaftliche Erklärung zum UN-Dokument ´Crossing the Devide´, das am 9.11.2001 von Kofi Annan der Öffentlichkeit vorgestellt wurde und einen zukunftsfähigen Stil der Weltpolitik darstellt", erklärt Moser.

Gleichzeitig legt er dar, dass die jetzt dominierende Weltsicht ihre Ursprünge in der Antike der Griechen und Römer hat und die römisch-katholische Kirche, die den Mensch ins Zentrum gerückt hat, mitverantwortlich ist – zum Beispiel mit der Sichtweise, dass der Mensch die "Krone der Schöpfung" ist. "Völlig vergessen wurden dagegen die Ansichten der Kelten, Germanen und indigenen Völker mit ihrer Vorliebe für natürlich Gewachsenes, Tiefsinn, Freiheit und Zukunft." Hier ist der Mensch Teil der Schöpfung und Lebewesen sind Mitgeschöpfe.

Nachhaltig handeln statt reden

Wenn wir unseren Kindern und Enkelkindern eine lebenswerte, halbwegs intakte Welt inklusive Natur übergeben wollen, müssen wir nachhaltig handeln. Das bedeutet, Wege aus der Ausbeutung und Verschmutzung der Erde zu finden sowie wieder die Voraussetzungen für funktionierende Ökosysteme mit einer Artenvielfalt zu schaffen.

Doch obwohl das Wort "Nachhaltigkeit" wegen seiner häufigen Verwendung schon etwas abgedroschen wirkt, stehen wir noch immer vor riesigen Umweltproblemen – nicht zuletzt auch "Dank" der Gentechnik. Für Moser ist dies kein Wunder: Zum einen werde mit den drei Dimensionen "ökonomisch lebensfähig", "ökologisch sicher" und "sozial gerecht" die Nachhaltigkeit nicht abgedeckt, zum anderen könne das Ganze nicht funktionieren, wenn der Aspekt Ökonomie (Wirtschaft) alles dominiert. In der "tiefen" Definition der Nachhaltigkeit von Moser sind neben den drei genannten Dimensionen auch - wie könnte es anders sein - die ethische und die ästhetische Dimension hinzuzufügen.

Die Ethik stellt sicher, dass die ersten drei Dimensionen nicht nur enthalten, sondern gleichwertig sind und die Ästhetik soll gewährleisten, dass Ökonomie, Ökologie und Soziales in kulturell definiertem und ausgewogenem Verhältnis vorliegen. "Erst wenn das Wahre mit dem Rechten, Schönen, Gerechten und Natürlichen "versöhnt" sein wird, kann es zur Nachhaltigkeit kommen. Das beinhaltet aber eine Bewusstseinsänderung, die nicht – wie bisher – die Ethik und Ästhetik unterdrückt und damit ihre angestammte Rolle nicht ausfüllen lässt", erklärt Moser.

Auf dieser Grundlage stellt Moser acht Fragen, die jede Technologie, die den Anspruch auf Nachhaltigkeit erhebt, also lebensfreundlich sein will, zu beantworten hat. Erst dann dürfte sie angewendet werden:
1. Welches Problem soll gelöst werden? Ist es wirklich notwendig, diese Technologie dafür einzusetzen?
2. Wessen Problem ist es? Welche Personen sind damit verbunden?
3. Wer profitiert damit an Geld und Macht?
4. Wer wird gleichzeitig aber geschädigt? Ist die Gesellschaft transparent informiert?
5. Welche öko-sozialen Probleme entstehen dabei?
6. Welche Probleme entstehen auf rein semantischer Ebene? Auch Begriffe und Sprache haben eine Macht des Einflusses und verändern die Welt.
7. Wer übernimmt die immer vorhandenen und verbleibenden Risiken?
8. Welche alternativen Lösungen sind bekannt oder können erarbeitet werden?

"Damit ist die Technik der Zukunft als Teil der Moralphilosophie einzustufen", folgert Moser.

Interessant sind in diesem Zusammenhang die Richtlinien, die die European Federation of Biotechnology (EFB) schon Mitte der 1980-er Jahre erarbeitet hat. Sie legen fest, welche Voraussetzungen für den industriellen Einsatz gentechnisch veränderter Mikroorganismen (GVO) erfüllt sein müssen: Obwohl die Mikroorganismen in an sich geschlossenen Bioreaktoren verwendet werden, müssen bzw. dürfen sie entweder
- nicht-pathogen für Pflanzen sein, also keine Pflanzenkrankheiten auslösen
- nicht-pathogen für Tiere mit ähnlichen Kriterien wie für Menschen sein oder
- unfähig sein, sich in offener Natur zu reproduzieren (einschließlich der mög-

lichen Fortpflanzung mittels Dauerformen wie Sporen)
- unfähig sein, die sensiblen Gleichgewichte innerhalb der natürlich vorkommenden Mikrobenpopulationen irreversibel zu stören, und
- unfähig sein, in der offenen Umwelt genetische Merkmale zu übertragen, die für andere Spezies schädlich sein könnten.

Zur Verdeutlichung sei es noch einmal gesagt: Diese Vorsorgeprinzipien wurden nur für den Fall installiert, dass diese GVO bei Unfällen aus dem geschlossenen System der Bioreaktoren in die Umwelt austreten sollten! Umso unverständlicher ist die Vorgangsweise der Behörden bei der Freisetzung genmanipulierter Pflanzen: "Es ist erstaunlich, dass die GVO nunmehr nach dem Willen der USA, WTO und EU direkt in die Landwirtschaft, in die freie Natur, freigelassen werden sollen, ohne jegliche Maßnahmen einer Vorkehr – oder im Falle der EU: ohne die teilweise vorhandenen Vorkehrmaßnahmen auch entsprechend umzusetzen!"

Dazu ergänzt Moser "Je mehr man für das Leben ist, desto weniger kann man für diese Art von Gentechnik sein. Es ist Ignoranz und Arroganz wenn der Mensch sagt, er könne etwas besser als die Natur (oder Gott) machen." Da die Gentechnik in der Landwirtschaft ("Grüne" Gentechnik) massenhaft unkontrolliert angewendet werden soll und eine irreversible Tatsache darstellt, plädiert Moser hier der Ethik eine noch wichtigere Rolle zukommen zu lassen bei der Gentechnik in der Medizin ("Rote" Gentechnik).
Dies sei leider nicht der Fall, "obwohl etliche neue Erkenntnisse der Wissenschaft darauf hinweisen, dass in der Natur nicht nur gefühllose Dinge sondern auch Wesen sind": Tiere und abgeschwächt auch Pflanzen haben eine Bewusstseins- und eine Leidensfähigkeit nahe dem Menschen.

Die neue Sicht sagt: *"Alles ist Geist, alles ist mit allem verbunden"*
"Der Mensch ist Teil der Natur als Schöpfung"
"Du bist, was du isst".

Derzeit wird versucht, über Gesetze oder Klagen die Gentechnik in der Landwirtschaft möglichst hintan zu halten. Da die Gesetze der von der EU gewünschten Koexistenz entsprechen müssen, können sie die Anwendungen von GVO nur erschweren, aber nicht verhindern, stellt Moser klar. Bei Klagen sieht Moser das Kernproblem, dass letztendlich Juristen über das jeweilige Anliegen entscheiden, gentechnikfrei bleiben zu wollen.
Oberösterreich hat die EU auf Verletzung des Selbstbestimmungsrechtes der Regionen geklagt, bisher haben sich 18 Regionen dem angeschlossen. "Jedoch bleibt auch bei Anerkennung der Klage die GVO-Gefahr von außerhalb aufrecht", gibt Moser zu bedenken. Die Klage von "Pro Leben" in Kärnten direkt gegen die EU-Freisetzungsrichtlinie entspreche zwar dem Geist der Vorsorge, sie wurde bisher jedoch aus formellen Gründen abgewiesen.
Für den nunmehrigen "Ökosophen" ist die Lösung eindeutig: "Mit der ethisch orientierten Ökosozialen Marktwirtschaft wird eine echte Vorsorge realisiert, die dem gesunden Menschenverstand entspricht, keine Klage braucht und der EU formal

nicht widerspricht." Sie schließt auch gentechnisch veränderte Organismen nicht für alle Zukunft aus, falls diese eines Tages sicher und so die öko-sozialen Bedingungen erfüllen sollten.

"Damit stellen GVO auch keine Ausnahme dar, sondern werden den allgemeinen Rahmenbedingungen einer zukunftsfähigen Wirtschaft unterworfen", stellt Moser klar. Er verweist auf das oben genannte Beispiel Norwegens, das 1993 ein diesem Gedanken entsprechendes Vorsorgegesetz - den Gene Technology Act - auf Basis einer "Laien-Konsens-Konferenz" zustande gebracht hat. "Laien-Konsens-Konferenzen entscheiden ganzheitlich und erfahrungsgemäß weit besser als Experten und Politiker, wobei besonders die seit 1988 allgemeingültige Ethik den wesentlichen tragenden Hintergrund bildet", erklärt Moser mit Blick auf Norwegen.

Wie ändern wir unser Bewusstsein?

Um eine neue, umfassende Ethik zu erreichen, müssen wir unser Bewusstsein grundlegend ändern, erklärt Moser. In diesem Zusammenhang ist es wichtig zu wissen, dass sich Bewusstsein nicht über die Rationalität bildet – die Arbeitsgeschwindigkeit des Verstandes beläuft sich nur auf rund 25 Bits pro Sekunde -, sondern durch die Sinne, wo alles mit etwa zehn Millionen Bits pro Sekunde unvergleichlich schneller geht.

Bewusstsein formt sich in folgender 3-fältiger Beziehung:
1. Innen im Menschen muss die Fähigkeit zur Kreativität gegeben sein.
2. Außen in der Gesellschaft sollten die bedeutsamen Informationen zugänglich sein.
3. Zwischen außen und innen sitzen die Sinne, die das Essentielle herausfiltern.

"Danach richtet sich das Konzept von "Eco-Literacy" nach Fritjof Capra, auch "Greening of Education" genannt. Es soll die Gefahren durch die neoliberale Bildungspolitik eindämmen, bei der der Mensch nur mehr "Humankapital" ist, eine "Stand-by-Existenz".

Alles Innen wird verdrängt, der Mensch zum Konsumenten erzogen, Bildung ist eine Ware, eine individualisierte Kriegskultur mit Ellbogentechnik wird vermittelt, alles ist vorwiegend Technik-beherrscht, die soziale Kluft vertieft sich hin zu einer kalten Gesellschaft, "E-learning" verkommt als Methode ohne Ziel. Diese Abkehr von der offensichtlich falschen Bildungspolitik soll in mehreren Punkten erfolgen, wobei das Motto "Wir erfahren die Natur mit allen sechs Sinnen" im Gegensatz zur heutigen Schulpraxis steht, kommentiert Moser:

- Schärfen aller Sinne und damit der Sensibilität: Bei jungen Menschen muss bis zum Alter von vier Jahren auf deren Biorhythmus Rücksicht genommen und müssen die Sinne gefüttert werden - im Gehirn bilden sich die entsprechenden Zentren bis zum siebten Lebensjahr voll aus, wie Viktor Frankl in seiner Logotherapie zeigte.
- Erkennen der Ko-Evolution von Mensch & Natur mit dem Menschen als Teil

der Schöpfung: Erschauen des Eigenwertes der Natur als Schöpfung, Unerforschbares als Grenzen gelten lassen und vorbeugende Gesundheit lernen: "Der Leib des Menschen ist die Natur, die wir selber sind!"

- Denken in Zusammenhängen durch Vermitteln von eigenen ganzheitlichen Erfahrungen: Kennenlernen der Natur in der Natur, bevor im Hörsaal Naturwissenschaften vermittelt werden. Weiters benötigt es ein grenzüberschreitendes Denken von Geist- und Naturwissenschaften, um zu einem Ganzen zu gelangen.

- Leben nach neuen Werten: Nicht die Frage "Was bin ich", sondern "Wer bin ich" soll ebenso im Mittelpunkt stehen wie die Kreativität.

- Bildung heißt eigentlich, sich vom Leben ein Bild machen können, selbständig und kritisch sein. Das bedeutet, den gesunden Menschenverstand zu benützen und auf diesem Weg nichts stumm zu übernehmen, sondern alles zu hinterfragen. Mit diesen Fähigkeiten soll durch das Wahrnehmen von Recht und Unrecht sowie durch Solidarität eine soziale Kompetenz aufgebaut werden. Die jungen Menschen sollen durch das Hineinhorchen in die Natur sowie das Arbeiten im Team Mitleidensfähigkeit erfahren.

- Bewerten lernen von Technologien und allen Tätigkeiten des Menschen: Die historische Sicht als Ausgangssituation kennen, auch das eigene Leben relativieren, Probleme tief ganzheitlich lösen. Diese Problemlösung soll mit Hilfe des öko-sozialen Weges der Nachhaltigkeit zum Gemeinwohl sowie mit der Kenntnis alter Weisheiten erfolgen.

- Tiefe Motivation vermitteln, warum etwas geschehen soll - jeder Einzelne treibt die Innovation voran.

Moser zählt drei Stufen der Menschheitsentwicklung auf, wobei es dieser beschriebenen Bewusstseinsänderung bedarf, um die letzte Stufe zu erreichen: Auf der ersten Stufe lebte der Urmensch nach dem Mythos "Kosmos und Raum".
Ihm folgte der mittelalterliche Mensch, der nach dem Mythos "Zeit und Geschichte" mit Dualitäten lebte: Subjekt-Objekt, innen-außen, Ewigkeit-Zeit, Mensch-Natur mit einem marginalisierten Gott. Auf der dritten Stufe wird der Mensch der Zukunft stehen, der nach dem Mythos "Netzwerk in trinitären Beziehungen" zwischen Gott-Natur-Mensch leben und mit allem verbunden und dadurch mit allem "versöhnt" sein wird.

Mit der Natur, nicht gegen sie

Der lebensfrohe, tiefgründige und naturverbundene, inzwischen im aktiven Ruhestand befindliche Wissenschaftler hat es sich zu seinem Grundsatz gemacht, in erster Linie nicht gegen, sondern für etwas zu sein: "Wir kämpfen zwar gegen die Gentechnik, aber in Wahrheit kämpfen wir für das Wunder Leben", lautet einer seiner Weisheiten, die er bei seinen zahlreichen Auftritten dem Publikum gerne mitgibt. Deswegen scheint es auch logisch, dass er eine konkrete Umsetzung seiner Erkenntnisse anstrebt: Moser hat eine "Charta Naturae" *(Lit. 1, 2)* verfasst, die analog zur Charta der Menschenrechte und Menschenpflichten die Rechte der Natur zum Inhalt hat.
Die Weisheit der Natur steht hier im Mittelpunkt und die Charta soll dazu beitragen,

eine Versöhnung von wissenschaftlichem Wissen und gesundem Menschenverstand zu erreichen. Moser erklärt anhand von Zitaten von Albert Camus und Gernot Böhme, sowie anhand einer eigenen Ergänzung, worum es in Zukunft geht:

"Um Mensch zu sein, haben wir zu lernen, wie man lebt und stirbt,
… auch zu vermeiden, Gott sein zu wollen, und auch keine Maschine zu sein
… und zu lernen, ein Teil der Natur zu werden."

Literatur:

(1) Moser A. & Riegler J. (2001): Konfrontation oder Versöhnung, Öko-soziale Politik mit der Weisheit der Natur, Stocker Verlag Graz
(2) Moser A. & Ehrenpaar M. (2005): Über das Geistige in der Natur: "Natur-Kultur" (Natur als Basis eines Kulturlandes – eine steirische Initiative), Verlag Naturschutzbund Steiermark, Druckhaus Thalerhof

Anton Moser DI Dr. Univ.- Prof.

geboren 1939, ist das Paradebeispiel eines Natur-Wissenschafters im ursprünglichen Sinne des Wortes. Der Naturliebhaber und langjährige Vorstand des Institutes für Biotechnologie der TU Graz war lange Zeit im Vorstand der European Federation of Biotechnology und der International Organisation of Biotechnology and Bioengineering. Er vereint eindrucksvoll Wissen mit Werten - also Ethik - und ist daher profunder Gentechnik-Kritiker. Seine Vision findet sich in seinem bisher letzten Buch "Natur-Kultur: über das Geistige in der Natur" wieder. Kein Wunder, dass er als "guter Geist" für das Gelingen des vorliegenden Buches maßgeblich beitrug.

anton.moser@chello.at

---

[1] http://www.etikkom.no/HvaGjorVi/Foredrag/Foredrag/diskurs und http://www.bion.no

Dank an Unterstützer

Für die uns gewährte Unterstützung, die die 12 Monate langen, weltweit aufwendigen Recherchen möglich machten, sagen wir folgenden Unternehmen und Privatpersonen herzlichen Dank:
Bei Global 2000 bedanken wir uns für die konstruktive Zusammenarbeit und die gute Kooperation in Bezug auf den, jedem Buch beigelegten Global 2000 Einkaufsführer "Genfahrlos einkaufen"

Ölmühle Fandler
Robert und Mag. Julia Fandler
A-8225 Pöllau.

Global 2000
A-1120 Wien

Johann Grander
U.V.O.Vertriebs GesmbH.
A-6100 Seefeld

Hager Naturbrot
Karl Hager
A-8850 Murau

DI Volker Helldorff
Biogut Thalenstein
A-9111 Haimburg

Waldviertel Management
Adi Kastner
A-3910 Zwettl

Mag. Michael Maunz
Persönliche Finanzberatung
A-8020 Graz

VOG AG Linz
Internationales Handelshaus
Hersteller von Rapso
A-4030 Linz

RAPUNZEL NATURKOST AG
Josef Wilhelm
D-87764 Legau

Schirnhofer Gmbh
Karl Schirnhofer
A-8224 Kaindorf 298

Karl Ludwig Schweisfurth
Schweisfurth-Stiftung
Südliches Schloßrondell 1
D-80638 München

LKH Stolzalpe
Dir. Reinhard Petritsch
A-8852 Stolzalpe

Erwin Stubenschrott
KWB – Kraft und Wärme aus Biomasse GmbH
A-8321 St. Margarethen/Raab
Industriestraße 235

Gernot Langes-Swarovski
A-6112 Wattens

Toni`s Freilandeier
Toni Hubmann
A-8720 Knittelfeld

Rupert Matzer
Kornwaage
A-8010 Graz

Institut für Naturschutz und
Landschaftsökologie in der Steiermark
Heinrichstraße 5 / III
A-8010 Graz

Naturschutzbund Steiermark
Heinrichstraße 5 / II
A-8010 Graz

**ALLE INFORMATIONEN ÜBER BIOPRODUKTE, BIOBAUERN UND AB HOF-VERKAUF
ERHALTEN SIE AN FOLGENDEN ADRESSEN**

BIO AUSTRIA – Bundesverband
Europaplatz 4,
A-4020 Linz
Tel. 0732/654884, Fax: 0732/654884-40
Theresianumgasse 11/1, A-1040 Wien
Tel. 01/4037050, Fax: 01/4037050-190
bio@ernte.at

BIO ERNTE AUSTRIA – Burgenland
Hauptstraße 69, A-7350 Oberpullendorf
Tel. 02612/43642, Fax: 02612/43642-40
burgenland@ernte.at

BIO ERNTE AUSTRIA – Kärnten
8. Mai Straße 47, A-9020 Klagenfurt
Tel. 0463/33263, Fax: 0463/33263-15
kaernten@ernte.at

BIO ERNTE AUSTRIA – Niederösterreich und Wien
Steinergasse 2a-4/3, A-3100 St. Pölten
Tel. 02742/90833, Fax: 02742/90833-10
Theresianumgasse 11/1, A-1040 Wien
Tel. 01/4037050, Fax: 01/4037050-190
niederoesterreich@ernte.at

BIO ERNTE AUSTRIA – Oberösterreich
Auf der Gugl 3, A-4021 Linz
Tel. 0732/6902-1420, Fax: 0732/6902-1478
oberoesterreich@ernte.at

BIO ERNTE AUSTRIA – Salzburg

Schwarzstraße 19, A-5024 Salzburg
Tel. 0662/870571-313, Fax: 0662/878074
salzburg@ernte.at

BIO ERNTE AUSTRIA – Steiermark

Krottendorferstraße 81, A-8052 Graz
Tel. 0316/8050-7155, Fax: 0316/8050-7140
steiermark@ernte.at

BIO ERNTE AUSTRIA – Tirol

Wilhelm-Greil-Straße 9, A-6020 Innsbruck
Tel: 0512/572993, Fax: 0512/572993-20
tirol@ernte.at

BIO ERNTE AUSTRIA – Vorarlberg

Jahnstraße 20, A-6900 Bregenz
Tel. 05574/46930, Fax: 05574/46930-6
vorarlberg@ernte.at

BioInfo

Theresianumgasse 11/1, A-1040 Wien
Servicetelefon zum Ortstarif 0810/221314
www.bioinfo.at
www.biobauern.at